U0397455

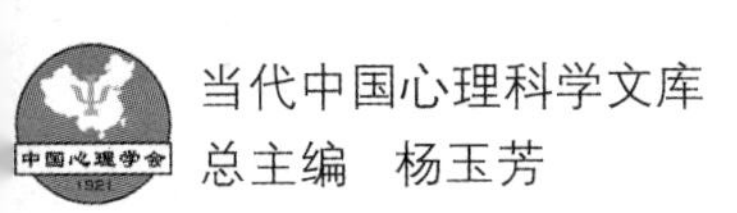

当代中国心理科学文库
总主编　杨玉芳

Engineering Psychology

工程心理学

葛列众等　著

华东师范大学出版社
·上海·

图书在版编目(CIP)数据

工程心理学/葛列众等著.—上海:华东师范大学出版社,2016
(当代中国心理科学文库)
ISBN 978-7-5675-5732-1

Ⅰ.①工… Ⅱ.①葛… Ⅲ.①工程心理学 Ⅳ.①TB18

中国版本图书馆CIP数据核字(2016)第239816号

当代中国心理科学文库
工程心理学

著　　者　葛列众等
策划编辑　彭呈军
审读编辑　张艺捷
责任校对　邱红穗
装帧设计　倪志强

出版发行　华东师范大学出版社
社　　址　上海市中山北路3663号　邮编 200062
网　　址　www.ecnupress.com.cn
电　　话　021-60821666　行政传真 021-62572105
客服电话　021-62865537　门市(邮购)电话 021-62869887
地　　址　上海市中山北路3663号华东师范大学校内先锋路口
网　　店　http://hdsdcbs.tmall.com

印 刷 者　常熟市文化印刷有限公司
开　　本　787毫米×1092毫米　1/16
印　　张　24
字　　数　510千字
版　　次　2017年2月第1版
印　　次　2024年6月第9次
书　　号　ISBN 978-7-5675-5732-1/B·1046
定　　价　52.00元

出 版 人　王　焰

总主编序言

《当代中国心理科学文库》(下文简称《文库》)的出版,是中国心理学界的一件有重要意义的事情。

《文库》编撰工作的启动,是由多方面因素促成的。应《中国科学院院刊》之邀,中国心理学会组织国内部分优秀专家,编撰了“心理学学科体系与方法论”专辑(2012)。专辑发表之后,受到学界同仁的高度认可,特别是青年学者和研究生的热烈欢迎。部分作者在欣喜之余,提出应以此为契机,编撰一套反映心理学学科前沿与应用成果的书系。华东师范大学出版社教育心理分社彭呈军社长闻讯,当即表示愿意负责这套书系的出版,建议将书系定名为“当代中国心理科学文库”,邀请我作为《文库》的总主编。

中国心理学在近几十年获得快速发展。至今我国已经拥有三百多个心理学研究和教学机构,遍布全国各省市。研究内容几乎涵盖了心理学所有传统和新兴分支领域。在某些基础研究领域,已经达到或者接近国际领先水平;心理学应用研究也越来越彰显其在社会生活各个领域中的重要作用。学科建设和人才培养也都取得很大成就,出版发行了多套应用和基础心理学教材系列。尽管如此,中国心理学在整体上与国际水平还有相当的距离,它的发展依然任重道远。在这样的背景下,组织学界力量,编撰和出版一套心理科学系列丛书,反映中国心理学学科发展的概貌,是可能的,也是必要的。

要完成这项宏大的工作,中国心理学会的支持和学界各领域优秀学者的参与,是极为重要的前提和条件。为此,成立了《文库》编委会,其职责是在写作质量和关键节点上把关,对编撰过程进行督导。编委会首先确定了编撰工作的指导思想:《文库》应有别于普通教科书系列,着重反映当代心理科学的学科体系、方法论和发展趋势;反映近年来心理学基础研究领域的国际前沿和进展,以及应用研究领域的重要成果;反映和集成中国学者在不同领域所作的贡献。其目标是引领中国心理科学的发展,推动学科建设,促进人才培养;展示心理学在现代科学系统中的重要地位,及其在我国社会建设和经济发展中不可或缺的作用；为心理科学在中国的发展争取更好的社会文化环境和支撑条件。

根据这些考虑，确定书目的遴选原则是，尽可能涵盖当代心理科学的重要分支领域，特别是那些有重要科学价值的理论学派和前沿问题，以及富有成果的应用领域。作者应当是在科研和教学一线工作，在相关领域具有深厚学术造诣，学识广博、治学严谨的科研工作者和教师。以这样的标准选择书目和作者，我们的邀请获得多数学者的积极响应。当然也有个别重要领域，虽有学者已具备比较深厚的研究积累，但由于种种原因，他们未能参与《文库》的编撰工作。可以说这是一种缺憾。

编委会对编撰工作的学术水准提出了明确要求：首先是主题突出、特色鲜明，要求在写作计划确定之前，对已有的相关著作进行查询和阅读，比较其优缺点；在总体结构上体现系统规划和原创性思考。第二是系统性与前沿性，涵盖相关领域主要方面，包括重要理论和实验事实，强调资料的系统性和权威性；在把握核心问题和主要发展脉络的基础上，突出反映最新进展，指出前沿问题和发展趋势。第三是理论与方法学，在阐述理论的同时，介绍主要研究方法和实验范式，使理论与方法紧密结合、相得益彰。

编委会对于撰写风格没有作统一要求。这给了作者们自由选择和充分利用已有资源的空间。有的作者以专著形式，对自己多年的研究成果进行梳理和总结，系统阐述自己的理论创见，在自己的学术道路上立下了一个新的里程碑。有的作者则着重介绍和阐述某一新兴研究领域的重要概念、重要发现和理论体系，同时嵌入自己的一些独到贡献，犹如在读者面前展示了一条新的地平线。还有的作者组织了壮观的撰写队伍，围绕本领域的重要理论和实践问题，以手册(handbook)的形式组织编撰工作。这种全景式介绍，使其最终成为一部“鸿篇大作”，成为本领域相关知识的完整信息来源，具有重要参考价值。尽管风格不一，但这些著作在总体上都体现了《文库》编撰的指导思想和要求。

在《文库》的编撰过程中，实行了“编撰工作会议”制度。会议有编委会成员、作者和出版社责任编辑出席，每半年召开一次。由作者报告著作的写作进度，提出在编撰中遇到的问题和困惑等，编委和其他作者会坦诚地给出评论和建议。会议中那些热烈讨论和激烈辩论的生动场面，那种既严谨又活泼的氛围，至今令人难以忘怀。编撰工作会议对保证著作的学术水准和工作进度起到了不可估量的作用。它同时又是一个学术论坛，使每一位与会者获益匪浅。可以说，《文库》的每一部著作，都在不同程度上凝结了集体的智慧和贡献。

《文库》的出版工作得到华东师范大学出版社的领导和编辑的极大支持。王焰社长曾亲临中国科学院心理研究所，表达对书系出版工作的关注。出版社决定将本《文库》作为今后几年的重点图书，争取得到国家和上海市级的支持；投入优秀编辑团队，将本文库做成中国心理学发展史上的一个里程碑。彭呈军社长是责任编辑。他活跃机敏、富有经验，与作者保持良好的沟通和互动，从编辑技术角度进行指导和把关，帮助作者少走弯路。

在作者、编委和出版社责任编辑的共同努力下，《文库》已初见成果。从今年初开始，有一批作者陆续向出版社提交书稿。《文库》已逐步进入出版程序，相信不久将会在读者面前"集体亮相"。希望它能得到学界和社会的积极评价，并能经受时间的考验，在中国心理学学科发展进程中产生深刻而久远的影响。

杨玉芳

2015 年 10 月 8 日

目　录

序　言

有机会看到葛列众教授主编的《工程心理学》定稿，我非常兴奋。他嘱咐我为本书写一个序言，这是无法推托的事情。这不仅是因为我们是同门、有多年的友情，更是因为这本书的整合性、全面性和新颖性让我感到激动。

在我看来，过去人们对工程心理学的认识还只是停留在工具性的层次，尚缺乏哲学层次的思考。实际上工程心理学是一门非常具有人类本质特色的学科。首先工程心理学是心理学的一个分支，同时也是心理学与工程学等相关学科交叉的产物，具有天然的跨学科整合性。记得 1980 年，我随导师曹传咏先生（他的名讳最后一个字本是言字旁，但因为当时的系统中没有收入这个字，他只好用“咏”字代替，这也是人机系统设计中的弊病）第一次到杭州大学去，在屏风山，听到陈立老先生的报告。他说心理学是研究 S－O－R 的，也就是从刺激到反应，中间还有个机体，我们不仅要搞清楚刺激与反应的关系，还要研究中间的那个人脑的活动。这是很有见地的，在提出典型的行为学派的看法的同时，明确了认知的任务。

很快，认知学派成为心理学的主流，并传入中国。工程心理学也就被定义为：在人机系统背景下，研究人的信息加工的特征和局限性的心理学分支学科。学科的目标是将获得的知识应用于人机系统的设计和改进，使得系统更加安全高效，同时使人能够更加舒适愉快地完成工作。近年来随着认知神经科学的技术广泛应用于心理学，在人机系统中开始有更多的有关脑功能的研究进展，这进一步拓展了工程心理学的内涵。

对我影响最大的自然是我的导师曹先生。1978 年我们在北京大学心理学系（那个时候的名称是科学院心理研究所）第一次听曹先生讲课。他手拿一个飞机仪表，说工程心理学不仅是服务于系统的设计，更是在人机系统这种特殊环境中，研究人的真实心理特征的。我愿意随着先师的指引向前看，后来更多的心理学研究证明，人从一开始就不存在完全脱离环境的孤立于世界的心理过程和特征，人的心理的一切都是与环境交互作用的结果。到了现代，人更是时时处处在人机系统当中。因此，离开了人机系统去研究人的心理，所获得的只能是高度抽象的、现实中不存在的、甚至可能是错误的结果。国际心理学界也已公认：人的心理受环境决定，human is situated!

葛老师主编的这本书，既是很好的教材补充读物，又可以作为工程心理学研究的专业参考书。可以看出，他们在过去写作和研究的基础上，采取了更加综合的定位，使得本书包含了很多全新的内容，既反映了工程心理学最新的研究进展，比如情景意识整章的内容，同时囊括了很多最新的研究成果和方法，使得本书更有可学习性，能够极大地帮助到工程心理学的学习者。从整个人类社会本质上是由人机系统组成的角度出发，本书适合所有希望增加对必须打交道的人机系统的了解和对自身的了解的读者。同时，本书更是所有机械工程和工业工程以及相关学科专业人员的专业学习和研究的必备参考书。

葛列众老师是我国心理学大家朱祖祥先生的第一批学生。几十年来，葛老师始终潜心工程心理学研究和教学，取得了很多对社会有贡献的成果。最近又被我国载人航天系统工程任命为空间站工程工效专家组组长，是我国最一流的工程心理学家。由他领导的团队完成本书的编写，确是实至名归。

随着人类科学技术的进步，无处不在的人工智能、深入到生产和生活各方面的机器人、已经开始全面实行的无人驾驶、神奇而又可靠的脑机接口等新科技正在向我们扑面而来。所有这些都必将给工程心理学带来全新的课题和广阔的发展空间。许多高校正在或计划开设工程心理学专业，我的学生们正在不断被高校聘任。可以预见，工程心理学必将有更大、更快、更广阔的发展。就在这个时刻，葛老师等的《工程心理学》问世了，可谓正当其时。

张　侃
发展中国家科学院院士
中国科学院心理研究所研究员
中国心理学会理事长(2001—2009)
2016年9月3日于北京时雨园

前 言

看着这整整 11 章书稿，我既欣慰又感激。欣慰，是因为我们相信这本书的价值；感激，是感谢这本书的所有作者和参与者，刘宏艳、刘玉丽、郑燕、王琦君、胡信奎、吕明、孙梦丹、余晓雯、方微、曾国芬、张越[①]，没有他们的辛勤付出，这本书是不可能完成的；同时也要感谢杨玉芳教授、张侃教授和彭呈军老师，没有三位专家的关注和指导，这本书也是不可能完成的，另外也要感谢 2013 年初工程心理学专业委员会筹备会上各位专家对本书写作出版的建议。

这本书写作的主要目的是介绍工程心理学这门学科，特别是这个领域的相关研究，所以这书既可以作为工程心理学专业教材之外的进一步深造的补充读物，亦可以作为相关学科专业研究的参考书。

我们在写作本书时，努力追求满足当代中国心理科学文库的前沿性、系统性和中国特色这三个要求。为了体现相关领域的最新研究成果，我们引用的文献有 1 118 篇[②]，其中 279 篇是最近 5 年发表的文献，601 篇是近十年发表的文献。为了体现学科的系统性，和以往相关的论著相比，在研究内容上，我们增加了工程心理学研究中许多新兴的研究领域，比如，用户体验和可用性研究以及神经人因工效学研究[③]；在研究方法上，我们增加了高级统计方法和神经生理学研究方法的介绍。为了体现中国学者的研究特色，我们引用了 607 篇相关的国内研究文献，约占总引用文献的 54%。

另外，我们还想说明的有以下几点。首先，细心的作者会发现，2012 年我们出过

---

① 葛列众撰写了第 1 章，参与了第 2、4、5、6、8、10 章的部分写作。李宏汀、王笃明（和王琦君）、胡信奎和刘宏艳分别撰写了第 3、7、9 和第 11 章。刘玉丽和刘宏艳参与了第 2 章的部分写作。方微参与了第 4 章的部分写作。刘玉丽、孙梦丹、王琦君、吕明参与了第 5 章的部分写作。朱廷劭、高玉松和郑燕参与了第 6 章的部分写作。吕明和郑燕分别参与了第 8 章和第 10 章的写作。

② 由于文献是分章统计的，所以文献中难免有重复统计的情况出现。

③ 限于篇幅，有些研究领域的研究在本书中没有涉及，例如，微气候环境的相关研究。

工程心理学的教科书[1]。在本书中,有些内容因为是经典的研究或者是常规的论述,我们都参照了我们2011年书中的内容。当然我们都做了标注。其次,我们书中有些内容参照了我们最近这几年发表的文献综述,这样做的主要原因是我们觉得这部分内容较为新颖,添加在书中,既可以体现前沿性的特点,也可以完善本书的系统性。最后,我们在书中也提出了一些我们自己的新的看法,比如,用户体验和可用性研究的三三模型。我们并不认为我们这些想法是完备的。我们大胆地把这些想法写在这里,其主要目的之一也是期望得到同行的批评指正。

在这里,我们还想说的是做人应记得祖宗,做学问也不应忘却前辈。我们的导师朱祖祥先生以及和他差不多同一个时代的我国工程心理学的研究前辈们有:陈立先生、曹传咏先生、曹日昌先生、李家治先生、徐联仓先生、朱作仁先生、封根泉先生、赫葆源先生、马谋超先生和彭瑞祥先生[2]。他们的研究是我国工程心理学研究中不可多得的瑰宝,他们的事迹永远值得我们这些晚辈缅怀铭记。本书就是献给这些研究前辈们的礼物。我们将以此来感谢前辈们的教导和提携。

最后,我们也想在这里感谢我们的家人和朋友。他们的关爱、支持是我们生活的源泉。

主编　葛列众

副主编　李宏汀　王笃明

2016年5月10日

① 葛列众,李宏汀,王笃明.(2012).工程心理学.北京:中国人民大学出版社.

② 在此,我们仅凭现有的文献,列出了工程心理学的各位前辈,挂一漏万,在所难免,如有不周,敬请谅解。

1 概论

工程心理学是一门采用心理学及其相关学科的科学研究方法，通过对人机环系统中人、机器和环境界面的研究，实现界面优化，从而提高工作、学习绩效，创造舒适环境，防止事故发生的学科。在美国，工程心理学通常称为人的因素(human factors)。在欧洲，工程心理学则被称为工效学(ergonomics)。

本章主要论述的是工程心理学的基本概念、研究目的及其发展的历史和主要研究领域、特点。本章中，首先论述了人、机器、环境等基本概念，工程心理学的研究目的以及和工程心理学相关的其他学科；然后概述了工程心理学的发展历程，特别是介绍了我国工程心理学研究的发展历程，最后主要介绍了工程心理学研究领域及其特点。

1.1 学科性质①

工程心理学的研究都是围绕着人、机器和环境系统进行的。作为一门学科，工程心理学的研究目的和其他学科有明显的不同，但是，工程心理学和心理学等其他学科有着密切的联系。本节中，我们将首先介绍人、机器、环境的一些基本概念，然后讨论工程心理学的研究目的，最后介绍工程心理学和其他学科的关系。

1.1.1 人机器环境系统

人机器环境系统

人机器环境系统是由彼此相互作用的人、机器和环境三个要素组成的系统（以下简称，人机环系统）。其中，“人”泛指在一定环境下使用或者不使用机器的人们，例如，车间里的装配工人、教室里的学生、躺在家里睡觉的孩子等等；“机器”指的是人所使用、控制的一切客观对象，包括榔头、钳子等简单的手工工具，车床、飞机、计算机等复杂的机器，也包括各种文体用具、家具和日常生活用品等；“环境”不仅指物理环境，社会环境，也包括情景意识（situation awareness，简称 SA）。物理环境指的是由声、光、空气、温度、振动等物理因素构成的工作场所；社会环境则是指由团体组织、社会舆论、工作气氛、同事关系等组成的社会环境，而情景意识主要是指操作者基于环境（系统、环境、设备及其他成员）信息和已有知识形成的动态化心理表征。这个心理表征协助操作者完成个体子目标以及和其他操作人员共享的整体目标，并在此过程中得到不断的更新。

在人、机器和环境三要素中，人是最重要的。这不仅是因为人可以制造、控制机器，还因为人可以选择和创造环境，人、机器和环境三个要素彼此组合可以形成各种属于人机环系统的子系统。工程心理学研究中关注的子系统是人和机器组成的人机系统和人环境系统。操作工人操作机床是人机系统的典型例子，其中操作工人是人，而机床则是机器。其次，工程心理学还关注人环境系统，例如，在高温环境下工作的装配工人，其中，高温环境是系统中的环境部分，而装配工人则是人。人的各种活动通常都是在人、机器、环境三方面因素相互作用下完成的，所以在研究人机系统和人环境系统等子系统的时候，还应该考虑其他因素的作用。

人机界面

人机环系统中，界面（interface）指的是人、机器和环境三个要素彼此作用的交界

---

① 本部分参照：葛列众，李宏汀，王笃明.（2012）. 工程心理学. 北京：中国人民大学出版社.

面，也称为接口，例如，人的视觉系统和计算机显示屏就构成视觉系统和显示屏界面，通过该界面，可以实现人和计算机的彼此交互。

人、机器和环境三个要素构成的界面有两种基本的类型。一种是与人相关的界面；另一种是与人无关的界面，例如，机器和环境的界面。工程心理学只研究与人相关的人和机器界面(huamn machine interface，简称人机界面，下同)、人和环境界面(human environment interface，简称人环境界面，下同)。

人机界面是人机环系统中人和机器之间的界面，包括人机器硬件界面(简称人硬件界面，下同)和人机器软件界面(简称人软件界面，下同)两种基本类型。

人硬件界面中，硬件指的是人所使用的一切具有物理形态的机器总称，例如，各种车床、工具、劳动防护、日常生活、文娱用品和衣着服饰等等。人手握铁锹进行劳动，手和铁锹之间构成了手和铁锹的界面；人搜索计算机屏幕上的特定字符，人的视觉系统和字符之间构成了视觉系统和字符的界面。

人软件界面中，软件指的是程序、方法、规则、守则、手册和管理制度等不同形式的软件，例如，计算机的程序、操作规则等等。人操作计算机程序，人和程序之间就构成了人和程序之间的软件界面。人遵循一定的操作规则，人和操作规则之间就形成了人和规则软件界面。

人环境界面

人不论是工作学习，还是休闲，总是处在一定的环境之中。人和环境组成的界面就是人环境界面。

人物理环境界面指的是人和声音、光线、气温、振动、个人空间等物理环境构成的界面。我们平时工作的办公室或车间、日常生活的家庭居住环境、学习的教室环境等各种物理环境都和在这些环境中工作、居住、学习的人构成了人物理环境。

除了人物理界面，在环境中人的工作、学习和生活还受到社会因素和情景因素的影响。

可见，工程心理学的研究对象具体的就是指人机环系统中的人机界面和人环境界面。

1.1.2 研究目的

工程心理学是心理学科中的一门应用性学科，其研究目的和研究途径与其他的学科有着明显的不同。

人的各种活动是在人机环系统中进行的。有不少学科的研究和人机环系统相关，例如，心理学、教育学把人作为研究对象，各种工业工程学科和环境学科则分别把“机器”和“环境”作为研究对象。这些学科的研究在一定程度上都可以提高人的工作学习绩效和舒适度，创造高效、舒适的环境，防止错误和事故发生。例如，心理学、教育学通过对人的素质培养，可以提高人的工作学习绩效。环境学科通过对环境的研究，可以创造更为舒适的环境。各类工业工程学科可以通过新材料、新工具、新设备的发明制造，新型劳保装置的使用来改进工作绩效，防止错误和事故发生。但是，工程心理学和上述这些学科有两点明显的不同：

- 工程心理学研究的对象是人机界面和人环境界面，不是具体的“人”，或者“机器”或者“环境”；
- 工程心理学通过研究人机界面和人环境界面及其相关的产品设计，使得这些和人相关的设计能够符合机器操作者和产品使用者的心理、行为和生理的特点和规律，从而创造高效、舒适的环境，提高绩效和舒适度，防止错误和事故的发生。

可见，工程心理学是采用心理学及其相关学科的科学方法，通过研究人机环系统中的人机界面和人环境界面，使得和人相关的界面设计及其和界面设计相关的产品设计能够符合机器操作者和产品使用者的心理、行为和生理的特点和规律，从而提高学习、工作和使用的绩效和舒适程度，降低工作负荷，防止错误和事故的发生。

归纳起来，工程心理学研究的目的有以下五个方面：

- 提高学习、工作的绩效；
- 增加学习、工作的舒适度；
- 降低学习、工作的负荷；
- 创造有利于学习、工作的环境；
- 防止错误和事故发生。

这些研究目的和其他学科虽有重叠，但是工程心理学的研究途径或者说着眼点和其他学科是完全不同的。工程心理学是通过研究人机环系统中的人机界面和人环境界面，与界面设计相关的产品设计问题，来实现其研究的目的。工程心理学要求这些界面以及与这些界面相关的设计问题能够符合系统操作者和产品使用者的心理、行为和生理特征的规律和特点。

1.1.3 相关学科

工程心理学是一门多学科交叉重叠的科学。它和相关的学科有着基础性、重叠性、互补性和衍生性四种不同的关系。

基础性学科

心理学科、生理学科、人体测量学和统计学科是工程心理学的基础性学科。这四个学科构建了工程心理学的学科基础。

心理学(戴维·迈尔斯,2013)是对人的心理特点和规律进行研究的学科。正是根据心理学,特别是认知心理学对人的研究成果,工程心理学可以从人的心理特点出发对界面进行研究,从而优化界面。例如,计算机软件界面的设计,需要考虑的是人的知觉特点、记忆特点和思维特点。工程心理学研究的基本思路和模式都是借鉴心理学研究。可以简单地说,工程心理学是心理学在界面研究上的具体应用。

生理学(王庭槐,2015)对于人的生理特点和规律的研究无疑也有助于工程心理学中对界面的研究和优化。例如,工作环境中,人的最佳工作姿势的确立,就需要从人体生物力学、能量消耗、基础代谢、肌肉疲劳和易受损伤性等各个方面进行分析和比较。

人体测量学(席焕久,2010)也是工程心理学不可缺少的基础。人体测量学中,静态结构性和动态功能性人体测量数据是人机界面设计的重要依据。

统计学科(贾俊平,2014)是工程心理学研究的一个基础性学科。实验数据的分析和处理都需要借助于专门的统计学知识。

重叠性学科

工程心理学和人类工效学(黄河,2016)、人机工程学(达尔,2010)以及人机环系统工程(吴青,2009)等学科在研究内容上有许多重叠。有学者认为,人类工效学、人机工程学和人机环系统工程是工程心理学的别称(朱祖祥,2003)。

2016年4月9日至10日的首届人因工程高峰论坛的特邀发言中,中国载人工程副总设计师陈善广就人因工程学(human factors engineering)的概念、发展及其在第四次工业革命中的地位和作用作了精彩的发言。他认为:人因工程学在理论和方法上具有系统性的特性,强调设计的具体应用,突出目标的协调一致,即系统性能(system performance)和人员状态(well-being)的最优化[①]。陈善广研究员所说的人因工程学与工程心理学的研究有许多相似之处。

另外,工业工程(industrial engineering, IE)(易树平,郭伏,2013)等学科和工程心理学研究内容也有部分是重叠的。例如,动作与时间研究是工业工程体系中最重要的基础技术,同时也是工程心理学重要的研究内容之一。工程心理学通过对作业程序和操作行为进行分析和改进,并对作业活动需要的时间进行测量和标准化,从而提高人机系统的整体绩效。

互补性学科

设计类学科(尹定邦,邵宏,2013)、制造业学科(黄胜银,卢松涛,2014)和计算机

---

① 这部分参照陈善广研究员2016年4月9日的会议发言。

学科(Glenn Brookshear, 2009)与工程心理学之间的关系是互补的,即这些学科和工程心理学是彼此渗透、相互补充的关系。

工程心理学的界面设计和优化都涉及工业工程及其产品的设计,因此,界面设计的成果有助于工业工程和产品的设计。例如,工作时间的分析成果直接有助于产品流水线的设计,用户体验的研究直接有助于用户产品的设计和改善。从另一方面说,设计类学科和制造业学科的知识和方法也有助于工程心理学的研究。工程心理学的界面研究成果需要通过设计和制造最终得以体现。工程心理学研究工程中,界面优化的构思、评价原型的构建也需要专门的设计和制造的相关知识。

衍生性学科

工程心理学在其发展过程中也衍生发展了一些分支的研究。这些研究经过不断的积累,也形成了一定的学科规模,其中典型的就是人计算机交互(human computer interaction, HCI)、可用性研究和神经人因学。

人计算机交互(孟祥旭,2010)是专门研究人和计算机的交互界面的学科。随着计算机技术的出现和不断发展,人计算机交互的研究也得到了飞速的发展。以窗口、图标、菜单和鼠标为基础的 Windows 操作系统的界面替代了原来的 DOS 操作系统的界面,大大促进了计算机的普及。命令语言、菜单、填空式等诸多界面的研究结果对人计算机界面的优化起到了决定性的作用。近年来出现的自适应界面、虚拟现实的研究又为人计算机交互的研究开拓了许多新的领域。

可用性研究(Barnum, 2010)是新兴的学科研究领域。近年来一直受到软件工程、人机交互等诸多领域研究者的关注。可用性研究是用户和产品之间的桥梁,这一桥梁的目的是通过改进产品的用户界面来实现用户对产品的高效使用。为了达到这样的目的,可用性研究中不可避免地会涉及两个方面的内容:一是对用户的研究,二是对产品的研究。开展对用户的研究和对产品的研究是进行产品用户界面研究的基础。比如,对于 IPTV 产品,在进行可用性研究时既需要对目标用户及其需求进行研究,也需要对目前 IPTV 能够实现哪些功能、产品设计技术能够达到何种水平以及还存在哪些技术屏障进行分析,才能开发出真正具有高可用性水平的产品。此外,作为一个主要从人机交互研究领域中衍生出的概念,可用性的概念及其研究还以人机交互为取向,其中用户研究和产品可用性评价研究是可用性研究的重要内容。通过可用性研究,可以洞悉用户的产品使用需求,建立用户心理模型,确定测试产品的可用性相对水平,发现测试产品的可用性问题,从而为产品或产品原型设计的优化提供依据,为产品设计提供参数。令人欣慰的是,近年来出现了越来越多的可用性组织,许多学校的心理学专业也成立了工程心理学专业方向或者可用性研究中心,还有很多从事可用性研究的专业公司,不少公司成立了可用性研究的专职部门,这些都表明可用性研究越来越受关注。

神经人因学(neuroergonomics)是研究工作中的脑与行为的科学(Parasuraman, 2003),是工程心理学与神经科学交叉而形成的新的学科领域。与传统的神经科学以及近年来兴起的认知神经科学不同,神经人因学的目的不仅仅是考察人的基本认知过程的神经及生理机制,而是更加致力于探索人与现实生活紧密相关的认知功能,如视觉、听觉、注意、记忆、决策、计划以及情感等。神经人因学关注的核心问题是,人们在自然的工作、居家、交通等日常生活情境下的心理行为特性、规律及其神经生理机制。

1.2 工程心理学的历史发展[①]

通常都认为工程心理学自第二次世界大战后才作为一门科学开始发展起来。下面,分早期的界面研究,学科诞生和学科发展三个阶段来简要地介绍一下工程心理学的历史发展。

1.2.1 早期研究

工程心理学作为一门科学的发展起源于第二次世界大战后期,其学科历史是短暂的,但是,工程心理学的发展历史却是悠久的,工程心理学研究倡导的在界面产品中考虑人的因素的意识起源于人类早期发展历史中的工具制作。

原始人类为自己或者家人制作各种生产、生活工具中就会有意识或者无意识地考虑其中的人的因素的作用。例如,如果原始人打磨工具手柄为自己使用时,会考虑手柄尺寸和自己手掌大小之间的匹配关系。如果这种匹配不合适,原始人使用手柄就会费劲或者不舒服。这个时候,他们就会想办法对手柄的尺寸进行改造。即人类一旦制作工具时,不管他们是有意识还是无意识,他们都会有最早的以生活生产经验为基础的人机匹配的考虑。在这个生产水平落后的时期,生活用品、生产工具的制造者也是这些用品和工具的使用者。考虑使用者的需要自然而然地成了制作生活用品和生产工具中的一个必要因素。

随着生产力的发展,社会分工出现,逐步改变了制作生活用品和生产工具过程中生产者即使用者的模式,制作者或者说生产者越来越多地为他人制作、为他人生产。特别是随着工业革命的出现,大规模生产方式开始出现,技术的发展使得生产更多地注重生产的效率和产品功能的实现,很少注意使用者的要求。在这个背景下,19 世

① 本部分参照:葛列众,李宏汀,王笃明.(2012).工程心理学.北京:中国人民大学出版社.

纪晚期至20世纪前期出现了工程心理学的萌芽,即早期的人机界面研究时期。这个时期的主要特点是机器的生产并不强调考虑使用者的需要,而是强调人或者使用者对机器的适应,即人适应机器。在这个时期,心理学家的任务更多的是为现成的机器选拔和训练操作人员。

德国心理学家闵斯特伯格(H Munsterberg)首先把实验心理学应用于工业生产。他用实验心理学方法为企业选拔、训练工人和改善工作环境。1912年左右,他出版了《心理学与工业效率》等著作,被视为工程心理学的先声,其中"使工人从工作中得到愉快和喜悦"的思想,对现代工程心理学仍有极大的指导意义。

第一次世界大战大大加快了心理学在工业和生产部门的应用速度。随着军事的发展,新式装备的制造对操作者提出了特殊的生理心理素质要求。参战各国的有关部门求助于心理学家为军队选拔飞行员、潜水员等特种兵员。心理学家用各种心理学的方法为现有机器选拔与训练操作人员,使人能够适应机器的性能。

但是,在这个时期也有研究考虑了工具使用和工作方法中人的因素。泰勒(F W Taylor)的"铁铲研究"(杨广勇,1987)和吉尔布雷思(F B Gilbreth)的"动作时间研究"(李祚,2011)均为早期人机界面研究的经典研究。这些研究通过对作业中的人的工具使用和工作方法的分析来实现较为合理的人机匹配。

1.2.2 学科诞生

第二次世界大战期间,技术的进步使得武器装备的性能和复杂性大大提高,即使经过选拔和训练的操作人员操作效率也会非常低下,特别是当应激事件发生时,往往会导致许多人为事故的发生。忽视人机系统构建中人的因素而导致的绩效低下和人误事故的发生,促使人们认识到机器和操作者是一个整体,武器设备只有与使用者的身心特点匹配时才能安全而有效地发挥其性能,避免事故。必须对人的身心特点与要求有所了解,尤其是对处于系统中的人的行为、能力水平、操作可靠性等有充分的认识,才能进行有效的设计。例如,要做到使飞行员不仅在夜航中能迅速准确地判读仪表,而且还要不影响飞行员对舱外黑暗环境中的地标与空中目标的观察,就要根据人的视觉功能特点设计合理的飞机座舱照明的色度、亮度、均匀度等参数。至此,工程技术才真正与心理学密切结合起来,"人适应机器"的理念逐步转到"机器适应人"的新阶段,而工程心理学也逐步成为了一门独立的学科。

20世纪40年代中期至60年代是工程心理学的成长阶段。这个阶段的工程心理学关注的是机器适应人的问题,但是研究重点主要在军事工业领域,研究的领域是机器开关、按钮、操纵杆等控制器和表盘指针式仪表设计中的人的因素问题,即研究使仪表、控制器与人的感知觉特性及手足运动器官的反应特性相适应的问题。通常这个时期的工程心理学研究被称为“开关表盘”时代。同时，英美等国在这期间也开始了最初的追踪动作研究，如监控作业中，操作者特点的研究等。

在这个时期，工程心理学相关机构和出版物也有了新的发展。1945年，美国军方成立了工程心理学实验室；1950年，英国成立了世界上第一个人类工效学会；1949年，查普尼斯(A Chapanis)等出版了《应用实验心理学》一书。这本书系统地论述了人机工程学的基本理论和方法，为工程心理学奠定了理论基础。通常认为这本书是第一部真正意义上的工程心理学著作；同时，美国塔弗兹(Tafts)学院出版了《心理物理学资料手册》。这本手册是工程心理学的第一本资料手册①。

1.2.3 学科拓展

20世纪60年代后期至今，工程心理学逐步进入了高速发展时期。这一时期的工程心理学研究领域和应用范畴有了新的拓展。工程心理学的研究逐步发展应用到航天、医药、计算机、汽车工业和服务业等各个领域。

60年代后，宇宙航空事业开始发展，对工程心理学起了很大的推动作用。大量与航天相关的人机界面方面的研究得以进行，例如，宇航员的感知觉和操作能力的分析，控制器和显示器的界面设计等。

70年代后，随着计算机学科的发展和生产过程自动化程度的提高，人机交互方式和人在系统中的地位与作用发生了深刻变化。操作者在人机系统中不仅仅是机器的操作者，而且也成为自动化机器的监控者，而且人在人机系统中的体力负荷降低，心理负荷增大，人机之间的交互方式不仅仅是机械的，也有对话的。这些新的问题，新的交互方式，开拓了工程心理学的研究领域，推动了工程心理学的发展。

80年代后，随着信息论、控制论等新学科的进一步发展，工程心理学的研究结果大量应用到产业界。各类生产系统的安全和可靠研究成为了重要领域。90年代后，随着计算机和信息技术的进一步发展和普及，各类专家系统和人工智能技术日益完善，终将创造出具有类似人类思维能力的智能系统。这当中包含着大量全新的工程心理学问题，给工程心理学提出了研究的新方向和课题，如新兴人机交互界面研究(脑电和眼动交互等)、产品可用性和用户体验研究。

可以说，第二次世界大战是工程心理学发展史上的分水岭。早期的制作过程中人的因素的考虑是自觉的、无意识的一种觉悟。二战前的工程心理学是经验的，人机界面的优化主要是围绕着人对机器的适应进行的。二战后的工程心理学则是沿着科

---

① Chapanis, A., Garner, W. R., & Morgan, C. T. (1949). *Applied experimental psychology: Human factors in engineering design.*

学的范畴进行，更多的实验研究，更多的人的因素的考虑，人机界面的优化更多地强调机器对人的适应。

随着社会的进步，生产力的不断提高，工程心理学的研究将会不断地深入，应用也不断地拓展。智能机器系统的出现将会使人和机器的关系，从机器对人的适应逐步变为彼此交互适应的新阶段。

1.3 我国的工程心理学

20 世纪 30 年代，我国的工程心理学开始发展。50 年代到 60 年代，我国的心理学家就已结合生产实践开始了人机系统方面的研究工作。在文化大革命中，工程心理学的研究被迫中断。随后的 70 年代后期至 80 年代后期，我国的工程心理学得到了重建。90 年代以后，工程心理学开始飞速发展。

1.3.1 学科建立

20 世纪 30 年代，清华大学开设了工业心理学课程。陈立先生出版了我国第一本工业心理学专著《工业心理学概观》(陈立，1935)。这本著作论述了环境因素与效率、疲劳与休息、工作方法与效率、工业中之事故、工厂中之组织、工作中之激励与动机等问题。陈立先生还在北京南口机车车辆厂和无锡大通纱厂等处开展了工作环境和工作选择等研究。这个时期可以说是中国工程心理学的萌芽期。

50 年代中期至 60 年代，我国工程心理学家在操作分析、工伤事故预防和人机界面的设计方面做了许多工作。1957 年，曹日昌研究了时间间隔对触觉定位的影响；1957 年李家治等对工业事故的原因进行了分析研究；1959 年，中国科学院心理研究所劳动心理组对转炉炼钢工火焰视觉判断进行了初步研究；陈立等研究了细纱工培训中的心理学问题(陈立，朱作仁，1959)；封根泉(1966)研究了低负荷条件下的信号察觉的效率；1961 年，朱祖祥研究了劳动竞赛中的心理学问题(朱祖祥，1961)；1962 年至 1965 年，李家治等对闪光信号频率中的界面设计问题进行了一系列的研究(李家治，赫葆源，马谋超，1962；李家治，马谋超，1962；赫葆源，马谋超，1962；李家治，1963 年；李家治，1964；赫葆源，1964)；徐联仓在 1963 年、1964 年对信号相关的界面设计做了系列研究(徐联仓，1963a；1963b；1964)；李家治等在 1965 年和 1966 年对闪光信号的界面设计做了多项研究(李家治等，1965a；1965b；1966)；赫葆源等在 1965 年和 1966 年对开关板电表的工程心理学问题做了研究(赫葆源，1965；1966)；1966 年曹日昌等对弱电集中控制电站信号显示的工程心理学做了研究(曹日昌等，1966)；1966 年，彭瑞祥等对中小学普通教室照明环境进行了研究(彭瑞祥等，1966)。这些研究对我国工程心理学的发展起到了非常大的推动作用,也解决了当时工业设计中的许多人机界面问题。

在“文化大革命”时期,我国的工程心理学的研究工作被迫停顿。

1.3.2 学科重建

70 年代后期至 80 年代后期是中国工程心理学的重建时期。这一时期,工程心理学的发展进入一个新的阶段。

中国科学院心理研究所、航天医学工程研究所、空军医学研究所、杭州大学(现在的浙江大学)、同济大学等单位分别建立了工效学或工程心理学研究机构。

1979 年,杭州大学(现浙江大学)建立了我国第一个工业心理学专业,招收培养我国高校第一批工程心理学硕士和博士研究生。

1980 年,封根泉研究员编著的我国第一本工程心理学专著《人体工程学》出版。

1981 年,中国科学院心理学研究所和中国标准化研究所共同建立了“中国人类工效学标准化技术委员会”,并与国际人体工程标准化综合研究所共同建立了“中国人类工效学标准化技术委员会”,同时还与国际人体工程标准化技术委员会(CIEA)建立了联系。

1988 年,杭州大学的工业心理学专业被国家教委批准为国家重点学科。

1989 年,杭州大学的工业心理学实验室被批准为国家专业实验室。

1989 年,中国人类工效学会成立。1995 年,《人类工效学》杂志创刊。

1990 年,朱祖祥教授编写了我国高校用的第一本《工程心理学》教科书。

这一时期,工程心理学的研究工作主要集中在人机界面评价、设计,环境的设计、控制,工作负荷和人体测量学四个方面(刘润清,1966;朱晓星,1990;徐联仓,凌文辁,1981;徐国林等,1990;Zhu & Zhang, 1990)。

人机界面评价和设计研究主要有视觉显示器相关的工效学研究以及各种工业生产机械设备和生活设施的人机界面设计的研究。

视觉显示器相关的工效学研究: 例如,崔君铭等的铁路灯光信号显示研究(崔君铭等,1979),杨公侠等对仪表显示器的照度、对比度、色饱和度对检察速度的影响的研究(杨公侠等,1982),崔代革等用微型计算机实现动态画面显示对平显高度字符信号响应进行的实验研究(崔代革,1987),刘宝善等在模拟歼击机主仪表板上对各视区视觉判断效果的研究(刘宝善等,1987),吴剑明等对 VDT 作业中屏面背景亮度与对比度的交互作用的研究(吴剑明等,1988),许百华对不同环境条件下彩色信号灯亮度的研究(许百华,1988),沈模卫等对 VDT 字符点阵尺寸对汉字显示清晰度的影响的研究(沈模卫等,1989),吴剑明(1988)等对 VDT 对比度标准的研究(吴剑明,朱祖祥,

1988; Zhu & Wu, 1990)。

各种工业生产机械设备和生活设施的人机界面设计的研究：这些界面设计主要涉及到建筑机械驾驶室的设计(丁玉兰,1983;1986)、拖拉机驾驶座椅的设计(周一鸣等,1987)、飞机座舱的设计(李良民,1988)、机车司机室的设计(柏长勤,1988)、铲运机(温纪华,梁宗铨,1988)和手套型号的设计(胡自华,吴德才,贾明,1985)、厨房设备的设计(杨公侠,余亮,1989)。

环境的设计和控制方面的研究工作主要是与环境照明对视觉作业的影响相关的研究,例如,焦书兰等的视场亮度变化对视觉对比感受性的影响的研究(焦书兰,荆其诚,喻柏林,1979),Ching 等对中国 20—30 岁的青年被试视觉功能的研究(荆其诚等,1980),马谋超等的(1981)亮度对白光和色光临界融合频率影响的研究,朱祖祥等的照明性质对辨认色标的影响的研究(朱祖祥等,1982),金文雄等在强背景光照射下,绿、红、橙三种颜色灯的亮度对辨认信号的影响的研究(金文雄等,1986),张彤等对不同性质照明光的视觉功能的比较研究(张彤等,1986),梁宝勇等关于照明疲劳的研究(梁宝勇,许连根,1986),葛列众等关于照明水平、亮度对比和视标大小对视觉功能的影响的研究(葛列众等,1987),张华忠等关于照度和对比度对于视觉显示终端视觉功能的影响的研究(张华忠等,1988),牟晓非等关于环境照明对视觉显示终端作业的影响的调查和研究(牟晓非等,1988;1989),许为等关于环境照度和目标亮度对 CRT 颜色编码的影响作用的研究(Xu & Zhu, 1990)。另外,与照明环境相关的研究还有彭瑞祥和林仲贤等关于彩色电视肤色的研究(彭瑞祥等,1980;林仲贤,孙秀如,张增慧,1985)以及马谋超等对噪声烦恼类别之间的临界值的研究(马谋超等,1987)。

这个时期工作负荷的研究主要有各种工作的负荷分析和工作负荷指标两个方面。

各种工作的负荷分析研究：例如,张殿业等对鞍钢耐火厂、炼钢厂 22 个工种进行的体力劳动负荷的人机工程学分析及劳动强度测定(张殿业等,1987),王生等对搬运邮袋的生物力学分析及工效学评价(王生,Gross,1989),于永中等对长期从事显微作业的操作工人的视紧张、疲劳的研究(于永中,吴亚栋,1990),李天麟等对邮局分拣作业负荷的调查研究(李天麟等,1990),蔡荣泰等对服装作业工人劳动生理负荷的研究(蔡荣泰,杨磊,鲍世汉,1990),徐国林等被试对在缺氧状态下的作业绩效的研究(徐国林等,1990)。

工作负荷指标的研究：例如,汪慧丽等关于二次任务测量的研究(汪慧丽,郭素梅,赵惠玲,1988),张文诚等关于遥测肌电图的研究(张文诚,邵玉香,于永中,1990),朱祖祥等对心理负荷多种评价指标的比较研究(朱祖祥等,1987),朱祖祥、张智君等关于提举的工作负荷的研究(张智君,朱祖祥,1995;Zhu & Zhang,1990)。

这个时期人体测量学的研究主要有：刘宝善等基于握杆操纵技术（HOTAS）的应用对359名歼击机飞行员进行的19项手的人体测量数据的研究（刘宝善等，1989），李纾等关于中国男性青年被试手臂触及最大包络面的研究（Li & Xi，1990）。

这个时期其他的工效学研究有：李良民关于飞机座舱工效学标准的研究（李良民，1987），陈善广等关于语音识别的工效学研究（陈善广，姜淇远，1990），符文琛等对于工伤事故的工效学分析（符文琛等，1990）。

70年代后期至80年代后期，工程心理学学科得到了重建，多个全国性的学术组织和多个学术研究机构成立，初步形成了工程心理学的教学体系，工程心理学研究工作得到了飞速的发展，研究领域不断扩大，研究的成果也日益增多。

1.3.3 学科发展

20世纪90年代后期至今是中国工程心理学的快速成长发展期。

工程心理学的研究已经涵盖了工程心理学学科的各个领域，很多研究成果都在生产实际中得到了应用。在本书的后面章节中，我们将介绍其中的典型研究成果。

工程心理学逐渐形成了自己的学科体系，许多工程心理学的专著、辞典和教科书陆续出版，例如：方俐洛等和朱祖祥的工程心理学（方俐洛，王慧丽，于国丰，1989；朱祖祥，1990；朱祖祥，葛列众，张智君，2000），朱祖祥、刘金秋等和项英华的人类工效学（朱祖祥，1994；刘金秋等，1994；项英华，2008），朱祖祥的工业心理学大辞典（朱祖祥，2004），张侃等的工程心理学笔记（张侃，牟书，2013），朱祖祥和葛列众等的工程心理学教程（朱祖祥，2003；葛列众，李宏汀，王笃明，2012）。在这个时期，全国人类工效学标准化及技术委员会还专门编辑了人类工效学标准汇编（全国人类工效学标准化及技术委员会，2009）。

工程心理学研究建立了全国性的学术团体，继1989年中国人类工效学会和80年代中国心理学会工业心理学专业委员会成立以后，2014年，中国心理学会工程心理学专业委员会成立。中国科学院心理学研究所孙向红研究员任第一任主任委员。

工程心理学的研究机构遍及全国，不少高校、企业都有相应的研究机构。除了原有的中国科学院心理研究所、中国航天员科研训练中心（原是航天医学工程研究所）、空军医学研究所、浙江大学（原是杭州大学）、同济大学等的工程心理学及其相关的研究机构外，清华大学、北京航空航天大学、陕西师范大学、浙江理工大学、海军医学研究所、中国标准化计量研究院也都成立了与工程心理学相关的研究机构。成都飞机研究所、中国航空无线电电子研究所等军工企业，华为、联想、中国移动、阿里巴巴、方太等大公司也都有相应的工程心理学及其他与此相关的研究机构。

1.4 工程心理学的研究

这节中，我们将介绍工程心理学的研究领域和研究特点。

1.4.1 研究领域

根据研究问题的不同，工程心理学的研究可以分成界面显示、人机控制交互、人和环境界面、负荷及其应激、安全与事故分析、人计算机交互、产品可用性和神经工效学八个研究领域[①]，其中，界面显示、人机控制交互、人和环境界面三方面的研究属于传统问题的研究。人计算机交互、产品可用性和神经工效学的研究属于新兴问题的研究。负荷及其应激和安全与事故分析这两类研究则属于工程心理学的通用性问题研究。

工程心理学自诞生起，一直关注显示、控制和人环境的交互问题。界面显示、人机控制交互是人机界面中，人和机器相互对应的、彼此作用的两个方面的问题。

界面显示是机器对人的作用，是机器向人显示机器的状态和人监控、操作机器所需要的各种信息。研究的问题主要有：视觉显示中文字、符号、标志和仪表、灯光、电子显示器上信息的显示及相关的突显、编码和兼容性等问题；听觉显示中的言语可懂度和自然度以及语音和非语音界面设计的问题。

人机控制交互涉及的是人对机器的作用，是人对机器的各种操作和监控，研究的主要问题有：传统的开关、旋钮、控制杆等控制器的研究，眼动、脑控等新型控制界面的研究以及追踪和监控相关的工效学研究。

人和环境界面主要涉及的是人和环境界面的交互作用的相关研究，研究的主要问题是物理、社会和情景环境对人操作的交互影响的规律和特点。

人计算机交互、产品可用性和神经工效学的研究之所以属于新兴问题的研究是因为这些领域都是对新技术和新的研究推动下产生的新的问题的研究。计算机的出现和网络时代的到来，促使了人计算机交互的研究。在这个领域的研究中，机器的含义仅仅包括计算机及相关的设备和软件。研究的主要问题有：菜单、填空等传统界面，自适应等新型的智能界面网络界面以及鼠标、键盘等相关的硬件界面。产品可用性和用户体验研究是在20世纪90年代后逐步发展起来的。技术的创新、物质生活的丰富化和社会的进步不可避免地造成了不同用户产品需求的差异性以及对产品使用和享受的追求，在这个背景下出现的产品可用性和用户体验研究强调了产品和用

① 这八个问题的基本概念和相关研究，我们将在本书后面的各个相关章节中进行详细的介绍。

户之间功能需求上的匹配，追求用户在使用产品过程中的高效、舒适和良好的用户体验。神经工效学是在认知科学和脑神经机制研究的推动下发展起来的，这类研究的重点是人的操作行为的神经和脑机制。

负荷及其应激和安全与事故分析这两类研究属于工程心理学的通用性问题研究，因为人机系统中人或者操作者的各种操作行为都与负荷、应激和安全有关。负荷主要研究的是生理和心理上的负荷对工作绩效和人的舒适度的影响；应激是一个复杂的概念，以往的研究表明：可以从生理学、物理学、情绪状态和认知四个方面去加以理解。在工程心理学的学科范围中，对应激的研究更多的是考虑应激对操作行为的影响作用，并确保在应激条件下，人机系统的整体有效性。安全事故方面主要包括了事故原因、事故理论、事故预防三个基本的研究领域，其目的是基于对以往事故的分析，构建有效的理论假设，并建立合理的事故预防机制来降低事故的发生的概率和事故造成的危害程度。

1.4.2 研究特点

和其他学科一样，工程心理学也有独特的研究特点。这些特点主要有应用性、机制性和动态性。

应用性：工程心理学研究强调对实践的应用作用。应用性作为工程心理学的研究特点很容易让人理解，工程心理学的学科本身就是因为设备设计制造中的人的因素问题而产生的，而且工程心理学中新的研究问题的出现也是因为应用本身的需要，例如，计算机和网络的出现导致了人计算机交互研究的出现，也因为如此，工程心理学的研究强调研究结果对实践的应用作用。即强调研究的外部效度。

为了实现或者说达到应用性的目的。工程心理学的研究中较多地采用模拟、验证的思路。例如，可以模拟动态日照环境来模拟日常地面照明环境，考察这种动态模拟环境对宇宙飞船上长期生活在失重环境中的宇航员作业绩效和舒适度的影响作用。另外，如果在原有界面或者工具的评价研究的基础上，提出了一种新的界面优化设计的时候，就需要用验证的方法去证实这种优化设计的适应性。例如，研究者曾专门设计了一种新的中文提示键盘，并找了新手和专家用户，对比原有键盘和这种新型键盘的使用情况进行了验证性实验，以证实这种新键盘的适应性(毕纪灵，刘宏艳，葛列众，2015)。当然这种验证需要考虑原有设计和新设计的对比研究，也需要考虑不同用户使用的差异性。

机制性：工程心理学的研究并不注重(或者说较少地关注)行为外在表现的内在机制的探索。机制性作为工程心理学的研究的一个特点是和其应用性相关的。如果研究的目的是具体的应用，为什么要关心其内在机制呢？这是许多工程心理学研究者经常遇到的一个问题。许多公司或者说应用单位和研究者合作进行的项目,很少要求探讨或者很少关心一种新的设计优势的内在机制是什么。例如,我们设计了一种新的输入键盘,在反应时和正确率等绩效数据和主观评价数据上都证明了这种新的输入键盘的优越性。这时,我们就很少会去继续探讨这种优势性的内在原因。

机制性是工程心理学研究的一个特点,也是过分强调研究的应用性所带来研究上的一个局限。近年来,由于认知神经学科的不断发展,神经工效学的兴起,许多工程心理学的研究越来越注重甚至专门研究新的界面设计的操作的内在机制。例如,Shaw 等(Shaw 等,2009)采用经颅多普勒超声(TCD)技术,发现了听觉及视觉任务中的警戒水平和脑血流速率(cerebral blood flow velocity, CBFV)之间的耦合关系,而且这种耦合关系在大脑右半球强于左半球。该结果表明:血流速率可以作为警戒作业中资源损耗的代谢指数,用于警戒水平的监控。这类研究的成果可以为作息制度的制定以及安排警戒相关的工作提供科学的依据。

应该说,机制性是工程心理学研究的特点,特别是在以往研究中,这个特点较为明显,但是随着神经工效学研究的不断发展和进步,工程心理学研究也开始注重研究界面操作行为内在的机制,而这种变化的本身将推动工程心理学研究的不断深入发展。

动态性: 动态性指的是强调动态界面优化的研究。在传统的人机界面优化研究中,研究者通常根据界面设计上的问题,进行研究,然后根据实验的结果优化界面以实现安全操作,并提高操作绩效和主观满意度。例如,人机界面视觉信息的有效呈现问题一直是工程心理学研究的核心问题,以往的研究提出了各种显示技术以提高操作者的操作绩效。这些技术主要有:突显技术(Wickens 等,2004; McDougald & Wogalter, 2013)、有效布局呈现技术(Altaboli & Lin, 2012)、焦点背景技术(Utting & Yankelovich, 1989;葛列众,魏欢,郑燕,2012)、可视化技术(Fabrikant, Montello, & Mark, 2010)等。但是应用这些技术实现的界面优化都是一种静态的信息显示方式,即界面的显示方式决定于界面初始的设计,不会根据人机交互过程中人机交互特性或者用户实际的个体差异进行相应的即时性变化以满足用户的操作需要。例如,文献库的文献检索操作,它可以根据实验结果将用户经常检索的文献进行突显设置(把特定文献标上下划线或者用红色字体呈现)。这种界面的优化明显可以提高用户的搜索绩效。但是这种突显设置不会按照用户检索操作的变化或者用户的不同发生变化,即检索的界面决定于界面的初始设计。随着要求呈现的信息量逐渐增加、操作日趋复杂化,这种研究的应用也无法满足每一个操作者高效操作的要求。由此,近年来工程心理学显示方面的研究提出了一种交互显示(interactive display)的新技术。根据这种研究的结果优化的界面可以根据用户的即时输入或者用户的操作规律和特点改变初始设置的显示内容或方式，从而满足操作者对复杂信息进行高效操作的需求（葛列众等，2015）。例如，在文献库的文献检索操作中，可以根据实验结果将用户经常检索的文献进行自适应设计，即该界面可以按照频率算法将操作者经常操作的特定文献按检索的频率次数依次从头至尾排列，而且由于不同的操作者各自检索的不同，文献排列的顺序也会各不相同。这种交互显示的研究，可以充分考虑操作者交互操作的特点和各个操作者的操作之间的差异性，从而有效地提高海量信息呈现的有效性。

动态性研究的特点使得工程心理学的研究发展到一个新的阶段。首先，对界面的优化方式从过去静态的优化转变成一种动态的优化，并实现了智能界面的发展，进而为实现交互过程中机器和人的彼此适应奠定了基础。其次，工程心理学研究中突出了机制性或者说操作规律的研究。为了实现机器界面的动态优化，就需要对人的操作特点和机制的分析，因为只有在这种分析的基础上，才能很好地实现动态的优化。例如，由于考虑到携带式交互设备（例如手机）通常界面尺寸有限，因此软键盘的研究中一个重要问题就是设计大小合理的软键盘按键。按照静态界面优化的思路，可以找不同性别、年龄、操作经验的被试进行实验，最后按照平均化原则，得出一个不同性别、年龄或者操作经验的用户都大致可以接受的按键尺寸大小。这种优化设计的缺点就是没有考虑不同人群的操作经验或者年龄、性别差异带来的手指大小对输入绩效的影响。在动态性的研究中，首先研究者得出了不同手指尺寸大小对输入操作的影响规律，然后按照这一规律设计了一个动态的自适应软键盘。该键盘可以根据用户即时操作的绩效（错误率），调整软键盘按键的大小，以适应不同用户的操作需要（陈肖雅，2014）。由此可见，动态性的研究特点需要我们去探索操作者在界面操作中的特点和规律，并把这种规律和特点具体应用到界面优化中。

上面我们论述了工程心理学研究中的三个特点：应用性、机制性和动态性。可以说应用性是工程心理学学科本身决定的一个特点，而机制性和动态性反映了当前工程心理学研究发展的两个基本的趋势。机制性表明工程心理学的研究开始摆脱只重视行为规律和特点的研究，而开始注重这种规律和特点背后的原因机制的研究。动态性则反映了工程心理学的研究的应用从过去的静态界面的优化开始转变为注重动态界面的优化。我们相信随着技术的创新，人们生活水平的提高，工程心理学的应用会不断地扩大，而工程心理学研究的机制性和动态性的特点将进一步提高工程心理学的研究水平。

参考文献

柏长勤.(1988).人机工程学原理在 petra 系统中的应用.信息与控制,4,50—55.
毕纪灵,刘宏艳,葛列众.(2015).适合汉语全拼输入的提示性软键盘的研发与验证.心理科学,4,009.
蔡荣泰,杨磊,鲍世汉.(1990).服装作业工人劳动生理负荷的研究.华中科技大学学报,医学版(S1),41—43.
陈立.(1935).工业心理学概观.北京:商务印书馆.
陈立,朱作仁.(1959).细纱工培训中的几个心理学问题.心理学报(1),42—50.
陈善广,姜淇远.(1990).语音识别系统性能的工效学研究.航天医学与医学工程,3,216—221.
陈肖雅.(2014).用于大触摸屏软键盘的大小自适应研究.浙江理工大学硕士学位论文.
曹日昌,李家治,荆其诚等.(1966).对弱电集中控制电站信号显示的工程心理学意见.心理学报,1,27—58.
崔君铭,申凤鸣,陈德茂等.(1979).铁路灯光信号显示的一些研究.心理学报,11(2),207—220.
崔代革.(1987).用微型计算机实现动态画面显示——平显高度字符信号响应的实验研究.心理学报,19(2),150—157.
丁玉兰.(1983).人类工程学与建筑机械驾驶室的设计.建筑机械(2).
丁玉兰.(1986).运行式机械驾驶室的人机系统设计.建筑机械(1).
达尔.(2010).人机工程学入门.北京:机械工业出版社.
戴维·迈尔斯[美].(2013).心理学(第 9 版).北京:人民邮电出版社.
封根泉.(1966).低负荷下信号察觉效率的研究.心理学报,1,71—78.
封根泉.(1980).人体工程学.兰州:甘肃人民出版社.
符文琛,贺霞,李金平,张印斗,濮惠英.(1990).100 例因工死亡事故的人机工程学初步分析.铁路节能环保与安全卫生,2,26—28.
方俐洛,王慧丽,于国丰(1989).工程心理学.北京:团结出版社.
葛列众,朱祖祥.(1987).照明水平、亮度对比和视标大小对视觉功能的影响.心理学报,3,270—281.
葛列众,胡凤培.(2001).多元视觉显示的工效学研究.心理科学进展,9(3),201—204.
葛列众,魏欢,郑燕.(2012).焦点—背景技术对学习绩效的影响研究.人类工效学,18(3),45—48.
葛列众,李宏汀,王笃明.(2012).工程心理学.北京:中国人民大学出版社.
葛列众,孙梦丹,王琦君.(2015).视觉显示技术的新视角,交互显示.心理科学进展 23(4),539—546.
黄河.(2016).设计人类工效学.北京:清华大学出版社.
黄胜银　卢松涛.(2014).机械制造基础.北京:机械工业出版社.
赫葆源,马谋超.(1962).闪光频率辨识中的时间知觉问题.心理学报,4,324—333.
赫葆源.(1964).相位差对闪光信号辨认和似动现象的影响.心理学报,2,121—130.
赫葆源,马谋超.(1965).光坪对同时性闪光信号辨认的影响.心理学报,9(1),63—75.
赫葆源.(1965).关于开关板电表阅读的初步试验.心理科学,3,59—63.
赫葆源,王缉志,成美生,焦书兰.(1966).开关板电表刻度线粗细、长短、间隔与观察距离的初步研究.心理学报,1,59—70.
胡自华,吴德才,贾明.(1985).手套号型系列的确定——人类工效学在皮革手套生产上的应用.中国皮革(8).
金文雄,朱祖祥.(1986).强背景光照射下,绿、红、橙三种颜色灯的亮度对辨认信号的影响.应用心理学,2,28—30.
贾俊平.(2014).统计学基础(第二版).北京:中国人大出版社.
梁宝勇,许连根.(1986).关于几种照明的视觉疲劳的实验研究.心理学报,1,25—34.
刘宝善,杨企文.(1989).握杆操纵技术中手的测量.航天医学与医学工程,4,243—248.
刘润清.(1966).关于飞机仪表显示方式设计的几点意见.航空学报,2.
刘宝善,白德明.(1987).模拟歼击机主仪表板各视区视觉效果的研究.心理学报,1,86—91.
刘金秋等.(2008).人类工效学.北京:高等教育出版社.
李良民.(1988).飞机座舱设计的工效学要求.应用心理学,1,23—27.
李祚.(2011).始于吉尔布雷斯的动作分析研究.人力资源,1,44—47.
李家治.(1963).闪光信号的语义干扰.心理学报,7(3),165—174.
李家治.(1964).关于闪光信号语义干扰的另一些实验研究.心理学报,8(2),113—120.
李家治,徐联仓.(1957).工业事故原因的初步分析.心理学报,00,184—193.
李家治,赫葆源,马谋超.(1962).闪光信号的频率选择实验研究.心理学报,6(4),305—313.
李家治,马谋超.(1962).闪光频率的辨认和等辨量表.心理学报,6(4),324—333.
李家治,焦书兰.(1965).光坪对相继性闪光信号辨认的影响.心理学报,9(3),230—240.
李家治,王缉志.(1965).有光坪条件下同时性闪光信号的频率辨别阈限.心理学报,9(4):314—322.
林仲贤,孙秀如,张增慧.(1985).电视彩色肤色测试卡的研制.心理学报,4,356—360.
马谋超,何存道.(1987).噪声烦恼类别之间的临界值测定.心理学报,4,381—385.
李天麟,鲁锡荣,陈芳等.(1991).某邮局分拣作业工效学调查研究.卫生研究,6.
马谋超,赫葆源,纪桂萍等.(1981).中国人眼光谱相对视亮度函数的研究——Ⅳ.亮度级对光谱相对视亮度的影响.心理学报,13(2),186—191.
牟晓非,吴文灿.(1988).视觉显示终端作业环境照明的调查与测定.航天医学与医学工程,2.
牟晓非,吴文灿.(1989).视觉显示终端(vdt)周围照明对视觉功能影响的研究.航天医学与医学工程(2).
牟书.(2013).工程心理学笔记.北京:商务印书馆.
孟祥旭.(2010).人机交互基础教程.北京:清华大学出版社.

彭瑞祥,罗胜德,喻柏林等.(1966).中小学普通教室自然光、白炽灯、萤光灯课桌面照度的研究.心理学报,2,85—93.
彭瑞祥,孙秀如,林仲贤等.(1980).彩色电视记忆肤色宽容度的实验研究.心理学报,2,189—194.
沈模为,朱祖祥.(1989).Vdt 字符点阵尺寸对汉字显示清晰度的影响.应用心理学,3,21—26.
吴剑明,朱祖祥.(1988).Vdt 作业中屏面背景亮度与对比度的交互作用.应用心理学,16—22.
汪慧丽,郭素梅,赵惠玲.(1988).不同的第二任务在心理负荷测量中敏感性的比较.心理学报,3,277—282.
王生,Clifford M. Gross.(1989).搬运邮袋的生物力学分析及工效学评价.中华劳动卫生职业病杂志,6,3—5.
王庭槐.(2015).生理学(第 3 版).北京：人民卫生出版社.
吴剑明,朱祖祥.(1988).Vdt 作业中屏面背景亮度与对比度的交互作用.应用心理学,16—22.
温纪华,梁宗铨.(1988).铲运机设计中的人机工程学因素.采矿技术,11.
许百华.(1988).不同背景照明光下正确辨认颜色灯光信号的亮度对比阈.应用心理学,2,31—37.
席焕久.(2010).人体测量方法.北京：科学出版社.
项英华.(2008).人类工效学.北京：北京理大出版社.
徐联仓.(1963).水平排列信号的组合特点对信息传递效率的影响.心理学报,7(4),321—329.
徐联仓.(1963).信息多余性对掌握信号结构过程的影响.心理学报,7(3),230—238.
徐联仓.(1964).刺激与反应配合的适合性与对水平排列信号的言语反应和运动反应特点的关系.心理学报,8(4),320—330.
徐联仓,凌文辁.(1981).提高毛纺产品质量的工效学研究.心理学报(4),430—439.
徐国林,周传岱,张静雪等.(1990).人体严重急性低缺氧耐力的评定.航天医学与医学工程,4,235—239.
杨公侠,池根兴,江厥中等.(1982).仪表显示器的照度、对比度、色饱和度对检察速度的影响.心理学报,4,391—396.
徐国林,周传岱,张静雪等.(1990).人体严重急性低缺氧耐力的评定.航天医学与医学工程,4,235—239.
杨广勇.(1987).金属切削效率与泰勒公式.水利电力机械(2).
杨公侠,余亮.(1989).确定厨房设备最佳高度的工效学研究.同济大学学报,自然科学版,3,359—368.
喻柏林,焦书兰,荆其诚等.(1979).照度变化对视觉辨认的影响.心理学报,3,319—325.
于永中,吴亚栋.(1990).视紧张作业工效学的调查研究Ⅰ.显微作业对视功能与工效的影响.中国职业医学,2,81—85.
尹定邦,邵红.(2013).设计学概论(第 3 版).北京：机械工业出版社.
易树平,郭伏.(2013).基础工业工程.北京：机械工业出版社.
朱祖祥.(2003).工程心理学教程.北京：人民教育出版社.
朱祖祥.(1961).劳动竞赛中的几个心理学问题.心理学报,4,245—258.
朱祖祥.(1990).工程心理学.上海：华东师范大学出版社.
朱祖祥.(1994).人类工效学.杭州：浙江教育出版社.
朱祖祥,葛列众,张智君(2000).工程心理学.北京：人民教育出版社.
朱祖祥.(2000).工程心理学.北京：人民教育出版社.
朱祖祥.(2001).工业心理学.杭州：浙江教育出版社.
朱祖祥.(2003).工业心理学教程.北京：人民教育出版社.
朱祖祥.(2004).工业心理学大辞典.杭州：浙江教育出版社.
朱祖祥,许跃进.(1982).照明性质对辨认色标的影响.心理学报,2,211—217.
朱晓星.(1990).物理环境对劳动效率的影响——国外劳动工效学的有关研究.中国劳动(11),42—45.
周一鸣,吴陵生.(1987).关于拖拉机驾驶座椅设计中的人机工程学问题.农业机械学报,2.
张彤,朱祖祥,郑锡宁,颜来音.(1986).不同性质照明光的视觉功能比较.应用心理学,3,19—24.
张华忠,荆其诚.(1988).照度和对比度对于视觉显示终端视觉功能的影响.心理学报,3,243—252.
张殿业,李健胜,马至芹,张宝库.(1987).体力劳动间歇时间的人机工程学研究.工业卫生与职业病,3.
张文诚,邵玉香.(1990).遥测肌电图在工效学研究中的应用.中华劳动卫生职业病杂志,2,85—87.
张智君,朱祖祥.(1995).视觉追踪作业心理负荷的多变量评估研究.心理科学,6,337—340.
张智君,朱祖祥.(1997).追踪作业中几种心理负荷评估指标敏感性的研究.应用心理学,2,27—31.
全国人类工效学标准化及技术委员会.(2009).人类工效学标准汇编.北京：中国标准出版社.
J. Glenn Brookshear.(2009).计算机科学概论(第 11 版).北京：人民邮电出版社.
Altaboli, A., Lin, Y.(2012). Effects of unity of form and symmetry on visual aesthetics of website interface design. *Proceedings of the Human Factors and Ergonomics Society Snnual Meeting*, *56*(*1*), 728 - 732.
Barnum, C. M. (2010). Usability Testing Essentials, Ready, Set... Test!. San Francisco: Morgan Kaufmann Publishers Inc.
Ching, C. C.(1980). Visual performance of young chinese observers. *Lighting Research Technology*, *12*, 59 - 63.
Dunlap, J. W. (1949). Applied experimental psychology; human factors in engineering Design. *American Journal of Psychology*, *9*(*2*), 40 - 40.
Fabrikant, S. I., Montello, D. R., Mark, D. M.(2010). The natural landscape metaphor in information visualization, The role of commonsense geomorphology. *Journal of the American Society for Information Science and Technology*, *61*(*2*), 253 - 270.
Li, S., Xi, Z.(1990). The measurement of functional arm reach envelopes for young Chinese males. *Ergonomics*, *33*(*7*), 967 - 978.
Parasuraman, R.(2003). Neuroergonomics, research and practice. *Theoretical Issues in Ergonomics Science*, *4*, 5 - 20.
McDougald, B. R., Wogalter, M. S. (2013). Facilitating pictorial comprehension with color highlighting. *Applied*

Ergonomics, *45*(*5*),1285 - 1290.

Shaw, T.H., Warm, J.S., Finomore, V., Tripp, L., Matthews, G., Weiler, E., et al. (2009). Effects of sensory modality on cerebral blood flow velocity during vigilance. *Neuroscience Letters*, *461*,207 - 211.

Utting, K., Yankelovich, N. (1989). Context and orientation in hypermedia networks. *ACM Transactions on Information Systems* (*TOIS*), 7(*1*),58 - 84.

Wickens, C.D., Ambinder, M.S., Alexander, A.L., Martens, M. (2004). The role of highlighting in visual search through maps. *Spatial Vision*, *17*,373 - 388.

Xu, W.,Zhu, Z.(1990). The effects of ambient illumination and target luminance on colour coding in a CRT display. *Ergonomics*, *33*(7),933 - 944.

Zhu, Z.X.,Wu, J.M.(1990). On the standardization of vdt's proper and optimal contrast range. *Ergonomics*, *33*(7), 925 - 932.

Zhu, Z.X.,Zhang, Z.J.(1990). Maximum acceptable repetitive lifting workload by chinese subjects. *Ergonomics*, *33* (7),875 - 884.

2 研究方法

作为一门科学,工程心理学研究方法在工程心理学整个学科体系中占有重要的地位。坚持客观性和可检验性是工程心理学研究的基本要求。坚持客观性要求在研究中采用科学的态度,以客观事实为基础,实事求是地对待和分析客观事实。可检验性则要求研究结果和理论能够经得起实践的检验,能够应用于生产实际并产生预期的效果。

本章讲的是工程心理学的研究方法。通常,工程心理学研究方法包括实验研究和数据处理两个基本的部分。本章中,第一节(2.1节)经典的实验研究方法和第二节(2.2节)神经生理方法属于实验研究方法。经典的实验研究方法主要是根据研究目的,采用问卷法、访谈法等各种方法获得客观刺激物引起的各种心理量、人的心理特性和主观体验、态度动机等心理行为数据,从而进一步得出科学结论。神经生理方法主要是根据研究目的,从生物学的角度对人的因素进行研究,采用眼动追踪技术、心理生理测量技术和脑功能检测技术获得个体的神经及生理数据。第三节(2.3节)、第四节(2.4节)的经典的数据统计方法和数学模型方法则属于工程心理学研究的数据处理部分。第三节(2.3节)是经典的数据统计方法,主要是论述诸如描述性统计分析等一些常规的心理学数据统计方法;第四节(2.4节)是数学模型方法,主要论述的是用数学模型的方法表征心理学研究中的变量关系。

2.1 经典的实验研究方法[1]

2.1.1 概述

工程心理学研究中,操作者或者用户的心理量测量主要有以下三类:

- 客观刺激物刺激引起的动作行为反应的测量,例如,对不同灯光信号的反应时、正确率的测量等;
- 客观刺激物刺激引起的主观体验、态度动机的测量,例如,操作某网站的主观体验或者态度动机的测量等;
- 操作者或者用户心理特性的测量,例如,智力测量和能力测量等。

此外,工程心理学研究还需要对客观刺激物物理量进行测量,例如,计算机屏幕上字符大小的测量、环境心理物理量的测量和照明环境下的光的强度的测量。

在工程心理学研究中,经典的研究方法主要有问卷法、访谈法、观察法和实验法四种。通过实验法或观察法可以完成对由客观刺激物刺激引起的操作者或者用户的动作行为反应的测量,而通过问卷法或访谈法则可以完成对人的心理特性和主观体验、态度动机等的测量。

工程心理学研究领域也有一些专用的研究方法。这些研究方法可以参考专门的研究方法的书籍,例如,可用性研究方法可以参考李宏汀、王笃明、葛列众著的《产品可用性研究方法》。

在工程心理学研究中,对心理测量的评价是通过信度和效度两个指标来衡量的,而对实验的评价则是通过分析实验的可重复性和研究效度来实现的。

信度(reliability)指的是测量的可靠性或稳定性。在相同的条件下,同一种测量

---

① 本部分参照:葛列众,李宏汀,王笃明.(2012).工程心理学.北京:中国人民大学出版社.

方法,先后多次测量的结果一致性程度越高,就说明这种研究方法越可靠,其信度也越高,反之就说明这种方法的信度较差。效度(validity)指测量的准确性。一种测量越能准确地研究出它所测量的内容,这种测量的效度就越高。例如,一种音乐能力测验如果能够测出一个人的实际音乐能力,那它就是一个高效度的测验。信度和效度是评价心理测量不可或缺的指标。信度是效度的必要但非充分条件,即信度高效度未必高,但是高效度必须要有高信度作保证。研究中,必须同时把握信度和效度这两个指标。

评价实验的研究效度主要有内部效度(internal validity)和外部效度(external validity)。内部效度指的是实验中自变量和因变量关系的确切程度。在一个实验中,因变量的变化由自变量决定的程度越高,这个实验的内部效度就越高;反之,则越低。外部效度指的是实验结果应用于实验以外的情况的有效程度。一个实验结果应用于实验外情景的有效性越高,这个实验的外部效度就越高;反之,则较低。

2.1.2　问卷法、访谈法和观察法

问卷法

问卷法是通过问卷收集数据的研究方法。在工程心理学研究中,采用问卷法一方面可以用来了解操作者或者用户对机器操作、工作环境的主观评价和体验,另外一方面也可以用来了解产品用户对各种产品设计的主观评价和偏爱,同时采用问卷法也可以获得诸如操作者或者用户年龄、身高、教育程度等基本数据。

工程心理学研究中也经常需要对人的智力、能力、成就和个性等心理特征进行测量。这些心理特征的测量通常需要采用测验的形式,即测验法。测验法通常也属于问卷法,但是二者区别在于,测验法往往采用标准化的测试材料(如各种测试量表),而且需要把测量的结果和常模进行比较,进而对所测的心理特性做出评价。

问卷法和测验法的测量结果可以作为评价和改进各种机器、系统或者产品设计的重要依据,也可以作为合理选择、淘汰机器或者系统操作人员的重要依据。

相对于其他研究方法,问卷法是获得研究数据效率最高的方法。问卷法可以在有限的时间内,投入少量的资金和人力,获得大量的数据信息。

问卷法所获得的研究数据便于统计分析。由于问卷是经过设计的,问题的表达形式、提问的顺序、答案的方式与方法都可以是固定的,因此数据的编码、分析和解释都相对简单,而且由于样本具有代表性,所以也可以通过对问卷的数据结果进行的统计处理,对总体的情况作较为合理的判断。

被测试者的态度和对问卷所提问题的理解是影响问卷数据可靠性的重要因素。

当被测试者态度不端正、不愿意提供准确的信息或者当被测试者对问卷所提的问题理解有偏差甚至发生错误时，通过问卷法得到的数据就会出现偏差。

进行问卷法研究时，首先要确立研究目标，然后设计相应的问卷，确立研究样本，实施问卷调查，最后是对数据进行分析，并撰写研究报告。

一份完整的问卷通常包含标题、卷首语（封面语）、指导语、问卷主体和结束语五个部分。

问卷的设计有确定问卷框架、起草问卷、修改问卷、测试问卷和问卷定稿这五个步骤。

问卷的题目类型有不同的形式。根据问题回答内容和问题备选答案不同可以分成两种不同的类型。其中，根据问题内容的不同，可以分成行为类、态度类和背景类问题。根据问题备选答案不同，可以分为开放型、封闭型和半封闭型问题。

问卷的实施可以分为离线问答和在线式问答，也可以分为自填问答和代填式问答。

离线式问答要求被测试者用笔在纸质问卷上填写相关内容。在线式问答是在相关网站的网页上呈现问卷，被测试者在网页上填写相关内容。相比之下，在线问卷调查更加便捷，节约成本，但被测试者的匿名性更容易对问卷数据的可靠性产生不良影响。

自填式问答要求被测试者本人亲自填写问卷，而代填式则是由测试者按照被测试者的叙述填写问卷内容。问卷调查通常采用自填式问答。但是，当被测试者不在现场，需要测试者通过电话与之沟通时，或者当被测试者文化程度不高，不能阅读填写问卷时，就需要采用代填式问答。

问卷回收后，就需要对问卷数据进行编码录入和分析处理，并最终形成研究报告。

通常，问卷数据的处理可以用 Excel 或 SPSS 之类的专用软件完成。一个完整的问卷调查报告应该包括调查目的、调查方法的详细描述（样本、方法等）、调查结果（结果数据、研究结论和各种支持研究结论的表格、图解等）以及其他附录文档（调查问卷、样本等）。

访谈法

访谈法是通过访谈者与被访者之间的交流来获取研究数据的研究方法。在工程心理学研究中，访谈法经常被用于发掘机器或者系统的操作人员以及产品用户的主观评价或者体验、动机的深层原因。

访谈法最重要的特点是它的互动性，即访谈者与被访者之间的交流和沟通可以形成互动。这种互动性有助于发掘原因动机等深层次的信息材料。但是，访谈法获得的信息难以被统计检验，信息量也相对较少。

在具体的研究实施中，访谈的类型是各不相同的。按照提问方式的不同，访谈可以分为标准化访谈、非标准化访谈和半标准化访谈三种不同的类型。按照交流方式的不同，访谈(是否借助一定的中介，如电话)还可以分为直接访谈、间接访谈。按照被访者人数的不同，访谈还可以分为个体访谈和集体访谈。

标准化访谈又称为结构式访谈或控制式访谈。标准化访谈是按照事先设计好的有一定结构的访谈问题进行的一种控制式的访谈。非标准化访谈又称为无结构式访谈或无控制访谈。这种访谈是通过访谈者和被访者之间自然交谈的方式进行的，多用于探索性研究和大型调查的前期研究。半标准化访谈是为了既能克服标准化访谈中过多的拘束，又能兼顾标准化访谈便于统计处理的优点而创制出来的一种访谈方式，其形式介于标准化访谈和非标准化访谈之间。

直接访谈又称面对面的访谈。这是一种访谈者与被访者之间直接进行的面对面的访谈。间接访谈是访谈者通过一定的媒介(如电话)与被访者进行非面对面的访谈。

个体访谈指的是访谈者和被访者一对一的访谈。集体访谈也称座谈会，是很多调查对象集中在一起同时进行的访谈。

访谈法的实施流程主要包括：设计访谈提纲、提问、捕捉信息、反馈信息以及信息整理。

访谈实施中，访谈者需注意的要点有：建立和被访者之间彼此信任的关系；创设恰当的谈话情境；掌握谈话所需的背景知识；具备细致的洞察力、耐心和责任感；不对被访谈者进行暗示和诱导；能如实准确地记录访谈资料；不曲解被访者的回答等等。

观察法

观察法是指研究者直接或者借助一定的辅助工具(如，照相机、录音机等)观察被研究对象，从而获得研究数据的方法。

在工程心理学研究中，观察法经常被用于获得操作者操作机器或者在特定工作环境中的行为特征，也可以用来了解产品用户使用产品的行为特点。通过对产品装配流水线的系统观察，工程心理学家可以发现装配工人操作的特点和规律，找到装配工人和流水线的合理配置，而普通的参观者通过对流水线的参观可能就发现不了相关的问题。

观察法常用于以下三种场合：

- 研究者希望得到被观察者的外显行为数据；
- 被观察者的行为不能被有效控制，或者说如果加以控制，该行为就会受到影响而降低研究效度；

- 由于道德因素，被观察者的行为不能被控制。

观察法的最大优点在于，研究者可以得到特定情境下被观察者的自然行为表现，例如，在汽车装配流水线上，观察操作工人在特定照明条件下的操作行为。但是，观察法在实施过程中需要花费大量的时间，得到的行为数据也只能够说明“什么”或者“怎么样”的问题，但却不能解释“为什么”。这些是观察法的不足之处。

按照不同的维度划分，科学观察有各种不同的种类。若按观察者是否借助观测工具来进行观察划分，观察可以分成直接观察与间接观察。若按被观察者是否受到控制进行划分，观察可以分成有控观察和无控观察。观察还可根据观察者参与被观察者的活动的程度大小分为参与观察、半参与观察和非参与观察。根据是否事前确定观察的目的、内容和步骤，观察还可以分为结构观察与非结构观察。在对观察对象与实际情况不了解的场合一般多采用非结构观察。在具体实施中，经常取长补短，先做非结构观察，再做结构观察。

观察法的流程大致是：明确研究目的，制定观察计划，准备相应的工具和文档，取样，实施观察和统计观察数据和资料。必要时还要进行补充观察。

在观察实施时，除了需要制定计划，观察者还需要注意以下几点：明确研究目的；对所观察的行为要有专门的特征描述；做好客观记录；防止偏见干扰等等。

2.1.3 实验法

实验法是指有目的地控制研究条件或者变量，对各种变量关系进行研究的方法。实验法是工程心理学各种研究方法中最重要的一种。与其他方法相比，实验法有以下特点：

- 严格控制实验条件，排除干扰或无关因素对实验结果的影响，确定变量之间的因果关系和变化规律；
- 根据研究目的，实验法可以设置特定的实验情境或条件，主动地对问题进行研究；
- 可以对研究的结果进行反复观测、验证；
- 可以方便地运用统计方法对研究结果进行量化分析和推断。

但是，由于实验法是人为控制条件或者变量的，所以实验法容易与实际脱节，在将实验室研究结果应用于生活和生产实际时，要注意其外部效度。

从不同的角度出发，可以对实验法进行不同的分类：

- 按实验情境特点不同，可以分为实验室实验和现场实验；
- 按所控制的自变量因素数量多少，可分为单因素实验和多因素实验；
- 按实验变量控制的不同要求，可分为真实验(true experimentation)和准实验

(quasi experimentation)。真实验的特点是,能够按照实验的目的随机选取、分配被试,严格控制无关变量,操纵自变量的变化,准确测量因变量的变化。准实验不采取随机化的原则选取、分配被试,但是和真实验一样也能够严格控制无关变量,操纵自变量的变化,并准确测量因变量的变化。有不少现场实验都是准实验设计。

各种实验有其特点和局限性,分别适合在不同的场合使用。

实验变量

工程心理学实验研究通常涉及的变量有自变量、因变量和无关变量三种。

自变量(independent variable)又称刺激变量,是实验研究中由研究者主动操纵的、能引起因变量发生变化的因素或条件。具体的实验实施中,研究者需要根据研究问题的不同,设置相应的自变量。

因变量(dependent variable)又称反应变量,指的是实验研究中,自变量变化而引起的实验被试的某种特定的反应。因变量大体可以分为客观指标和主观指标两种类型。客观指标指的是在实验中受自变量影响的可以借助仪器设备记录下来的实验被试的客观反应,主要有绩效指标和生理指标两类。主观指标指的是在实验中自变量作用下的实验被试的主观反应,例如,实验被试的主述,实验被试的主观评价分等。

无关变量(extraneous variable)又称干扰变量,或者叫控制变量(controlled variable),指的是实验过程中对实验结果有干扰作用的变量。无关变量和自变量对因变量都有一定的作用,但是无关变量对因变量的影响可能会影响到自变量对因变量的作用,导致实验结果失真。

对无关变量控制的前提是对无关变量进行明确的操作化定义,即对无关变量进行定性或者是定量的描述。具体的无关变量的常用控制方法主要有消除法、限定法、纳入法、配对法、随机法、测试法、恒定法和训练法。这些方法可以用在不同的情况中。

实验设计

实验设计的实质就是对实验变量的操作和对实验样本的选择,即自变量和因变量的挑选、自变量和因变量的合理配置、无关变量的控制、样本及其数量的选择。

常用的实验设计根据不同的维度可以有不同的分类。根据随机化原则,分为完全随机设计和随机区组设计;根据被试接受实验处理的不同情形,分为被试内设计、被试间设计和混合设计;根据自变量的多少,分为单因素设计和多因素设计。

完全随机设计(complete random design)是指要从某一明确界定的人群总体中随机地抽选参加实验的被试样本,并把这个被试样本随机地分配到各个实验处理。在单因素实验中,如果自变量只有两个水平(一个是有实验处理,另一个是无实验处理),完全随机设计是随机两等组设计。如果自变量有三个或三个以上的水平,完全随机设计就是随机多等组设计。与随机两等组设计不同的是,这种设计有多个实验组接受不同水平的实验处理。在随机多等组设计中,可以设置一个不接受实验处理的控制组,其他实验组接受不同的实验处理;也可以不设置控制组,各个实验组接受不同的实验处理。最后,通过单因素方差分析来说明所有处理之间的实验效应,并用事后多重比较(post hoc test)来检验不同实验处理之间的实验效应。根据因变量测试的时间不同,随机两等组设计又可以分为随机后测设计、随机前后测设计两种不同的形式。

随机区组设计(randomized block design)是在完全随机实验设计的基础上发展出来的一种实验设计。在完全随机实验设计中,被试虽然都是从研究总体中随机选取的,但被试间存在着差异(例如,年龄、性别、职业等),测试环境(例如,不同的测量时段)也可能不同。为了减少这些差异对实验结果的影响,就可以采用随机区组实验设计,从而保证实验结果的有效性。实际操作中,随机区组设计的区组按照什么标准来进行划分通常是由研究者确定的。例如,可以确定被试的性别或者被试的年龄段为区组。同一个区组的被试应该是同质的。每一个区组接受次数相同的各种实验处理。按照这样的实验设计,在实验的数据结果处理中,可以分离出由于被试差异导致的区组效应[①],以确保实验处理的组间效应[②]的准确性。如果实验结果处理表明区组效应不显著,则说明研究者没必要进行区组的划分,实验被试本来就基本同质。如果区组效应显著,则说明相当于完全随机设计,实验有必要进行区组划分。随机区组设计的最大优点是考虑了个别差异对实验结果的影响,但是在实际操作中,划分区组较为困难,如果不能保证区组内被试的同质性,这种设计就可能会带来更大的实验误差。

被试内设计(within-subject design)是每个或每组被试接受各种自变量处理的实验设计,又称重复测量设计。被试内设计的优点主要有:设计方便;被试数量相对较少,可以省去挑选被试的麻烦;另外,由于被试接受了所有的实验处理,也有助于减少由于被试不同而造成的不同实验处理效应的误差。但是,如果每次实验处理的时间都较长,则接受所有实验处理就容易产生被试疲劳,从而影响实验结果。另外,如果各实验处理之间彼此影响,也会产生被试的练习或者干扰效应,从而带来实验的误差。在实际操作中,通常可以采用随机区组设计、实验顺序的 ABBA 平衡抵消法和

---

① 在随机区组设计的方差分析中,区组效应是用区组平方和与误差平方与比值的 F 值的显著性表示的。这个 F 值大于临界值,则区组效应显著;反之,不显著。

② 在随机区组设计的方差分析中,组间效应是用组间平方和与误差平方和比值的 F 值的显著性表示的。这个 F 值大于临界值,则组间效应显著;反之,不显著。

拉丁方设计来克服被试内设计中被试的练习或干扰效应。被试内设计适用于被试较少,而且不同实验处理对被试不会产生相互作用的实验。

被试间设计(between-subject design)是每个或者每组被试只接受一种自变量处理,不同的自变量处理由不同的被试或者被试组接受的实验设计。也就是说,在被试间设计的实验中,有与实验处理数量相同的实验组,而在被试内设计的实验中,只有一个实验组。被试间设计的优点一是能减少由于接受较多的实验处理而造成的被试实验疲劳,二是可以避免由于实验处理之间彼此影响而产生的被试的练习或者干扰效应。被试间设计的缺点是被试数量要求较多,而且由于不同的被试只接受一种实验处理,被试的个体差异难免会影响实验的结果。实际操作中,通常采用匹配和随机化技术减少被试个体差异对实验结果的影响。被试间设计适用于被试较多,而且不同实验处理对被试会产生相互作用的实验。

混合设计(mixed design)是介于被试内设计和被试间设计之间的一种实验设计。混合设计中,有些实验处理是每个被试或者被试组都需要接受的,而有些实验处理则只有部分被试接受。在混合设计中,至少有两个自变量,不同的自变量有着不同的实验设计。例如,需要研究照明水平对被试不同作业操作的影响。假如自变量照明、作业类型各有两个水平A和B,X和Y,被试组有甲和乙两个组,那么采用的混合设计可以是:甲组被试在A照明条件下,操作作业X和Y;乙组被试在B照明条件下,操作作业X和Y。其中,自变量照明水平是被试间设计,A照明条件只有甲组被试接受,B照明条件只有乙组被试接受;而自变量作业类型是被试内设计,所有被试不管是甲组还是乙组被试都要操作作业X和Y。混合设计在一定程度上保留了被试内设计和被试间设计的优点,减少了单独采用被试内设计或者被试间设计的实验误差。在混合设计的实施中,哪些自变量采用被试内设计,哪些自变量采用被试间设计,需要实验者根据实验经验或者以往的研究进行合理的选择。

根据实验自变量是一个还是多个,实验设计有单因素设计或者多因素设计。

单因素设计(single factor design)是只有一个自变量的实验设计。单因素设计中的自变量可以有一个水平,也可以有多个水平。例如,在研究噪声对被试听力作业的影响时,噪声可以是只有90分贝一个水平,也可以有80分贝、90分贝和100分贝三个水平。单因素设计具体实施时,往往可以和其他实验设计方法一起使用。例如,如果考虑到被试的误差,可以采用随机区组设计,也可以采用实验组和控制组的设计。单因素设计简单、操作方便,但是不能考察多种因素对人的心理及其行为的影响。

多因素设计(multiple-variable design)则是有两个或者两个以上自变量的实验设计。多因素设计往往包含两个或者两个以上的自变量。每个自变量又可能包含多个水平。如果实验中有2个自变量,每个自变量又有2个水平,那么就有4种不同的实验处理(2×2)。多因素设计具体实施时,也可以和其他实验设计方法一起使用。例如,如果实验被试挑选比较困难,实验处理之间的交互作用并不明显,就可以采用多因素的被试间设计。多因素设计不仅能够得出每个自变量的实验效应,而且还能得出不同自变量水平之间是否存在着交互作用。和单因素设计相比,多因素设计有助于研究者了解自变量之间存在的复杂关系。但是,多因素设计操作比较复杂,实验控制也较为困难。

2.1.4 现场研究和模拟实验

现场研究是在实际现场进行的研究。由于被试、作业和环境原因不能在实验室进行,许多研究就需要进行现场研究。和实验室研究相比,现场研究的外部效度较高,具有情境真实、自然的特点,其实验被试也常常为现场实际工作的人员。但现场研究不如实验室研究可以随机挑选、分配被试,严格控制实验变量和无关变量,重复实验结果。实际操作中,现场研究常采用准实验设计方法进行实验设计。典型的准实验设计有不等实验组和控制组的前测后测设计、时间序列准实验设计和等时间取样准实验设计。

模拟研究是建立在模拟基础上的实验研究。通常,模拟是对真实事物、环境、过程或者现象的仿真或者虚拟。模拟可以是物理的仿真模型,如飞机模拟座舱;也可以是计算机虚拟技术构建的灵境环境,如购物中心的虚拟环境。在工程心理学研究中,通过模拟技术可以创造出与实际情况大致相同的情景,并根据研究目的,随机选择、分配被试,建立实验组和控制组,有效地控制自变量与无关变量,进行实验研究。例如,可以在飞机模拟座舱中,对飞行员的操作行为进行实验研究。如上所述,实验室实验可以随机选取、分配被试,严格控制无关变量,操纵自变量的变化,准确测量因变量的变化;但它外部效度较低,研究结果也难以直接应用于生产实际。准实验设计的现场研究虽然适应作业现场的要求,但实验比较容易受额外无关因素的干扰,研究的内部效度较低。模拟实验研究既可以模拟作业现场的情景,又能采用实验室实验类似的方法进行实验设计,在一定程度上综合了实验室实验和现场实验的优点,又可消除两者的缺点,是工程心理学研究中比较理想的实验方法。模拟实验的大致过程是确定研究问题、建立模型、进行实验设计、鉴定和验证模型、实施实验、分析实验结果。模拟实验的关键在于模拟的重现度和有效性,即模拟情景和现场实际匹配程度。重现度和有效性越高,模拟实验的外部效度就越高,研究结果也更能有效地应用于实际。模拟过程中,模拟情景的有效信息的获取、关键特性和表现的选定等都会影响到模拟的重现度和有效性。

2.2 神经生理方法

2.2.1 概述

随着社会的发展,人们对生活质量的要求不断提高,对产品的要求也越来越高。相应地,也对工程心理学的发展提出了更高的要求。传统的研究方法已经无法满足工程心理学研究的需要,神经生理学的技术和方法日益受到了研究者的青睐。相对于传统的研究方法,神经生理学的方法从生物学的角度对人的因素进行研究。这些技术和方法更客观、更敏感,而且具有实时性的特点,对人体也没有损伤,能够对工作中人的行为机制及其生理和神经基础(尤其是大脑的功能)进行深入地探索,适用于工程心理学的多个研究领域。

目前工程心理学研究中常用的神经生理学方法主要有以下三类:

- 眼动追踪技术:利用眼动仪等设备,可以对操作者或用户的眼球运动进行即时记录,分析其特点和规律;
- 心理生理测量技术:利用多导生理仪、肌电图仪等测量设备,可以对操作者或用户的多种与心理相关的生理信号(如心率、血压等)进行即时记录,分析其特点和规律;
- 脑功能检测技术:包括大脑电磁活动测量技术、大脑血液动力学测量技术和脑刺激技术等,可以对操作者或用户的脑活动进行实时记录,分析神经活动随时间变化的特性及脑功能定位;或对操作者或用户大脑的特定区域施加影响,监测或改变其大脑的功能。

采用神经生理学的研究方法对人的因素进行测量,一方面为工程心理学的研究提供了新的有效测量指标,有利于研究者从新的角度思考人机环境的相关问题;另一方面,有关人的因素的神经生理机制的研究成果具有很强的应用价值,可以有机地整合到人机交互设计之中,推动界面和产品的设计创新与变革。

2.2.2 眼动追踪技术

眼动追踪技术(eye-tracking technique)是通过记录人的眼球运动来研究人的心理活动的一种研究方法。该技术能够即时记录个体的眼球运动,研究者据此可以了解被研究者在任何时间的眼睛注视位置,以及他们的眼球在不同位置间的移动轨迹(Poole & Ball, 2005)。眼动追踪技术经过了直接观察、机械记录、光学记录、电流记录和电磁感应法等多个阶段的发展,日趋完善(闫国利,田宏杰,2004)。自 20 世纪初,眼动仪开始得到研制以来,目前,多数的商业眼动追踪系统都依据"瞳孔中央/角膜反光”(pupil-centre/corneal-reflection)的原理进行设计(闫国利,田宏杰,2004;Goldberg & Wichansky, 2003)。因为具有采样率高、精度高、对用户干扰小、价格低廉和易于使用等特点,眼动追踪系统已经被广泛运用到各个研究领域。工程心理学的研究中,眼动追踪技术可以通过收集、分析各种眼动数据,深入了解操作者或用户的视觉—显示信息的加工过程及其生理机制,还可以依据眼动数据为人机交互设计及其优化提供新的思路。

眼动追踪技术的常用研究指标

利用眼动追踪技术进行研究,选择合适的追踪指标是重要的环节。在工程心理学研究中,眼动追踪技术最常使用的是与注视(fixation)和眼跳(saccade)相关的测量指标(Poole & Ball, 2005)。在眼动过程中,眼球相对保持静止被称为注视(闫国利等,2013)。注视可依据具体的研究目的,考察总注视次数(number of fixations overall)、兴趣区的注视次数(fixations per area of interest)、注视时间(fixation duration)、重复注视(repeat fixations)、初始注视(initial fixation)和目标首次注视时间(time to first fixation on target)等指标。注视的各项指标依据相应的研究内容,可阐释为不同的涵义。例如,在 Poole、Ball 和 Phillips(2004)的电子书签搜索任务中,兴趣区的注视频率高、注视时间长,反映了被试对搜索目标的不确定性;而在 Graesser 等(2005)设置的仪器故障场景中,对故障处的注视次数多、占总注视次数的比例高以及对故障处的总注视时间长,则被称为是“仪器深度理解者”的专家型行为表现。

眼跳(又称为眼跳动)指的是眼球在注视点之间产生的跳动(闫国利等,2013)。眼跳常考查眼跳次数(number of saccades)、眼跳幅度(saccade amplitude)、回视(regressive saccades)和方向变化显著的眼跳(saccades revealing marked directional shifts)等指标。这些指标既可以体现用户的意图和关注点,也可以反映客体的意义性与合理性,例如,在网页浏览中出现的方向变化显著的眼跳通常可以表明网页的布局与用户的预期不相符。

除注视和眼跳外,凝视(gaze)和扫描路径(scanpath)两项指标也较常用(Poole & Ball, 2005)。凝视时间(gaze duration)通常反映了客体的可识别性、可理解性和意义性。例如,在图符搜索任务中,如果在最终选择前的凝视时间超出了预期,则表明该图符缺乏意义性,可能需要重新设计。扫描路径描述了完整的“眼跳—注视—眼跳”的序列过程,展现了多个连续注视点的空间排列情况,可用于测查用户界面中元素的组织布局等内容。具体可考察扫描用时(scanpath duration)、扫描距离(scanpath length)、空间密度(spatial density)、转换矩阵(transition matrix)、扫描规则性(scanpath regularity)、扫描方向(scanpath direction)和扫视/注视比例(saccade/

fixation ratio)等指标。

还有研究者关注了瞳孔大小(pupil size)和眨眼率(blink rate)等指标(Poole & Ball, 2005)。这两项指标通常用于考察认知负荷和检测疲劳水平、情绪状态及兴趣等。

眼动追踪技术的应用

选定合适的眼动指标,并结合恰当的实验设计,眼动追踪技术可以对多种情境下人的因素进行考察,包括:菜单、网页或广告的信息搜索和可用性分析(Poole 等, 2004;杨海波,刘电芝,周秋红,2013)、产品设计(徐娟,2013)、道路交通与驾驶(王华容,2014)、飞机座舱评估(Hanson, 2004)、人员筛查与训练(Graesser 等,2005)等。

此外,除了记录眼动数据并分析其中的规律和特点外,眼动追踪还可以作为一种输入设备使用,即捕捉眼动(替代鼠标和键盘)作为控制信号,成为人与界面的直接交互方式(Poole & Ball, 2005)。例如,用户可以简单地通过"看"来定位指针或通过"凝视"和"眨眼"来点击图符。眼动控制设备具有广阔的应用前景,它不仅可以协助残疾人对视觉界面进行操作(如有些人因为手部的缺陷无法控制鼠标或键盘),而且可以应用到虚拟现实和动态交互显示界面设计中。

虽然眼动追踪技术作为高效、即时的测量手段被工程心理学家广泛使用,但眼动追踪技术也存在一些局限,需要在研究中予以关注(Goldberg & Wichansky, 2003; Jacob & Karn, 2003;Poole & Ball, 2005)。这些局限主要包括:(1)该技术本身记录的是眼动数据,不能直接反映认知和思维过程,对眼动指标的正确解释需要配合良好的实验设计、先进的理论或精密的假设以及同时搜集的其他指标(如行为绩效、主观评定等);(2)眼动数据的采集设置本身(包括注视时间阈限、采样率、兴趣区的确定等)对实验结果有显著的影响;(3)眼动过程的个体差异较大,较谨慎的做法是对多任务实验采用被试内设计;(4)对眼部特殊人群(包括佩戴眼睛、巨大瞳孔或弱视的人)的考察或多或少存在着问题。

2.2.3 心理生理测量技术

心理生理测量(psychophysiological measures)是指通过多导生理记录仪、肌电图仪等心理生理学设备,对与心理变化相关的一种或多种生理信号进行实时记录的研究方法。心理生理测量可以在无干扰的情境下,内隐地对被研究者的情感或认知状态进行监测(Dirican & Göktürk, 2011)。心理生理测量方法被广泛地应用于工程心理学中。采用心理生理测量技术可以考察个体的知觉、注意、认知负荷、卷入情况、工作记忆、情绪唤醒、压力与疲劳以及人机交互与可用性评估、用户体验测量、游戏互动与沉浸感等多个方面内容。

心理生理测量的常用研究指标

在工程心理学的研究中，心理生理测量最常使用的生理指标可以按照其应用的人体系统，分为心血管系统、皮肤电系统和呼吸系统三个大类。

在心血管系统中，心率(heart rate, HR)是最常见的测量指标，指的是单位时间内心脏跳动的次数。它是考察认知需求、时间限制、不确定性、注意及情感活动的敏感指标(葛燕等，2014；易欣，葛列众，刘宏艳，2015；Dirican & Göktürk, 2011)。除心率外，另一个重要的心血管系统指标是血压(blood pressure, BP)，指的是血管内血液对于单位面积血管壁的侧压力，经常使用的是舒张压和收缩压。血压在主动应对和情绪活动中会有所变化，常用于系统界面的评估和电脑游戏的设计(易欣等，2015；Dirican & Göktürk, 2011)。此外，心率变异性(heart rate variability, HRV)指标近年来也受到越来越多的关注，它指的是心跳快慢的变化情况。对心率变异性的研究多采用频域分析，考察其高频成分(high frequency, HF)、低频成分(low frequency, LF)、低频与高频的比值(LF/HF)以及呼吸性窦性心率不齐(respiratory sinus arrhythmia, RSA)等指标的变化。心率变异性被认为是监控认知负荷和情绪状态的有效指标之一(易欣等，2015；Dirican & Göktürk, 2011)。

在皮肤电系统中，皮肤电活动(electro dermal activity, EDA)是最常使用的指标，它指的是皮肤表面汗腺受到刺激后所发生的电传导变化。除面部汗腺(还受到三叉神经和面神经等脑干副交感神经的支配)之外，全身汗腺均只受交感神经系统控制，所以皮肤电反应为测量交感神经活动提供了最直接而敏感的指标。其中，皮肤电导水平(skin conductance level, SCL)是反映皮肤电活动的重要成分，研究者对此更为重视。皮肤电活动与情绪唤醒相关，也可用于心理负荷/认知努力、压力和沮丧的测量(葛燕等，2014；易欣等，2015；Dirican & Göktürk, 2011)。

呼吸系统测量主要包括呼吸频率(respiration rate, RR)、呼吸阻力(oscillatory resistance, R_{os})和每分通气量(minute ventilation, V_m)等指标。呼吸反应常用于测量任务需求、消极情绪和情感唤醒(易欣等，2015；Dirican & Göktürk, 2011)。

除了上述常用指标外，还有研究者关注了肌电(electromyrogram, EMG)和胃电(electrogastrogram, EGG)等指标。肌电被认为是测量运动准备的敏感指标，其中面部肌电还可用于面部情感的识别与分析(Dirican & Göktürk, 2011)。胃电则对情绪唤醒非常敏感(Vianna & Tranel, 2006)。

心理生理测量技术的应用

近年来，工程心理学家越来越关注生理指标在工程心理学研究中的应用，这在很大程度上也是因为心理生理测量的研究方法本身所具有的多种独特优势：测量的客观性、多指标性、无干扰性、内隐性(可以在无外显任务和行为绩效的情况下进行测量)、数据采集的实时连续性和反应敏感性等特点。在实际的研究过程中,研究者可以依据具体的研究问题,选择 1 个或多个生理指标用于测量。选择时研究者需要针对具体的研究目的,确定敏感性高、诊断性强、干扰性小、可靠性好和具有可推广性的指标。

同时,研究者在使用心理生理测量方法时也需要注意到它所具有的一些不足之处。这主要包括:(1)生理信号相对较微弱且采集时易受到背景噪音的干扰(其中肌电指标的表现尤为明显,肌电的测量易受多种因素的影响,包括电极与皮肤的接触情况、肌肉活动、说话等);(2)数据量相对庞大,分析难度较高;(3)各项生理指标与确切的心理活动很难实现完美的对应关系,解释难度较大;(4)生态效度较差,心理生理测量实施时需要借助特定仪器设备和操作(如心率的测量需要在受试者的双手臂或双腿处安放三个电极),使得此类研究更多只能在实验室或控制环境中进行,无法为操作者或用户营造自然的环境,缺乏很好的生态效度。

2.2.4 脑功能检测技术

近年来,随着认知神经科学的兴起和无损伤脑功能检测技术的飞速发展,探索工作中的大脑的神经机制逐步成为了工程心理学的重点研究方向之一。

目前常用的无损伤脑功能检测技术可以分为三大类:第一类是测量大脑电磁活动的技术,主要包括脑电(electroencephalography, EEG)、事件相关电位(event-related potentials, ERPs)和脑磁图(magnetoencephalogaphy, MEG)等;第二类是测量大脑血液动力学(如血流)的技术,主要包括正电子发射断层扫描(positron emission tomography, PET)、功能磁共振成像(functional magnetic resonance imaging, fMRI)、功能近红外光谱成像(functional near-infrared spectroscopy, fNIRS)、经颅多普勒超声(transcranial Doppler ultrasonography, TCD)和动脉自旋标记(arterial spin labeling, ASL)等技术;第三类是脑刺激技术,主要包括经颅磁刺激(transcranial magnetic stimulation, TMS)和经颅直流电刺激(transcranial direct current stimulation, tDCS)技术等。下面分别对这三类技术进行介绍。

大脑电磁活动的测量技术

(1) 脑电图(EEG)技术 EEG 在工程心理学研究中得到了广泛的应用,它是通过记录头皮表层的有效电极与头皮或身体其他位置的参考电极之间的电压,从而获得的随时间变化的电压差。EEG 通常在头皮不同位置的多个电极点(16—256 导)同时记录,这些电极点遍布脑的额叶区、颞叶区、顶叶区和枕叶区等部位。依据其频率,EEG 活动可分为 δ 波(0.5—3.5 Hz)、θ 波(4—7 Hz)、α 波(8—13 Hz)、β 波(14—15 Hz)和 γ 波(26 Hz 以上)。

EEG 作为一种持续记录大脑活动的技术手段，其最大的优势在于可以长时间对各种情境下的大脑活动实施监控。目前 EEG 常用于认知负荷和心理努力的评估，用于探测有机体的警觉、疲劳和卷入等情况，也用来测量用户在人机交互过程中的情绪体验(葛燕等，2014；Dirican & Göktürk, 2011；Parasuraman & Rizzo, 2008)。除持续记录的优势外，EEG 技术还具有下列优势：较高的时间分辨率，可靠性高、生态性好(不仅适用于实验室环境，也可以很好的运用于自然环境之中)，EEG 信号对心理过程敏感、抗干扰能力强，EEG 设备易于使用、大多为便携式。这些优点进一步促进了 EEG 的广泛应用。

不过，EEG 技术也存在着一些局限：例如，EEG 技术的空间分辨率较低，无法实现精确的三维空间定位；EEG 信号对受试者的动作敏感(如眨眼、头动)且易受周围磁场的干扰；此外，EEG 的测量需要佩戴专门的电极帽，准备时间较长。

(2) 事件相关电位(ERP)技术 ERP 信号是通过记录头皮的 EEG，并将在时间上与特定事件锁定的 EEG 信号分段平均后得到的。这里的特定事件可以是任何与心理过程相联系的外部客观刺激(如声音、图形、面孔、词语)、机体行为反应(如按键、言语产出)或内部认知操作(如被动观看、默读、想象)。ERP 与 EEG 类似，它以毫秒级(1 ms 或更高)的时间分辨率的优势，为实时考察操作者或用户的认知及情感状态提供了最佳的测量工具。

目前 ERP 主要应用于认知负荷与自动化水平的评估、警戒机制的评价、人机系统中操作者疲劳状态、情绪状态(包括应激源)的监控等领域(Parasuraman & Rizzo, 2008)。这些研究领域关注了与人的因素密切相关的一些 ERP 成分，主要包括：具有短潜伏期、与注意相关的 P1 和 N1；长潜伏期的 P300，P300 被认为是评估认知负荷的重要指标；失匹配负波(mismatch negativity, MMN)对刺激序列中的奇异刺激敏感；单侧化准备电位(lateralized readiness potential, LRP)可作为运动准备的良好指标以及错误相关负波(error-related negativity, ERN)，它是错误检测的重要指标。

EEG 和 ERP 的另一个重要用途是应用于脑机接口(Brain-Computer Interface, BCI)技术的开发。脑机接口技术是指，通过对神经激活模式进行解码，利用脑信号在人脑与计算机或其他电子设备之间建立起直接的交流通道。脑机接口技术要求对脑信号进行实时的、快速的分析，而这正是 EEG 的优势所在。因此，目前的脑机接口技术更多地采用 EEG 作为输入信号，包括 EEG μ 节律、P300、稳态视觉诱发电位(steady-state visual evoked potential, SSVEP)、ERD/ERS (event-related desynchronization/event-related synchronization，去同步化和同步化)和 SCP(slow cortical potential，慢波皮层电位)等(赵均榜，张智君，2010)。

(3) 脑磁图(MEG)技术 除受到广泛关注的 EEG 和 ERP 技术外，脑磁图技术的使用也逐渐增多。MEG是无创、实时地记录脑电磁生理信号的一种新型脑功能检测技术,它主要反映了细胞在不同功能状态下所产生的磁场变化(滕晶等,2007)。MEG具有很高的时空分辨率,与EEG相比,其测量不受头皮、颅骨和脑脊液的影响,因而定位精确、波形不失真、信号不衰减。但MEG设备过于昂贵,在一定程度上限制了它的普及和应用。

大脑血液动力学过程的测量技术

(1) 功能磁共振成像(fMRI)技术 fMRI是一种测量和追踪血氧水平依赖(blood oxygen level dependent, BOLD)信号的磁共振成像技术,它能够在人们进行认知加工的过程中非侵入式地获取大脑内血氧含量的相对变化,是目前研究领域应用最广泛的大脑血液动力学测量技术。当前用于人脑研究的fMRI扫描仪通常为3特斯拉(3 T),最强的已达到7特斯拉(7 T)。

fMRI技术不仅适用于测量人的基本认知活动的神经机制(如感知觉、记忆、注意、语言、情感等),同样也适用于考察实际工作环境下心理过程的神经机制,如警戒(Lim等,2010)、心理负荷(Parasuraman & Wilson, 2008)、模拟驾驶(Parasuraman & Rizzo, 2008)、空间巡航(Just, Keller, & Cynkar, 2008)及用户体验与审美(Cupchik等,2009)等。

fMRI实验设计有其特定的要求,主要包括两种类型:区组设计(block design,也称block设计)和事件相关设计(event-related design,也称ER设计)。区组设计是依据"认知减法"原理进行的,该设计以"组块"为单位呈现刺激,在每一组块内连续、重复呈现同一类型的实验刺激。区组设计的优势在于:BOLD信号变化较大、信噪比较高。但其不足之处在于:无法区分组块中的单个刺激,多种实验刺激的呈现无法随机化以及容易诱发期待效应。事件相关设计包括慢速事件相关设计和快速事件相关设计两种。这种设计每次呈现某种类型的实验刺激一个,经过一段时间间隔后再呈现下一个相同或不同类型的实验刺激。它关注的是单次刺激所引发的血氧反应。事件相关设计的优势在于:各种类型的实验刺激能够较好地实现随机化、可以提高脑局部活动的反应特性。但成功的事件相关设计需要建立在对BOLD信号特性深入认识的基础上,例如快速事件相关设计必须考虑前后两个刺激所引发的BOLD信号的叠加和相互干扰的问题,实验前要进行刺激的优化排列等。

fMRI技术具有极佳的空间分辨率(1 cm或更高),但其时间分辨率较差(具有基于脑血流动力学的固有的时间滞后性)。fMRI的其他优势包括:无创伤、无辐射、非介入(也不需要注射成像药剂)、安全且高效。但fMRI仍有其自身的缺点,如价格较贵、成像时间较长、实验中需限制被试的活动、对被试有特定的要求(如身体内不能有金属物质等)。

(2) 功能近红外光谱(fNIRS)技术 fNIRS技术属于脑功能光学成像技术,也是测量大脑血液动力学过程的一种成像方法。近红外波段(即 NIR 范围)是指介于680—1 000 nm之间的狭窄波段的光波,可以用来测量人脑这样的深层组织。近红外波段的光子能够穿透深层组织(即人脑的生物组织),光子穿越头部的过程可以被近似地看作为漫射。在穿越过程中,光子会被血红蛋白(hemoglobin)吸收,此时根据朗伯定律(Beer-Lambert Law),氧化(oxygenated)血红蛋白和脱氧(deoxygenated)血红蛋白的水平(*HbO*和*HbR*)就可以被判断出来。当大脑的某个功能区受到刺激后,该区域的*HbO*和*HbR*就会发生变化,fNIRS技术就是通过测量这些变化来监测大脑的活动的。

fNIRS同fMRI技术的相似之处在于,都可以对基本认知活动和自然环境下的心理过程(如心理负荷、卷入程度、汽车导航、在线教学等)的神经激活模式进行考察(Hirshfield等,2009; Herff等,2014)。但相比于fMRI, fNIRS技术有其独特的优势,主要包括:兼具较高的空间分辨率和时间分辨率、更便携、造价更低、无需将被试限制在狭小的空间中进行实验等。这就使得fNIRS可以在相对自然的环境中得到应用。然而,fNIRS的最大局限在于,光线的穿透能力较弱,仅能深入头部以下几厘米,这就妨碍了对大脑深部结构的测量,且该测量技术的信噪比较低。

(3) 正电子发射断层扫描(PET)技术 除了上述重点介绍的两种大脑血液动力学过程的测量技术(fMRI和fNIRS)外,正电子发射断层扫描(PET)技术也是应用比较广泛的技术之一,其基本原理是将发射正电子的放射性核素(如^{11}C、^{13}N、^{15}O、^{18}F)标记到能够参与人体组织血流或代谢过程的化合物上,参与人体的代谢过程。当受试者进行认知活动时,细胞活动增强的相关脑区的血流将会发生变化,相应的,该区域的示踪物质的量也将比周围脑区增加,此时通过监测系统即可对其进行测量(王荣福,李险峰,张春丽,2007)。PET技术灵敏度高、特异性好,但其造价昂贵,不易推广。

(4) 经颅多普勒超声(TCD)技术 TCD可以连续无创地测量脑动脉血流速度。与其他成像技术相比,TCD提供大脑部位定位信息的能力有限,但它具备很好的时间分辨率,可以动态地监测脑血流的快速变化,进而实现在无创条件下对大脑功能的变化实现实时地测量与评估(Parasuraman & Rizzo, 2008)。TCD被看作是其他脑成像技术的一个有效补充。

(5) 动脉自旋标记(ASL)技术 ASL技术近年来也受到了关注。ASL用动脉水自旋做为内源性示踪剂来获得组织内的血流的信息,也是一种无创的成像技术。与BOLD技术相比,ASL侧重于动脉血和毛细血管血的加权成像,因而更能反映大脑功能区的精确信息(周小祥,李福利,2004)。

脑刺激技术

除了无创的大脑电磁活动和血液动力学过程的测量技术外,研究者也常使用一些脑刺激技术来考察大脑的功能。这些技术能够有效对大脑施加影响(但对大脑的影响是暂时的、可逆的,因而也是无创的),有其独特的优势,有望成为研究大脑功能的重要工具。目前,经颅刺激技术受到了研究者的广泛关注,其中经颅磁刺激(transcranial magnetic stimulation, TMS)和经颅直流电刺激(transcranial direct current stimulation, tDCS)是两种较为典型的方法。

(1) 经颅磁刺激(TMS)技术

TMS技术是一种利用脉冲磁场作用于中枢神经系统(主要是大脑)产生感应电流,改变大脑皮层神经细胞的动作电位,进而影响脑内代谢和神经电活动的生物磁刺激技术。目前常使用的有单脉冲 TMS(sTMS)、双脉冲 TMS(pTMS)和重复经颅磁刺激(rTMS)。

目前 TMS 技术的应用有很多种。其中与工程心理学领域的联系最为紧密的应用为:通过失活或阻断特定皮层的活动,使得大脑局部功能实现可逆性暂停。该方法可以精确定位特定皮层的功能(吕浩,2006)。通过这种方法,研究者可以从干预和阻断的角度,对个体在自然和工作环境下的特定脑活动(如警戒、语言等)进行更为精确的验证和探索。此外,TMS 技术还可以通过改变大脑局部皮层的兴奋度,对神经和精神类疾病(如癫痫、抑郁症)进行临床治疗(吕浩,2006)。这就为特殊群体的脑功能的干预和考查提供了有效的途径。

TMS 技术的优势在于:对脑颅深部的非接触性刺激,使用中引发的人体不适感很小,无损伤、无痛感、操作简单、安全可靠。但 TMS 技术的精确定位功能还有待进一步的提高,目前直接的刺激效果只能到达皮层(如背外侧前额叶),对一些功能网络所涉及到的深部脑区(如前额叶内侧、脑岛、扣带回、杏仁核等)无法准确施加影响。此外,TMS 技术也存在着一些潜在的风险,如高频 rTMS(>10 Hz)有可能诱发癫痫,磁刺激头温度升高可能烫伤皮肤,受试者和操作者需戴耳罩保护听力等。

(2) 经颅直流电刺激(tDCS)技术

tDCS 技术是一种利用恒定的低强度直流电(1—2 mA)调节大脑皮层神经活动的技术。与 TMS 相比,tDCS 的刺激较弱,但同样能引起皮质兴奋性变化,且刺激后效应更加持久,较少引发不良反应。

tDCS 技术既可以应用于临床疾病的治疗(如帕金森症、抑郁症、老年痴呆症、癫痫等),也可以用于健康人和患者的运动能力与认知能力的提高(如视觉的提高、语言和记忆能力的改善、触觉空间辨别能力的提高等)(刘盼,刘世文,2011)。

tDCS 设备简便、易携带,且价格较 TMS 设备低廉。但与 TMS 技术类似,tDCS

技术的空间定位精度也需要进一步提高。而且,tDCS 技术也会诱发一些不良反应,如轻微的麻感和痒感(但持续时间很短),较低发生率的头痛、恶心和失眠等。

经过多年的发展,TMS 技术和 tDCS 技术已经成为神经科学领域的重要的非侵入式研究工具。随着神经生理学研究的深入,TMS 技术和 tDCS 技术常常和功能神经成像等手段结合起来使用,是探索大脑功能的有力补充,未来必将成为工程心理学研究的重要方法。

2.3 经典的数据处理方法①

2.3.1 概述

数据处理是对实验得到的数据进行分析处理的过程。根据数据处理结果,可以对实验效应进行分析,从而得出实验结果。数据处理实施中,通常首先要对数据进行数据预处理,然后进行描述统计分析,最后进行推断统计分析和其他更为复杂的数据处理分析(例如,因素分析等)。

预处理的目的是剔除极端值或不同质的数据。这些数据会影响数据结果的处理,影响实验效度,因此需要剔除这种极端值。

通常,极端值是指正态分布中处在两端的正负两个标准差之外 4.28%的数据或在正负三个标准差之外 0.26%的数据。另外也要剔除不符合客观现实的值,如反应时小于 200 毫秒的反应。在实验报告中必须标明剔除的数据在总实验数据中的比例。如果剔除数据的比例大于 5%,这个实验本身的实验误差就过大了,就需要重新设计实验,实施新的实验。

初级的数据处理包括描述统计和推断统计。描述统计是对实验数据的集中和离散趋势的分析,其目的是反映实验数据的基本状况。推断统计则是在描述统计的基础上对实验数据的差异性、相关性等特征的分析。

2.3.2 描述统计

描述统计(descriptive statistics)就是概括一组数据集中和离散趋势两种基本特征的统计处理。其中,集中趋势(central tendency)可以定义为数据分布中大量数据向某方面集中的程度,而离中差异(standard deviation)则可以定义为数据分布中数据彼此分散的程度。用来描述一组数据这两种基本特征的统计量分别称为集中度量(measure of central tendency)和差异度量(measure of standard deviation)。

---

① 本部分参照:葛列众,李宏汀,王笃明.(2012).工程心理学,北京:中国人民大学出版社.

集中度量

描述集中趋势的集中度量主要有中数(median)、众数(mode)、算术平均数(arithmetic average)、加权平均数(weighted mean)、几何平均数(geometric mean)和调和平均数(harmonic mean)这六种度量。

离散数据的集中趋势可以用中数和众数进行度量。其中,中数是按顺序排列在一起的一组数据中居于中间位置的数,例如:数列 4,6,7,8,12 的中数为 7。众数是指在次数分布中出现次数最多的那个数的数值,例如:数列 2,3,5,3,4,3,6 的众数为 3。

连续数据通常是用算术平均数、加权平均数、几何平均数和调和平均数进行集中趋势度量的。其中,算术平均数也称为平均数(average)或者均值(mean)。把数据相加的总和除以数据的个数就可以得到算术平均数。描述统计中,算术平均数是最常用的度量。如果得到的数据的单位权重(weight)不一样,在计算平均数的时候就要使用加权平均数。几何平均数又称对数平均数,调和平均数又称倒数平均数。这两种度量在实际过程中用得较少。前者可以用来计算平均速率,后者可以用来计算增长比率的平均值。

差异度量

描述数据离散趋势的常用度量有全距(range)、百分位差(percentile)和中心动差(central moment)三种。

全距又称两极差,一组数据的最大值(maximum)和最小值(minimum)之差即为全距的数值。

百分位差是用两个数据的百分位数之间的差距来描述离中趋势的一种差异量。如果有一组数据按其数值大小排列,处于 p%位置的值就是第 p%百分位数,即如果一组数据中有一个数值的百分位数是第 40%百分位,那么比这个数值小的数据量占该组所有实验数据量的 40%。由于采用的百分位数不一样,可以有不同的百分位差。数据处理中,最常用的百分位差是四分位差(quartile percentile),它是第 75%百分位数和第 25%百分位数之差的平均数。

中心动差是以实验数据组中数据值与平均数的差值为基础来描述数据的离散程度的。常用的中心动差的度量有平均差(average deviation 或 mean deviation)、方差(variance)和标准差(standard deviation)。

平均差是数据分布中所有原始数据与该组数据平均数的绝对离差(简称离均差,下同)的平均值。为了避免负数对数据处理的影响,可以采用方差代替平均差来描述数据的离散程度。方差的数值可以用离均差的平方和除以数据的个数得到。

全距、百分位差、四分位差、平均差、方差和标准差等各种差异度量虽然各有优点，但标准差由于计算严密、受极端数据影响较小，是最常用的差异度量。方差虽然不能直观地反映数据的离散程度，但是由于一组数据的总方差可以分解成各种变异源造成的部分方差，即方差具有可加性，所以在推断统计中，方差也被经常使用。

相关分析

值得注意的是，集中度量和差异度量都是对一个变量的多个测量数据的特征描述。如果变量有两个，而每个变量又有多个测量数据的时候，就需要考虑描述这两个变量之间的关系。通过相关分析，就可以知道两个变量的关系程度。

相关系数(correlation coefficient)是用来表示两个变量间的关系的统计度量，常用 r 来表示。r 的数值范围在 -1.00—1.00 之间。当 r 为零时，为零相关，表明当一个变量的测量数据变化时，另一个变量的测量数据没有有规律的变化。当 r 为正数时，为正相关，表明一个变量的测量数据变化方向和另外一个变量的测量数据变化方向相同，例如，体重通常随身高增加而增加，体重和身高为正相关。当 r 为负数时，为负相关，表明一个变量的测量数据变化方向和另外一个变量的测量数据变化方向完全不同，例如，开车初期，驾车练习次数越增加，驾车的错误就越少，练习次数和错误数为负相关。

根据数据类型的不同，相关系数可以用不同的公式计算。皮尔逊积差相关(Pearson product moment coefficient of correlation)和斯皮尔曼等级相关(Spearman rank correlation)是最常用的相关计算方法，前者可用来计算直线的、连续变量的相关，后者则可以用来计算直线的、非连续变量的相关。

2.3.3 推断统计

通过描述性统计处理，可以得到研究样本的各种基本的数据特征，比如，实验组和控制组的各自的平均数和标准差等。基于这些基本数据，通过差异性的检验，进而说明实验效应的统计处理过程就是推断统计(inferential statistics)。

推断统计的基本逻辑其实很简单，即用样本的统计量来推断总体参数，如果总体参数差异显著，可以认为这两个样本的被试来源于不同的总体，实验处理就有效。比如，如果实验组和控制组的平均数之间的差异达到差异检验的显著性水平，就可以认为实验组和控制组来自两个性质不同的总体。换句话说，就是因为实验处理使得实验组起了本质的而不是偶然的随机的改变，形成了和控制组性质完全不同的总体。

推断统计中的差异性检验在统计学中常常被称为假设检验。假设检验中的假设有虚无假设和备择假设。虚无假设是假设两个样本来源于同一个总体，备择假设则是假设两个样本来源于不同总体。假设检验中，如果差异显著，即达到显著性水平，就推翻虚无假设，而接受备择假设，反之就接受虚无假设。其中，显著性水平指的是允许的小概率事件发生的标准，通常以 α 表示。如果 α 是 0.05，假设检验达到显著性水平，那么得出两个样本来源于不同总体的结论所犯错误的概率最大为 5%。

非参数检验

假设检验的方法很多，根据数据类型的不同，有非参数分析和参数分析两个大类。

非参数分析是指在总体分布情况不明确时，用来检验数据资料是否来自同一个总体假设的检验方法，常用于离散型数据的统计。主要有拟合优度检验和分布位置检验。

拟合优度检验的方法主要包括：卡方检验（chi-square test）和二项式检验（binomial test）。分布位置检验主要包括：两个独立样本检验（two independent samples test）、多个独立样本检验（k independent samples test）、两个相关样本检验（two related samples test）和多个相关样本检验（k related samples test）。

卡方检验可以用来对分类变量是二项或多项分布的总体分布进行一致性检验。例如：某项民意测验，答案有满意、一般、不满意三种。检查了 48 人，结果满意的 24 人，一般的 12 人，不满意的 12 人。如果要检验这三种意见的人数分布是否有显著不同，就可以用卡方检验。

两个独立样本检验可以检验在两个独立样本所属总体分布类型不明或非正态的情况下，两个独立样本是否具有相同的分布。例如：有甲、乙两种操作方法，考虑比较它们的作业绩效，独立观察 20 名被试。10 个被试采用甲操作方法，另 10 个被试采用乙操作方法，那么就可以使用两个独立样本检验考察这两种操作绩效有无显著差异。

两个相关样本检验和两个独立样本检验基本类似，就是研究样本的性质不同。例如在上面的例子中，如果使用甲、乙两种操作方法的研究样本是同一个被试组，那么就要用两个相关样本的检验方法。

参数分析

参数分析是在总体分布情况明确时，用来检验数据资料是否来自同一个总体的假设检验方法，常用于连续型数据的统计。常用的参数分析主要有 T 检验（T test）和方差分析（analysis of variance, ANOVA）或 F 检验。

T 检验用于对两组或两个实验条件下的样本的差异检验。根据实验设计的不同可以分为：单一样本 T 检验、两个独立样本 T 检验和配对样本 T 检验。两个独立样本 T 检验用于检验两个不相关样本是否来自具有相同均值的总体。例如，如果想知道购买某产品的顾客与不购买该产品的顾客平均收入是否相同，就可以采用两个独立样本T检验。配对样本T检验用于检验两个相关样本是否来自具有相同均值的总体。例如，如果想要知道技术培训以后是否提高了工作效率，就可以采用配对样本T检验。

方差分析或F检验适用于三个或更多的组或实验条件下的差异性检验。方差分析大致可以分为单因素方差分析和多因素方差分析两种。根据实验设计的不同，方差分析有不同的变式，例如，当实验设计是重复测量设计时，就要采用重复测量设计的方差分析。但是，各种方差分析的原理是类似的。

单因素方差分析也称作一维方差分析。如果实验的自变量只有一个，而实验处理有多个，就要用单因素方差分析的方法。例如，要考察不同振动对作业绩效的影响，振动的水平又有三种，这时候就需要单因素方差分析来检验实验的效应。如果实验的自变量有两个或者两个以上，就需要用多因素方差分析。

2.4 数据模型方法

2.4.1 概述

以解决某个现实问题为目的，从该问题中抽象、归结出来数学问题的方法就是数学模型方法。数学模型方法就是用数学语言描述实际现象的过程。描述不但包括外在形态、内在机制的描述，也包括预测和解释实际现象等内容。根据具体问题采用不同的模型。数学模型方法是用数学符号、数学式子、程序、图形等对实际问题本质属性的抽象而又简洁的刻画，它或能解释某些客观现象，或能预测未来的发展规律，或能为控制某一现象的发展提供某种意义上的最优策略。

用数学模型解决现实问题没有普遍适用的方法与技巧，数学模型方法与解决问题的性质、目的以及建模工作者本身的专业领域和数学知识有关。本节主要介绍在工程心理学研究中所使用到的一般的数学模型方法，包括回归分析、判别分析和聚类分析、因子分析和结构方程建模等方法。

2.4.2 回归分析

回归分析是探讨两个或多个变量间数量关系的一种常用统计方法。用一定模型来表述变量间相关关系的方法称为回归分析。通过建立变量间的数学模型对变量进行预测和控制。若Y随$X_1,X_2,\cdots,X_m$的改变而改变，则称Y为因变量，$X_1,X_2,\cdots,X_m$为自变量。

变量之间的回归关系有多种，最简单的是线性回归关系，即Y随着X的变化而线性变化。单个自变量的线性回归关系我们称之为一元线性回归，如人的体重与身高之间的关系；多个自变量的线性回归关系称之为多元线性回归，如血压值与年龄、性别、劳动强度、饮食习惯、吸烟状况、家族史之间的关系。

一元线性回归的数学模型可用直线回归方程表示为：

$$\hat{Y} = a + bx$$

其中 a 为常数项，也称截距；b 为变量 Y 对变量 X 的回归系数，表示当 X 变化一个单位时 Y 的平均改变的估计值；X 为自变量，$\hat{Y}$为对应于 X 的 Y 变量的估计值。

多元线性回归模型的一般形式为：

$$Y = b_0 + b_1X_1 + b_2X_2 + \cdots + b_mX_m + e$$

其中 b_0 为常数项，$b_1, b_2, \cdots, b_m$ 为偏回归系数，简称回归系数。上式表示数据中因变量 Y 可以近似地表示为自变量 $X_1, X_2, \cdots, X_m$ 的线性函数，而 e 则是去除 m 个自变量对 Y 的影响后的随机误差，也称残差。偏回归系数 $b_j(j=1,2,\cdots,m)$表示在其他自变量保持不变时，X_j 增加或减少一个单位时 Y 的平均变化量。

另外，自变量与因变量之间也有呈曲线回归关系的时候，这时就要使用非线性回归的模型对变量关系进行描述。非线性回归模型一般可以表示为：

$$Y = f(x,\ \theta) + e$$

其中 $f(x,\ \theta)$为期望函数，它可以为任意形式，e 为残差。

当因变量为分类变量时，也可以使用回归分析方法建立数学模型，就是 Logistic 回归。Logistic 回归属于概率性非线性回归，它是研究二分类观察结果与一些影响因素之间关系的一种多变量分析方法。在 Logistic 回归中，因变量 Y 是一个二分变量，即：

$$Y = \begin{cases} 1 \\ 0 \end{cases}$$

记 $P = P(Y = 1 \mid X_1, X_2, \cdots, X_m)$，表示在 m 个自变量的作用下，$Y = 1$ 的结果发生的改变。Logistic 回归模型可以表示为：

$$P = \frac{1}{1 + \exp[-(b_0 + b_1X_1 + b_2X_2 + \cdots + b_mX_m)]}$$

其中 b_0 为常数项，$b_1, b_2, \cdots, b_m$ 为回归系数。

回归分析一般分为两个步骤：

(1) 根据样本数据求得模型参数 $b_0, b_1, b_2, \cdots, b_m$ 的估计值,从而得到表示因变量 Y 与自变量 $X_1, X_2, \cdots, X_m$ 的回归方程;

(2) 对回归方程及各自变量做假设检验,并对方程的拟合效果以及各自变量的作用大小做出评价。

具体可参见《医学统计学》(孙振球主编,2002)。

2.4.3 判别分析和聚类分析

判别分析是判别个体所属类别的一种多元统计分析方法。在已知分为若干个类的前提下,获得判别模型,并用来判定观察对象的归属。判别分析的过程是做出以多个判别指标判别个体分类的判别函数或概率公式,目的在于建立一种线性组合使得用最优化的模型来概括分类之间的差异。判别分析的方法有 Fisher 判别法和 Bayes 判别法。

Fisher 判别又称典型判别,适用于两类和多类判别。借助方差分析的思想,试图找到一个由原始自变量组成的线性函数使得组间差异和组内差异的比值最大化。已知 A、B 两类观察对象,A 类有 n_A 例,B 类有 n_B 例,分别记录了 $X_1, X_2, \cdots, X_m$ 个观察指标,又称为判别指标或变量。Fisher 判别法就是找出一个线性组合:

$$Z = C_1X_1 + C_2X_2 + \cdots + C_mX_m$$

使得综合指标 Z 在 A 类的均数 $\overline{Z_A}$ 与 B 类的均数 $\overline{Z_B}$ 之间的差异尽可能大,而两类内综合指标 Z 的变异 S_A^2 和 S_B^2 尽可能小,即使 λ 达到最大。

$$\lambda = \frac{|\overline{Z_A} - \overline{Z_B}|}{S_A^2 + S_B^2}$$

建立判别函数后,按公式 $(Z = C_1X_1 + C_2X_2 + \cdots + C_mX_m)$ 逐例计算判别函数值 Z_i,进一步求 Z_i 的两类均数 Z_A 与 Z_B,按下式计算判别界值:

$$Z_C = \frac{\overline{Z_A} + \overline{Z_B}}{2}$$

判别规则:

$Z_i > Z_C$,判为 A 类

$Z_i < Z_C$,判为 B 类

$Z_i = Z_C$,判为任意一类

Bayes 判别考虑的是事件发生的先验概率,计算每个样本的后验概率及错判率,用最大后验概率来划分样本的分类,并且使得期望损失达到最小。若已知有 g

类记为$Y_k(k=1,2,\cdots,g)$,m个判别指标$X_j(j=1,2,\cdots,m)$,假定某判别对象(记为a)各指标X_j的状态分别取为$S_{lj}(l=1,2,\cdots,l_j)$,则该对象a属于第k类的后验概率为:

$$P(Y_k \mid a)=\frac{P(Y_k)\cdot P(X_1(S_{l1})\mid Y_k)P(X_2(S_{l2})\mid Y_k)\cdots P(X_m(S_{lm})\mid Y_k)}{\sum_{k=1}^{g}P(Y_k)\cdot P(X_1(S_{l1})\mid Y_k)P(X_2(S_{l2})\mid Y_k)\cdots P(X_m(S_{lm})\mid Y_k)}$$

上式中$P(Y_k)$为第k类出现的事前概率。然后将判别对象a判为$P(Y_k\mid a)$最大的那一类。

聚类分析是将随机现象归类的统计学方法,在不知道应分多少类的情况下,试图借助数理统计的方法用已收集到的资料找出研究对象的适当归类的方法。该方法已成为发掘海量信息的首选工具。聚类分析的实质就是按照距离的远近将数据分为若干个类别,通过聚类分析,可以把数据分成若干个类别,使得类别内部的差异尽可能地小,类别间的差异尽可能的大。在聚类分析中最重要的问题就是如何描述"差异",通常的做法是以距离或者相似性来描述。在 SPSS 中就提供了 30 多种距离和相似性的度量方法。其中最常用的方法就是欧式距离和相关系数。但是聚类分析没有过多的统计理论支持,也没有很多的统计检验对聚类结果的正确性"负责",是一种探索性的统计分析方法。更多的时候是依据聚类结果在问题中的有用性来判断模型效果的好坏。

2.4.4 因子分析

因子分析(factor analysis)起源于 20 世纪初 Pearson 和 Spearman 等人关于智力测验的统计分析。1904 年,Spearman 对某学校的 33 个学生的 6 门课程(古典法、法语、英语、数学、判别和音乐)的成绩进行了分析,从这 6 门课程成绩的相关系数入手,得出了仅有一个公因子的因子模型。这个公因子就被解释为一般智力。

一般来讲,当多指标数据中呈现出相关性时,是否存在对这种相关性起支配作用的潜在因素呢?如果存在,如何找出这些潜在因素呢?这些潜在因素又是怎样对原始指标起支配作用的呢?这些问题都可以通过因子分析来解决。因子分析就是一种从分析多个原始指标的相关关系入手,找到支配这种相关关系的有限个不可观测的潜在变量,并用这些潜在变量来解释原始指标之间的相关性或协方差关系的多元统计方法。事实上,因子分析也是一种数据简化的技术。它通过研究众多变量之间的相关系数矩阵(或协方差矩阵)的内部依赖关系,探求观测数据中的基本结构,并用少数几个假想变量来表示其基本的数据结构。这几个假想变量能够反映原来众多变量的主要信息。原始的变量是可观测的显在变量,而假想变量是不可观测的潜在变量,称为因子。将每个原始变量分解成两部分因素，一部分是由所有变量共同具有的少数几个公共因子组成的，另一部分则是每个变量独自具有的因素，即特殊因子。各个因子间互不相关，所有变量都可以表示成公因子和特殊因子的线性组合。因子分析的目的就是减少变量的数目，用少数公因子代替所有变量去分析问题。

设有 N 个样本观测了 m 个指标 $X_1, X_2, \cdots, X_m$。因子分析就是从这组观测数据出发，通过分析各指标 $X_1, X_2, \cdots, X_m$ 间的相关性，找出起支配作用的潜在因素——公因子 $F_1, F_2, \cdots, F_q (q < m)$，使得这些公因子可以解释各指标之间的相关性。其统计模型为：

$$
\begin{aligned}
X_1 &= a_{11}F_1 + a_{12}F_2 + \cdots + a_{1q}F_q + e_1 \\
X_2 &= a_{21}F_1 + a_{22}F_2 + \cdots + a_{2q}F_q + e_2 \\
&\cdots\cdots \\
X_m &= a_{m1}F_1 + a_{m2}F_2 + \cdots + a_{mq}F_q + e_m
\end{aligned}
$$

其中

$$
F = \begin{bmatrix} F_1 \\ F_2 \\ \cdots \\ F_q \end{bmatrix}
$$

F 为公因子；

$$
A = \begin{bmatrix} a_{11} & a_{12} & \cdots & a_{1q} \\ a_{21} & a_{22} & \cdots & a_{2q} \\ \vdots & \vdots & & \vdots \\ a_{m1} & a_{m2} & \cdots & a_{mq} \end{bmatrix}
$$

A 被称为因子载荷矩阵，a_{ij} 为因子载荷，其实质就是公因子 F_j 和变量 X_i 的相关系数。e 为特殊因子，代表除公因子以外的其他影响因素。

因子分析的目的在于，简化变量维数。即要使因子结构简单化，希望能以最少的公因子对总变异量作最大的解释，因而抽取的因子愈少愈好，但抽取因子的累积解释的变异量愈大愈好。

具体的因子载荷矩阵求解步骤请参考《SPSS 统计分析高级教程》(张文彤主编，2004)。

2.4.5 结构方程模型

20 世纪 70 年代,Jöreskog、Kessling 和 Wiley 等人将路径分析的思想引入到了潜变量研究中,并将其与因子分析的方法结合起来,形成了结构方程模型(structural equation modeling, SEM)。相对于传统的方法,结构方程模型是一套可以将测量与分析整合为一的数据分析技术。结构方程模型将不可直接观察的结构,以潜变量的形式,利用观测变量的模型化分析来加以估计。结构方程模型包括两个部分:第一部分是测量模型,反映了观测变量与潜变量之间的关系,其构成的数学模型是采用验证性因子分析的方法;第二部分是结构模型,采用的是路径分析的方法建立潜变量之间的结构关系。

结构方程模型可以表达为如下方程的形式:

$$X = \Lambda_X \xi + \delta$$

$$Y = \Lambda_Y \eta + \varepsilon$$

$$\eta = B\eta + \Gamma\xi + \zeta$$

其中 X 是 $q \times 1$ 阶外生观测变量构成的向量;

Y 是 $p \times 1$ 阶内生观测变量构成的向量;

ξ 是 $n \times 1$ 阶外生潜变量构成的向量;

η 是 $m \times 1$ 阶内生潜变量构成的向量;

δ 是 $q \times 1$ 阶 X 的测量误差构成的向量;

ε 是 $p \times 1$ 阶 Y 的测量误差构成的向量;

Λ_X 是 $q \times n$ 阶 X 对 ξ 的因子载荷矩阵;

Λ_Y 是 $p \times m$ 阶 Y 对的因子载荷矩阵;

Γ 是 $m \times n$ 阶结构关系中 ξ 的系数矩阵;

ζ 是 $m \times 1$ 阶 η 和 ξ 之间结构方程的误差构成的向量;

B 是 $m \times m$ 阶结构关系中 η 的系数矩阵。

一旦模型被建立起来,则模型中所有的参数必须从样本数据中加以估计。结构方程模型的估计过程不同于传统的统计方法。它不是追求尽量缩小样本中因变量的个体预测值与观测值之间的差异,而是追求尽量缩小样本的方差协方差与模型隐含的理论方差协方差之间的差异,两者之间的差值构成了结构方程模型的残差。常用的参数估计的方法有极大似然估计法、未加权最小二乘法、广义最小二乘法、加权最小二乘法和对角加权最小二乘法,其中最常用的是极大似然估计法。

得到参数的估计值,就意味着得到一个特点的理论模型。接下来的问题就是如何知道这个特点的模型拟合实际数据的程度,即模型整体拟合程度的评价。对模型整体拟合效果的评价指标主要是拟合指数,拟合指数有很多,有绝对拟合指数,如拟合优度指数(GFI),包括调整的拟合优度指数(AGFI)、均方根残差(RMR)、近似误差均方根(RMSEA)以及χ^2/df等;相对拟合指数,包括规范拟合指数(NFI)、不规范拟合指数(NNFI)、增值拟合指数(IFI)以及比较拟合指数(CFI)。选择一个理想的拟合指数的标准应该是:不受样本容量的影响,惩罚复杂模型,对误设模型敏感。如果拟合效果不理想,可以根据修正指数对模型的结构参数或误差项做出适当的修正。具体结构方程模型建模的方法和步骤可参考《结构方程模型及其应用》(侯杰泰,温忠麟,成子娟,2004)。

参考文献

葛燕,陈亚楠,刘艳芳等.(2014).电生理测量在用户体验中的应用.心理科学进展,22(6),959—967.

李宏汀,王笃明,葛列众.(2013).产品可用性研究方法.上海:复旦大学出版社.

刘盼,刘世文.(2011).经颅直流电刺激的研究及应用.中国组织工程研究与临床康复,15(39),7379—7383.

吕浩.(2006).经颅磁刺激技术的研究和进展.中国医疗器械信息,12(5),28—32.

滕晶,王玉来,秦绍林等.(2007).脑磁图在大脑高级功能研究中的应用进展.中国中医急症,16(6),719—724.

王华容.(2014).道路交通研究中眼动技术的应用与展望.交通医学,28(2),119—126.

王荣福,李险峰,张春丽.(2007).PET/CT的新进展及临床应用.中国医疗器械信息,13(7),1—14.

徐娟.(2013).国内设计心理学领域中的眼动研究综述.北京联合大学学报,27(3),72—75.

闫国利,田宏杰.(2004).眼动记录技术与方法综述.应用心理学,10(2),55—58.

闫国利,熊建萍,臧传丽等.(2013).阅读研究中的主要眼动指标评述.心理科学进展,21(4),589—605.

杨海波,刘电芝,周秋红.(2013).幽默平面广告适用性的眼动研究.心理与行为研究,11(6),819—824.

易欣,葛列众,刘宏艳.(2015).正负性情绪的自主神经反应及应用.心理科学进展,232.2(1),72—84.

赵均榜,张智君.(2010).基于皮层诱发电位的脑机接口研究进展.航天医学与医学工程,232.2(1),74—78.

周小祥,李福利.(2004).脑功能磁共振成像研究及应用展望.首都师范大学学报(自然科学版),25,38—42.

Cupchik, G.C., Vartanian, O., Crawley, A., & Mikulis, D.J. (2009). Viewing artworks, contributions of cognitive control and perceptual facilitation to aesthetic experience. *Brain and Cognition*, *70*, 84 - 91.

Dirican, A.C., & Göktürk, M. (2011). Psychophysiological measures of human cognitive states applied in human computer interaction. *Procedia Computer Science*, *3*, 1361 - 1367.

Goldberg, H.J., & Wichansky, A.M. (2003). Eye tracking in usability evaluation: a practitioner's guide. In J. Hyönä, R. Radach, & H. Deubel (Eds.), *The mind's eye: Cognitive and applied aspects of eye movement research* (pp. 493 - 516). Amsterdam: Elsevier.

Graesser, A.C., Lu, S., Olde, B.A., Cooper-Pye, E., & Whitten, S. (2005). Question asking and eye tracking during cognitive disequilibrium: comprehending illustrated texts on devices when the devices break down. *Memory & Cognition*, *33*(7), 1232.25 - 1247.

Hanson, E. (2004). Focus of attention and pilot error. In proceedings of the eye tracking research and applications symposium 2000. NY: ACM Press.

Herff, C., Heger, D., Fortmann, O., Hennrich, J., Putze, F. & Schultz, T. (2014). Mental workload during n-back task-quantified in the prefrontal cortex using fNIRS. *Frontiers in Human Neuroscience*, 7, 1 - 9.

Hirshfield, L.M., Solovey, E.T. Girouard, A., Kebinger, J., Jacob, R.J.K., Sassaroli, A., & Fantini, S. (2009). Brain measurement for usability testing and adaptive interfaces: an example of uncovering syntactic workload with functional near infrared spectroscopy. Conference on human factors in computing systems.

Jacob, R.J.K., & Karn, K.S. (2003). Eye tracking in human-computer interaction and usability research: ready to deliver the promises. In J. Hyönä, R. Radach, & H. Deubel (Eds.), *The mind's eye: cognitive and applied aspects of eye movement research* (pp. 573 - 605). Amsterdam: Elsevier.

Just, M.A., Keller, T.A., & Cynkar, J. (2008). A decrease in brain activation associated with driving when listening to someone speak. *Brain Research*, *1205*, 70 - 80.

Lim, J., Wu, W.C., Wang, J., Detre, J.A., Dinges, D.F., & Rao, H.Y. (2010). Imaging brain fatigue from sustained mental workload: an ASL perfusion study of the time-on-task effect. *NeuroImage*, *49*, 3426 - 3435.

Parasuraman, R., & Rizzo, M. (2008). *Neuroergonomics: the brain at work*. New York: Oxford University Press.

Parasuraman, R., & Wilson, G.F. (2008). Putting the brain to work: neuroergonomics past, present, and future. *Human Factors: The Journal of the Human Factors and Ergonomics Society*, *50*, 468 - 474.

Poole, A., & Ball, L.J. (2005). Eye tracking in human-computer interaction and usability research: current status and future prospects. Chapter in Ghaoui, C. (Ed.): *Encyclopedia of human-computer interaction*. Pennsylvania: Idea Group, Inc.

Poole, A., Ball, L.J., & Phillips, P. (2004). In search of salience: a response time and eye movement analysis of bookmark recognition. In S. Fincher, P. Markopolous, D. Moore, & R. Ruddle (Eds.), People and computers XVIII-design for life: proceedings of HCI 2004. London: Springer-Verlag Ltd.

Vianna, E.P.M., & Tranel, D. (2006). Gastric myoelectrical activity as an index of emotional arousal. *International Journal of Psychophysiology*, *61*(*1*), 70 - 76.

3 视觉显示界面

视觉是人与周围世界发生联系的最重要的感觉通道,人对于外部世界的信息有80%以上是通过视觉获得的。因此,从最早的工程心理学研究开始,就一直把视觉显示界面作为该领域中最主要的研究对象和研究内容之一。最近十年以来,随着计算机技术、电子技术、工业技术等学科的迅速发展,视觉显示界面的相关研究尤其是动态视觉显示界面的研究变得更加丰富深入。

本章中,将在简要总结传统视觉显示界面的研究成果基础上重点对目前国内外有关视觉显示界面的新成果进行介绍。本章第一节(3.1 节)是视觉显示,主要论述的是听觉显示界面的分类及其设计要点。第二节(3.2 节)是静态视觉显示界面的研究,主要论述的是表盘仪表,灯光信号,电子显示器相关文字、图表、符号标志及其视觉突显的相关研究。第三节(3.3 节)是动态视觉显示界面的研究,主要论述的是表盘仪表、灯光信号和电子显示器相关的研究。第四节(3.4 节)是视觉显示编码、突显和兼容性的研究,主要论述的是视觉编码、视觉突显和显示控制兼容性相关的研究。最后一节(3.5 节)是研究展望。

3.1 视觉显示

视觉显示界面(visual display interface)是指所有依靠可见光的作用向人传递信息的显示界面方式。由于人的视觉系统具有高分辨性特点,视觉显示界面是人机系统中最普遍而且最重要的人机显示界面。视觉显示界面与人的视觉功能的匹配程度不仅在很大程度上决定了人在人机系统中的工作效率,而且决定了人机系统的安全性和工作的可靠性。

视觉显示界面可以根据不同角度进行分类,其中最为常见的是根据视觉显示界面中的显示信息是否随时间变化而改变把视觉显示分为静态视觉显示界面(static visual display interface)和动态视觉显示界面(dynamic visual display interface)。

静态视觉显示是指显示信息的状态保持静止不动或在相对较长的时间内,其显示内容不会随时间延续而发生变化的视觉显示方式,例如,传统上的静态视觉显示包括纸质文本、道路标志、安全标识等。此外,这些年比较流行的电子书由于其屏幕内容更新时间较长,也可以算作静态视觉显示。静态视觉显示由于其显示信息相对稳定不变,在生产和生活中通常用于大量文本信息的呈现、机器操作流程的说明、危险信息的提示或者一个城市的交通路线的显示和标志性建筑的分布状态等方面。

动态视觉显示是指视觉显示状态或显示内容随着时间推移而发生变化的显示。动态视觉显示包括传统上颜色交替变化的指示灯、计算机显示、显示飞行状态的速度计、高度计、压力计等各种参数显示界面,近些年来广泛应用于各种人机交互系统的新型显示界面如移动设备显示界面、大屏幕显示器、3D 显示器等均属于动态视觉显示界面。动态显示界面的结构和功能要比静态显示界面更为复杂,显示界面设计中的人因素问题更加多样,这也是本章节重点讨论的内容。

除上述分类外,还可以根据视觉显示信息的精确程度把视觉显示分为定性视觉显示(qualitative visual display)、定量视觉显示(quantitative visual display)以及定性一定量视觉显示(qualitative-quantitative visual display);根据视觉显示的信息量类型,可以把视觉显示分为模拟显示(analog visual display)和数字显示(digital visual display);根据采用的显示技术可以把视觉显示分为平面图符视觉显示(graphics and symbols display)、灯光视觉显示(light visual display)、表盘指针式视觉显示(dial indicator visual display)和电光视觉显示(electro-optical visual display)。具体分类说明可以参见《工程心理学》第四章的内容(葛列众等,2011)。

视觉显示界面的设计,除了需要考虑显示技术本身的性能指标,比如显示精度、可靠性等因素外,还要考虑显示设计与人的视觉功能及特点的匹配程度。总体来说,从人机匹配的角度,要设计一个优良的视觉显示界面,必须充分考虑以下几个方面的因素:

- 可识别性:视觉显示的信息要足够鲜明醒目,能引起操作者的注意。可识别性的高低主要取决于显示的信息在其周围刺激中的突显程度;
- 可容性:可容性包括两个方面,首先在采用信息编码方式时,信息代码的数目应该限制在人的绝对辨认能力允许的范围以内,其次显示的信息数量应该符合操作者的信息加工能力,过高的信息加工负荷会造成操作者操作错误增多、疲劳度增大;
- 可辨读性:显示的信息能够被看清楚,比如交通信号灯、心电图或速度计上的指针。显示信息的可辨读性受到信息本身物理强度如指针粗细、刻度间距以及环境因素(如照明)的影响;
- 可理解性:设计本身要能够帮助操作者正确地知觉和理解显示信息所要传递的意义。因此,信息编码应尽量采用形象直观的显示方式,同时避免使用与人们的习惯冲突的编码方式;
- 布局合理性:应根据显示信息的重要性和使用频次考虑信息显示位置的优先权,把最重要和使用频次最多的信息显示在最有利于操作者进行视觉辨认的地方。

3.2 静态视觉显示界面的研究

在生产和生活中,静态视觉显示设计通常包括文字显示、图表显示以及符号和标志显示设计三个方面。本章将重点介绍这三方面的相关研究。

3.2.1 文字显示设计的研究

无论是静态视觉显示界面还是动态视觉显示界面,在知觉层面,文字信息基本上可以算作最小的视觉信息单位。因此,文字的设计对于视觉显示界面的视觉工效非常重要。围绕着文字显示的视觉工效研究主要集中在字体类型、字体尺寸、文字信息密度等方面。

字体类型的工效研究

国内外许多研究者都对不同的字体类型对视觉搜索绩效开展过相关研究。对于英文字体来说，在视觉搜索绩效方面，不同字体类型一般没有显著性差异，但在主观偏好上，被试会更加明显偏爱 Arial 字体。Bernard(2003)比较了西方最常见的 Times New Roman 和 Arial 两类字体在两种条件下(点阵式字体、抗锯齿式字体)的两种字体大小(10 号字、12 号字)的被试阅读准确性和速度以及主观评价。实验结果表明：除了 Arial 的抗锯齿式 10 号字体的搜索时间明显长于其他字体格式外，总体上两类字体的客观绩效没有明显差异。但在主观偏好上，被试更加偏好 Arial 字体。而在 Ling(2006)的研究中，研究者比较了 Times New Roman 和 Arial 两种字体设计在网页页面中的视觉搜索绩效，结果也表明无论是正确率还是搜索时间，两种字体都没有显著差异，但在主观评价上，被试明显更加偏爱 Arial 字体。

对于中文字体而言，相对于其他字体设计，当显示文字字体为宋体时，被试的绩效较高，但字体类型的个人偏爱则受个体性格差异的影响。周爱保(2005)研究了字体和字号对汉字认知加工速度的影响，结果表明，在七种字体之中，宋体、正楷和黑体的加工速度较快，而行楷、隶书、魏碑和华文彩云的加工速度较慢。宫殿坤(2009)则采用视觉搜索程序和实验内省法考察了汉字字体对视觉搜索反应时的影响。如表 3.1 所示，实验结果表明在字体大小相同的情况下，宋体的视觉搜索反应时极其显著的少于楷体。

表 3.1　不同性别个体在不同字体以及字体大小下的反应时(ms)

	22 磅宋体		15 磅宋体		22 磅楷体		15 磅楷体	
	M	*SD*	*M*	*SD*	*M*	*SD*	*M*	*SD*
男	3 781.31	769.16	4 191.20	897.58	4 269.93	1 062.88	4 858.21	1 202.52
女	3 838.60	1 050.94	3 832.99	803.49	4 515.78	668.71	5 015.82	1 276.18

来源：宫殿坤等，2009.

此外，国内还有研究者禤宇明等(2004)研究了字体格式、主观偏好和被试性格对汉字网页关键词搜索的影响。结果表明，活泼型被试最喜欢宋体，最不喜欢楷体，而非活泼型被试最喜欢楷体，最不喜欢宋体。字体和行间距对关键词的搜索时间没有显著影响(如表 3.2 所示)。

表 3.2　不同字体显示格式下被试搜索关键字的时间(s)

	宋体			仿宋体			楷体		
	无行距	单倍行距	双倍行距	无行距	单倍行距	双倍行距	无行距	单倍行距	双倍行距
$\bar{x}$	16.03	13.96	12.36	14.96	12.64	17.09	14.46	14.68	15.65
s	11.23	6.96	6.82	9.43	8.80	9.35	6.76	11.81	11.27

来源：禤宇明等，2004.

笔画宽度和文字大小尺寸的工效学研究

笔画宽度是以笔画的厚度与其高度的比值来表示的,也称为粗高比。国内外研究均表明,笔画宽度、文字大小尺寸均能显著影响被试的文字判读绩效。

国外有研究者 Heiglin(1973)曾归纳了对于西方文字笔画宽度设计的一般原则。他们认为,在照明条件良好的情况下,适宜的印刷品粗高比为:白底黑字,1∶6—1∶8 或黑底白字,1∶8—1∶10;当照明条件较差时,较粗的字体更容易辨认;当照明条件较差或者目标和背景的对比度较低时,应该使用粗高比较低(如 1∶5)的粗体字;高度发光的字体,其粗高比可提升至 1∶12 到 1∶20;背景很亮的黑体字则应该采用较粗的笔画。

字母数字的适宜大小与视距、照明及辨读字符数字的重要性等因素有关。有人(Peters & Adams, 1959)研究了这些因素对阅读不同大小字母的影响,提出了计算字母数字尺寸的关系式:$H = 0.0022D + K1 + K2$,式中 H 和 D 的单位均为英寸,H 为字母数字高度,D 为视距,K1 为照明与视觉条件校正系数。

20 世纪 90 年代,国内曾有研究者(沈模卫等,1990)对影响汉字显示工效的相关因素开展过系统的研究。针对高、中、低三种环境照明下透光汉字笔画宽度对判读的影响的研究结果表明,笔画过宽或过窄都会明显增加判读的难度,使被试判读错误率增加。当汉字笔画厚度与字高之比处在 1∶16—1∶10 范围内时,判读效果最佳。在另一个有关透光汉字大小与判读绩效关系的研究中,实验结果表明,判读错误率随汉字增大而减少,要使判读错误率减到 1%以下,汉字字高应等于或大于 21 分弧,相当于视距 0.5 米时,汉字字高应不小于 5 毫米,同时,环境照明强度对透光汉字的判读有明显的影响,无环境照明和强环境照明时的判读效果均不及中等环境照明强度下的效果好。

2008 年开始实施的我国国家军用标准(GJB 1062A—2008)也曾针对 CRT(阴极射线管)显示器的字符尺寸进行了相应规定。该标准规定,目标信息的视角应不小于 20°,且不应少于 10 个分辨像素;字母数字的宽/高一般为 7/10—9/10。考虑到其他因素,字母数字的宽/高比可以为 1/2—1,汉字的宽/高比为 2/3—1 等。

文字信息密度对视觉判读绩效的影响

文字信息密度是影响视觉显示界面判读绩效的重要因素之一。国内外研究者也针对该因素开展了大量研究。Moriarty(Moriarty & Scheiner,1984)等曾经对字母间距对视觉信息的判读绩效进行了研究。他们的实验发现,文本字母间距较小时,被试的阅读速度较高。Tullis(1983)、Richard 等(1984)以阅读速度等作为绩效指标,通过实验比较了不同界面信息显示密度对视觉识别效率的影响,证实视觉显示界面信息密度会对视觉判读绩效产生显著影响。Ling 等(Ling & Schaik, 2007)针对网页

WEB 界面，对不同行间距及文字对齐方式对视觉搜索绩效的影响进行了研究，结果表明较宽的行间距以及左对齐文本都会显著提高搜索绩效。

在中文文字信息密度方面，李静等（2010）通过实验研究了网页字符信息显示密度与识别反应时的关系。他们的实验结果表明，信息显示密度对搜索效率有显著影响，两者存在近似的倒 U 形曲线关系，其中字符尺寸固定为 2 em（注：em 是相对长度单位，广泛用于网页字体设计中，1 em 代表的是一个字的大小）、行距为 0. 7 倍、列距为 0. 3 倍时绩效最好。研究者建议设计网页字符的显示间距时，以此关系曲线为基础确定合适的间距值。

此外，郭孜政等（2012）对动车组显控界面设计中的字符行距对动车司机视觉识别效率的影响性问题进行实验研究。他们的实验结果表明，字符行距对识别效率影响性显著，识别效率与字符行距呈非线性正相关关系，显控界面字符行距最小设置阈值为 2 mm。

其他影响文本视觉判读绩效的因素

除了以上所提到的研究外，还有许多因素也得到了研究者的关注。比如，Poulton 的研究表明，对于英文字母来说，小写文本比全部大写的更容易阅读，原因可能是小写字母相对于大写字母，整个单词的轮廓形状更加突出。

另外，静态视觉显示界面中的信息排列或布局方式也会显著影响判读绩效。Wolf（1986）的研究结果表明，比起材料排成水平的连续文本列表，搜索竖栏文本内元素的速度更快。同时，Tullis（1983）也提出，提高视觉显示信息可预测程度的最好方法就是将信息分栏排列，并将各元素安排到各栏内。

对于英文文本来说，句子的形式以及句中词语的顺序都会直接影响文本的可读性。比如，Flesch（1948）曾提出反映文本可读性的阅读容易度指数（flecsch reading ease score）。该指数就是基于对文本中随机抽取 100 个字的样本段落做分析，根据这 100 个字的样本段落所包含的音节数和平均每句文本中包含的单词数来计算的。虽然 Flesch 的阅读容易度指数仍然有其不足之处，但它还是可以为降低文本本身的复杂度提供指导。类似的阅读容易度指数计算公式在汉字文本研究领域中还尚未看到，值得进一步深入探讨。

3. 2. 2　图表显示设计研究

由于图表信息具有利于人们的平行视觉加工、容易理解、容易记忆、认知负荷较低等优点，图表信息显示方式的应用日益广泛。通常图表形式可以包括各种饼图、柱状图、线框图等，从显示维度上可以分为 2D 图表和 3D 图表。通常，对于数据的表征，并没有绝对的好或坏的图表形式，而是要依据具体的信息呈现需求和数据特点选择最合适的表征方式(Sparrow, 1989)。对于图表显示设计中的工程心理学研究主要集中在图表信息显示的错觉以及2D图表显示与3D图表显示的差异两个方面:

图表信息显示中的错觉问题

应用图表信息显示时,需要注意的一个问题是图表的某些特征会干扰人们的正常知觉,从而造成对数据判断的错误。如图3.1所示,左图会让人以为A和B之间的差异是随着实验次数(x)的增多而变大的,但从右图的实际差异结果上看,A和B的差异并没有这样的趋势。耶鲁大学的Tufte教授(1983)曾对类似的错觉问题进行了较为全面的分析总结,并且提出了一些用于图表设计的指导性建议。比如当数据量小于20个时,应尽量采用表格的形式而不是图来呈现;图表设计应呈现数据实际差异性,而不是因图表设计而造成的差异;在图上可以增加关于数量的清晰、具体、关键的标签来尽可能地减少图表错觉。

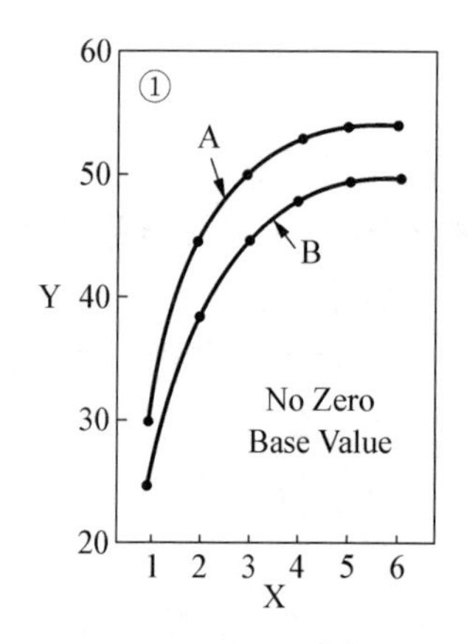

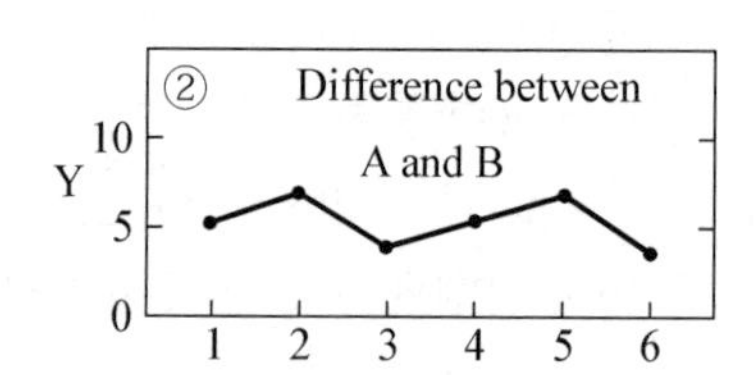

图3.1 图表信息显示感觉歪曲图示

来源:Tufte,1983.

2D图表显示和3D图表显示的差异研究

2D和3D两种呈现方式针对不同的视觉任务各有其优势。目前,大多数研究的结果表明:2D图表显示方式有利于确定精确数量关系、精确导航以及距离测量等;而3D显示方式在三维空间搜索、理解三维形状以及接近性导航等方面表现出其优势。

但在实际设计中,究竟采用哪种显示方式,不但要考虑任务本身的特点,而且由于个体差异性较大,还应该考虑具体的个人偏好。例如,Tory等(2006)通过实验比较了2D显示、3D显示以及2D/3D混合显示三种图表显示方式对不同类型任务(如相对位置估计、朝向判断、物体数量估计等)的完成绩效影响。他们的实验结果表明,虽然实验结果个人差异性较大,但是当提供适当的线索(如阴影)时,3D显示在接近导航和相对位置判断任务上的绩效显著高于其他显示方式，然而其在精确导航及定位上的绩效则相对较差；而且，采用 2D/3D 混合显示设计在大多数情况下均要优于单独 2D 或 3D 显示。研究者还认为，在进行 2D 或 3D 图表呈现方式选择时，需要综合考虑任务本身特征、方向线索、遮挡以及空间接近性等多种因素。

3.2.3 符号标志设计研究

符号标志在日常工作和生活中均是一种常见的视觉信息显示方式，如房间的门牌、道路标志、警告标牌等。类似于图表，由于不需要像字母或文本需要重新编码，符号标志在视觉加工中速度更快，效率更高。为提高符号标志的视觉判读绩效，在设计符号标志时应使其具备简单、明了、清晰的意义，保证符号与所要表达概念间的自然匹配性。

长久以来，究竟应该如何选择适当的符号标志来表征其代表的意义一直是研究者关注的问题。符号标志编码设计时最主要的选择标准包括认知度（符号标志是否容易被人们理解）、匹配度（符号标志与其表示的意义关系紧密度）及主观偏好。如果没有特别的因素，一个较为基本的选择原则就是尽量选择标准化的或者已经为大家所习惯或熟知的符号标志。Easterby(1970)曾总结了符号标志设计的几点原则：

- 清晰而稳定的图形与背景边界；
- 有对比性的边界比线性边界要好；
- 图符应尽量是封闭性的；
- 图符应尽量简单；
- 图符应尽量统一。

近些年来，围绕符号标志设计的国内外研究主要集中在道路交通标志设计和安全标志设计两个方面。

道路交通标志设计研究

道路交通标志作为道路信息的视觉表达方式，其合理性直接影响到使用者对道路信息的判读和记忆，从而影响交通速度和交通安全。交通标志在过去的几十年中，一直是符号标志研究的热点问题。目前对交通标志的研究主要还是集中在交通标志的外观尺寸、颜色搭配以及图符标志布局等方面。

对于交通标志的外观尺寸设计，我国曾在《道路交通标志和标线》(GB5768—1999)中提出，应综合考虑字符数量、图形符号、其他文字和版面美化等因素来确定标志版面尺寸。在 2009 年，《道路交通标志和标线：交通标志部分》(GB5768.2—2009)又对部分道路标志尺寸进行了新的修订。

交通标志的尺寸需求会受到环境等因素的影响。Drory 和 Shinar(1982)曾研究过在正常环境以及较为恶劣环境下不同交通标志的可视性和清晰度水平。潘晓东等(2006)利用眼动仪设备,探讨了在不同行车速度下,不同光线条件(包括顺光、逆光、夜间反光等)对交通标志可视距离的影响。结果表明,交通标志的可视距离随车速的提高而降低;同一实验车速,顺光条件下标志的视认性最佳,其次为夜间反光标志,而逆光条件下的标志视认性较差。

Chapanis(1994)通过研究考察了道路交通标志中告警文本和颜色搭配对于驾驶员危险等级判断的影响。结果表明,对于英文中表示危险的三种文本“CAUTION”、“WARNING”、“DANGER”(危险程度依次增高),人们对“DANGER”表示的危险等级认知与实际最一致。对于白色、黄色、橙色、红色四种颜色,人们的危险感知度也依次增高。对于“DANGER”文本来说,采用红色表征最合适,而对于“CAUTION”、“WARNING”两种文本则并没有明显合适的颜色表征。

国内研究者邹运(2013)通过将颜色定量,然后根据数学建模方法进行定量分析,得出了道路标志牌设计中每种颜色之间的数值关系,包括标志牌颜色设计的最佳对比色。在道路标志布局方面,刘唐志等(2014)利用问卷调查的方法,对我国《道路交通标志和标线：交通标志部分》(GB5768. 2—2009)中对版面信息布局采取将同向信息中远地点置于上方的做法合理性进行了调查研究。结果表明,该版面信息布局的设计更符合大多数人的认知规律。王笃明等(2009)曾通过延迟匹配任务的实验方法研究了在道路交通标志中,路名信息的对称性和布局方式对视认绩效的影响。实验结果表明,当道路交通标志路名信息以对称性方式呈现时,被试的视觉判读绩效明显优于非对称方式条件下呈现的操作指标,但道路交通标志中路名信息是以矩形或是圆形方式呈现对绩效指标没有显著影响。

国内还有研究者从交通标志信息的角度研究交通标志的有效性。如刘西等(2003)从信息论角度出发,通过计算图形编码方式的交通标志的不确定性,来实现对交通标志的量化评价。他们在研究中采用 7 项主观评价指标对标志进行了评价,从语意表达方面证实信息量能很一致地预测标志的明确性和辨认性,并且得到了信息量低的,即作为交通标志可用性高的图标的物理特征：简洁—具体—醒目—易于联想—普通。

同样,国内的曹鹏等(2006)也将信息理论运用于解释交通标志信息的传递过程。他们的研究建立了交通标志的信息传输模型,运用信息熵方法将驾驶员接受的标志信息进行量化。研究者还以长春市区实际调查数据为依据,运用该方法评价了现有交通标志的信息传递质量。他们的研究结果也同样表明,利用信息度量方法对交通标志视认性进行评价是衡量标志设计质量的有效途径。

安全标志设计研究

根据《安全标志及其使用导则》(GB2894—2008),安全标志是用以表达特定安全信息的标志,一般由图形符号、安全色、几何形状(边框)或文字构成。主要可以分为禁止标志、警告标志、指令标志和提示标志四类。安全标志设计应该简单易懂,符合大多数人的认知习惯和认知能力,具有很强的可识别性。

Collins 等(1983)曾对 18 种备选的出口标志设计在困难视觉条件下的(如暴露时间很短)判断正确率进行了研究。根据实验结果,研究者归纳出的最佳安全标志的特征有:"实心"图比"轮廓"图更加醒目;带有方形或长方形背景的图比圆形图识别起来可靠性要高;简单或简略的图效果更好。

国内标准"工作场所和公共区域中的安全标志设计原则"中规定安全色的一般含义包括红、黄、蓝、绿四种颜色,对比色包括黑色和白色,几何图形包括圆形、三角形、正方形和长方形。同时,为了使安全标志和辅助标志与周围环境之间形成对比,要使用衬边。

国内研究者张坤等在 2014 年,利用 EyelinkⅡ型眼动仪记录了 20 名被试者观看安全标志边框形状、颜色及其组合图片时的注视点数和首次注视时间等,研究了安全标志边框形状及颜色的视觉注意特征。他们的实验结果表明:在形状因素中,被试者对三角形的注意程度最大;在颜色因素中,被试者对红色的注意程度最大;在组合因素中,被试者对蓝三角形、黄斜杠圆、蓝圆、绿正方的注意程度最大,其中三角形、斜杠圆与颜色的最优组合不同于国家标准中采用的组合。

李林娜等(2014)利用形状圆形、三角形、正方形和颜色红色、黄色、蓝色、绿色这两组元素设计了两个实验来确定安全标识的统一背景颜色和背景形状。结果表明,最吸引人眼球的背景颜色是红色,蓝色次之,最引人注目的背景形状是方形。这个实验结果为统一制定安全标语和安全标志牌的背景形状和背景颜色提供了数据依据。

滕学荣等(2014)对北京地下交通枢纽安全标志现状进行了现场研究和分析,结果发现,北京地下交通枢纽的安全标志设计仍然存在缺乏规范等问题。由此,研究者提出制定相应的安全标志规范,确立安全标志设计原则有着重要的实际意义。

3.3 动态视觉显示界面的研究

如前所述,动态视觉显示界面的显示信息会随时间推移而发生变化。最为常见的动态视觉显示方式包括传统的显示仪表、灯光信号以及随着电子信息技术的发展而出现的各种显示器。相对于静态视觉显示,由于动态视觉显示既包括了静态视觉显示的信息显示特点,又增加了在时间维度上的信息变化。因此,动态视觉技术所显示的信息量更大，显示技术更为复杂、对界面设计的要求也更高。

通常，动态视觉显示界面的设计除了要注意静态视觉显示界面设计要考虑的三个主要因素，即可辨性、可读性和可理解性之外，由于动态视觉显示的信息并不是一成不变保持呈现的，因此还要注重显示信息的易记忆性。

总体来说，对于动态视觉显示的工程心理学研究可以分为两个阶段，第一阶段是从 20 世纪 60 年代左右开始，该阶段研究主要关注表盘仪表信息显示和灯光信号信息显示中的工效学问题。随着电子计算机显示技术的出现和迅速发展，从 20 世纪 90 年代开始，工程心理学研究进入了新的阶段，此时的大量研究都开始集中于计算机信息显示领域。

3.3.1 表盘仪表信息显示的研究

表盘仪表显示通常是指由表盘与指针为显示构件，以指针相对于刻度盘的位置反映信息变化的视觉显示方式。围绕表盘仪表信息显示的研究主要集中在单个仪表中的信息显示设计和多个仪表的排列设计两个方面。

表盘仪表信息显示元素设计研究

对表盘仪表信息显示设计研究可以按组成对象分为表盘设计、刻度标记、指针设计研究等几个方面。

表盘设计主要关注的问题包括表盘形状、表盘尺寸以及表盘和指针的运动关系三个方面。在表盘形状上，对于不同的操作任务有不同的推荐表盘设计形状，如表 3.3 所示。

表 3.3 两种主要仪表判读任务的推荐表盘设计

任务类型	推荐表盘设计
数值判读	窗式仪表＞圆形表盘＞半圆形表盘＞水平带式表盘＞垂直带式表盘
追踪和调节	水平或垂直带式表盘(与追踪和调节方向一致)

来源：朱祖祥，2002.

根据表盘与指针运动关系可以将表盘仪表显示器分为表盘固定指针运动仪表显示器和表盘运动指针固定仪表显示器两大类。总体来说，表盘固定指针运动的显示器绩效要比表盘运动指针固定显示器的绩效好，尤其是在数值经常变动或连续变动的场合以及数量的改变对操作者非常重要的情况下(Heglin, 1973)。

对于表盘尺寸大小，有研究表明，一般直径为 30—70 mm 的之间的刻度盘在认读准确性上没有本质区别，但当直径减少到 17.5 mm 以下时，要保证判读不出差错，则需大大降低判读速度(Grether, 1972)。另外,也有研究者的研究表明,表盘的最优直径为 44 mm。一般来说,保持表盘尺寸的视角在 2. 50°—5. 00°的范围内较为合适(Wulfeck, 1958)。

刻度标记是表盘仪表上的重要组成部分,其尺寸和位置的设计是否合理会直接影响操作者对仪表的判读效果。对于刻度标记尺寸的设计主要需要考虑能够让操作者看清的最小刻度标记尺寸标准和刻度间距这两个参数。最小刻度标记尺寸指的是仪表上表征最小数量单位标记的尺寸长度。在具体设计中,最小刻度标记尺寸需要考虑人的视觉分辨能力、照明水平、亮度对比和观察距离等因素的影响。刻度间距指两个最小刻度标记之间的距离。在一定的范围内判读速度和正确性会随着刻度间距的增大而提高。一般来说,保持刻度间距在 10 分弧左右的视角是最理想的间距。而在照明条件不良或者呈现时间很短时(0. 4—2. 5 s),应该适当放宽这一间距。

国内研究者赫葆源等(1966)曾通过考察被试对刻度盘的辨认绩效,对开关板电表刻度线的粗细、长短、间隔与观察距离问题进行过探索性研究,确定了刻度线粗细的最小下限是当刻度间隔 3 mm 时的最小下限是 0. 5 mm,刻度间隔是 6 mm 时则为 1. 0 mm。间隔/粗细比为 3/0. 5 的刻度线的绩效转折点大约是长度为 2. 5 mm。

通过总结已有研究,可以看出,表盘仪表的指针设计主要有以下几个设计原则:

- 指针形状:应该尽量简洁,不加任何装饰,具有较明显的指针形状。一般采用尾平、头尖、中间等宽或狭长三角形的形状;
- 指针尺寸:在针尖的宽度上,一般来说,指针的针尖宽度与刻度标记的宽度相对应。指针的长度应该使针尖与最小刻度标记留有 1—2 mm 的间隙,不与之重叠,更不可覆盖刻度标记。在正常照明条件下,观看距离为 60 cm 时,针尖宽度范围应为 0. 8—2. 4 mm,指针的长宽比和宽厚比最好分别为 8∶1 和 10∶1;
- 指针的零点位置:一般圆形满刻度仪表的零点位置大都置于 12 点的位置,刻度不满一周或全量程不满一周的圆形仪表,零点放在表盘左下侧,终点放在相对称的表盘右下侧;半圆形或水平带式仪表的零点位于表盘左端,垂直带式仪表的零点一般位于表盘的下端;
- 指针与刻度盘面间距:在保证不与表盘发生摩擦的前提下,指针应尽量贴近表盘,避免因观察视线不垂直于表盘而产生视差;
- 指针颜色:指针颜色最重要是要与表盘形成明显对比。若表盘采用白色,指针应该采用黑色和红色,若表盘采用黑色,指针就应该采用白色、黄色或浅绿色。有研究者列出了清晰和模糊的配色方案,其中最清晰的搭配为黑与黄,最模糊的搭配是黑与蓝。

国内研究者关键等(1999)曾结合国外研究成果对刻度盘的设计,包括刻度盘形状、尺寸、刻度与刻度线的设计、字符设计、指针设计、色彩搭配设计等进行了总结和分析,为后期表盘式仪表的界面设计提供了参考依据和指导。

另外,国内朱郭奇等(2012)通过实验研究了双任务环境下,仪表盘指针的长度和宽度以及字符颜色等因素对驾驶人员认知过程的影响。研究结果表明,指针宽度和字符颜色对被试的反应时间有显著影响,指针长度对被试操作正确率具有显著影响。该研究结果为下一步建立驾驶过程的认知模型提供了数据支持。

表盘仪表显示排列设计研究

在较复杂的人机系统中,比如飞机驾驶座舱、大型电站监控台等,往往都是需要多个显示不同信息的仪表同时排列在仪表板上的,这时就需要考虑表盘仪表排列设计的问题了。表 3. 4 是在结合以往研究的基础上,总结提出的表盘仪表排列设计原则。

表 3. 4　表盘仪表排列设计原则

考虑因素	设　计　原　则
仪表的重要性和使用频度	最重要的仪表或使用频次最高的仪表放置在视野中心(3°范围内)位置; 排列仪表时应把最重要的仪表放置在视野的中心; 把重要的或使用频次最高的仪表放置在 10°视野范围以内,把较重要的或使用较多的仪表放在 30°视野范围内; 较不重要或用得较少的仪表可安置在 40°—60°的视野范围内; 所有的仪表及其他视觉显示器都应安放在人不必转动头部或转动身体就能观察到的范围以内;
仪表间的使用顺序关系	按实际观察顺序安置仪表以减少视线往返转换次数、缩短扫视路线; 把使用过程中联系次数多的仪表放在靠近的位置;
人的视觉空间方位特点	人眼的水平视野范围大于垂直视野范围,所以仪表的空间排列左右方向应宽于上下方向; 人的视觉一般习惯于从左往右、从上往下以及按顺时针方向进行扫视,仪表排列也要尽可能顺应视觉运动的习惯; 位于左上象限内的目标其视觉效果较优于其他三个象限,其次按序为右上象限、左下象限和右下象限,安置仪表时应符合这一特点;
仪表功能	功能上相同或相近的仪表应排在同一区域; 在不同区域间可用颜色或线条区分; 同功能的仪表要采用统一的显示格式和显示标志;
与相应控制器的排列关系	当仪表显示通过控制器操纵时,仪表与相应控制器的排列应互相对应

来源:朱祖祥,2002.

另外,国外研究者 Dashevsky(1964)的研究结果表明,与仪表检查的任务类似,利用人视知觉的“格式塔”效应,即人们倾向于把复杂的图形看成一个完整的整体,设计者可以按照统一显示格式的原则进行多个表盘指针式仪表的排列设计，如图 3.2 所示。这种设计把多个仪表的排列设计形成了一个整体，有助于操作人员在监控操作中，快速发现重要的仪表变异信息。

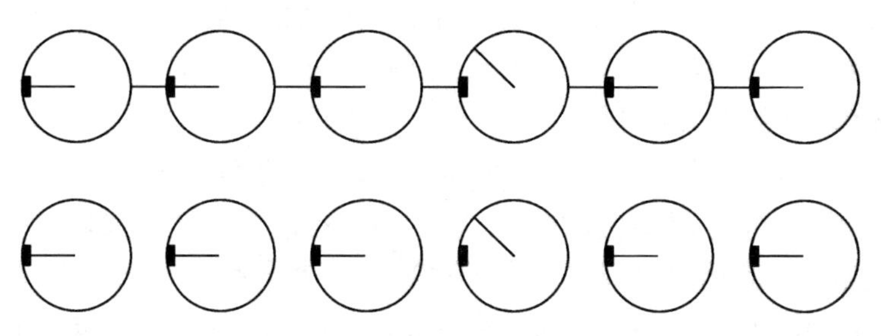

图 3.2 用于监控的仪表的排列设计

来源：Dashevsky，1964.

最近几年，国内也有研究者开始关注表盘指针式仪表的相关工效学问题。这些研究主要集中在针对类似驾驶室这样的交通工具的表盘指针式仪表工效学设计以及相关的评估体系及评估方法等方面。

尹木等(2004)针对驾驶室的显示仪表，分析了影响仪表盘读数准确度与认知度的因素，并通过仪表表盘与仪表指针的组合实验，得出了最佳表盘与指针的组合参数。

在表盘仪表显示工效评估体系方面，颜春萍等(2007)从仪表设计及工效学问题的典型事故案例分析入手，对人机工程学的汽车仪表系统的基本要求及仪表显示装置人因化设计的基本原则、结构体系框图进行了总结分析，并构建了汽车仪表设计中工效学评价体系模型。侯宁(2012)运用系统化功能论设计方法，对拖拉机仪表板进行了功能分析与方案选择，并从人机工程学设计原理出发，分析了有关仪表设计、信号灯设计、仪表板布置的各种方法。

同时，有关如何评价指针式仪表显示的设计质量的问题，一般都是通过工程心理学实验，以各种主客观指标来评价的。由于通过心理学实验进行绩效测试会对实验条件、人力、物力等均有一定的要求，同时显示信息人机界面设计质量的评价以人的主观评价作为依据，会受到人的辨识能力、认读过程以及个人知识经验和喜好等因素的影响。因此，国内有研究者(颜声远等，2003)在分析指针式仪表显示设计要素的基础上，应用灰色关联分析对指针式仪表显示设计质量进行了综合评价。研究者通过实践检验证明，该方法能够较好地处理多因素相互影响、含未知或非确知信息系统的显示设计质量综合评价问题。

3.3.2 灯光信号设计的研究

灯光信号由于其传送距离远、构造简单、成本低以及容易引起人的注意等特点，已经被广泛地应用于包括铁路、航海和公路交通等领域中，起到信息传递或者告警的作用。对于灯光信号的研究，主要是围绕着灯光信号的亮度设计要求、颜色设计要求以及影响灯光信号判读绩效的观察距离、呈现方式等影响因素所展开的。

灯光信号的亮度设计研究

信号灯刚刚能被人觉察到点亮时的亮度称为灯光信号的觉察亮度阈限。信号灯刚刚能被人正确辨认是什么信号时的亮度称为灯光信号的辨认亮度阈限。信号灯的亮度阈限不光取决于信号灯本身的亮度水平，还需要考虑背景亮度、信号灯尺寸、信号灯的暴露时间等多个因素。比如国外研究者(Teichner 等，1972)通过实验研究不同的暴露时间(秒)和亮度(毫朗伯)的组合下，人们能够觉察到 50%的灯光(觉察域)的最小尺寸(视角，以分表示)。实验结果表明，随着灯光尺寸的加大、呈现时间的延长，灯光信号的觉察阈限也随之降低。

我国最早由崔君铭等在 1979 年针对铁路灯光信号的颜色选择、观察距离(或视张角)以及亮度对比度对人判读灯光信号的影响开展过系统研究。他们的实验结果表明，人眼对各色信号辨认的灵敏度不同，在同样亮度对比度下，红色信号有较高的正确辨认率，其次分别是黄色、绿色、白色。

1986 年，国内研究者金文雄等(1986)曾对强背景光(125 000 lx)照射下，绿、红、橙三种颜色灯的亮度对辨认信号的影响进行过实验研究。他们的实验结果发现，在以白炽灯为光源的强背景光下，灯光信号的辨认难度因信号光颜色而有所不同，实验中选用的三种灯光颜色信号中，绿色最易辨认，红色次之，橙色最难。而且，灯光信号的辨认难度因背景光的强度提高而增大，但随灯光信号的亮度提高而减小。背景光强度和信号光亮度二者在控制信号辨认难度上可以互相补充。绿、红、橙三种颜色灯光信号在强背景光照射下，只要相应地提高它们的亮度，都可达到迅速而正确辨认它们的要求。根据实验结果，在 125 000 lx 白炽灯背景光下，500 nits 以上的绿色灯光信号和 1 000 nits 以上的红色和橙色灯光信号，都能达到很好的辨认效果。

1988 年，许百华等(1988)还对红、橙、绿三种灯光信号在信号标志的背景亮度为 0.1—500 cd/m^2 时辨认信号的亮度对比度阈做过测定。其实验结果表明：三种颜色信号灯的辨认亮度对比度阈均随信号背景亮度提高而降低，亮度对比度阈降低的幅度则随背景亮度的提高而减小。

灯光信号的颜色设计研究

以灯光颜色表示信号时，信号灯一般要采用相互之间以及与环境照明间不易混淆的颜色，此外信号灯的颜色还应有较高的饱和度以及穿透烟雾性能。国外有研究者对雾天中不同颜色的LED灯的穿透性进行了研究。他们的实验结果表明,黄光的透雾性能最好,其次是红光,透雾性最差的是绿光和蓝光(Kurniawan等, 2008)。另外,当灯光信号与背景亮度比较低时,采用红色信号效果较好,其次是绿色、黄色和白色。

国内研究者甘子光等(1994)曾对适合作为信号灯光的各种可能的颜色进行了分析和总结。研究者认为,能用作信号灯光的颜色有五种,即红、黄、绿、蓝和白。但信号系统中不能同时采用这五种颜色,实际的信号系统通常最多由四种颜色信号灯构成,其他的颜色不能用于信号灯光系统。此外,在研究中,研究者还进一步给定了信号灯光颜色的色坐标的区间以及信号灯光的检测方法。

灯光信号的闪烁频率研究

灯光信号的闪烁频率也可以作为一种传递信号来提高信息传递效率,同时闪烁的方式也常常用来传递紧急或重要的信息。铁路上以绿灯作为机车可以通过前方车站的信号,若只用绿色稳光,则只能表示可以通过或可以正常速度通过,若绿色灯光使之具有稳光、快闪、慢闪三种显示状态,则可使同一个信号灯具有表示三种通过速度的信号功能。通过实验研究,不同研究者对于灯光信号的适合闪烁频率也提出了相应的建议。较早有研究者(Woodson等, 1964)提出闪烁频率应该控制在每秒3到10次,推荐每秒4次左右。但后来也有研究者(Dougherty等, 1996)发现每秒17次闪烁要比每秒2次、4次和8次更容易引起人的注意。总体来说,设计者在设计灯光闪烁频率时,应该根据实际情况进行合理选择。

灯光信号作为告警灯光时的一般要求

灯光作为告警信号时,Heglin(1973)曾提出以下一般建议:

- 使用时机:用于警告一个当前或潜在的危险情况。
- 使用告警灯的数量:原则上只使用一个,如果需要使用多个警示灯,可以采用二级显示或者采用显示的文字来说明具体的危险状况。
- 采用稳态还是闪烁的灯光:如果信号灯表示一个连续、进行中的状态,除非特别危急的状况,否则要采用稳光灯,因为连续的闪烁灯光会使人分心。如果所代表的是偶发性的紧急事故或新的状况,则应该使用闪光灯。
- 告警灯的强度:一般来说,告警灯的亮度至少要是周围背景亮度的两倍。
- 告警灯的位置:应该放置在操作人员正常视线的30°范围之内。
- 颜色:告警灯光一般采用红色灯光,除非有特殊情况,因为对大多数人来说,红色代表危险。
- 尺寸:告警灯的大小不得小于1°的视角。

3.3.3 电子显示器信息显示设计的研究

由于电子显示器具有显示内容灵活、能够实现信息的综合显示和实景图显示等优势，通过电子显示器屏幕进行信息显示是目前动态视觉显示界面中最为重要和普遍的方式。电子显示器技术的发展经历了主动式视觉显示器和被动式视觉显示器两段时期，其中主动式视觉显示器是利用电致发光现象，即将电能转变成可见光制成，例如阴极射线管（CRT）、场致发光板（FED）、发光二极管（OLED）、等离子显示板（PDP）等。被动式视觉显示器是利用电信号改变物质光学特性（如折光率、反射率、透射率等）的电光现象（例如液晶的动态散射效应）制作成的视觉显示器，其本身不发光，例如各种液晶显示板。

从 20 世纪 80 年代以来，国内外研究者围绕电子显示器信息显示设计的人因素问题开展了大量卓有成效的研究，归纳起来，主要可以分为下面几个方面。

电子显示器的物理参数对视觉作业绩效的影响

从电子显示器的物理参数来说，显示器亮度、对比度、分辨率、响应时间、视角、闪烁、几何失真以及色彩度等均会对显示图像效果造成影响，从而最终影响人们的视觉判读绩效。近几年，研究者主要从显示亮度、对比度和灰度、分辨率、扫描频率以及色彩度等方面开展了相关研究。

显示器的适宜亮度应随环境照明强度不同而变化。通常在办公室或一般室内照明条件下，显示亮度以控制在 50—70 cd/m^2 为宜。若在室外白昼使用，则由于环境照明强度大，显示亮度必须随环境照明水平增高而提高。目前，一般的 CRT 显示器的亮度都能达到 100—300 cd/m^2。

另外，显示器亮度对作业绩效的影响还需要考虑具体的作业类型。国外研究者（Goo, 2004）曾对三种环境照明水平（0 lx，50 lx 和 460 lx）下三种 CRT 亮度（85 cd/m^2，170 cd/m^2，340 cd/m^2）时，医生检查显示在屏幕上的胸片中可能存在的肿瘤等三种疾病的绩效进行了比较，研究中允许被试自由调整胸片大小。他们的实验结果表明，环境照明水平并没有对三种 CRT 亮度下的工作绩效造成显著影响。

同样，对于 LCD（液晶）显示器，Lin 等（2006）研究了周围环境亮度和屏幕亮度对 LCD 显示器字符识别绩效的影响。他们的实验结果显示，屏幕亮度会显著影响被试的字符识别绩效，而环境亮度却不会。

显示器的对比度（contrast）是指显示屏上的视标亮度与屏幕背景亮度之比。灰度（grayscale）是指显示图像上的亮度等级差别。对比度和灰度均是影响视觉作业绩效的重要因素。1988 年，国内研究者（吴剑明，朱祖祥，1988）对 CRT 显示器不同屏幕背景亮度下，七种对比度对视觉作业效绩的影响问题进行过研究。他们的实验结果表明，适中的对比度有利于提高视觉作业效果，而对比度过高或过低均会对显示质量和视觉作业绩效产生不利影响，并且最佳对比度值随屏幕背景亮度提高而降低，低对比度的作业绩效随背景亮度的增大而提高，高对比度的作业绩效则相反。同时，朱祖祥等(1989)采用远近视点的眼肌调节时间变化率作为指标，研究了对比度对疲劳的影响。他们的实验结果表明，9∶1—11∶1 对比度所引起的视疲劳最轻，对比度愈趋近高低两端所引起的视疲劳愈深，对比度大于 7∶1 时，高亮屏比低亮屏更易引起疲劳。

此外，曹立人等(1995)用实验方法研究了 CRT 彩色显示中亮度对比度因素与视觉工效的关系。他们的实验结果表明，当目标—背景的亮度对比度值小于 −0.3 或大于 1.3 时，视觉工效较高，继续增大反差，视觉工效改善不明显；当对比度值从负端增大至 −0.13 或从正端减小至 1.3 时，视觉工效急剧下降，而后继续减小反差，视觉工效的降低也不明显。

对于 LCD 显示，也有研究者(Lin, 2003)比较了环境照度为 450 lx 下，六种不同对比度条件下对三种颜色文本的视觉辨认绩效。他们的实验结果表明：随着对比度的提高，视觉辨认的正确率明显增高。

方卫宁等(2004)在 0—500 lx 照度下，对车载液晶显示器(LCD)显示调控指标、环境照明对亮度对比度影响进行了研究。他们的实验结果显示，相同照度下亮度对比度对视觉效果有显著影响，尤其在不同照度水平下影响更为显著。他们的研究还确定了在不同照明条件下 LCD 的最佳调节值。

显示器分辨率(resolution)就是屏幕图像的精密度，指的是显示器所能显示的点数的多少。一般情况下，分辨率越高，屏幕显示效果越好，对操作人员的工作绩效越有利。但是由于人眼分辨能力具有识别阈限，高于这个阈限，清晰度就不会随着分辨率增加而提高。有研究者(Ziefle, 1998)对 CRT 分辨率高低对视觉工作绩效的影响进行了研究。他们的实验结果表明，随着显示器分辨率的增加，搜索速度明显加快，注视时间明显减少；在低分辨率下更容易产生视觉疲劳。研究者建议要达到较好的视觉绩效，显示分辨率应至少达到 90 dpi。

显示器扫描频率(scan frequency)是指 CRT 显示器上每帧图像刷新的速度，一般用每秒内刷新图像的次数即帧频来表示。如果显示器的刷新频率过低，人们观看图像就会有屏幕闪烁的感觉，而且容易引起视觉疲劳。有研究者(Läubli 等, 1986)研究了人们观看不同扫描频率字符的阅读绩效以及融合频率、视敏度等视觉指标的差异。实验结果表明，扫描频率越高，疲劳程度越低。另外，临界融合频率也因人而异，并且还受到亮度、环境照明等因素的影响，当 CRT 显示亮度降低时，人们的视觉临界融合频率可能降到 20 Hz 甚至更低。

不同电子显示器类型对视觉作业绩效的影响

目前,虽然不同厂商、不同型号的电子显示器在技术类型上有很大差别,但目前被广泛应用的电子显示器基本上主要有 CRT 显示器和 LCD 显示器两大类。CRT 显示器是利用显像管内部的电子枪阴极发出的电子束,穿过荫罩的金属板或金属栅栏,轰击到显示器内层玻璃涂满了无数红、绿、蓝三原色荧光粉的屏幕上来显示信息的;LCD 显示器是一种采用了液晶控制透光度技术来显示色彩的显示器。其中 LCD 显示器根据背光源的不同可以分为 CCFL(冷阴极荧光灯)背光源和 LED(发光二极管)背光源两种。这两类显示器由于其显示技术不同,在色彩表现、响应时间等方面都存在一定的差异,国内外有许多研究者针对这两类显示器的不同显示工效开展过相关的界面研究。

从绩效上来看,LCD 显示器一般均差于 CRT 显示器。比如有研究者(Saito 等, 1993)采用记录眼球水晶体调节速度、瞳孔大小以及主观评价的方法对七种不同类型的显示器进行过研究。他们的实验结果表明 LCD 显示器的调节速度最慢,被试的主观评价也最差。另外也有研究者(MacKenzie, 1994)的研究表明,在操作鼠标点击屏幕目标的运动—知觉任务中,采用 LCD 显示器的运动时间要比采用 CRT 显示器多 34%。

随着 LCD 技术的发展,新型 LCD 显示器和 CRT 显示器在视觉绩效上的比较结果已经没有显著差异。比如有研究者(Menozzi 等, 1999)比较了采用 LCD 显示器和 CRT 显示器在明亮照明条件下和黑暗条件下的视觉搜索任务绩效。结果发现,处于黑暗环境下,LCD 显示器的绩效无论是在搜索时间还是正确率上都要优于 CRT 显示器。另外,也有研究者(Shieh & Lin, 2000)对不同照明环境(200 lx 和 450 lx)下 LCD 显示器的和 CRT 显示器的视觉辨认绩效进行了比较,实验结果表明,LCD 显示器的视觉绩效要显著好于 CRT 显示器,而且被试在主观评价上也更偏好 LCD 显示器。

以上研究结果中表现出来的差异可能是受到了不同显示器的物理参数不同的影响。有研究者(Wang 等, 2003)比较了相同尺寸和相同分辨率的 CRT 显示器和 LCD 显示器(尺寸均为 15 英寸,分辨率均为 1 024 * 768)的视觉搜索绩效。他们的实验结果表明,两种显示器在搜索时间上并没有显著差异。另外研究者(Chen & Lin, 2004)采用兰道环开口方向的视觉辨认任务也比较了相同尺寸和分辨率的 CRT 显示器和 LCD 显示器(尺寸均为 15 英寸,分辨率均为 1 024 * 768)的视觉辨认绩效和主观偏好。他们的结果表明在辨认绩效(时间)上,两种显示器类型没有显著差别,但在主观评价上,被试更偏好 LCD 显示器。

国内研究者(顾力刚,韩福荣,2000)利用工效学的理论和方法,通过实验研究了 CRT 显示器、LCD 显示器和 PDP(等离子体光)显示器及其正负对比方式对视觉疲劳的影响，并结合疲劳症状和作业绩效结果，对 3 种类型显示器进行了综合评价。他们的实验结果表明，CRT 显示器的负对比表示对视觉功能的影响最小，有利于减轻作业者的视觉疲劳，而 LCD 显示器、PDP 显示器的正负对比表示对视觉功能的影响无显著差别；对 3 种类型显示器相对优劣的综合评价结果是 CRT 显示器最好，PDP 显示器次之，LCD 显示器最差；无论使用哪一种类型显示器，VDT 作业都会引起视觉疲劳。视觉功能随着 VDT 作业时间的增加而降低，为了防止用眼过度、减轻视觉疲劳，连续使用 VDT 的工作时间不应超过 1 个小时。

3.3.4 手持移动设备显示的研究

随着移动互联网的兴起，各类手机、掌上电脑和各种手持式移动设备的出现使得随时随地获取、处理和发送信息成为可能，大大提高了工作和学习效率，手持移动设备的应用也越来越普遍。手持式移动设备的便携特点要求显示界面只能局限在不超过 8 英寸甚至更小的尺寸范围内。因此，受到屏幕尺寸、交互方式以及使用环境等因素的影响，原本在桌面显示终端上不会遇到的人因素问题突显出来，并引起了设计人员的广泛重视。相关研究主要集中在以下几个方面：

屏幕亮度及对比度对手持移动设备信息显示绩效的影响

虽然针对 CRT 显示器，已经有许多关于屏幕亮度及对比度对视觉作业绩效影响的研究，但对于尺寸较小的手持移动设备来说，这些研究结果的适用性还有待于进一步验证。

李宏汀等(2013)曾以三星手机为例，采用视觉搜索任务，通过行为绩效、主观评价以及眼睛疲劳度指标来考察环境照度、手机屏幕亮度对视觉搜索绩效的影响。他们的实验结果表明，当手机屏幕亮度保持不变时，不同环境亮度下的搜索绩效有显著差异。此外，研究者同时还提出了在不同的环境照度下手机屏幕亮度的设置参数最优值。

不同于桌面显示器，手持移动设备显示屏在室外环境中使用频率较高，因此，有必要研究在室外高亮度环境照度水平下，手持屏幕不同的亮度及对比度对用户视觉操作绩效以及主客观感受的影响。张艳霞等(2013)采用视觉搜索任务，通过实验对被试在室外不同环境照度下以及不同手机屏幕亮度条件下的视觉搜索绩效、主观评价以及眼睛疲劳度进行了比较。他们的实验结果表明，环境照度和手机屏幕亮度的最优值是线性变化的，当环境照度较低时屏幕亮度最优值较低，当环境照度为中等水平时屏幕亮度最优值为中等水平，当环境照度为较高水平时屏幕亮度最优值也较高。

呈现内容格式对手持移动设备信息显示绩效的影响

有关显示信息内容格式的多种因素均会影响视觉绩效，其中有很多格式的影响可以直接借鉴传统桌面电子显示器的研究成果。同时，研究者还针对手持式移动设备小屏幕的字体尺寸和文本行间距两个方面开展了相关工程心理学研究。

在字体尺寸上，Darroch 等(2005)采用阅读速度和准确率作指标，比较了年轻人和老年人在手机上阅读不同字体大小的文本时的绩效差异。他们的实验结果表明，在字体尺寸超过 6 号字以后，阅读的客观绩效上已经没有显著差异，但主观上被试更偏好尺寸适中的字号选择。同时，年轻人和老年人在阅读绩效上也没有表现出显著差异。

对于手持移动设备上的中文信息显示，Huang 等(2009)曾经考察了字体尺寸、显示分辨率以及任务类型对于手持移动设备中文信息判读绩效的影响。他们的实验结果显示，不同的字体尺寸以及显示分辨率会显著影响被试的阅读绩效和主观偏好。研究还提出了在不同的显示分辨率屏幕上最佳的字体尺寸。

电子书作为日益普及的手持移动设备，其视觉显示绩效也受到了研究者的关注。Lin 等(2013)曾采用搜索时间、搜索正确率、闪光融合频率、主观评价等指标对不同文本显示方向、屏幕尺寸以及字体尺寸对电子书屏幕上信息的可读性与疲劳度的影响进行了实验研究。他们的实验结果表明，文本显示方向、屏幕尺寸以及字体尺寸均会显著影响视觉判读绩效，并且过小的显示文字是造成视觉疲劳的主要原因。另外，他们的研究数据还表明，在 6 或 9 英寸屏幕上，12 号字体搜索时间最短，而在 8 英寸屏上，12 或 14 号字体都比较合适。

除字体尺寸外，文本行间距也是影响手持移动设备显示屏视觉阅读绩效的重要因素，如果行间距太小，文字会过于紧密，造成阅读困难；而如果行间距过大，一方面浪费本来就很宝贵的显示空间，另一方面还会造成视线扫描距离增大，降低阅读绩效。浙江理工大学心理学实验室通过采用调整法和绩效法对不同显示分辨率下(高分辨率：640 * 480；低分辨率：320 * 240)不同手机网页内容(有下划线突显项或者无下划线突显项)行间距的适宜范围进行了研究。结果如表 3.5 所示，随着行间距增大，用户操作绩效逐渐提高；不同显示分辨率下适宜的间距范围不同，总体来看，130%—180%是手机网页文本较为适宜的间距范围[①]。

表 3.5　不同分辨率、不同网页内容材料行间距适宜取值区间

	低屏幕分辨率	高屏幕分辨率	合计
突显选择项	156.66%—201.68%	131.38%—190.62%	142.42%—197.73%
非突显选择项	117.50%—165.53%	120.24%—180.26%	118.53%—173.06%
合计	130.42%—190.22%	125.66%—185.77%	

来源：中国电信研究报告，2009.

① 手机网页文字行间距的用户偏好研究，中国电信研究报告，2009.

页面信息呈现方式对手持移动设备信息显示绩效的影响

所谓的呈现方式是指将已有大屏幕信息上的内容清晰呈现在小屏幕上的设计方式。目前,针对大屏幕信息在小屏幕手持移动设备显示屏上的显示,主要有专门设置小屏幕呈现内容,去除无关信息、只保留重要信息,发展小尺寸信息可视化技术三种设计方式。由于前两种方法会损失传递信息的丰富性,因此,近年来的研究主要集中在发展小尺寸信息可视化技术上。

国外有研究者(Gutwin & Fedak, 2004)采用完成任务时间和错误率为指标比较了鱼眼技术、二级缩放技术和平移技术三种信息呈现方式的视觉任务绩效。鱼眼视图技术,即当用户在点击一个中心焦点区域时,中心焦点区域变大,周围区域变小。而视点控制技术是利用缩放、平移和裁减视点等多种方法来进行视图变换。他们的实验结果表明,鱼眼技术在执行网页导航任务时优于其他技术,而二级缩放技术在执行监控任务时的绩效最好,而平移技术在两类任务中的绩效均最差。

在页面布局方式上,研究者(Lam & Baudisch, 2005)提出了总览式缩略图技术。这种技术通过按原始网页布局缩微呈现网页,文字内容用概括的语言代替全部显示文字,既向用户提供了完整的原始网页结构信息来帮助用户定位所需信息,又能够自适应于各种不同尺寸的屏幕。研究者采用绩效测试结合出声报告、用户访谈的方法,对普通缩略图、单列显示界面、总览式缩略图以及桌面计算机四种呈现方式进行了对比研究。他们的实验结果表明:无论是任务时间、错误率和定位信息准确率等多个绩效指标还是用户主观评价指标,总览式缩略图设计的可用性都最高,绩效与使用桌面计算机之间已经没有显著差异。

2006年,有研究者(Baluja, 2006)针对总览式缩略图技术,提出了改进缩放区域的边界技术,这种技术通过机器学习的方法使得缩放区域的划分更加连续,减少人为的隔断,使得用户使用起来更加自然、高效。研究者还结合实例说明了如何具体实施这种边界分割技术。

Roto等(2006)在页面布局上采用Minimap的呈现方式,即通过改变整个原始页面的布局结构(比如减少空白区域面积、减小行间距等),来尽量最大化地显示出原有页面的信息,以促进观看者对整体信息结构的理解。研究者对Minimap方式与原有简单地减小页面宽度方式的绩效进行了实验比较,结果表明被试对Minimap的接受度明显更高。

如果需要呈现的文字信息不变,小屏幕显示中,字体尺寸与页面滚动之间会存在权衡,即字体尺寸减小会减少页面滚动的次数,并会影响对信息的记忆效果。Sanchez等(2010)通过实验研究了这种影响。他们的实验结果表明,增加滚动次数会导致信息记忆效果变差,因此研究者建议,为达到较好的记忆绩效,可以通过改变字体尺寸(自适应改变或者手动导航操作),以尽量减少滚动屏幕次数。

综上所述,研究者们对于手机网页的界面设置主要集中于如何对已有的计算机页面信息的内容呈现方式和界面布局方式进行优化,以适应手持移动设备的小屏幕界面。由于手持移动设备及其显示技术正经历日新月异的变化,今后针对面向手持式移动设备的页面显示方式研究还会不断深入下去。

3.3.5 大屏幕显示的研究

随着系统复杂性增加,需要同时显示更为庞大的数据信息的需求也日益迫切。以往传统的桌面式计算机屏幕更多采用多页面、屏幕缩放等方式来增加显示信息量。最近几年,随着显示技术的发展、成本的降低,大屏幕显示在大数据显示中开始得到了广泛的应用。

一般认为,大屏幕显示器是指显示屏幕大于40英寸的显示器。实现大屏幕显示的方法有两种:一种是通过多个小尺寸监视器拼接而成的大屏幕(其特点是不同屏幕中间会有物理分隔),另一种是使用单一大尺寸屏幕或者通过投影仪投影形成的大屏幕。由于大屏幕在尺寸、信息显示数量等方面与桌面显示器有很大差别,在对人的作业绩效影响因素方面也会与传统研究有较大不同。因此,大屏幕显示与交互已经成为人机交互领域研究的热点之一。

大屏幕显示对作业绩效影响的相关研究

目前,大部分研究都证实,采用大屏幕显示可以有效提高操作者的作业绩效。有研究者(Bi & Balakrishnan, 2009)曾通过一周的实验观察,比较了在进行日常工作中使用大尺寸高分辨率显示和使用传统桌面显示器的差异。他们的结果表明,采用大屏幕显示可以有效提高多窗口和富信息任务绩效,提升用户对外周视野中应用程序的意识,并且提供给用户更加沉浸感的体验,在主观偏爱上,用户也一致地倾向于偏爱使用大屏幕显示器。

Andrews等(2010)通过分析师使用一个大屏幕和传统小屏幕显示方式来解决分析问题的实验,考察了大屏幕对意义构建任务中的认知需求的影响。从他们的结果可以看出,采用大屏幕显示的分析师在寻找和整合关键信息方面更加高效,同时从主观评价上也可以看出用户更加偏好这种大屏幕原型。由此,Andrews等提出了一套有助于意义构建的大屏幕显示相关设计原则。

最近,研究者Braseth等(2013)从情景意识不同层次需求的角度,结合挪威一些典型的大屏幕显示装置(如核电站控制室),对大屏幕中复杂信息的显示设计提出了相应的设计原则,并且通过用户测试证明采用这种原则设计的大屏幕信息显示能够有效提高使用者对危险情景的意识。

Ball 等在 2005 年曾对大屏幕显示的优势和劣势进行了概括。

优势方面：

- 可以提高任务转换或观看大数据信息文档的绩效；
- 可以增加空间定位能力，缩短定位和回忆时间；
- 更易于对任务进行分离；
- 增加合作工作的能力；
- 增加对次要任务意识所需的屏幕空间；
- 增加用户的沉浸感和主观体验。

劣势方面：

- 需要在单个和多个屏幕间不断调节；
- 对显示物理空间要求高；
- 无法预测软件使用行为；
- 可能有丢失鼠标位置、输入焦点等导航问题；
- 更大的屏幕空间可能会带来肌肉紧张。

按照一般的显示分辨率来算，人们可以知觉到大约 650 万像素的信息，因此，人们一直关注的一个问题是，过大的屏幕显示是否会造成像素的浪费。Ware(2000)曾经建议 4 000 * 4 000 是最佳像素点数量，因为这个数量与人眼传递视觉信息的细胞数量是一致的。但 Yost 等(2007)认为，由于人眼可以不断调整自己的注视点位置，因此，这种担心应该没有必要，这个推论确实也得到了大量研究的证实。

大屏幕显示对作业绩效提升的原因分析

目前，大多数研究对于大屏幕显示提升作业绩效的原因分析主要集中在大屏幕显示可以提高人们利用空间知识和记忆的能力、提升本体感觉和沉浸感、更快而自然地眼动或头动。因此，理论上来说，大屏幕显示更有利于需要结合大量信息进行空间认知、路径追踪、目标定位等操作任务，这也得到了大量研究的支持。

Ball 等(2005，2007)通过路径追踪实验、特定目标定位实验、地图认知实验等一系列实验表明，相对于小屏幕显示需要花费很长时间进行放大、缩小等操作，使用大屏幕显示可以帮助用户迅速定位到目标。用户在使用大屏幕显示器时可以更多地使用空间记忆、本体感觉和视觉流等身体内在资源和大屏幕进行交互，能更好地方向导航，因此任务绩效便得到了提高。

同样，研究者(Polys 等，2005)在富信息虚拟环境界面中进行信息搜索和比较任务的实验中发现，如果能提供额外的信息(如深度和相关线索)，从而提高本体感觉和沉浸度时，采用大屏幕显示技术会显著提高作业绩效。

研究者(Shupp 等，2009)通过实验比较了 1 个显示器、12 个显示器、24 个显示器三种条件下使用卫星图像进行地理空间分析任务的绩效。他们的实验结果表明，大屏幕显示可以有效提高空间分析作业绩效。研究者认为，这可能是由于在大屏幕显示中，用户通过身体移动在四周可视化的信息中进行导向，因此可以充分利用空间记忆和沉浸感来获得方向。

由于人的信息加工容量有限，大屏幕中过量的视觉信息是否会造成用户的信息负荷过高、作业压力和疲劳度增加、作业绩效降低呢？已有的研究除了偶尔会有个别的颈部紧张现象，几乎很少会发现这种负面影响作用，可能是因为人们能够根据信息数量以及任务类型快速而灵活地调整身体运动，从而改变注视焦点。

不同大屏幕显示设计方式对操作者的影响

对于大屏幕的显示方式，设计者可以根据实际条件采用不同的形式，而不同的大屏幕显示形式设计可能也会影响操作者的作业绩效，包括操作过程中的身体运动情况等。比如，由于基于投影仪投射方式的大屏幕显示图像的像素分辨率一般比较低(单位面积上呈现的内容较少)，这样会导致用户距离显示屏幕远或者近时所看到的显示信息内容和细节可能没有显著差别；而对于高分辨率的大屏幕显示设计，当操作者需要不断地向前或后移动身体来获取不同类型信息时，这种设计可能更有利于信息设计者通过设计对操作者进行特定的身体移动导向，但同时会导致更多的身体移动和弯曲的需求。

Shupp 等(2009)的研究中，同时比较了两种高分辨率大屏幕显示的不同设计方式，即平面显示和弯曲显示对作业绩效的影响，如图 3. 3 所示。结果表明，由于弯曲显示大屏幕设计可以改变用户的身体导向并且使得身体转动移动的效率更高，因此使得用户的任务完成时间显著少于平面显示屏幕设计。

如何通过大屏幕显示设计来提高信息搜索绩效，减少信息获取时间，国内研究者

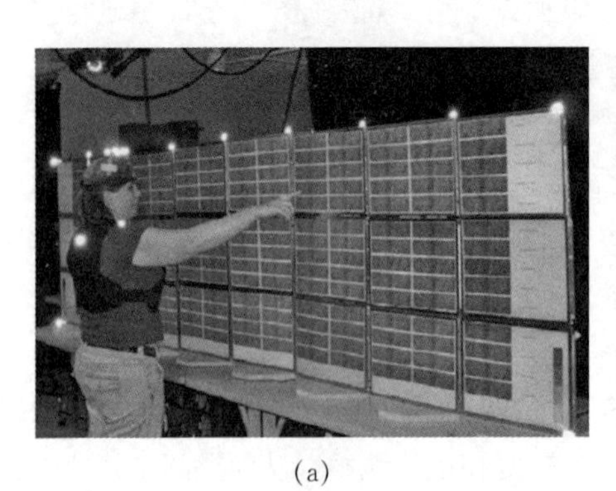

(a)

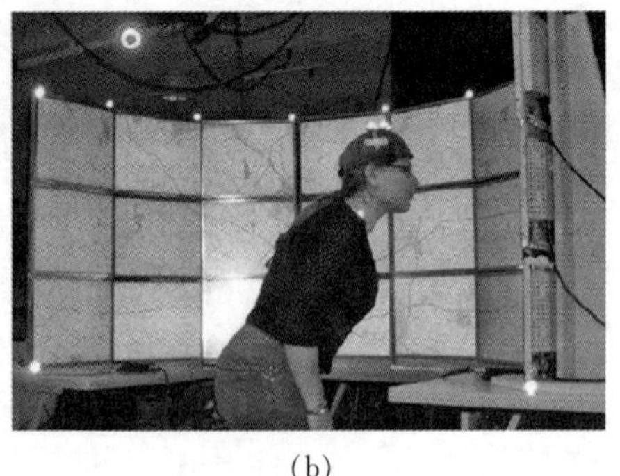

(b)

图 3. 3 平面显示大屏幕(a)与弯曲显示大屏幕(b)

来源：Shupp 等，2009.

(陈晔,许百华,2011)从信息显示区位的角度出发,分别对大屏幕显示器上信息显示区位对觉察效率的影响及大屏幕显示器上信息显示区位对搜索效率的影响进行了实验研究,并且与小屏幕显示作业绩效进行了比较。他们的实验结果表明,在大屏幕显示器上,不同信息显示区位之间觉察效率和视觉搜索效率存在显著差异。同时,采用了字母和数字觉察任务,上下视野存在不对称性,上视野表现出了比下视野更强的觉察效率;随着离心距的增加,觉察效率和视觉搜索效率逐渐降低;与小屏幕显示相对比,大屏幕显示由于尺寸上的增加,带来的区位效应更为显著,即在显示屏不同区域位置上(如左上区域、中上区域、右下区域等)视觉搜索绩效的差异更大。同样,上下视野的不对称性和距离效应的影响也更为突出。

Andrews 等(2011)在对大屏幕信息可视化问题的分析中,提出了一种自适应可视化的大屏幕显示方式设计,即充分利用大屏幕显示高分辨率、大显示面积的优势,自动判读用户离屏幕的距离,从而改变屏幕上显示内容的细节,比如当距离较远时,可以减少细节纹理的显示,而当距离移近时,细节性信息可以呈现出来。

总体来说,大屏幕显示可以带来许多传统小屏幕无法替代的信息可视化优势,但是这种优势必须在较好地理解和把握可视化设计、知觉能力、交互技术和显示技术之间的关系的基础上才能体现出来。良好的大屏幕信息设计不是简单地将传统小屏幕显示信息放大化,而是以人为中心,充分考虑用户的能力和局限性。

大屏幕显示中的工效学问题也得到了国内研究者的关注。汤文超等(2011)围绕相关的人因学理论对近年来大屏幕显示与交互的研究做了一个总结,并在此基础上讨论了人因学理论与研究对大屏幕显示与交互设计的启示。最后,对未来的研究方向进行了展望。

国内学者王旭峰(2013)曾分析了国内外机载大屏幕显示器人机工效发展现状,介绍了机载大屏幕显示器人机工效的关键技术,简述了国内外标准发展情况,并提出了制定我国机载大屏幕显示器人机工效标准的建议。

3.4 视觉显示编码、突显和兼容性的研究

本节中,我们将论述视觉显示的编码、突显和显示运动控制兼容性这三个方面的研究。在视觉界面设计中,无论是静态还是动态界面设计都和编码、突显以及兼容性问题相关。其中,信息编码是在信息传递过程中,对原始信息按照一定的编码规则进行变换,来达到传递信息的目的。在信息显示设计中,一般都需要对显示的信息进行编码。例如用红、黄、绿颜色灯表示道路是否容许通行,用不同的声音表示不同等级的危险状态。合理的视觉信息编码将有助于操作者对显示信息的辨认和理解。

突显(highlighting)是在与视觉搜索任务有关的视觉显示中,采用某种方式(如加亮等)突出显示多个项目中的若干个项目,从而提高视觉搜索效率的一种方法或技术。突显的基本思想就是通过特定的显示设计影响用户注意资源在备选项目中的优先分配策略,以达到缩短平均搜索时间,迅速从多个干扰中查找到目标项的目的。

显示—控制兼容性涉及到视觉显示器显示和控制器操作之间的兼容性,其中主要包括空间兼容性、运动兼容性和概念兼容性。通常,空间兼容性是指显示器与控制器的空间关系与操作者对这种关系预测的一致性,运动兼容性是控制器操作运动和这种运动导致显示器信息显示运动之间的一致性,概念兼容性是指控制器或显示器的功能或用途的编码与人们已有概念的一致性。人机系统进行显示器和控制器的整体设计时,需要考虑显示器和控制器之间的显示—控制兼容性问题,因为合理的兼容性设计将有助于人机系统的整体绩效的提高。

3.4.1 视觉显示界面中的信息编码问题

无论是何种形式的视觉显示界面,只要需要进行信息传递,就必然涉及到信息编码问题,比如,表示禁止通行可以用红色灯光编码。目前,对视觉信息编码的研究主要有单维编码、多维编码和编码策略三个方面。

视觉信息单维编码是指用单一的视觉刺激物属性作代码进行的信息编码。常采用的编码方式包括颜色、形状、长度、亮度、面积、角度、字母和数字等。

以下是对各种视觉信息单维编码方式及其设计原则进行的简要总结:

表 3.6 几种常用的视觉信息单维编码形式及其特点和设计原则

编码方式	特点和设计原则
颜色	用颜色的色调、明度、饱和度等属性作为代码进行的视觉编码。颜色编码具体可以分为色光编码和反射色编码。采用波长作为编码方式时,色光编码的代码数目应不超过 10 个,最好不宜超过 3 个。随着操作者年龄的增大,需要适当增大颜色亮度来保证颜色可辨别性;选择颜色组合应尽量不选互补饱和色,或者采用非饱和互补色组合;颜色编码选择需注意与人们对颜色所熟知的代表意义间的一致性;颜色编码不宜被用来表示数量上的差异。同时,色光编码的代码数量还受到色光亮度、色光面积和背景光照明强度等因素的影响,在同一编码系统中可供选择的颜色代码随照明强度提高而减少,随照明色温提高而增多。
几何图形	利用几何形状特征(比如方形、圆形等)作代码的信息编码。用于编码的几何形状最多 15 种,但最好不超过 5 种。另外在设计形状编码时最重要的问题是要尽量使所设计的代码与其所代表的对象在形状上相似,并使各形状之间清晰可辨,相似的形状会明显增加操作者的搜索时间。
字母数字	以拼音字母以及数字进行编码。优点是用 10 个数字,26 个字母可以得到无限多的组合,一般均有较好的识别效果,但应该注意某些字母和数字间容易混淆的问题。
倾斜角度	以物体倾斜角度(如指针)作为编码方式。最多可用 24 个角度,但最好不超过 12 个,适用于指示如钟表等图形仪表的方向、角度或位置等。

续表

编码方式	特点和设计原则
形状大小	以几何形状的尺寸大小作为编码方式。最多可用4—6种，但不宜超过3种，一般只用于特定场合。
亮度(光)	以物体亮度水平作为编码方式。最多可用3—4种，而采用2种时效果最好，只用在特定的场合。需要考虑周围环境照明以及其他因素对亮度辨别难度的影响。
光的闪烁频率	以光的闪烁频率作为编码方式。一般闪光速度最好不超过2种。而且闪光频率应该在每秒3—12次的范围内。闪光速度过高或过低都会影响操作者的辨认效果。

来源：朱祖祥，2002.

以上提到了多种信息的视觉编码形式，各种编码形式在信息的传递效率上具有不同的特点。

目前大多数研究结果都支持了颜色编码在搜索任务中的优势，比如有研究者(Smith & Thomas, 1964)曾使用四种如图3.4所示的编码系统要求被试进行计数的实验，结果表明，颜色编码的绩效均为最好的，其次是军用武器符号、几何图形以及飞机形状。Nowell等在2002年以正确率和反应时间作为指标考察了在计算机软件中采用不同的编码形式(图标颜色编码、图标形状编码和图标大小编码)显示数量化数据(计算机文档间的相关程度)和称名性数据(计算机文档的类型)时的绩效差异。他们的实验结果表明，不论是数量化数据还是称名性数据，采用颜色编码的绩效均最好。

飞机形状	C—54	C—47	F—100	F—102	B—52
几何形状	三角形	菱形	半圆形	圆形	星形
军用武器符号	雷达	炮	飞机	导弹	船/舰
颜色(孟塞尔标符)	绿(2.5G 5/8)	蓝(5BG 4/5)	白(5Y 8/4)	红(5R 4/9)	紫(10YR6/10)

图3.4 Smith等(1964)研究中的四套编码符

来源：Smith和Thomas, 1964.

总体来说，颜色编码在大多数视觉任务中是一种较好的编码方式，但由于同一种编码方式在不同的任务中具有不同的传递效率，如何选择适合的编码方式要考虑具体的任务类型和使用条件的因素。

视觉信息多维编码是指将两种或两种以上的视觉属性组合起来作为信息代码的编码方式。目前的绝大多数研究结果都支持了采用多维编码可以有效提高信息传递的效率的观点。根据不同维度的属性之间的冗余关系,可以把视觉多维编码分为多维正交编码和多维冗余编码。

多维正交编码(orthogonal dimensions)是指一个维度的编码值与另一个维度的编码值相互独立的多维编码。比如,当形状(方形与圆形)与颜色(绿色与黄色)属于多维正交编码时,就会有绿色方形、绿色圆形、黄色方形、黄色圆形的四种刺激组合。

多维正交编码的意义在于可以增加绝对判断的信息数量,比如 Pachella 等(1954)对听觉刺激多个维度组合的研究表明,每增加一个编码维度,虽然在单个编码维度上数量会减少,但被试能够判断的信息数量总数会增加。

多维冗余编码(redundant dimensions)是指用两个或两个以上的视觉属性代表相同意义的信息编码。比如,在交通信号灯中采用的颜色—方位双维编码方式,即位于上方的红灯亮表示“停”,位于下方的绿灯亮表示“通行”,我们只要知道上方的灯亮就知道一定是红灯,并且表示“停”。多维余度编码可以根据是否能够完全依靠一个维度的编码值来预测另一个维度值分为完全冗余编码和部分冗余编码。

目前,大多研究都表明使用冗余编码有助于提高信息传递绩效,但冗余编码的效果在很大程度上取决于组合的代码的兼容性以及任务本身的特点。不适当的冗余编码甚至可能成为干扰成分而使信息传递效率降低。有研究(Jubis, 1990)表明采用颜色和形状的完全余度或部分余度编码都要好于形状编码,但是绩效与单独的颜色编码几乎相当。另一个采用文本风格、框架颜色、边框形状等编码方式的研究也表明除了边框形状会降低搜索绩效外,其余各种编码的余度编码均可以提高任务绩效(Swierenga 等, 1991)。

表 3.7 是根据研究总结出的可用作复合编码且相互兼容的各种编码方式(Heglin, 1973)。一般地,在必须快速给出解释的情境下不要尝试用超过两个维度的编码的组合。

表 3.7　多维编码中适合的编码组合

	颜色	数目与字母	形状	大小	明度	位置	闪速	线长	斜角
颜色		×	×	×	×	×	×	×	×
数目与字母	×			×		×	×		
形状	×			×	×		×		
大小	×	×	×		×		×		

续表

	颜色	数目与字母	形状	大小	明度	位置	闪速	线长	斜角
明度	×		×	×					
位置	×	×						×	×
闪速	×	×	×	×					×
线长	×					×			×
斜角	×					×	×	×	

来源：朱祖祥，2002.

3.4.2 视觉信息显示的突显研究

随着信息时代的发展，人们需要借助各种途径快速从大量复杂信息中获取有效或重要的信息。突显是其中一种重要的信息显示方式。其目的是通过改进信息组织及显示的方式，以方便人们更有效地进行信息搜索与使用。

突显的基本思想就是通过特定的显示设计影响用户注意资源在备选项目中的优先分配策略，以达到缩短平均搜索时间，迅速从多个干扰项中查找目标项。

黑白背景下的颜色突显研究

Fisher 等(1995)对突显进行了实验研究，以单词为实验材料，包含非突显条件和两种突显条件，均将颜色作为突显类型。研究结果表明两种突显条件下的搜索都比非突显条件下的搜索快。

1999 年孔燕等通过实验对黑白背景下红、黄、蓝、绿 4 种颜色的突显工效进行了比较研究。实验结果表明，颜色突显方式的效用性受到视觉材料呈现背景的影响，白背景下颜色突显不适合作为一种有效突显方式，但是在黑背景下颜色突显能够显著提高视觉搜索的绩效。

2000 年，孔燕等对黑、白背景下逆显的突显工效进行考察。结果表明，逆显作为突显类型不会提高被试的搜索绩效，反而会明显降低被试的视觉搜索的绩效，在逆显突显条件下，不同视觉背景对被试绩效的影响非常明显，采用白背景有助于被试绩效的提高。

葛列众等(2000)对黑、白背景下高频、中频、低频三种闪烁的突显工效进行了比较研究。他们的实验结果表明，闪烁作为突显类型可以提高视觉搜索的绩效，而且，在闪烁的频率较高时，这种闪烁的突显工效更为明显。视觉材料的呈现背景对闪烁突显视觉搜索绩效没有明显的影响，但在白背景下采用闪烁效果较好。

2001 年，葛列众等还通过研究发现，下划线作为突显方法对被试的视觉搜索绩效有显著的促进作用；在高难度水平下的视觉搜索作业中，下划线对被试的视觉搜索绩效的促进作用更为明显；在高难度条件下，与黑背景下被试的绩效相比，白背景下被试的搜索绩效明显较优。

胡凤培等(2002)对比研究了4种颜色和闪烁分别作为冗余突显代码在图形显示界面中的工效以及高难度下视觉突显、听觉突显和视听多通道突显对被试搜索判断绩效的影响。他们的实验研究结果表明,在一定条件下突显是有效的,但这种突显对于作业绩效的影响作用会受到突显类型、背景类型、任务难度等因素的影响。

彩色背景下的颜色突显研究

随着科技的发展及生产力的提高,人机界面显示背景颜色也从原来较为单一的黑白颜色为主变为现在的彩色为主。李宏汀等(2011)采用视觉搜索任务,以正确率和反应时为指标对单彩色和复杂彩色背景下不同颜色突显的视觉搜索绩效进行了研究。他们的实验结果表明,在单彩色背景和复杂彩色背景下,颜色突显条件视觉搜索绩效显著优于非突显条件;在浅蓝或浅绿的单彩色背景下,四种颜色突显绩效中,红色突显绩效最好,紫色最差,而在随机彩色背景和复杂彩色背景下,颜色突显绩效差异并不显著;在彩色背景下的颜色突显绩效会受到干扰数字的颜色的影响,其中在单色和随机彩色背景下,干扰目标颜色为黑色时的视觉搜索绩效优于干扰目标颜色为白色时,而在自然彩色背景下,这种视觉搜索优势并不存在。

突显的视觉搜索策略研究

Fisher等在1989年建立了一个计算视觉搜索平均时间的数学模型。利用该模型可以预测在突显或非突显条件下对目标项的平均搜索时间。研究者对这个模型进行了实验论证,以单词为实验材料,包括突显和非突显两种条件,在实验中除颜色突显类型仅用了黄色突显以外,其他影响突显的因素都有不同的水平,其中突显分布类型有随机分布和聚群分布两种类型,有效性水平则分为高和低2种,突显项个数包含4种情况。他们的实验结果表明,在两种突显分布类型中,聚群分布的工效显著优于随机分布,而全突显的工效还会随突显项数的增加而降低。

胡凤培等(2005)研究了项目突显方式对视觉搜索策略的影响,他们采用了眼动跟踪技术与视觉搜索时间——鼠标点击时间的分离技术。他们的实验发现,在突显条件下,被试采用了导向式搜索策略,且导向式视觉搜索策略还受到不同突显方式与不同突显有效性水平的影响,不同的有效突显方式和不同的突显有效性水平具有不同水平的导向式视觉搜索策略,而且,高水平导向式搜索策略更能提高被试的视觉搜索绩效。这些实验结果说明了突显提高视觉搜索绩效的直接机制是被试搜索策略的改变。正是这种策略的改变直接导致了被试在视觉搜索中注视点数量的减少,从而提高了视觉搜索的绩效。

突显机制的研究的结果可以归纳为两点:(1)聚群分布的突显工效优于随机分布;(2)对突显刺激的选择性信息加工导致了导向性视觉搜索策略,从而使突显的目标项等能更快地被搜索到。

3.4.3 视觉显示和控制兼容性研究

从 20 世纪 50 年代开始,关于视觉显示—运动控制之间的兼容性问题就引发了广大研究者的关注。通常,这种兼容性可以分为空间兼容性和运动兼容性两类:

空间兼容性研究

空间兼容性是指显示器与控制器的空间关系与人们对这种关系预测的一致性。一般可以通过显示器与控制器在外观上的相似性以及显示器与控制器在方位或布局方面上的一致性来体现这种兼容性关系。

Bayerl 等(1988)通过实验比较了不同功能键的排列方式与屏幕上显示提示的布局配置间的相似性对被试的操作绩效的影响。他们的实验结果表明,当屏幕提示标签的布局风格与键盘上按键排列在外形上相似时,被试的操作时间最短,正确率最高。

1993 年,Hsu 等采用纸笔标记和计算机模拟的方法,重复了 Osborne 等在 1987 年的经典炉具盘实验,如图 3.5 所示。他们的实验结果表明,当提供有炉具和按钮对应的线索提示时,这种提示关系会更加明显地影响被试的选择,而且,中国被试和美国被试表现出对炉具和按钮的自然对应关系不一致的人群习惯定型。

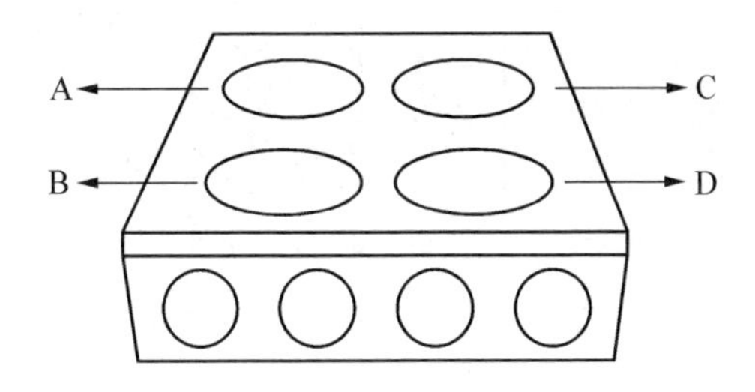

Type	Assigned Control Order				Burner Sequence
Ⅱ	A	B	D	C	⊔
Ⅲ	A	B	C	D	И
Ⅳ	B	A	D	C	N
Ⅴ	B	A	C	D	⊓

图 3.5 Sheng 等(1993)研究中的炉具与按钮对应关系

来源: Sheng 等,1993.

Chua 等(2001)以反应时为指标考察了控制杠杆操作与离散的刺激显示之间不同的空间匹配关系对操作绩效的影响。他们的实验结果也说明,被试的反应时间取决于显示和控制之间的空间匹配关系。

另外也有研究表明,视觉信息与运动控制的这种兼容性不仅仅适用于视觉信息,同样也可以应用在听觉信息显示中。2005 年,Chan 等通过实验发现,视觉和听觉信号均存在明显的刺激反应兼容性效应,在实验中,听觉空间兼容性是通过左右耳听到的声音与要求被试按键操作的左右手的对应关系来反映的。如果左耳听到声音,需要被试左手按键则符合空间兼容性,反之左耳听到声音但要求用右手按键反应则违反空间兼容性原则。相对来说,视觉刺激反应兼容性要明显强于听觉。他们的实验结果还表明,刺激反应相容时,反应时间更短、正确率更高,当不存在明显的刺激反应兼容性时,刺激方位—双手位置空间兼容性效应会更明显地体现出来。

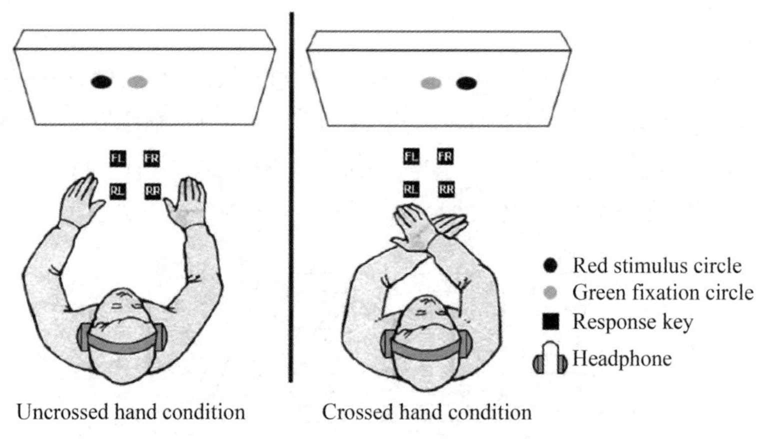

图 3.6 Chan 等(2005)研究中的实验装置

来源:Chan 等,2005.

2013 年,Tsang 等考察了刺激朝向、分组以及空间兼容性的八种不同组合对作业绩效的影响。他们的实验结果表明,水平朝向刺激的反应时间要短于垂直朝向,而且通过对刺激进行分组,将有助于产生更清晰的参考框架,从而有效地提高作业绩效。其次,虽然单一位置布局(左右或上下)与混合位置布局的反应时并没有表现出显著差异,但混合位置布局的错误率却更高。研究者还提出,上—左和下—右的刺激反应匹配关系要比其他匹配方式更有利于操作者的作业。

最近,Tsang 等(2014)较为全面地考察了信号类型(视觉信号、听觉信号)、双手位置关系(交叉或非交叉)以及头的朝向(正立、向右转 90 度、左转 90 度以及左后方)对被试操作绩效的影响。其实验结果表明,以上这些因素都会显著影响操作时间,并且信号类型与头的朝向之间存在显著交互作用。非交叉双手操作绩效明显好于交叉操作等。该研究结果还强调了在控制台设计时应该尤其注意保证信号显示—反应布局之间、刺激—双手位置之间以及头的朝向之间的兼容性问题。

运动兼容性的相关研究

运动兼容性可以表现在很多方面,包括移动控制器跟随显示器上显示的运动、移动控制器控制显示器上显示的运动、移动控制器以产生特定的系统反应以及移动显示器指针但没有任何其他相关的反应。传统的工效学研究,已经针对显示—运动兼容性开展了很多经典研究,也获得了大量重要的研究成果。比如,Bradley(1954)曾针对刻度盘转动而指针固定的情况,提出了应该满足的基本原则,如:刻度盘的转动应当与控制钮的转动方向相同、刻度盘数值应当从左到右增加、控制钮应当是沿顺时针方向旋转增大数值。

同样,针对同一平面中的旋转式控制器与直线型显示器,多种兼容性原则也被总结了出来,比如瓦里克原则(即指针应该向旋钮最靠近它的那一点同向移动)、刻度同侧原则(即指针向与标尺边同侧的旋钮部位同向移动)、顺时针增加原则(即旋钮顺时针运动,读数应该增加)等。Brebner 等(1976)、Petropoulos 等(1981)曾通过实验对这几个原则对操作绩效的影响进行了研究,结果表明,当显示—运动关系的设计能够满足以上原则的数量越多时,设计与人们的预期越一致,作业绩效也就越好。

从 20 世纪 90 年代后,Worringham 与 Chan 等围绕着不同平面内的显示器与控制器的运动关系、操作者方向与运动的关系等方面开展了大量研究。Chan 等(2006)使用定型模式的强度(strength)与可逆性(reversibility)作为指标对图 3.7 所示的圆形显示与旋钮所处不同位置的关系进行了研究。研究中主要分析了指针位置、转动方向指令以及显示—运动控制的兼容性几个因素对作业绩效的影响。他们的实验结果表明,当旋钮所处的位置为正常的平面位置时,定型模式(旋钮顺时针转动—指针顺时针移动、旋钮逆时针转动—指针逆时针移动)的强度和可逆性最好,几个不常用的旋钮位置中,当旋钮处于后下方时的绩效要好于另外两种位置设计。

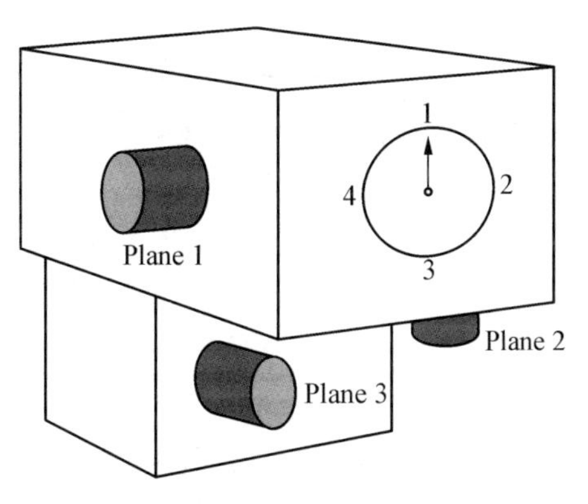

图 3.7 三种不同的旋钮位置图示

来源:Chan,2006.

类似地,在 2007 年,Chan 等对旋钮控制与数值显示的运动兼容性问题开展了实验研究。研究结果表明,当控制是旋钮操作时,显示采用圆形图形显示时,可以引起更强及可逆性的定型模式，比如旋钮顺时针转动—指针顺时针移动。当信息显示采用数字显示时，会有较强的顺时针数字增加、逆时针数字减小的定型模式。相对来说，采用圆形图形—旋钮操作的绩效要好于数字显示—旋钮操作的作业绩效。

除了在操作中常使用的双手，双脚也是经常被用来控制机器的肢体。在 2009 年，Chan 对四种视觉显示—脚控制的空间刺激—反应匹配关系的作业绩效进行了研究。他们的实验结果表明，视觉信号的位置与踏板反应位置之间存在显著的交互效应，与其他非对应的匹配关系相比，显示刺激与反应键在同样的横向或纵向方向上，作业的反应时更短。该研究结果还表明，左右维度的空间兼容性要比前后维度的空间兼容性更强。

最近，Chan 等(2012)以定型模式的强度和可逆度为指标，对显示信息位于前、左、右三个主要方向，而旋转控制、水平或垂直运动开关三种控制器分别位于身体同侧、身体对侧、头上方进行时的运动兼容性进行了深入研究。通过计算定型模式强度的模型可以得到不同的成分对总体定型模式强度的影响。他们的研究结果表明，对于水平运动的控制，主要的影响成分来自于 Worringham 提出的视野模型；对于旋转控制，重要的因素是旋钮顺时针转动—指针顺时针移动原则和双手/控制位置效应；而对于垂直运动控制来说，主要是取决于“向上控制—向上移动”的关系。

概念兼容性的相关研究

如前所述，概念兼容性要求控制器或显示器功能或用途的编码与人们已有概念一致。比如红色表示危险或禁止，绿色表示安全或通行。用不同的控制器大小表示相对的功能增益大小等都属于概念兼容性问题。

有关概念兼容性的研究很多都体现在考察图标设计与使用者的期望之间的一致性关系上。比如，寇文亮在 2010 年研究了汽车警告指示信号装置图标的概念兼容性。研究者通过直选法、反应时测试法及主观评价法，对目前我国国标《GB4094—1999》中涉及各种汽车室内功能图标的明确程度进行了评价，并对实验结果中部分不合理的图标进行了改进。

还有研究者(滕兆烜等，2013)专门探讨了隐喻与图标可理解性之间的关系。研究者认为，人们理解图像、符号，即为通过联想思维在人脑记忆表象系统中，将图像、符号与其所代表意义联系在一起的过程。用户的联想思维能力、图像、符号和其所要代表的意义之间的关联性，又是准确快速理解的关键。人类记忆的表象系统和联想思维是建立在现实世界的基础之上的，因此，设计者要尽可能地以现实世界中的对象或动作为原型，来设计其所指代的对象或动作的图标，这种手法称为“隐喻现实世界”。现实世界中的原型与所要设计的图标在属性上应存在接近、相似、对比或因果的联系。由于隐喻图标不可避免存在一定的模糊性，影响用户理解的确定性，因此图标设计必须降低图标隐喻的模糊性，避免理解上出现模棱两可的情况。

3.5 研究展望

虽然视觉显示界面的研究已经有了近百年的历史，但信息技术的发展，无论在显示数量还是在显示质量上，都对视觉显示信息提出了更高的要求，因此有关视觉显示界面的工程心理学研究也将不断面临新的挑战和机遇。总体来说，未来至少在以下几个方面，视觉显示界面的研究将有较大的发展。

适合新的显示技术要求的视觉显示界面的研究

在科技飞速发展的今天，显示技术也在发生着日新月异的变化，比如柔性显示、透明显示技术就代表了未来硬件显示技术的两个发展趋势。柔性显示技术由于其轻薄、可弯曲、便于携带的优点，在手机、笔记本电脑、电子书等显示方面的应用研究越来越多。而透明显示技术的核心是透明显示面板，透明显示面板是一种能够显示图像的透明面板。透明显示面板在关闭时，仿佛就是一块透明玻璃；当其工作时，观看者不仅能够观看到在面板上显示的内容，同时还能透过面板观看到面板后面的物体。此外，最新出现的全息视差影像与全息影像技术，可以实现较为真实的3D裸眼感觉，使得3D裸眼显示在未来成为可能。

由于不同的显示技术在显示原理、信息呈现方式等方面都存在较大差异，因此，有必要针对不同的新的显示界面和技术，深入开展系统的工效学研究，从而为提高这些新技术、新产品的用户体验和感受提供理论依据。

最近已经开始得到广泛应用的增强现实显示技术，通过在现有视觉场景中叠加辅助信息的方式来达到现实增强的目的。其中两种视觉信息叠加时，目标与背景的亮度对比度关系、颜色匹配关系等可能对人的视觉疲劳和作业绩效造成影响。国内研究者赵新灿等(2008)探讨了增强现实技术在航空领域中的应用问题，虚实融合显示技术是其中的关键问题之一，即作业人员必须能够看到真实世界，又要避免因光学透视式头盔的显示器透过率偏低造成戴上头盔后真实世界变暗的问题。此外，如何克服系统延时造成的动态显示误差，避免增强信息在真实环境中发生"游移"现象，也是值得深入解决的问题。

此外，任何新技术都是一把双刃剑，既可能给人们带来无尽的便利和新的美好感受，同时，如果利用不好或者研究不充分，很可能会给人带来不必要的困扰。比如3D显示技术，在给人带来3D真实感的同时，也会给许多观看者带来有一种名为3D眩晕综合征的问题。有人做过调查，相同条件下3D观看感到不适的观众比例高达54.8%，而2D的比例只有14.1%(李超，2013)。因此，如何减少3D显示技术可能带来的类似问题一直以来都是广大研究者所关注的。

交互显示中视觉显示技术的研究①

随着科技水平的不断提高,人机系统功能日益复杂,呈现给用户的信息也越来越多,其中视觉信息占绝大多数,因此,如何有效呈现视觉信息是目前工程心理学研究的核心问题。为了解决人机界面视觉信息的有效呈现问题,以往的研究者提出了突显技术(Wickens 等,2004; McDougald & Wogalter, 2013)、有效布局呈现技术(Altaboli & Lin, 2012)、焦点背景技术(Utting & Yankelovich, 1989;葛列众,魏欢,郑燕,2012)、可视化技术(Fabrikant, Montello, & Mark, 2010)等。这些视觉信息显示的技术可以在一定程度上提高作业绩效。但是这些技术大都是静态的信息显示方式,即界面的显示方式取决于界面初始的设计,不会根据用户实际的个体差异和交互特性进行相应的即时性变化以满足用户的操作需要,也无法满足操作者对复杂显示信息进行高效操作的要求。针对这些问题,近年来人机界面的研究开始探索一种新的信息显示方式,即显示界面能根据用户的即时输入或者用户的操作规律和特点改变初始设置的显示内容或方式,从而满足操作者对复杂信息进行高效操作的要求。这种在人机交互过程中,界面能够改变显示内容或者显示方式的信息显示技术称为"交互显示"(interactive display)。交互显示不同于传统的显示方式,是一种以"人"为中心的新的显示技术,研究交互显示的特点和规律,不仅能让我们更加了解显示方式是如何影响用户对视觉信息的感知和认知加工能力的,也可以为未来视觉显示界面的设计提供科学的依据。

根据界面的显示变化是由用户当前的简单操作直接决定还是由系统基于用户多次操作的规律特点得出的算法判断后决定,交互显示技术可以分为简单交互显示技术和智能交互显示技术两个大类。在人机交互过程中,这两种技术都可以改变界面初始设置的显示内容和显示方式以满足用户高效操作的要求,但是对于简单交互显示技术来说,这种改变是由用户当前的简单输入操作决定的,比如,当用户用鼠标点击特定视觉目标时,计算机系统软件即认为用户当前选择了该目标,因而扩大该视觉目标的显示区域,而智能交互显示技术对界面的改变是由计算机系统软件设置的特定算法决定的。这种算法是根据用户以往多次操作的规律和特点建立起来的,例如,当用户使用鼠标选择某一视觉目标时,随着光标与视觉目标的距离逐渐缩小、光标的移动速度和加速度就会由大到小变化。根据这个规律,研究者可以归纳出用户选择视觉目标时光标移动的规律并建立算法。使用智能交互技术时,当用户使用鼠标靠

---

① 本部分参照:葛列众,孙梦丹,王琦君.(2015).视觉显示技术的新视角:交互显示.心理科学进展 23(4),539—546.

近特定视觉目标时,已有的算法就会根据光标的移动方向、移动速度等实时数据判定用户选择了哪个特定目标,并通过特定的视觉显示技术(如扩大视觉目标对象的显示区域)来适应用户的操作。

简单交互显示技术最典型的代表是 Furnas 于 1981 年首次提出的鱼眼技术(Furnas, 1981)。通常,鱼眼技术是一种能同时呈现焦点(focus)区域和背景(context)区域的显示技术。在该视图下,焦点区域的信息更加详细,显示尺寸更大,而背景区域的信息则被压缩显示。系统可根据用户的光标当前位置或点击操作切换焦点和背景区域,以满足用户变化的需求。

相比简单的交互显示技术,智能交互显示技术更为复杂。这种技术要求系统基于以往的用户操作行为的特点和规律构建相应的算法,并在具体的人机交互过程中,根据算法对用户的操作行为进行判断,然后改变显示界面的初始内容或形式,以适应用户的当前操作。

智能交互技术典型的例子包括速率耦合平滑(speed-coupled flattening)技术(Gutwin, 2002),目标气泡(bubble targets)技术(Cockburn & Firth, 2004)、威力镜头(Power-Lens)技术(Rooney & Ruddle, 2012)以及自适应显示技术(Mäntyjärvi & Seppänen, 2002;郑璐,2011;陈肖雅,2012;刘骅,2014)。

速率耦合平滑技术是 2002 年 Gutwin 基于鱼眼技术提出的一种用来解决鱼眼设计中目标定位困难问题的显示技术(Gutwin, 2002)。该技术可以根据用户移动光标的速度和加速度动态地减小焦点和背景区域的显示尺寸的比值。当光标移动的速度和加速度较大时,系统算法判断用户的操作处于目标定位的早期阶段,因而焦点区域和背景区域显示尺寸的比值较小;当光标速度小于某一阈限值时(或是光标停止时),系统算法判断用户的操作已接近完成或者已经完成目标定位,焦点区域和背景区域显示尺寸的比值逐步扩大(或者达到最大)。研究者比较了传统的鱼眼技术和速率耦合平滑技术在指点操作上的绩效。实验结果证明,速率耦合平滑技术能显著地减少鼠标定位时间和错误率。Appert、Chapuis 和 Pietriga(2010)的研究也证明了速率耦合平滑技术的有效性。

自适应显示技术或许可以是未来的视觉显示技术发展的方向之一。自适应的概念来源于适应性系统,指的是界面可以根据用户的操作特点及环境需求,自动地改变自身的界面呈现方式和系统行为,以适应特定用户的特定操作要求。国内研究者马杰等(2013)开发了 Android 点菜系统中屏幕自适应的实现,通过按比例分配布局空间和布局嵌套实现屏幕布局自适应,提供了基于 Bitmap Matrix 和 Bitmap Factory Options 两种图片大小自适应的实现方法,并通过一个 Android 点菜系统的界面实现进行了效果演示,取得了较好的应用效果。2013 年,俄罗斯科学院物理研究所

(FIAN)超高速光电子与信息处理实验室与三星电子莫斯科研究中心的工程师合作，开发出了一款可以针对每个消费者自适应调整的3D显示器。研究者认为，观察者应该通过他自己移动视角来获取立体图像，开发这款新的自适应系统的目的是为每位观众提供独特的多角度立体信息。2011年起，浙江理工大学心理系开展了一系列的自适应交互显示研究，其中郑璐等的研究开发出了一种自适应的手机通讯录(郑璐,2011)。该通讯录界面会随着联系人的拨打频率而改变，按照拨打电话的频率高低从通讯录的顶端依次向底端排列。实验研究结果表明，相比于固定界面，被试在自适应界面下的任务绩效较高。陈肖雅(2012)设计了一种自适应软键盘。该键盘采用了自适应算法，在被试输入汉字过程中可以根据被试输入的绩效，不断改变键盘的大小以保证被试能够进行高效输入。实验结果显示，使用自适应软键盘的被试与使用固定大小软键盘的被试相比，绩效较高。

关于交互显示的更多的研究，有兴趣的读者可以参照相关的文献(葛列众等，2015)。

航天航空等领域的视觉显示的研究

视觉显示界面最早开始引起人们的注意，其中的重要原因是飞机座舱的显示设计。从20世纪60年代开始，飞机座舱显示进入了电子显示器时代，70年代后期开始向综合电子显示系统发展。目前，随着信息显示技术的进步，飞机座舱显示系统正向着综合化、数字化、自动化、智能化、高精度、高效能、高可靠性等方向发展。

现代飞机上，必须具备大量信息的综合显示能力。目前，多功能显示器已经成为现代飞机显示信息的重要方式。总体特征是显示器朝彩色平面化、多功能化、智能化以及头盔综合显示系统的方向全面普及，并发展到大屏幕全景控制和显示系统。但由于飞机上的多种机载设备，如大气数据计算机、惯性导航系统、雷达、航空火力控制系统等，都是飞机座舱综合图形显示系统的信息来源，显示系统需要将各种大量飞机信息集中于飞机座舱，供飞行员查看，因此，如何基于飞行员的生理和心理特点，以飞行员为中心，进行合理、科学地综合信息显示，对于减轻飞行员的负担，提高飞机作业绩效来说非常重要。比如应该如何在不同的飞行状况下，按照时分复用的原则，以数字、字符、图形及其组合形式显示不同的信息；机载多功能综合显示器如何与头盔综合显示系统的信息显示进行有机结合等都是值得深入探讨的问题。

在此方面，国内研究者已经开始展开大量研究工作，比如郭小朝等(2007)曾经对歼击机平视显示器速度、高度、航向信息显示格式对飞行员认知绩效的影响进行了深入研究。康卫勇等(2008)曾采用综合脑力负荷的3种评价方法，即主任务测量法、生理测量法和主观评价法，建立了飞机座舱视觉显示界面脑力负荷的评价系统。

同样，在航天领域，比如航天员舱外通信系统是航天员顺利、安全、高效完成舱外活动任务的关键，但是随着舱外活动任务渐趋复杂，开发视觉与听觉一体化的实时通信显示系统成为保障舱外任务顺利完成的必要手段。在舱外信息显示与控制中既要考虑无需人手参与，同时要保证不能因为系统过于复杂而降低航天员的舒适感。国内有研究者（杨新军等，2010）研究开发了一种将头盔信息显示系统（HMD）置于舱外航天服头盔压力面罩内，来为航天员显示文字、图表或视频信息的近眼信息显示系统，具有较高的应用价值。

随着现代飞机科技的不断提升，飞机速度越来越快，这也给飞机座舱信息显示提出了新的要求。同时，我国航天事业的发展也对航天器和航天员在相关设备的信息显示上提出了更多的要求，相信今后在此领域还会有更多研究者深入开展研究。

参考文献

曹立人，朱祖祥. (1995). 对比度因素对彩色 CRT 视觉工效的影响. 人类工效学，1(1)，32—36.
曹鹏，吴文静，隽志才. (2006). 基于信息度量的交通标志视认性研究. 公路交通科技，23(9)，118—120.
陈晔，许百华. (2001). 大屏幕显示器上显示区位对目标觉察和搜索的影响. 浙江大学硕士学位论文.
陈肖雅. (2012). 用于大触摸屏软键盘的大小自适应研究. 浙江理工大学硕士学位论文.
崔君铭. (1988). 铁路灯光信号颜色的安全理论. 照明工程学报，2，48—54
方卫宁，郭北苑，张俊红. (2003). 机车操纵台液晶显示器参数调节对视觉功效的影响. 铁道学报，25(6)，40—44.
甘子光，周太明. (1994). 信号灯光的颜色. 照明工程学报，5(3)，58—61.
葛列众. (1996). 计算机的自适应界面——人—计算机界面设计的新思路. 人类工效学，2(3)，50—52.
葛列众，孔燕. (2000). 不同背景下不同频率闪烁的空显工效研究. 心理科学，23(1)，28—30.
葛列众，李宏汀，王笃明. (2012). 工程心理学. 北京：中国人民大学出版社.
葛列众，孙梦丹，王琦君. (2015). 视觉显示技术的新视角：交互显示. 心理科学进展 23(4)，539—546.
葛列众，魏欢，郑燕. (2012). 焦点—背景技术对学习绩效的影响研究. 人类工效学，18(3)，45—48.
葛列众，徐伟丹. (2001). 不同难度、不同背景下下划线的突显工效研究. 人类工效学，7(4)，6—8.
宫殿坤，郝春东，王殿春. (2009). 字体特征与搜索方式对视觉搜索反应时的影响. 心理科学，32(5)，1142—1145.
顾力刚. 韩福荣. (2000). 不同类型显示器及其表示方式对视觉疲劳的影响. 北京工业大学学报，26(2)，64—67.
关键，范立南. (1999). 指针式仪表设计的工效学研究. 电子仪器仪表用户，6(3)，7—9.
郭小朝，熊端琴，熊亚茸等. (2007). 歼击机平视显示器速度、高度、航向信息显示格式对飞行员认知绩效的影响. 中华航空航天医学杂志，18(2)，84—90.
郭孜政，李永健，盛金根等. (2012). 动车组显控界面字符行距对司机识别效率的影响研究. 铁道学报，34(12)，31—34.
赫葆源，王绯志，成美生等. (1966). 开关板电表刻度线粗细、长短、间隔与观察距离的初步研究. 心理学报，3(1)，59—70.
侯宁. (2012). 拖拉机视觉显示装置人机工程学设计研究. 制造业自动化，34(18)，91—94.
胡凤培，葛列众，徐伟单. (2005). 项目突显方式对视觉搜索策略的影响. 心理学报，37(3)，314—319.
胡凤培，葛列众，姜坤. (2002). 颜色、闪烁冗余代码对图形的突显工效研究. 人类工效学，8(4)，13—16.
胡凯，陈禹翔，李青. (2012). 透明显示技术的进展. 电子器件，35(6)，639—646.
贾银亮. (2011). 基于 FPGA + DSP 的飞机座舱综合图形显示技术研究. 南京航空航天大学博士学位论文.
金文雄，朱祖祥. (1986). 强背景光照射下，绿、红、橙三种颜色灯的亮度对辨认信号的影响. 应用心理学，2，28—30.
康卫勇，袁修干. (2008). 飞机座舱视觉显示界面脑力负荷综合评价方法. 航天医学与医学工程，21(2)，103—107.
孔燕，葛列众，王勇军. (1999). 黑白背景下 4 种颜色突显工效的比较研究. 人类工效学，5(4)，12—14.
孔燕，葛列众. (1999). 突显及其工效学研究. 人类工效学，5(3)，40—42.
孔燕，葛列众，王勇军. (2000). 不同背景下逆显的突显工效研究. 人类工效学，6(2)，13—15.
寇文亮. (2010). 汽车警告指示信号装置图标的人机工程学研究. 北京林业大学硕士学位论文.
李超. (2013). 大屏幕显示技术发展的若干理论问题. 现代显示，6，5—12
李宏汀，葛列众，王勇军. (2002). 微光环境下显示器 CRT 颜色视标绝对辨别能力的研究. 心理科学，25(2)，146.
李宏汀，李伟，王平飞. (2011). 彩色背景下的颜色突显研究. 应用心理学，17(1)，62—69.
李宏汀，张艳霞. (2013). 不同环境照度下手机屏幕亮度最优参数研究——以三星某手机为例. 心理科学，36(5)，1110—1116.
李静，熊俊浩，何丹，李永健. (2010). 网页字符显示密度的识别效率与可靠性. 工业工程与管理，15(5)，82—86.
李林娜，姜伟，张亚男. (2014). 安全标识背景形状及背景色试验研究. 中国公共安全：学术版，(1)，117—120.
刘春荣编著. (2004). 人机工程学应用. 上海：上海人民美术出版社，61.
刘骅，葛列众. (2014). 鼠标控制显示增益的绩效研究. 人类工效学，20(4)，26—30.

刘唐志,梅子俊,陈明磊.(2014).典型十字路口指路标志信息布局试验研究.公路工程,39(1),239—241.
刘西.(2003).交通标志的信息量对标志可用性的影响.中国人类工效学学会第六次学术交流会论文摘要汇编.
马杰,王晶.(2013).Android点菜系统中屏幕自适应的研究与实现.电子技术与软件工程,14,54—54.
潘晓东,林雨.(2006).逆光条件下交通标志的可视距离研究.公路交通科技,23(5),118—120.
沈模卫,朱祖祥,金文雄.(1990).汉字的笔画宽度对判读效果的影响.见杭州大学工业心理研究所《飞机座舱电光显示工效学研究》,101—109,110—114.
汤文超.(2011).基于人因学理论的大屏幕显示与交互设计研究综述.人类工效学(4),73—76.
滕学荣,冷一楠,刘栋栋.(2014).北京地下交通枢纽安全标识研究.北京建筑工程学院学报,30(1),1—5.
滕兆烜,金颂文,甄永亮.(2013).论手机图形用户界面中图标设计可视性.包装工程,34(4),66—70.
王笃明,胡信奎,葛列众.(2009).对称性信息呈现方式对道路交通标志视认绩效的影响.人类工效学,15(4),18—20.
王旭峰.(2013).机载大屏幕显示器人机工效及其标准初探.航空科学技术(3),29—32.
吴剑明,朱祖祥.(1988).VDT作业中屏面背景亮度与对比度的交互作用.应用心理学(1),16—22.
许百华,傅亚强.(2003).低色温低强度背景光照射下液晶显示颜色编码的实验研究.心理科学,26(3),397—399.
许百华.(1988).不同背景照明下正确辨认颜色灯光信号的亮度对比阈.应用心理学,2,31—36.
禤宇明,傅小兰.(2004).格式、偏好和性格对汉字网页关键词搜索的影响.人类工效学,10(2),1—3.
颜春萍,于琦.(2007).基于人因的汽车仪表设计及工效学评价.中国安全科学学报,17(10),62—66.
颜声远,李庆芬,许彧青.(2003).指针式仪表显示设计质量综合评价方法.哈尔滨工程大学学报,24(3),305—307.
杨立志,潘永惠.(2008).基于Zooming — Panning模式的可视化信息浏览技术的研究.计算机应用,28(8),2066—2070.
杨新军,吴华夏,余晓芬等.(2010).穿透型航天员舱外头盔信息显示系统.红外与激光工程(2),241—245.
尹木,穆存远,刘闻名.(2004).仪表盘设计视觉显示实验研究.机电产品开发与创新(3),30—32.
张坤,崔彩彩,牛国庆,景国勋.(2014).安全标志边框形状及颜色的视觉注意特征研究.安全与环境学报,14(6),18—22.
张艳霞,李宏汀,许跃进.(2013).室外环境不同照度下手机屏幕亮度最优参数研究.人类工效学,19(4),1—4.
赵新灿.(2008).增强现实技术在航空领域中的应用及展望.航空维修与工程(6),23—25.
郑璐.(2011).手机通讯录自适应与自定义的工效学研究.浙江理工大学硕士学位论文.
周爱保,张学民,舒华等.(2005).字体、字号和词性对汉字认知加工的影响.应用心理学,11(2),128—132.
朱郭奇,孙林岩,李同正,崔凯.(2012).仪表盘界面指针因素在驾驶行为中影响作用分析.人类工效学,18(4),49—51,56.
朱祖祥,葛列众,张智君著.(2000).工程心理学.北京:人民教育出版社.
朱祖祥,吴剑明.(1989).视觉显示终端屏面亮度水平和对比度对视疲劳的影响.心理学报,22(1),37—42.
朱祖祥主编.(2003).工程心理学教程.北京:人民教育出版社.
邹运.(2013).标示牌等告知用信号中的颜色区别.重庆科技学院学报:自然科学版,S1),52—55.
广播与电视技术编辑部.(2012).俄罗斯FLAN和三星联合开发自适应3D显示器.广播与电视技术,39(7),173—173.
GJB1062A—2008,军用视觉显示器人机工程设计通用要求.
Appert, C., Chapuis, O., Pietriga, E.(2010). High-precision Magnification Lenese //, *CHI'10: Proceedings of the 28th SIGCHI conference on Human Factors in computing systems*, 273-282,2010, Atlanta, USA.
Altaboli, A., & Lin, Y.(2012). Effects of unity of form and symmetry on visual aesthetics of website interface design. *Proceedings of the Human Factors and Ergonomics Society Snnual Meeting*, *56(1)*,728-732.
Andrews, C., Endert, A. and North, C.(2010). Space to think: Large, high-resolution displays for sensemaking. *International Conference on Human Factors in Computing Systems*, CHI 2010, *Atlanta*, *Geogia*, *Usa*, *April* (pp.55-64).
Andrews,C., Endert, A., Yost, B, et al.(2011). Information visualization on large, high-resolution displays: Issues, challenges, and opportunities. *Information Visualization*, *10*,341-355.
Ball,R. and North, C.(2005). Effects of tiled high-resolution displays on basic visualization and navigation tasks. Extended Abstracts of Human Factors in Computing Systems (CHI'05), ACM: Portland, OR, 1196-1199.
Ball,R., et al.(2005). Evaluating the benefits of tiled displays for navigating maps. IASTED-HCI '05, ACTA Press: Phoenix, AZ,66-71.
Ball,R., North, C., & Bowman, D.(2007). Move to improve: Promoting physical navigation to increase user performance with large displays. CHI 2007, ACM: San Jose, CA, 3,191-200.
Ball,R., North,C.(2005). Analysis of user behavior on high-resolution tiled displays//Human-Computer Interaction-INTERACT 2005. Springer Berlin Heidelberg, 350-363.
Baluja,S.(2006). Browsing on small screens: recasting web-page segmentation into an efficient machine learning framework//Proceedings of the 15th international conference on World Wide Web. ACM, 33-42.
Bayerl,J. P., Millen, D. R., Lewis, S. H.(1988). Consistent layout of function keys and screen labels speeds user responses//Proceedings of the Human Factors and Ergonomics Society Annual Meeting. *SAGE Publications*, *32(5)*, 344-346.
Bernard,M. L., Chaparro, B. S., Mills,M. M., et al.(2003). Comparing the effects of text size and format on the readibility of computer-displayed Times New Roman and Arial text. *International journal of human-computer studies*, *59(6)*,823-835.
Bi, X.J., Balakrishnan, R.(2009). Comparing Usage of a Large High-Resolution Display to Single or Dual Desktop Displays for Daily Work. Proceedings of CHI 2009,1004-1014.
Braseth, A.O., Øritsland,T.A.(2013). Visualizing complex processes on large screen displays: Design principles based

on the Information Rich Design concept. *Displays*, *34*(*3*),215 - 222.

Bradley, J. V. (1954). Desirable control-display relationship for moving-scale instrument (Tech. Rept. 54 - 423). Dayton, OH: U.S. Air Force, Wright Air Development Center.

Chan, A. H. S., Chan, W. H. (2006). Movement compatibility for circular display and rotary controls positioned at peculiar positions. *International journal of industrial ergonomics*, *36*(*8*),737 - 745.

Chan, A. H. S., Hoffmann, E. R. (2012). Movement compatibility for configurations of displays located in three cardinal orientations and ipsilateral, contralateral and overhead controls. *Applied ergonomics*, *43*(*1*),128 - 140.

Chan, K. W. L., Chan, A. H. S.. (2005). Spatial S-R compatibility of visual and auditory signals: implications for human-machine interface design. *Displays*, *26*(*3*),109 - 119,396 - 402.

Chan, K. W. L., Chan, A. H. S. (2009). Spatial stimulus-response (S-R) compatibility for foot controls with visual displays. *International Journal of Industrial Ergonomics*, *39*(*2*):396 - 40.

Chan, W. H., Chan, A. H. S. (2007). Movement compatibility for rotary control and digital display. *Engineering Letters*, *14*(*1*),7 - 12.

Chapanis, A. (1994). Hazards associated with three signal words and four colors on warning signs. *Ergonomic*, *37*(*2*), 265 - 275.

Chen, M. T., Lin, C. C. (2004). Comparison of TFT-LCD and CRT on visual recognition and subjective preference. *International Journal of Industrial Ergonomics*, *34*(*3*),167 - 174.

Chua, R., Weeks, D. J., Ricker, K. L., et al. (2001). Influence of operator orientation on relative organizational mapping and spatial compatibility. *Ergonomics*, *44*(*8*),751 - 765.

Cockburn, A., & Firth, A. (2004). Improving the acquisition of small targets. In People and Computers XVII — Designing for Society (pp. 181 - 196). London: Springer.

Collins, B., & Lerner, N. (1983). An evaluation of exit symbol visibility (NBSIR 82 - 2685). Washington, DC: National Burearu of Standards.

Darroch, I., Goodman, J., Brewster, S., et al. (2005). The effect of age and font size on reading text on handheld computers//Human-Computer Interaction-INTERACT 2005. Springer Berlin Heidelberg, 253 - 266.

Dashevsky, S. G. (1964). Check-reading accuracy as a function of pointer alignment, patterning and viewing angle. *Journal of Applied Psychology*, *48*,344 - 347.

Dougherty, R. F., Smith, A., Verardo, M. R. et al. (1996). Visual search for flicker: high temporal frequency targets capture attention. *Investigative Ophthalmology and Visual Science*, *37*,296.

Drory, A., & Shinar, D. (1982). The effects of roadway environment and fatigue on sign perception. *Journal of safety Research*, *13*(*1*),25 - 32.

Easterby, B. (1970). The perception of symbols for machine displays for man/machine systems. *Ergonomics*, *13*,149 - 158.

Eick, S. G., and Karr A. F. (2002). Visual scalability. *Journal of Computational& Graphical Stattistics*, *11*(*1*),22 - 43.

Fabrikant, S. I., Montello, D. R., & Mark, D. M. (2010). The natural landscape metaphor in information visualization: The role of commonsense geomorphology. *Journal of the American Society for Information Science and Technology*, *61*(*2*),253 - 270.

Fisher, D. L., Coury, B. G., Tengs T. O. (1985). Optimizing the set of hishlighted options on video display terminal menus. *Human Factors and Ergonomics Society Annual Meeting Proceedings*, *29*(*7*),650 - 651.

Fisher, D. L., Coury, B. G., Tengs, T. O., Duffy, S. A. (1989). Minimizing the time to search visual displays: the role of highlighting. *Human Factors*. *31*(*2*),167 - 82.

Flesch, R. A. New readability yardstick(1948). Journal of Applied Psychology, 32,221 - 233.

Furnas, G. W. (1981). The FISHEYE view: A new look at structured files. In Readings in information visualization: using vision to think (pp. 312 - 330). San Diego, CA: ACADEMIC Press.

Goo, J. M., Choi, J. Y., Im, J. G. et al. (2004). Effect of monitor luminance and ambient light on observer performance in soft-copy reading of digital chest radiographs. *Radiology*, *232*(*3*),762 - 766.

Grether, W. F. and Baker, C. A. (1972). Visual presentation of information. In H. P. Van-Cott and R. G. Kinkade, (Ed.), Human engineering guide to equipment design (pp. 49 - 127). Washington, DC: American Institute for Research.

Gutwin, C. (2002). Improving focus targeting in interactive fisheye views. Paper presented at Proceedings of the SIGCHI Conference on Human Factors in Computing Systems, Minneapolis, Minnesota.

Gutwin, C., Fedak, C. (2004). Interacting with big interfaces on small screens: a comparison of fisheye, zoom, and panning. Proceeding of the 2004 Conference on Graphics interface GI'04. London: Human-Computer Communications Society, 144 - 152.

Heglin, H. J. (1973). NAVSHIPS display illumination design guide: Section II. Human factors. San Diego, CA: Naval Electronics Laboratory Center.

Hsu, S. H, Peng, Y. (1993). Control/display relationship of the four-burner stove: A reexamination. *Human factors: The Journal of the Human Factors and Ergonomics Society*, *35*(*4*),745 - 749.

Huang, D. L., Patrick, Rau. P. L., Liu, Y. (2009). Effects of font size, display resolution and task type on reading Chinese fonts from mobile devices. International *Journal of Industrial Ergonomics*, *39*(*1*),81 - 89.

John M. S., Cowen M. B., Smallman H. S., and Oonk H. M. (2001). The use of 2D and 3D displays for shape-understanding versus relative-position tasks. *Human Factors*, *43*(*1*), 79 - 98.

Jubis, R. M. T. (1990). Coding effects on performance in a process control task with uniparameter and multiparameter displays. *Human Factors*, *32*(*3*), 287 - 297.

Kurniawan, B. A., Nakashima, Y., Takamatsu, M. (2008). Analysis of Visual Perception of Light Emitting Diode Brightness in Dense Fog with Various Droplet Sizes. *Optical Review*, *15*(*3*), 166 - 172.

Lam, H., Baudisch, P. (2005). Summary thumbnails: readable overviews for small screen web browsers: Proceedings of the SIGCHI conference on Human factors in computing systems 2005, Portland, Oregon, USA. Association for Computing Machinery, 681 - 690.

Läubli, T., Gyr, S., Nishiyama, K., et al. (1986). Effects of refresh rates of a simulated CRT display with bright characters on a dark screen. *International Journal of Industrial Ergonomics*, *1*(*1*), 9 - 20.

Lin, H., Wu, F. G., Cheng, Y. Y. (2013). Legibility and visual fatigue affected by text direction, screen size and character size on color LCD e-reader. *Displays*, *34*(*1*), 49 - 58.

Lin, C. C., Huang, K. C. (2006). Effects of Ambient Illumination and Screen Luminance Combination on Character Identification Performance of Desktop TFT — LCD Monitor. *International Journal of Industrial Ergonomics*, *36*(*3*), 211 - 218.

Lin, C. C. (2003). Effects of contrast ratio and text color on visual performance with TFT-LCD. *International Journal of Industrial Ergonomics*, *31*(*2*), 64 - 72.

Ling, J., Schaik, P. V. (2007). The influence of line spacing and text alignment on visual search of web pages. *Displays*, *28*, 60 - 67.

Ling, J., Schaik. P. (2006). The influence of font type and line length on visual search and information retrieval in web pages. *International journal of human-computer studies*, *64*(*5*), 394 - 404.

MacKenzie, I. S., Riddersma, S. (1994). Effects of output display and control-display gain on human performance in interactive systems. *Behaviour & Information Technology*, *13*, 328 - 337.

Mäntyjärvi, J., & Seppänen, T. (2002). Adapting applications in mobile terminals using fuzzy context information. Paper presented at Human Computer Interaction with Mobile Devices, Pisa, Italy.

McDougald, B. R., & Wogalter, M. S. (2013). Facilitating pictorial comprehension with color highlighting. *Applied Ergonomics*, *45*(*5*), 1285 - 1290.

Menozzi, M., Näpflin, U., Krueger, H. (1999). CRT versus LCD: A pilot study on visual performance and suitability of two display technologies for use in office work. *Displays*, *20*(*1*), 3 - 10.

Moriatry, S. and Scheiner, E. (1984). A study of close-set type. *Journal of Applied Psychology*, *69*, 700 - 702.

Nowell, L., Schulman, R., Hix, D. (2002). Graphical Encoding for Information Visualization: An Empirical Study. Proceedings of the IEEE Symposium on Information Visualization (InfoVis'02), IEEE Computer Society, 43 - 50.

Petropoulos, H., Brebner, J. (1981). Stereotypes for direction-of-movement of rotary controls associated with linear displays: the effects of scale presence and position, of pointer direction, and distances between the control and the display. *Ergonomics*, *24*(*2*), 143 - 151.

Pollack, I., & Ficks, L. (1954). Information of elementary multidimensional auditory displays. *Journal of the Acoustical Society of America*, *26*, 155 - 158.

Polys, N., Kim, S. and Bowman, D. (2005). Effects of information layout, screen size, and field of view on user performance in information rich virtual environments. Virtual Reality Software and Technology. Monetery, CA: ACM, pp. 46 - 55.

Poulton, E. (1967). Searching for newspaper headlines printed in capitals or lower-case letters. *Journal of Applied Psychology*, *51*, 417 - 425.

Richard, S. K., Muter, P. (1984). Reading of continuous text on video screens. *Human factors*, *26*(*3*), 339 - 345.

Rooney, C., & Ruddle, R. (2012). Improving window manipulation and content interaction on high-resolution, wall-sized displays. *International Journal of Human-Computer Interaction*, *28*(7), 423 - 432.

Roto, V., Popescu, A., Koivisto, A., et al. (2006). Minimap: a web page visualization method for mobile phones// Proceedings of the SIGCHI conference on Human Factors in computing systems. ACM, 35 - 44.

Roto, V. (2006). Web Browsing on Mobile Phones-Characteristics of User Experience [D]. Finland: Helsinki University of Technology.

Saito, S., Taptagaporn, S., Salvendy, G. (1993). Visual comfort in using different VDT screens. *International Journal of Human-Computer Interaction*, *5*(*4*), 313 - 323.

Sanchez, C. A., Goolsbee, J. Z. (2010). Character size and reading to remember from small displays. *Computers & Education*, *55*(*3*), 1056 - 1062.

Shieh, K. K., Lin, C. C. (2000). Effects of screen type, ambient illumination, and color combination on VDT visual performance and subjective preference. *International Journal of Industrial Ergonomics*, *26*(*5*), 527 - 536.

Shupp, L., et al. (2009). Shaping the display of the future: The effects of display size and curvature on user performance and insights. *Human Computer Interaction*, *24*(*1*), 230 - 272.

Smallman, H. S., John, M. St., Oonk, H. M., and Cowen, M. B. (2001). Information Availability in 2D and 3D Displays. *IEEE Computer Graphics and Applications*, *21*(*5*), 51 - 57.

Smith, S. L., Thomas, D. W. (1964). Color versus shape coding in information displays. *Journal of applied psychology*, *48*, 137 - 146.
Sparrow, J. (1989). Graphical displays in information system: some data properties influencing the effectiveness of alternative forms. *Behavior and Information Technology*, *8*, 43 - 56.
Swierenga, S. J., Boff, K. R., Donovan, R. S. (1991). Effectiveness of coding schemes in rapid communication displays. Proceedings of the Human Factors Society 35th Annual Meeting-1991, Volume 2, San Francisco, California, 1522 - 1526.
Teichner, W. H., Krebs, M. J. (1972). Laws of the simple visual reaction time. *Psychological Review*, *79*(*4*), 344 - 358.
Tsang, S. N. H., Chan, K. W. L., Chan, A. H. S. (2013). Effects of stimulus orientation, grouping and alignment on spatial sr compatibility//Human Interface and the Management of Information. Information and Interaction Design. Springer Berlin Heidelberg, 650 - 659.
Tsang, S. N. H., Stefanie, X. Q., Chan, A. H. S. (2014). Spatial SR Compatibility Effect with Head Rotation// Proceedings of the International Multi Conference of Engineers and Computer Scientists, 2.
Tufte, E. (1983). The visual display of quantitative information. Cheshire: CT. Graphics Press.
Tullis, T. S. (1983). The formatting of alphanumeric displays: A review and analysis. *Human factors*, *25*(*6*), 657 - 682.
Utting, K., & Yankelovich, N. (1989). Context and orientation in hypermedia networks. ACM Transactions on Information Systems (TOIS), 7(1), 58 - 84.
Wang, A. H., Chen, C. H. (2003). Effects of screen type, Chinese typography, text/background color combination, speed, and jump length for VDT leading display on users'reading performance. *International Journal of Industrial Ergonomics*, *31*(*4*), 249 - 261.
Ware, C. (2000). Information Visualization: Perception for Design. Morgan Kaufmann.
Wickens, C. D., Ambinder, M. S., Alexander, A. L., & Martens, M. (2004). The role of highlighting in visual search through maps. *Spatial Vision*, *17*, 373 - 388.
Wolf, C. (1986). BNA "HN" command display: Results of user evaluation unpublished technical report. Irvine, CA: unisys corporation.
Woodson, W. E., Conover, D. W. (1964). Human engineering guide for equipment designers (2nd ed.). Berkeley, CA: University of California Press.
Wulfeck, J. W. (1958). Special factors influencing visual performance. Vision in military aviation, Wright Air Dev. Center Tech. Report 58, 141 - 143.
Yost, B, Haciahmetoglu, Y. and North, C. (2007). Beyond visual acuity: The perceptual scalability of information visualizations for largedisplays. CHI 2007. San Jose, CA: ACM, 101 - 110.
Ziefle, M. (1998). Effects of Display Resolution on Visual Performance. *Human Factors: The Journal of the Human Factors and Ergonomics Society*, *40*(*4*), 554 - 568.

4 听觉显示界面

人机交互设计中必须考虑听觉信息的显示,其主要原因有两个:首先,由于随着人机系统的日益复杂,人机交互中信息量的增大,单一的视觉通道往往难以满足操作的要求,过多的视觉信息显示容易导致视觉通道的"信息拥挤",造成操作者的视觉疲劳;其次,听觉通道传递信息自身具有着迫听性等特点,这些特点可以弥补其他通道显示上的不足,也可以和其他通道相互结合,组成更为有效的显示系统。

这一章主要讨论听觉信息显示界面及其相关的研究。第一节(4.1节)是听觉显示,主要论述的是听觉显示的特点和听觉显示器。第二节(4.2节)是语音界面,主要论述的是语音界面的特点、界面设计及其相关研究。第三节(4.3节)是非语音界面,主要论述的是非语音界面的特点、界面设计及其相关研究。第四节(4.4节)是听觉告警,主要论述的是听觉告警的特点、界面设计及其相关研究。最后一节(4.5节)是研究展望,主要是探讨今后听觉界面研究的发展趋势。

4.1 听觉显示[1]

4.1.1 听觉显示特点

听觉显示器的特点取决于人类听觉通道的特点。相比其他信息显示的类型，听觉显示具有迫听性、全方位性、变化敏感性、绕射性及穿透性等特点。

迫听性：环境中的声音信号总会传入耳中，引起人的不随意注意和快速的朝向反射或惊跳反射，因而，声音信号具有迫听性，与视觉相比，听觉信号不容易遗漏，适用于显示紧急的告警信息。

全方位性：听觉可以接收到整个360°空间中的声音，因此，在由于操作空间受限而使得某些视觉显示器不能设置在操作人员视场的情况下，听觉显示是较佳的选择。

变化敏感性：由于声音信号是一种时间序列信号，因而人耳对声音信号随时间的变化特别敏感，时间解析度(temporal resolution)较高，尤其是对于变频信号的时间解析度，听觉信号的检测快于视觉信号的检测(方志刚等，2003)。

绕射性与穿透性：声音传播的绕射性(衍射性)、折射性及反射性等特性使得声音信号可以不受空间阻隔的限制，进行远距离传送，而且，声音不受照明条件的限制，具有穿透烟雾等障碍的性能，可在夜间、雨雾天气及有阻挡物等不良条件下，远距离传递信息。在一定情况下，即使中间隔有一般的障碍物或者距离较远也不要紧，只要将声音强度增加即可。

听觉显示器也有其不足之处，如声音信号难以避免对无关人群形成侵扰，听觉信道容量、感觉记忆容量低于视觉，声音信号的瞬态特性也决定了其信号不可持久存在，听觉对复杂信息模式的短时记忆保持时间较短等。因此，声音信号与视觉、触觉等其他信号共同使用会达到更自然和更高效的人机交互效果，也可以缓解其他感觉通道的压力。

在人机交互中，开发、设计听觉显示主要原因有以下两个：一是视觉通道已不能满足日益复杂的人机交互的需要；二是听觉通道有许多视觉通道不具有的优点，可以弥补视觉界面的不足，拓宽人机交互信道，降低视觉通道的负载。

受人类视觉特性的限制，传统的视觉显示器主要存在以下问题：

视觉通道信息过载。现实生活中，人的交流是通过视、听、嗅、触等多种感觉通道进行的。单纯的视觉通道使人的信息感知效率受限，尤其是在复杂的多显示器系统中，通常要求用户同时或在短时间内处理大量的视觉信息，这往往造成用户视觉信息

---

① 本部分参照：葛列众，李宏汀，王笃明.(2012).工程心理学.北京：中国人民大学出版社.

过载,导致用户视觉疲劳或遗漏重要的目标信息。

视觉注意范围有限。视觉注意的空间特性与时间特性决定了用户很容易遗漏一些重要信息。由于视觉注意的空间范围非常有限,这就使得用户会遗漏一些信息,尤其是在多显示器系统中或显示的信息量非常大的时候。视觉注意衰退较快,人很难保持长时间的视觉注意,这就使得在一些持续的警戒或监控作业中,由于被试的身心疲劳,尤其是视觉疲劳而导致信息被疏忽,从而引发事故。

视觉显示空间受限。视觉显示的效果受制于显示屏的大小,尤其是在距离较远时,为保证显示清晰度必须加大字符、加大显示屏幕,而在绝大多数情况下,显示屏的大小是受限的,尤其是在一些手持移动设备上或飞机驾驶舱等空间非常有限的条件下。

用户活动范围受限。在视觉界面的交互中,用户必须一直在较近距离内注视显示屏幕,否则将无法获取信息或遗漏信息,这就限制了使用者的活动范围。

照明环境依赖性。视觉显示功能的发挥还依赖于照明水平等环境因素,在夜间、雨雾天气或远距离阻隔等视觉受限条件下将难以正常工作,特别是当视觉信息采用彩色显示的时候,这种状况就更为明显。同样,视觉显示器也不适用于盲人或其他视觉缺陷者。

听觉显示的特点优势及视觉显示的不足,共同决定了听觉显示器的适用领域。一般来说,除播放音乐、传递语音等最基本的使用以外,听觉显示还可用于以下场合:

视觉超载。复杂多显示器系统中,各类视觉显示信息过多,用户往往需要在短时间内处理大量的各类视觉信息,导致视觉信息负荷过重,易使用户视觉疲劳或遗漏重要的目标信息,进而影响人机系统安全性。对于此类视觉通道信息过载的场合,可以采用听觉显示对信息传递进行分流。

视觉受限。对于夜间、雨雾天气、照明水平过低以及视线受阻挡而无法使用视觉显示的场合,还有因距离较远或显示空间受限使得显示内容难以辨认的情境等视觉受限情况,均可以通过听觉显示传递信息。

故障诊断与告警。告警是最能体现听觉显示特性与优势的应用领域,对于偶尔才出现,但却是紧急的、需要及时处理的告警信息,一般优先采用听觉告警或听觉显示和视觉显示并用。有些待传递的信息本身就具有声音的特性,此时声音显示还可起到故障诊断的作用。如医生可以通过听诊器显示的声音来诊断心脏活动是否异常,维修工可以通过听发动机工作时的声音判断其是否正常或进行故障诊断等,这是因为这些故障信息都会在工作声音上有所体现。

移动作业与广播。对于信息接受者在工作过程中需要经常移动工作位置的情况,此时用户会因无法一直注视视觉界面而遗漏信息,因此就需要使用不受空间限制的听觉显示器来显示声音信息。听觉的全方位性、绕射性及迫听性也使得听觉显示器常用于向较大空间的人群以广播的形式传递声音信息。

虚拟环境。听觉显示器还常用于创造更具真实感的虚拟环境。使用多种声音来给虚拟现实提供丰富的声音环境,在虚拟现实系统中构造出非常逼真的自然声场效果,从而增强用户的沉浸感并改善人—机交互的效果。

助残领域。常用于无障碍化或人性化的特殊用户产品的设计中,如能方便盲人、弱视者、手部残疾者等特殊群体使用的手机、计算机等设备。

4.1.2 听觉显示器

根据听觉显示器功能特性的不同,可以将其在音乐、语音等基本听觉显示器之外再分为反馈信息听觉显示器、辅助信息听觉显示器以及告警信息听觉显示器三类。

反馈信息听觉显示器主要是指通过声音对关于系统的操作行为提供该操作完成与否或正确与否的结果反馈,或对系统当前状态予以声音提示。

辅助信息听觉显示器是指在视觉受限(如受照明水平或观察位置的限制)或视觉通道负荷过重等情况下,采用听觉显示的方式向使用者传递相关信息的装置。如在汽车行驶过程中,车载 GPS 导航仪的道路语音提示可以使司机不必分心转移视线去查看地图显示屏幕,降低了视觉通道的负荷,提高了人—机交互效率,同时也降低了由于频繁视线转移与搜索导致的驾驶安全事故概率。此外,对于盲人或其他视觉缺陷者,由于视觉通道受阻,需要借助于听觉或触觉通道来进行人—机信息交互,其中的声音信息传递装置亦属于辅助信息听觉显示器。

告警信息听觉显示器是指当人机系统中某一环节或部件出现故障或发生意外事故,并且需要立即采取行动及时处理时,通过声音显示的方式向相关人员传递告警信息的装置。

此外,根据所使用的声音信号特性的不同,可以将听觉显示器分为语音听觉显示器及非语音听觉显示器两类。根据听觉显示器显示设备及其安置的不同,可以将其分为固定的听觉显示器和基于头部的听觉显示器两类(葛列众等,2012)。

听觉显示器的传递效率在很大程度上取决于其设计特性与人的听觉通道特性的匹配程度。即听觉显示器显示声音的特点要与人的听觉系统的特点相匹配。最基本的要求是显示的声音在强度、频率或组合方式上必须限制在听觉系统所能承受的限度之内,然后在此基础之上尽可能地做到优化配置。除了要遵循人机界面设计的一般原则之外,听觉显示器设计的一般工效学原则还包括易识别性、易分辨性、兼容性、可控性、标准化等。

易识别性原则是指听觉显示器的声音应容易被目标对象注意收听到。声音信号的易识别性受声音强度、频率因素和听觉适应因素的影响。声音强度频率因素要求显示的声音需要有适宜的强度与频率，这还必须考虑到环境背景噪声的掩蔽效应。信号的强度应高于背景噪声，保持足够的信噪比，一般信噪比提高到 6—8 dB 时即能保证听觉信号被清晰地感知到。另外，信号频谱与环境噪声频谱的差异亦有利于防止环境噪声掩蔽效应带来的不利影响。同时，信号强度与频率也要避免使用人耳音高及响度感受曲线中极端段的参数。如极端响的信号会使人受到惊吓，而且会提高环境的噪声级，干扰局部言语活动。

听觉适应因素则要求在声音信号的选用上应尽量使用间歇或可变的声音信号，避免长时间使用稳定的信号，以避免或减弱受众对长时间稳定声音信号的听觉适应。

对于复杂的信息显示，可采用两级呈现的方式，第一级信号主要为引起注意识别，第二级信号才是精确指示。例如，在听觉告警设计中，可以先用一个纯音信号作为先导信号以引起受众的注意识别，之后再呈现话音信号作为精确指示。

易分辨性原则是指听觉显示器的不同声音信号及其含义应容易区分辨别。声音信号的易分辨性包括两类，一类是不同性质(含义)声音信号的易分辨性，另一类是同时及相近呈现声音信号的易分辨性。

不同性质(含义)声音信号的易分辨性要求一个声音信号只表示一种含义，避免采用一音多义的信号。在采用声音的强度、频率、持续时间等维度作信息代码时，应避免使用极端值，而且代码数目不应超过使用者的绝对辨别能力，否则不同声音信号难以分辨则会导致声音信息传递发生混淆。表 4.1 是人对声音不同维度特征的绝对辨别等级数(朱祖祥等，2000)。

表 4.1　人对声音不同维度特征的绝对辨别等级数

声音维度	等级数
强度	4—5
频率	4—7
持续时间	2—3

声音信号除了可以从频率、强度、波形上扩大其差异外，还可以通过声音组合方式的变化增加其易分辨性，例如可以采用高低频率变化的变频信号，也可以采用不同组合的间断声音信号。

声音信号呈现的时间分离及空间分离可以提高信号的易分辨性，同时及相近呈现的声音信号的易分辨性就是对此类呈现方式的要求。不同的声音信号应尽量分时呈现,时间间隔不宜短于1秒。对于必须同时呈现的信号可采取将声源的空间位置分离或按其系统的重要程度提供优先注意的指示等方法以提高其易分辨性。

兼容性原则是指声音信号所代表的意义一般应与人们已经习得的或自然的联系相一致。即信号含义应该与使用者旧有的思维习惯具有较高的兼容性。例如尖哨声应同紧急情况相联系,高频声音同“向上”或“高速”相联系。

选用的声音信号应尽量避免与以前使用过的信号相矛盾。某些类型的信号(警报声、铃声等)已被公认为与某些特定的活动相联系,例如消防车、救护车、警车等的信号各自表示特定的活动,具有这些特征的信号不应该用于其他的目的。

在用新的听觉信号系统代替旧的信号系统(如视觉信号系统)时,可将两种信号系统同时并用一段时间,以便于人们适应新的听觉信号。

可控性原则是指对于听觉显示器显示的声音信号,用户可以选择终止其显示。声音信号的迫听性,使得声音信号非常容易对无关人群形成侵扰。

在听觉告警显示中,当险情已被操作者所觉察时,紧迫的告警声音的持续将会给操作者的故障诊断及排除操作带来干扰、造成操作者的分心,因此应该允许操作者选择终止声音信号的继续显示。

对于某些操作行为反馈信息听觉显示器,如手机按键声、相机拍照声等反馈声音信号,在用户已经熟悉或在特殊环境(如会议室中)中,也应允许操作者选择取消该类声音反馈,以避免造成不必要的噪声干扰。

标准化原则是指不同场合听觉显示器所使用的声音信号应尽可能统一与标准化,这有利于人们的学习适应与沟通,有助于提高工作效率。国际标准化组织及中国国家标准化管理委员会都制定了许多有关听觉信号显示的标准,此类标准都是经过反复实验而制定出来的,科学性高,实用性强,在听觉显示器设计时应尽量参照采用。

4.2 语音界面

4.2.1 概述

语音界面具有自然性、高效性、灵活性等优点,也具有被动性、瞬时性、串行性和易受干扰性等缺点(葛列众等,2012)。

由于自然人机交互的发展以及各类手机、掌上电脑和个人数字助理等小型移动信息设备的普遍应用,使得语音用户界面得到了广泛的应用,如计算机输入中的听写识别系统,各种声讯服务台的交互语音应答系统(Interactive Voice Response, IVR),电子商务中的语音门户、语音邮件,以及结合云计算的语音搜索等。比较而言,语音界面通常适合以下场合使用:

- 在用户从事其他操作时同时使用,例如,在驾驶汽车时同时采用语音界面。
- 在视觉信息界面使用受限时使用,例如,在照明不良的场合中使用。
- 在动作输入使用受限时使用,例如,手机短信的输入中使用。
- 面向盲人、弱视者、手部残疾者等特殊群体的产品,可采用语音用户界面。

语音界面的专用的评价指标主要有言语可懂度(Speech Intelligibility)和言语自然度(Speech Naturalness)等。其中,言语可懂度是指言语通信中语音信号被人听懂的程度。一般用信号被听懂的百分比表示。言语可懂度可以定量地反映收听者对所传递语音信息的理解程度。它既是影响语音界面输入效率的重要因素,也是衡量系统输出语音质量的重要指标。依据其使用的测验材料言语可懂度的主观测定可以分为无意义音节测验、语音平衡词汇测验、同韵词测验、句子测验等方法(朱祖祥,2003)。言语可懂度的客观评测可以通过计算言语可懂度指数及言语传递指数获得(张家騄,2010)。言语自然度则是描述系统输出的言语品质与发话人发音的相似程度的指标,是更高层次的言语传递质量的主观评价指标。言语自然度的评价主要是主观评价,通常采用五级分或十级分的主观计分方法,也可采用平均意见分数法(Mean Opinion Score, MOS)对包括自然度在内的语音通信质量予以综合评价(张家騄,2010)。

虽然语音界面应用广泛,但仍有有待解决的问题。在语音输入(语音识别)方面,未来的语音识别将不再仅仅是各种语音信号的语义识别,在语音输入方面,有口音和方言问题、自然语言的理解问题、背景噪声问题,还包括语音信号的情绪识别问题。例如,姜晓庆等(2008)选取喜、怒、平静等三种典型的情绪状态,通过对在不同情感状态下,大量语音样本的基频、能量、时长及相关韵律特征参数的统计分析,采用 PCA 方法进行情感状态语音识别实验,以提高语音的识别率。

其次,在语音输出(语音合成)方面,合成高度自然化的语音将会是语音用户界面输出的主要目标。这种自然化语音是一种具有很强的真实感,并带有一定的情绪或者感情的色彩,在韵律节奏等方面都与人的自然语音非常接近的语音信号。

最后,随着技术的不断进步以及用户需求的不断发展,将来的语音用户界面还会开发出很多新的功能并不断完善,例如,声纹识别技术(何好义,2005)和音频信息检索的“哼唱检索”技术(冯雅中等,2004)。

目前,语音界面的人机界面研究主要有两个方面,一是关于言语可懂度和自然度的研究,另一个是关于语音界面设计要素的研究。

4.2.2 言语可懂度和自然度的研究

言语可懂度和自然度的研究主要涉及到影响因素和评价方法两方面内容。影响因素研究的目的主要是希望通过研究，了解这些影响因素对言语可懂度和自然度的影响规律和特点，从而有效地改善语音界面，而评价方法的研究则主要是为了更好地改进言语可懂度和自然度的评价。

言语可懂度影响因素的研究

国外的研究表明：言语可懂度和纯音阈值(4 KHz，500—2 KHz 言语频率平均听阈)之间显著相关。语言的流利程度对言语可懂度有着明显的影响(Pollack 和 Pickett, 1964)。听众的认知能力和信噪比是评估语音清晰度中的重要因素(Yunusova 等，2005)。

年龄是影响言语可懂度的一个重要因素。有研究者用阻断及掩蔽的言语测试法测试了不同年龄组(31—35 岁，51—55 岁，71—75 岁)的言语可懂度，结果表明老年人的言语可懂度水平和青年人相比有明显的下降(刘达根，1987)。

噪音水平和语音信号的内容对被试的语音可懂度有明显的影响。张亮等(2006)在对消防监控界面的语音信号的工效学研究中指出，人对语音信号的获取与识别受到噪音水平以及信号内容、长度的影响。在不同水平的噪音背景下，语音信号的参数呈现不同的变化趋势。噪音对信号的掩蔽作用显著，其中低音最易被掩蔽。

言语速度对言语可懂度也有明显的影响。1997 年，张彤等采用计算机生成的数字化言语信号，用普通会话和飞机告警等两种测试材料，以言语可懂度测试法和主观评价法研究了言语告警信号的适宜语速。实验研究结论表明：言语告警信号的适宜语速为 0. 25 秒/字(或 4 字/秒)，它的下限为 0. 20 秒/字(或 5 字/秒)，它的上限为 0. 30 秒/字(或 3. 33 字/秒)。2004 年，Krause 等的研究也表明了言语可懂度和英语语速具有一定的关系。2004 年，张亮等以汉语消防用语为实验材料的实验也证明，词类信号和普通句的语速都会对被试的语音可懂度产生明显的影响。他们的实验证明，在消防监控界面中，语音信号的适宜语声为女中音；词类信号的适宜语速为 5 字/秒，普通句的适宜语速为 7 字/秒，含数字句的适宜语速为 6 字/秒。

汉语声调在言语可懂度中有着重要的作用。张家騄等在 1981 年的研究中，采用了四种合成语言进行言语清晰度试验，结果表明，在不同的失真条件下，汉语声调都具有很强的抗干扰能力。

言语传播的距离对言语可懂度有很大的影响。许伟等 2008 年的研究表明，在满足语音内容完全可懂的要求时，汉语语音频率的最低上限应取在 1 kHz，最高下限应为 300 Hz。该结论为调制信号源频率以提高能量利用效率，提升语音传播距离提供了重要的科学依据。

还有一类研究是针对影响方言可懂度的因素的。李宁等 2011 年对山西长治方言词汇的可懂度进行了研究。他们的研究结果表明：方言的可懂度会随着试听次数的增加而提高，而提高的速度会因为方言的不同而有所不同，而且方言和普通话的差异越大，可懂度越差。但是，李宁等的实验被试较少、实验的材料也不够丰富，因此，关于方言可懂度的影响因素还需要进一步的研究。

在一些特殊听觉信号呈现的条件下，不同的听觉信号的呈现方法对言语可懂度也有明显的影响。1996年，葛列众等采用言语可懂度、反应时等多种指标，比较了多重听觉信号呈现方法中重叠法与分离法的作业绩效。重叠法是将多种听觉信号叠加起来，同时呈现给被试双耳（左耳和右耳）；分离法则是将多种听觉信号分离开来，同时分别呈现给被试的不同耳朵（左耳或右耳）。实验共有16名被试参加，结果证明，与叠加法相比，采用分离法作为多重听觉信号的呈现方法有助于对告警话音的语言理解。

由上述研究可见，听众自身的因素（例如，认知能力），言语本身的属性（例如，语言的普及程度），言语表达的属性（言语的流利程度，语速，言语特定的呈现方式）和语言环境（例如噪声，传播距离）对言语的可懂度都有一定的影响。因此，在语音界面的设计和优化中，为了提高语言界面的效率，必须考虑上述因素的影响作用。

言语可懂度其他类型的研究

除了影响因素的研究外，言语可懂度的度量也有相关的研究。崔广中等在2000年对各种言语可懂度的测量方法进行了综述，文中着重对常用言语可懂度测量的STI及RASTI方法进行了介绍和说明。1997年，周笃强等根据汉语语言区别特征规律，编制了一套规范化字表，采用计算机编程和控制的方法，在不同信噪比环境中，进行了韵律区分测试法（Rhythmic Differentiation Test, RDT）实验及词可懂度试验，求得了RDT得分与词可懂度得分及语言通话质量的关系。他们的实验结果表明：RDT实验可快速测量汉语语言可懂度，并能初步判别汉语语音分辨错误的性质。王宇等在2013年以汉语为母语的听力障碍儿童言语可懂度的评估实验探讨了中文版言语可懂度分级标准（Speech Intelligibility Rating, SIR）的信度。评估结果说明不同评估者的评定结果具有很好的一致性，中文版言语可懂度分级标准具有良好的信度。这些研究对推进言语可懂度度量有着重要的作用。

关于言语可懂度还有一些相关的应用研究。其中，有些研究专门研究各种算法对合成语言可懂度的影响作用（杨琳等，2010），有些研究则是有关特定场合（例如多媒体教室）扩声系统和房间声学特性对语言可懂度的影响作用（黄凯旗，麻卫芬，2007），还有的研究利用言语可懂度做指标评价人工耳蜗植入的治疗效果（陈雪清等，2012）。这些研究对计算机合成语言的推广和言语可懂度的应用起到了很大的推动作用。

言语自然度的研究

言语自然度的研究大都和计算机合成语言的研究有关。研究者希望计算机的合成言语有着较高的言语自然度,从而提高合成语言的收听效率。1994 年,吕士楠等的研究表明,影响合成言语自然度的基本因素是语言的节奏和协同发音。在研究的基础上,研究者还提出了各种计算机合成系统,例如,1996 年,孙金城等按照中性语调模式作韵律特征调节,采用音节拼接技术,实现了高自然度的汉语文语转换系统的新方法。利用这种方法建立的 GK - TALK 系统不需对文本做任何韵律标记,就可以把书面语言转换成有声语言,合成语音质量接近新闻广播语言水平。另外,也有研究者对言语自然度的评价方法进行了相关的研究(齐士钤,俞舸,1998;赵博,2005)。

4.2.3 语音界面的研究

语音菜单人机界面研究的目的在于通过语音界面的相关设计要素的研究,寻找特定的条件下的语音界面的设计规律,从而提高语音界面的操作绩效。

目前语音菜单的人机界面的研究主要集中在语音菜单和语音超文本界面两个方面。

语音菜单的研究

语音菜单人机界面设计中菜单的广度和深度是一个重要的研究问题。其中,菜单广度指的是同一个菜单层面上选择项的个数,而菜单深度指的是组成一个菜单结构的选择项的层数。Gould 等 1987 年的研究结果表明,语音菜单广度应该限制在 4 个以内,而 Devauchelle 等 1991 年的结果表明,语音菜单的广度和深度都应不超过 3 个(转引自崔艳青,2002)。还有人(Schumacher 等,1995)提出语音菜单的项目还受到语音菜单内容的影响,命令行式菜单(Command Like Option)的项目应该限制在 4 个以内,实物式菜单(Object Like Option)项目数可以适当放宽。2008 年,葛列众等对语音菜单的深度和广度的结构设置进行了研究。实验中语音菜单有两种不同的深度和广度结构:一种是广度为 2,深度为 4(2×4),另外一种是广度为 4,深度为 2(4×2)。实验被试的任务是在语音菜单引导下进行词语归类,即要求被试把电脑屏幕上呈现的目标词跟据语音菜单信息的引导将其搜索出来,并做相应的反应。他们的实验结果表明,两种结构下被试操作绩效差异显著,菜单广度较高,深度较浅的 4×2 结构条件下,被试的操作任务绩效要明显优于菜单广度较窄,深度较大的 2×4 结构条件下的被试绩效。可见,不同菜单结构对语音菜单系统操作绩效具有重要影响意义,而且当语音菜单项数目一定时,适度提高菜单结构广度比增大深度更能提高系统的操作绩效。在此实验的基础上,2012 年,葛列众等设计了三个实验对语音菜单的最大广度的合理设置做了进一步的研究。他们的研究结果表明:语音菜单单层的最大广度是 5 个选择项。穆存远等在 2014 年研究了单层语音菜单的最大广度。实验中,被试在计算机上操作无分类单层语音菜单和有分类双层语音菜单,记录操作时间。他们实验的结果表明：单层语音菜单最大广度是6个选择项，而且当菜单的选择项数大于等于6时，则双层有分类的语音菜单的操作效率更高。

语音菜单中语音选择项的呈现方式对语音菜单的操作也有明显的影响。胡凤培等2010年有关自适应设计对语音菜单系统操作绩效的影响的研究证明，在语音菜单设计中，语音选择项的呈现方式采用自适应设计将有助于被试对语音菜单的操作。实验中有两种不同的语音选择项呈现设计。一种是固定设计，即语音选择项的排列顺序始终保持不变，另外一种是自适应设计，即各语音选择项的排列顺序将随着各语音选择项使用频次的不同而发生变化，使用频次高的语音选择项的呈现位置将自动往前调整。

根据目前语音菜单的研究，语音菜单的深度和广度等结构因素，和语音菜单选择项的呈现方式对语音菜单的操作绩效有着明显的影响，在语音菜单的界面设计和优化中，这两个因素是需要着重考虑的因素。在语音菜单的深度和广度的权衡设计中，通常应该考虑采用广度较大，而深度较浅的“扁平化”设计，但是每一个层面上，语音菜单的选择项最好是保持在4—6项。另外，菜单的选择项呈现方式可以考虑采用自适应方式。

语音超文本的研究

语音超文本通常指的是使用超文本组织信息的语音界面。在视觉信息呈现受到限制，如，不良的照明环境，视觉信息过载时，该界面可以满足用户的使用需求。使用语音超文本可以使用户控制使用进程，选择必要信息，过滤无关信息，从而提高界面使用效率(Raman & Gries, 1994; Petrie等,1997; James, 1997)。

语音超文本界面设计中，研究者们主要研究了进程控制方式与链接节点方式两个方面的问题。

目前的语音超文本系统中，进程控制方式主要有用户控制与自动控制两种。自动控制中，系统仅按照一定形式呈现所有项目，而无需用户介入；用户控制方式则是在每个项目呈现后，用户作出一定反馈操作后才会继续出现下一项目(崔艳青等,2003)。Resnick等(1995)与Schumacher等(1995)分别设计了实验对两种形式进行了比较，他们的实验结果表明，自动控制减少了用户的交互次数，降低了用户操作的复杂度，因而更适合大型的信息系统表征。

此外，链接节点方式主要有绝对位置选择和相对位置选择两种。绝对位置选择是指在系统中各个节点分别与特定的按键相对应；而相对位置选择则是提供一个专门的选择按键，用户通过点击按键选中当前项目(即某一个时刻正在呈现的项目)。研究者对这两种方式进行了比较，发现相对位置的选择方式易于掌握和迁移到其他情境中，但当用户一旦熟悉了系统的使用方法后，绝对位置选择的绩效将会更高

(Sarah 等,1998;Resnick 等,1995)。

在链接方式中,语音超文本链接的数目(即超文本的广度)对超文本界面的操作有着明显的影响。崔艳青等 2002 年的研究表明,当链接的数目为 2 至 3 项时,被试操作的绩效较高(较高的正确率,较低的反应时间),但是当数目增加到 4 项或者更多时,被试操作的绩效有明显的下降,而且当链接数目小于等于 3 项时,被试的操作没有位置效应(指的是链接项的位置的对操作绩效的影响作用,排列靠前或者靠后的选择项的绩效较高)。因此,研究者认为,语音超文本的适宜广度为 3 个或者 3 个以下,而且当语音超链接数目大于 3 项时,应该把重要常用的超链接项设计放在靠后或靠前的位置上。

语音界面应用方面的研究

由于计算机技术以及语音界面直接相关的语音识别和自然语音合成技术的不断发展,语音用户界面的应用越来越广泛。智能家居语音控制系统由移动终端控制软件和嵌入式便携语音控制器构成,可以对智能家居可控设备的多样化、全方位语音控制(付蔚等,2014)。移动机器人语音控制系统可以对移动机器人进行语音控制(张汝波等,2013)。基于语音识别技术开发了英语语音的智能跟读系统,有着良好的教学效果(林行,2014)。可实施的、非受限领域的、可完全通过语音交互的自动问答系统也得到了开发(胡国平,2007)。

在这些语音界面的应用开发中,人机交互的技术及其研究可以通过对用户的需求和交互过程中用户的操作特征的研究,提高优化界面设计,改进语音界面的使用效率。例如,王琳琳等从交互设计的角度出发,运用听觉显示技术,为盲人用户设计了盲人手机界面。他们的设计首先分析用户需求,用 VC++ 语言建立了原型,然后进行了用户原型评估和比较,进而优化了盲人手机的设计界面(王琳琳,2006)。

4.3 非语音界面

4.3.1 概述

非言语听觉界面是运用日常声音或乐音作为信息表征方式的界面形式(卢秀玲,2013)。音调信号常常作为非语音界面的呈现形式,如以铃声等特定的声音作为某个事件的代码向操作人员传递特定的信息等。

常用的非言语界面的表征形式主要为听标(auditory icon)和耳标(earcon)两类。

听标是为表征某一事件或属性而采用的在日常生活中与之有关联的声音(Gaver, 1989),是计算机事件及其属性与自然的有声事件及其属性之间的映射(董士海,1999)。例如,用盘子摔碎的声音来表示删除文件的操作。由于听标的声音常常采用人们熟悉的自然声音,因此听标优点是易于理解学习、信息量大,但是听标的缺点是难以表征复杂的结构化信息,有时也难以建立自然声音和特定界面元素的关联,比如,很难用听标去表征一个列表框(李清水,方志刚,沈模卫等,2001)。

耳标是用来表征结构化信息的乐音,是计算机用户界面中向用户提供计算机客体、操作或交互信息的非言语听觉信号(Blattner, Sumikawa, & Greenberg, 1989)。通常,耳标由特定的短节奏音高序列(也称 motive)构成,包括节奏(rhythm)、音高(pitch)、音色(timbre)音域(register)、力度变化(dynamics)等基本构成因素(沈模卫,白金华,陈硕,张锋,2003)。耳标将短的音调序列与动作和物体相联系,既可以由单个音调、最基本的单音节等构成单元素耳标,也可以利用声音的音高、音色、音阶、节奏与和声等进行组合,形成比较复杂的复合耳标。耳标的具有灵活性、可表现结构信息等优点,但也有记忆负荷较大,需专门训练和界面元素关联性等缺点。

一般来说,非语音界面具有宽频性、保密性、快捷性、简洁性、抗干扰性等优点,也有编码规则复杂等缺点。与同为听觉界面的语音界面相比,非语音界面在速度与言语独立性等方面有较强的优势,具体比较见表 4.2。

表 4.2　言语听觉界面与非言语听觉界面的比较

	表征方式	速度	言语独立性	可懂度
言语听觉界面	言语	较慢(受语速影响)	较差(不同国家、不同方言不通用)	合成言语输出较差,但事前录制的自然言语输出较好,不需进行学习
非言语听觉界面	非言语(日常声音、乐音)	较快(不受语速影响)	较好(不同国家,不同方言用户通用,具有全球性)	听标较好,但耳标较差,需要事先进行学习

来源:沈模卫等,2003。

基于非语音界面的优势,现有的非语音在听觉界面中的使用主要包含以下几个场合:

- 非语音信息仅用作提示信息的情况下。如要求收听者立即动作,没有必要用言语进行解释和指示,或是仅仅提示某一特殊时刻某事发生或即将发生。
- 非语音信息包含保密内容的情况下。如针对某些收听者,设置其熟悉的音调信号与代码,而不向其他人开放。
- 当言语通道超负荷的情况下。使用较为简单的非语音信号能够辅助人们进行正常工作。
- 在噪声的环境中。

考虑到非语音界面的特点及适用条件，研究者在综合以往研究的基础上为非语音界面的设计制定了一系列标准(徐洁，方志刚，蒋健勋，2010)：

- 听标和耳标都作为每一步操作反馈信息，表明操作被切实执行，同时指出目前所在的菜单项，在操作完成之后指出操作是成功的。
- 听标和耳标应该具有区分度。不同的听标和耳标，用户能够顺利区分。
- 耳标要具有层次性。层次性体现在具有多种可区分的非言语声音之间的结合，这种结合是多种多样的，可以是叠加、同声、共鸣等各种操作。
- 听标和耳标具有动态性。应根据不同需求执行不同声音，要有一定的变化性。
- 听标和耳标使用的声音维度如强度、频度、持续时间等，要避免使用极端值。
- 尽量使用间隙或可变的信号，避免使用稳定的信号，使得用户对声音的听觉适应减至最少。
- 对于复杂的信息，可以采用级联信号，第一级为引起注意的信号，第二级为精确指导的信号。
- 不同的场合使用的听觉信号尽可能标准化，各种听标或者耳标风格应该统一。

尽管现今的研究者们开始逐渐注意到了非语音界面在日常生活中的重要性，也逐渐在一些产品设计中加入了非语音的因素，但在发展过程中，非语音界面仍旧存在一些需要解决的问题。首先，大部分的设计者在选择非语音的声音信号参数过程中都是按照自己的喜好与偏向进行选择的，较少有实验依据；此外，听标与耳标的结合形式在何种情况下能促进人们的绩效水平也有待考察；最后，非语音界面与其他通道信息提示的整合与干扰问题也值得进一步研究。未来的非语音界面研究可以在考虑具体实际的操作情境下，以解决上述问题为导向，设计出符合人们体验，提高人们工作绩效的非语音界面。

4.3.2 听标和耳标的研究

20 世纪 80 年代，非语音界面的研究就已经逐渐开始兴起。主要研究可以根据适用的人群分为以下两类：一类主要针对视力正常人群的研究，而另一类则是针对视力有障碍的人群。在具体的人机界面设计中，如果耳标与听标的设计是针对正常人群的，这时听标或者耳标主要起辅助作用；可是如果耳标与听标的设计是针对视力有障碍的，那么这时听觉通道将是人机界面中最主要的交互方式，因而，听标和耳标的作用将相对较高。

视力正常人群的听标与耳标研究

听标和耳标由于其本身属性的差异，其受到环境的影响也有所不同。李黎萍等

(2011)对安静或噪音情况下，听标与耳标的直觉性、易学性及环境依赖性进行了研究。他们的实验结果表明，听标与耳标的直觉性与易学性都易受到噪音的影响，且对听标的影响更大。此外，相对于听标而言，耳标的环境依赖性更强，更易受到环境变化的影响。由此表明，听标意义不灵活，学习受噪音环境影响更大；但其映射性牢固，较不易受环境改变影响。因而在选择使用耳标与听标的过程中，要充分依据实际环境条件及其适用条件。

已有研究者通过实验的方式证明了听标和耳标的应用能够提高人们的操作绩效。Gaver 于 1989 年提出的 Sonic Finder，即为用户提供了一个“听标族”来对计算机图形界面的操作过程进行表征，如用盘子摔碎代表文件删除；用类似撞击木头的声音代表选择文本文件等。当我们将听觉界面和视觉界面相结合时，听标所采用的自然属性声音与界面操作之间能够产生较强的对应关系，人们可以较为容易地将声音和界面信息进行对应，从而能够有效地帮助人们减轻视觉通道负荷，提高绩效水平。有研究者将被试分成两组，一组操纵只有语音提示的菜单，而另一组则操纵有语音提示与耳标提示的菜单系统，被试根据指示完成一系列任务要求与按键反应。结果表明，耳标的使用可以提高任务绩效，减少按键次数及任务完成时间(Vargas & Anderson, 2002)。

由于听标是利用自然属性的声音作为呈现方式的，因而在设计过程中只要注重找到与提示信息最相匹配的自然声音即可，而耳标由于是抽象化的非语音声音信息，只要稍稍改变其参数便可构建不同的耳标单元，因而在使用的过程中更具有复杂性。许多研究者都从音色、音调、节奏、持续时间等参数对耳标的设计原则进行了探讨。如研究者们提出了耳标使用中建议的参数为：最大 5 kHz(中音 C 上面 4 个八度)，最小 125—150 Hz(低于中音 C 一个八度)，这样它们就不容易被掩蔽(李清水，2002)。在基于耳标设计的一般原则基础上，研究者们还对耳标的应用情况进行了分析。Brewster(1998)的实验就揭示了采用不同参数的声音能够顺利地与指定的图标进行匹配。在实验中，他将不同的音色、音区和空间位置与电话界面中不同级别和位置的菜单相互映射，实验结果表明，约 80%的被试都能成功地使用耳标作为浏览电话菜单的辅助。

国内学者有关耳标的研究不仅注重对传统的结构化耳标(即指以音色的不同组合作为主要辨别依据)的研究，还注重开发其他的耳标形式。例如，徐洁等(2008a)针对结构化耳标的不足，提出了序列化耳标，并通过实验表明了序列化耳标扩充了可听化的菜单容量，可用在表示类别相同而细节不同的信息上，且其编码性强于结构化耳标。随后，他们还设计了音乐化耳标。这种音乐化耳标利用了音乐的情感以增加其区分度，并以音乐元素和音乐结构特性作为耳标的区分依据(徐洁，鲍福良，方志刚，

2008b)。这些新型的耳标形式为未来的设计提供了更多的方向,也能更好地满足使用者的需求。

视力缺陷人群的听标与耳标研究

在界面的具体设计中,如果操作者是属于视力正常的人群,那么,听标与耳标往往起辅助的作用,以减少人们的视觉负荷,而对于视力缺陷人群而言,听标和耳标的作用就不仅仅是提示了,还包括给予使用者指令、引导使用者。因此,针对特殊人群的设计需要考虑到更多的因素。以往利用语音界面帮助视觉受损人群进行操作,一方面会由于语速的原因加重使用者的记忆负荷;另一方面,语音信息并不能表述出许多图形信息。于是,研究者开始在视觉缺陷人群的使用界面中加入了听标与耳标的设计。

Edwards(1989)采用耳标和合成语言表征文字加工过程的操作,每个图标都赋予声音,点击时会发出声响。如,利用纯音做反馈,用和弦音标识菜单,和弦的数目来表征菜单包含的下级菜单数量,并通音高的不断增强来确定从左向右、从上向下的方向。盲人能够成功地在这套系统中进行界面定位。Alty 等(1998)通过耳标中音色、音高等属性的变化实现了对简单图形的表征,如采用风琴音表征 x 轴,用钢琴音表征 y 轴,音高表示 x、y 轴上数值的大小。这种表征方式对于 80%的用户来说,都具有帮助其识别图形、直线的意义的功能。

方志刚等(2003)对盲人手机界面进行了探索,这一探索的目的是为了验证听觉界面作为独立和替代的特殊用户界面的可行性。王琳琳(2006)在其盲人手机设计界面中加入了耳标与听标,将菜单项或是抽象意义的操作手段与某一选定乐音进行一一匹配,并对其有效性进行了评估,建立了以耳标为输出方案,以听标为反馈的候选方案,并对设计方案进行了评估。他们的评估结果表明,利用耳标信息能够提高盲人操作绩效,且使用者的满意度也较高。

4.4 听觉告警

4.4.1 概述

由于声音信号具有迫听性、全方位性、绕射性以及远距离传输等特性,能够使得人们在复杂的工作环境中快速地获得危险信号提示;而且,视觉通道往往容易过载,同时在许多应激条件下,视觉通道更易以或更早受到影响(如振动引起视力下降等)。所以,人机界面设计中经常采用声音信号作为告警信号,以提高人们对于危险情况的警觉性、缩短人们对异常情况的反应时间。

听觉告警(也可称为声学告警(Acoustic Warning/Auditory Warning))是指在潜

在危险存在的情况下，能够引起人注意并提供辅助信息和支持的所有声音（Karwowski, 2001）。

按照听觉告警使用的声音信号的性质，可以将听觉告警分为语音告警信号和非语音的音调告警信号。按照告警信息的紧急和重要程度，可以将告警信号分为提示、注意、警告三级，或者分为五级，即增加两个级别，将个别严重危及安全且时间极其紧迫的警告信息设为危险级，将系统中的一般信号指示设为消息级（张彤，郑锡宁，朱祖祥，1995）。

听觉告警信号一般包括警觉信号和识别或动作信号两个组成部分。警觉信号的功能是吸引操作人员的注意并提供关于告警紧急等级的初步信息。它一般采用音调信号的形式呈现，也称为主告警信号。识别信号提供问题的性质及产生部位等信息，动作信号提供引导操作人员采取矫正动作的信息，一般采用语音信号的形式呈现。

听觉告警广泛应用于各个方面，如常见的事故现场、急救火警警报等。

常见的用于告警的听觉显示器有蜂鸣器、钟、铃、哨子、角笛、汽笛、警报器等。这些显示器所产生的声音在强度、频率、音色及穿透噪声等性能上都有各自的特点，分别适用于不同的场合。

听觉告警信号的设计一般需要满足以下基本原则（芦莎莎，2015）：

- 情境兼容性。要考虑情境因素的影响，避免告警信息被其他声音信号所干扰掩蔽。
- 通用信号惯例。避免使用一些具有公认特征的信号，如警车消防车的信号。
- 与收听者的感受性相适应。避免使用感受性曲线中极端段的部分。
- 双重方式。如增加视觉告警信号来进行辅助等。
- 可量化信号。对需要量化的音调信号，需要提供参照音调。
- 个人专用性。当声音信号只需要提示某个指定个体时，要考虑让指定个体能够明显接收的同时不打扰他人作业。
- 用简单重复的编码信号来对收听者进行提示。
- 避免使用极端的信号使收听者感到烦恼或受到惊吓。

听觉告警尽管在许多重要的、危险情景下都有着不可替代的作用，但是，采用听觉信号进行告警的设计也存在一些缺陷。如与视觉通道相比，听觉通道的容量要小的多，常常会使得提供的信息不具体；听觉信号常常容易受到环境声音的干扰，影响人们的绩效水平等；个体或者群体之间差异使得人们对不同听觉告警的感知标准不同等。因此，在告警信号的设计中可以根据实际的情境，采用一些必要的合理的应对措施，以避免或者减少这些问题的影响，例如，可以采用听觉与视觉结合的告警方式，选择合理的告警声音的强度等。

4.4.2 听觉告警的研究

现有的听觉告警研究主要涉及听觉告警系统中声音信号参数设置、听觉告警呈现方式和听觉告警的标准等三个方面的研究。

听觉告警中声音参数的研究

对于不同类型的听觉告警，研究者研究的声音参数有所不同。对于非语音听觉告警而言，研究者主要研究声音信号的强度、频率等参数。对于语音告警，研究者主要研究语句内容、字数、间隔与语速等参数。

声音信号的强度是影响非语音听觉告警有效性的重要因素。根据研究，为保证非语音听觉告警信号在工作环境中的可听性，其信号强度应高于绝对阈 60 dB 以上，而在噪声环境中，信号强度应高于掩蔽阈 8 ± 3 dB(葛列众等，2012)。GB 12511—1989《工作场所的险情信号险情听觉信号》中也规定，在用 A 计权声级分析时，信号的 A 计权声级超过环境噪声 A 计权声级 15 dB 即可。如果噪声强度会随任务阶段发生变化，则应采用自动增益控制来保持适宜的信噪比。其次，非语音听觉告警信号还应根据告警级别确定相应的音量，如马治家等(2000)认为，在载人航天器中，应急告警的声音信号强度应该使舱内所有人员都能感知到，睡眠中的人员也能被叫醒；而对告警级的听觉显示，要保证至少有一个人总能收到告警信号，根据警告程度决定是否叫醒睡眠者。此外，研究还表明，儿童的响度分类的最低值与最高值均低于成人，因此在设置告警系统时，要考虑人群差异(张萍等，2005)。

频率也是影响非语音听觉告警有效性的重要的因素。李宏汀等(2005)的实验选取了相同响度，但频率不同的六种声音信号，要求被试在听到一个信号后进行辨别，并按照实验任务要求进行相应的按键反应。他们的实验结果对 6 种不同频率声音的绝对辨别能力进行了等级排序，为不同的声音编码系统提出了选择方案。此外，郭孜政等(2014)考察了纯音告警信号的频率与间隔对于司机反应速度的影响，实验中，他们选取了 6 种不同频率的声音信号，与 6 种不同的时间间隔，分别组合成不同的实验条件，并要求被试在这些条件下，对屏幕中出现的方向键头进行方向判断。他们的实验结果表明，间隔时长会对司机的提示效应有所影响，且这样的影响具有极限性。

对于语音警告来说，研究者普遍关注声音信号的语句内容、字数、间隔与语速等参数。如郭小朝等(1994)通过书面调查的方式，并在考虑语言告警准则、飞行员使用习惯及汉语句法的基础上，选定了战斗机在 17 种不同告警条件下的最佳汉语用语。但是，关于语音告警信息的呈现语速、语句字数等具体参数，国内外相关研究尚无统一的结论。如关于飞机驾驶舱的语音告警的语速呈现标准，张彤等(1997)的实验研究结果表明，语音告警信号的适宜语速范围为 3.33—5 个字/秒，最佳语速为 4 个字/

秒。刘宝善等(1995)在关于战斗机舱的模拟实验中得出最佳语速范围为 4—6 个字/秒。而美国军用标准则是 2.5—3 个字/秒。此外,张亮等(2006)讨论了消防监控界面中语音信号呈现速度的最适宜语速,并针对不同的语句类型给出了最优的选择,结果表明,词类信号的适宜语速为 5 字/秒,普通句的适宜语速为 7 字/秒,含数字句的适宜语速为 6 字/秒。韩东旭等(1998)的研究则认为语音告警信号的语句字数应控制在 9 个字以内,最好不多于 7 个字。

听觉告警信号的呈现方式研究

选择简洁、符合情境的呈现方式能够使告警系统发挥出最大的作用。有关听觉告警信号的呈现的研究包含采用通道数量与信号呈现的形式两个方面。

从通道数量方面来说,一般认为重要告警信息用视听综合方式(音调—话音—视觉方式)呈现是较好的。针对告警的三种级别：提示、注意与警告的最优呈现方式,张彤等(1995)比较了飞机座舱中纯视觉告警、纯听觉告警和不同试听综合告警在三种级别上的应用绩效,发现警告级别的信号最佳的显示方式是采用视听综合告警的形式,而注意与提示级别的最佳显示方式是采用视觉告警方式。

也有研究者认为,使用视觉加语音告警方式可缩短危急时刻警告信号的反应时,在高度紧张和高视觉负荷的情况下,语音告警信息可以减轻工作负荷(朱祖祥,2003)。

从呈现的形式来说,一般是指当两个或更多个同一紧急级别的告警信号同时出现时,所要考虑的呈现形式。多重告警信号的呈现形式包括重叠法(将多种听觉信号叠加并同时呈现给双耳)和分离法(将听觉信号分离开,并将两者在同一时间内分别呈现给双耳)两种。葛列众等(1996)对多重听觉告警信号呈现方法的研究结果表明,在多重听觉信号呈现条件下,与叠加法相比,采用分离法作为多重听觉信号的呈现方法有助于对告警语音的语言理解。

听觉告警标准的研究

听觉告警标准通常是国家相关部门针对听觉告警系统应用的场合出台的系列准则,以提供相应部门在安排系统时有所参照。根据不同的适用条件,研究者们在基础研究的基础上,形成了具有针对性的不同领域的听觉告警的标准。如 GJB/Z 131—2002《军事装备和设施的人机工程设计手册》(郭耀东,2002)对一般情况下的听觉告警信号进行了规定：一般情况下,听觉警告信号应由特别能引起注意的有特色的复合音组成,且听觉警告信号全部主要成分的主要频带至少应高于噪声水平 20 dB(A);在安静环境中,听觉注意信号应在 50—70 dB(A)的水平,在有噪声背景的地方,听觉注意信号格主要成分频率中心部位上的主要频带至少应高于噪声水平 20 dB(A);听觉提示信号可以结合视觉呈现为特殊作业成分提供指导,应为短的、悦耳的、不致引起厌烦而又有明显特征的声音信号，且其主要频带应高于噪声水平 20 dB(A)。

我国军标 GJB 1006—90《中华人民共和国国家军用标准：飞机座舱告警基本要求》就规定了语音告警信息在飞机中的使用准则，要求军用告警信息所用的简明短语应当简短、明确、不产生异议，而且语言标准、话音清晰。

有些特殊的应用，也有一些相关的听觉报警标准，例如，YY 0574.2—2005《医疗电气设备的听觉报警系统标准》(严红剑，崔海坡，徐秀林，2008)和 YY 0709—2009《医用电气设备第 1—8 部分：安全通用要求并列标准：通用要求，医用电气设备和医用电气系统中报警系统的测试和指南》。GJB 623A—98《舰艇声光信号统一规定》、GB 12511—1989《工作场所的险情信号险情听觉信号》、GB 12800—1991《声学紧急撤离听觉信号》、GB 9193—88《船舶声光报警信号和识别标志》、GB 9193—2005《船舶声光报警信号和识别标志》、GB 12513—1996《人类工效学险情和非险情声光信号体系》、GB 182091—2000《机械安全指示、标志和操作第 1 部分：关于视觉、听觉和触觉信号的要求》等。这些标准在设计听觉告警显示器时可参照执行。

4.5 研究展望

目前听觉界面的研究主要有语音界面、非语音界面和听觉告警三个方面。语音界面的研究有言语可懂度、自然度的研究，语音菜单和语音超文本的研究。非语音界面的研究主要涉及到听标和耳标的研究。这些研究根据应用人群的不同，又可以分为视觉正常人和视觉障碍人两类。听觉告警的研究分为三个部分，一是告警参数的研究，二是告警方式的研究，三是相关标准的研究。

随着技术的发展，人机沟通的信息量的不断增加以及人机自然交互的发展，听觉界面的重要性也日益凸显。未来对听觉界面的研究可能会有以下发展方向。

首先在传统研究领域中，相关的研究问题将继续进行持续的研究，比如，影响言语可懂度和自然度的影响因素的研究，特别是针对不同人群的言语可懂度的研究和计算机合成语言自然度的影响因素的研究；非语音界面中的能够在不同场合上使用的听标和耳标的研究；听觉告警中能够适合不同人群的特定告警信号参数的研究等。

其次随着复杂人机界面的出现，关于听觉界面的研究将重点研究在复杂人机系统中，听觉界面和其他人机界面兼容性的研究，即听觉界面的设计不仅要满足人机界面设计本身的优化，还必须顾及整个人机界面和其他界面相互匹配的问题，以提高整个人机界面的作业绩效和设计要求。

参考文献

陈雪清,程佳佳,刘博等.(2012).植入年龄对婴幼儿人工耳蜗植入患者早期言语可懂度的影响.中国耳鼻咽喉头颈外科,19(10),529—531.
崔艳青.(2002).语音超文本界面设计的实验研究.浙江大学硕士学位论文.
董士海.(1999).人机交互和多通道用户界面.北京：科学出版社.
崔艳青,沈模卫,苏辉.(2003).语言超文本界面设计中的工效学问题.人类工效学,9(02),48—50.
方志刚,胡国兴,吴晓波.(2003).基于非语音声音的听觉用户界面研究.浙江大学学报,工学版,37(6),684—688.
付蔚,唐鹏光,李倩.(2014).智能家居语音控制系统的设计.自动化仪表,35(1),46—50.
冯雅中,庄越挺,潘云鹤.(2004).一种启发式的用哼唱检索音乐的层次化方法.计算机研究与发展,41(2),333—339.
葛列众,李宏汀,王笃明.(2012).工程心理学.北京：中国人民大学出版社.
葛列众,郑锡宁,朱祖祥,张彤,毛云飞.(1996).多重听觉告警信号呈现方法的工效学研究.人类工效学,2(1),28—30.
葛列众,滑娜,王哲.(2008).不同菜单结构对语音菜单系统操作绩效的影响.人类工效学,14(4),12—15.
葛列众,王璟.(2012).手机菜单类型对用户操作绩效及满意度的影响.人类工效学,18(1),11—15.
郭耀东(2002).GJB/Z 131—2002 军事装备和设施的人机工程设计手册.北京：中国航空工业总公司.
郭小朝,刘宝善,武国城等.(1994).战斗机话音告警汉语用语的选定.中华航空航天医学杂志,4,014.
郭孜政,潘毅润,谭永刚等.(2014).听觉告警信号对司机响应时间的影响研究.中国安全科学学报,24(1),78.
韩东旭,周传岱.(1998).汉语语音告警的工效学研究.航天医学与医学工程,11(1),16—20.
胡国平.(2007).基于超大规模问答对库和语音界面的非受限领域自动问答系统研究.中国科学技术大学博士学位论文.
胡凤培,滑娜,葛列众等.(2010).自适应设计对语音菜单系统操作绩效的影响.人类工效学,16(2),1—4.
何好义.(2005).计算机语音识别技术及其应用.大众科技(6),70—72.
黄凯旗,麻卫芬.(2007).多媒体教室语言可懂度测量与分析.广西大学学报：自然科学版,1,32.
姜晓庆,崔世耀,殷艳华.(2008).人机语音交互中的情感语音处理.济南大学学报：自然科学版,22(4),354—357.
林行.(2014).基于语音识别技术的智能跟读对高中生语音促进作用的实证研究.福建师范大学硕士学位论文.
李黎萍,张世琴,蒋明.(2011).听标耳标学习,噪音干扰和环境依赖性的差异.增强心理学服务社会的意识和功能—中国心理学会成立 90 周年纪念大会暨第十四届全国心理学学术会议论文摘要集.
李宏汀,葛列众,陆卫红.(2005).响度恒定条件下不同频率声音听觉判断绩效研究.人类工效学,11(2),4—6.
李宁,孟子厚,李蕾.(2011).山西普通话的语音特征,清华大学学报(自然科学版)(09),1298—1302.
李清水,方志刚,沈模卫等.(2001).听觉界面的声音使用.人类工效学,7(4),41—44.
李清水.(2002).听觉界面及其应用开发平台的实现.浙江大学硕士学位论文.
卢秀玲.(2013).非言语听觉界面在人机界面中的应用.长春教育学院学报,29(22),98—99.
芦莎莎.(2015).告警信号设计的基本要求.山东工业技术,7,149—150.
刘达根.(1987).不同年龄组男性成人的纯音阈值,言语可懂度及其相关性.国际耳鼻咽喉头颈外科杂志(6).
刘宝善,武国城.(1995).战斗机汉语合成话音告警用语设计参数的测定.中华航空医学杂志,6(3),176—180.
吕士楠,齐士钤.(1994).合成语自然度的研究.声学学报,1994,19(1),59—65.
穆存远,郝爽.(2014).单层语音菜单与双层语音菜单的工效学研究.沈阳建筑大学学报：社会科学版(4),410—413.
马治家,周前祥.(2000).载人航天器的人工控制问题.航天医学与医学工程,13(4),301—304.
齐士钤,俞舸.(1998).汉语语音合成系统评价方法.声学学报,23(1),19—30.
孙金城,莫福源,李昌立等.(1996).GK - TALK 高自然度汉语文语转换系统.第四届全国人机语音通讯学术会议论文集.
沈模卫,白金华,陈硕等.(2003).耳标在小屏幕界面设计中的应用.应用心理学,9(2),35—40.
王琳琳.(2006).盲人手机界面的交互设计和评估.浙江大学硕士学位论文.
王宇,潘滔,米思等.(2013).中文版言语可懂度分级标准的建立及其信度检验.听力学及言语疾病杂志,21(5),465—468.
杨琳,张建平,颜永红.(2010).单通道语音增强算法对汉语语音可懂度影响的研究.声学学报,35(2),248—253.
许伟,龚昌超,曾新吾.(2008).带通滤波后语音可懂度的实验研究.声学技术,27(5),700—703.
徐洁,鲍福良,方志刚.(2008a).序列化耳标设计实例及其可用性研究.计算机系统应用,17(6),37—38.
徐洁,鲍福良,方志刚.(2008b).音乐化耳标设计及其可用性研究.计算机工程,34(15),272—273.
徐洁,方志刚,蒋健勋.(2010).非言语听觉显示研究.第八届全国信息获取与处理学术会议.
严红剑,崔海坡,徐秀林.(2008).医疗电气设备听觉报警系统的研究.微计算机信息,24(13),139—140.
张萍,孙宏,欧华,梁传余.(2005).年龄和性别因素对响度增长特征的影响.四川医学,26(1),36—37.
赵博.(2005).中文语音合成系统的评测方法研究.清华大学硕士学位论文.
张家騄,齐士钤,宋美珍,刘全祥.(1981).汉语声调在言语可懂度中的重要作用.声学学报,237—241.
张家騄(2010).汉语人机语音通信基础.上海：上海科学技术出版社.
张汝波,刘冠群,吴俊伟,吕西宝.(2013).移动机器人语音控制技术研究与实现.华中科技大学学报：自然科学版,41(81),348—351.
周笃强,黄端生,牛聪敏等.(1997).快速测量汉语语言可懂度方法的研究.航天医学与医学工程,273—277.
张亮,孙向红,张侃.(2006).消防监控界面的语音信号研究.中国安全科学学报,16(4),13—18.
张彤,郑锡宁,朱祖祥.(1995).飞机座舱视听告警方式的工效学研究.应用心理学,34—41.
张彤,郑锡宁,朱祖祥等.(1997).语音告警信号语速研究.应用心理学,34—39.
朱祖祥.(2000).工程心理学.北京：人民教育出版社.
朱祖祥.(2003).工程心理学教程.北京：人民教育出版社.

Alty, J. L., & Rigas, D. I. (1998). Communicating graphical information to blind users using music , the role of context. *Sigchi Conference on Human Factors in Computing Systems*(pp. 574 - 581). ACM Press/Addison-Wesley Publishing Co.

Blattner, M. M., Sumikawa, D. A., & Greenberg, R. M. (1989). Earcons and icons, their structure and common design principles. *Human-Computer Interaction*, *4*(*1*), 11 - 44.

Brewster, S. A. (1998). Using nonspeech sounds to provide navigation cues. *ACM Transactions on Computer-Human Interaction* (*TOCHI*), *5*(*3*), 224 - 259.

Edwards, A. D. (1989). Soundtrack, An auditory interface for blind users. *Human-Computer Interaction*, *4*(*1*), 45 - 66.

Gaver, W. W. (1989). The SonicFinder, An interface that uses auditory icons. *Human-Computer Interaction*, *4*(*1*), 67 - 94.

James, F. (1997). AHA, audio HTML access. *Computer Networks and ISDN Systems*, *29*(*8*), 1395 - 1404.

Karwowski, W. (Ed.). (2001). International encyclopedia of ergonomics and human factors (Vol. 3). Crc Press.

Krause, J. C., & Braida, L. D. (2004). Acoustic properties of naturally produced clear speech at normal speaking rates. *Journal of the Acoustical Society of America*, *115*(*1*), 362 - 378.

Petrie, H., Morley, S., McNally, P., O'Neill, A. M., & Majoe, D. (1997). Initial design and evaluation of an interface to hypermedia systems for blind users. In Proceedings of the eighth ACM conference on Hypertext (pp. 48 - 56). ACM.

Pollack, I., & Pickett, J. M. (1964). Intelligibility of excerpts from fluent speech, Auditory vs. structural context. *Journal of Verbal Learning and Verbal Behavior*, *3*(*1*), 79 - 84.

Raman, T. V., & Gries, D. (1994). Interactive audio documents. *In* Proceedings of the first annual ACM conference on Assistive technologies(pp. 62 - 68). ACM.

Resnick, P., & Virzi, R. A. (1995). Relief from the audio interface blues, expanding the spectrum of menu, list, and form styles. *Working Paper*, 2(2), 145 - 176.

Sarah Morley, Helen Petrie, Anne-Marie O'Neill, & Peter McNally. (1998). Auditory navigation in hyperspace, design and evaluation of a non-visual hypermedia system for blind users. *Behaviour & Information Technology*, *18*(*1*), 100 - 107.

Schumacher, R. M., Hardzinski, M. L., & Schwartz, A. L. (1995). Increasing the usability of interactive voice response systems, Research and guidelines for phone-based interfaces. *Human Factors*, *The Journal of the Human Factors and Ergonomics Society*, *37*(*2*), 251 - 264.

Vargas, M. L. M., & Anderson, S. (2002). Combining speech and earcons to assist menu navigation. *Proceedings of the 2003 International Conference on Auditory Display*, July 6 - 9, 2003. Boston. Vip Homes 4 You, Cash Homebuyers, LP.

Yunusova, Y., Weismer, G., Kent, R. D., & Rusche, N. M. (2005). Breath-Group Intelligibility in Dysarthria Characteristics and Underlying Correlates. *Journal of Speech*, *Language*, *and Hearing Research*, *48*(*6*), 1294 - 1310.

5 控制交互界面

控制器(controller)是操作者用以将控制信息传递给机器,使之执行控制功能,实现调整、改变机器运行状态的装置。人与控制器的交互构成了人机系统的控制交互界面。

传统的控制器(如按钮、杠杆、方向盘以及操纵杆等)大都是利用机械的方式来实现对机器的控制。科技的进步使得人与机器之间的控制交互越来越趋向"自然交互"的方式,如语音交互、眼控交互以及脑机交互等。在这些控制交互界面的设计中必须考虑人的因素,才能有效地帮助人们更好地实现控制意图。

在这一章中,我们主要讨论传统控制器设计中的人的因素以及其他一些新型交互控制技术,此外还介绍了最近兴起的点击增强控制技术。本章第一节(5.1节)是传统控制器的人机交互,主要论述的是与传统控制器相关的人机交互问题和研究。第二节(5.2节)是新型控制交互界面,主要论述的是眼控、脑控等新型控制交互技术。第三节(5.3 节)是点击增强技术,主要论述的是控制界面中点击增强技术的研究。最后一节(5.4 节)对未来控制交互的研究进行了展望。

5.1 传统控制器的交互界面

传统控制器大都是机械控制的。控制器有不同的分类方式,根据操作控制器的身体器官,通常可将控制器分为手控制器、脚控制器和言语控制器。除此之外,还可按输入信息的特点,把控制器分为连续调节控制器和离散位选控制器;根据运动方式,控制器可分为平移控制器和旋转控制器;根据运动维度,控制器可分为一维控制器和多维控制器。

在控制交互过程中,操作人员通常需要识别不同的控制器,并使用控制器完成特定的交互操作。传统控制器交互中,人的因素研究主要有控制器的识别和操作两个方面。

5.1.1 控制器的识别

在与控制器的交互过程中,对控制器的识别主要依赖于控制器的编码。常用的控制器编码方式一般有形状、表纹、颜色、位置、标记、大小及操作方法等七种。

根据编码方式的感觉通道,可以将控制器编码方式主要分为视觉编码和触觉编码。

视觉编码的控制器研究

在照明条件良好的条件下,人们可以根据颜色、标记、大小等视觉特征对控制器进行识别。

颜色编码是利用不同颜色表征对控制器进行编码的方式。这种编码方式特别有利于视觉辨认。采用颜色编码时需要考虑颜色数量和颜色意义。有研究表明:由于人的记忆负荷有限,颜色编码的数量最好不超过五种(Narborough-Hall, 1985)。常用的编码颜色有红、橙、黄、绿、蓝等。在电气控制中,不同颜色的按钮表征不同的操作功能或运行状态,特别是红色按钮和绿色按钮,有着几乎截然相反的含义。例如,有的厂矿用红色按钮表示“合闸”、“通电”、“起动”,有的厂矿绿色按钮也代表了上述功能,这样的标识对安全生产是一个潜在的隐患(何惠民,1990)。因此,选用颜色代码时应尽可能使用具有标准意义的颜色。《国家安全色标准》规定在公共场所、生产经营单位和交通运输、建筑、仓储等行业以及消防等领域中,红色传递禁止、停止、危险或提示消防设备、设施的信息,而绿色传递安全的提示性信息。

标记编码是另一种视觉编码的方式。这种方式通过标注不同的文字或符号来编码不同的控制器。相比颜色编码，标记编码的记忆负荷较少，对于任何有阅读能力的人都适用，且不需要大量的训练便可掌握控制器的功能。标记编码的识别效率通常取决于人们对于标记图案的感知与理解。例如，电梯开关按钮是标记编码的一个典型例子。目前，流行的电梯标记由三角形和竖线组成，对开关按钮的识别是基于对三角形朝向的判断：朝向向外为打开电梯门，向内为关闭电梯门。但是这种基于三角形朝向的标记方式过于抽象，需要一定的判断时间，导致识别效率不高。王海英等(2014)基于该问题对电梯按钮的设计做了改进，增加了标识中开按钮的三角形和竖线之间的间距(让人联想到开门)，减小了关按钮三角形和竖线之间的间距(让人联想到关门)，实验结果表明，因为该设计与存储的表象记忆信息相匹配，增加开按钮与关按钮两者之间的差异性提高了识别效率。

大小编码：是通过尺寸大小的不同来区别不同控制器的编码方式。大小编码常用于指示控制器，它既可以用视觉、也可以用触觉进行识别。如果仅仅使用触觉进行识别，通常没有形状编码有效，因为仅凭触觉而达到正确辨认不同的尺度范围是比较困难的。如旋钮操纵器，有实验表明，小号圆形旋钮其尺寸为大号的 5/6 时才能识别，特别是操纵器的尺寸较小时，基于触觉的大小编码就更为困难(赖维铁，1983)。由于触觉对大小的不敏感性，大小编码应尽量在视觉条件良好的状况下使用。

除了传统的机械控制器，视觉编码也在电子产品界面的虚拟设计中有着广泛应用。张晓燕等(2011)在触摸屏上的研究发现，当目标为正方形时(相比于圆形)，被试的目标点击绩效更优。因此，研究者建议，在设计交互界面按钮时，应尽量减少圆形按钮的使用。

触觉编码的控制器研究

除了视觉外，人们可以通过控制器的触觉特征对不同的控制器进行识别和辨认，尤其在照明条件不好或是操作者无法投入足够视觉注意的情况下。

位置编码是根据控制面板上控制器的不同位置来识别不同控制器的编码方式。在同一个控制界面上，功能相近的控制器通常应该放置在相邻的位置上，而且，控制器的排列方式应该尽可能和操作者的操作步骤相对应，以利于更快速地进行操作。例如，司机操纵汽车离合器、制动器和加速器的踏板时一般无需用眼睛识别，依据各控制器的相对位置即可操作。研究结果发现，对于汽车内部的各个控制器来说，位置编码形式以垂直排列布置为好，其间距又以 12 厘米左右为好。水平排列布置时，它们的间距还要大一些(赖维铁，1983)。除了传统的机械控制器，手机的文字输入键盘也是基于位置编码的，处于不同位置的按键对应不同字母的输入控制。有研究结果发现，当任务要求连续输入字母时，字母所处按键的相对位置对于输入绩效具有影响：当两个连续输入的字母位于同一按键时，其操作绩效最高，其次为相邻按键；同时,水平和垂直方向的相邻按键的操作绩效显著优于斜向排布的相邻按键(何灿群,2009)。可见在位置编码的设置中,不同控制器的相对位置以及控制器之间的距离都是影响控制操作的重要因素。

操作方式编码是通过使用不同的操作方式来识别控制器的编码方式。每个控制器都有自己独特的驱动方法,如推、拉、旋转、滑动、按压等。例如,在操作拉的控制器的时候,会产生拉的触觉运动觉反馈,通过这种反馈可对控制器的编码进行确认。操作方式的编码不能用于时间紧迫或准确性要求高的场合,也很少单独使用,而是作为与其他编码组合使用时的一种附属编码方式。在手控交会对接系统中,控制手柄的设计是保证航天员完成观察和操作任务的关键之一。合理的操作方式的编码能够有效促进操作者的作业绩效的提高。有研究者考察了不同手柄极性下,被试控制操作的精度和绩效差异。研究者针对上下、左右、俯仰和偏航四个自由度的控制手柄的操作极性,分别设计了五种不同手柄极性状态,发现不同手柄极性的操作绩效有显著差异:其中,平移手柄与飞船运动方向一致,而姿态手柄与飞船运动方向相反,这两种手柄比较符合人的认知和操作控制习惯,因此绩效最好(王春慧,蒋婷,2011)。

形状编码是通过不同形状来表征不同功能的控制器编码方式。设计良好的形状控制器仅凭触觉就能够彼此区分。为了考察人们通过触觉辨别复杂形状的能力,Ng和Chan(2014)在一项研究中招募了25个中国被试参与了触觉符号匹配任务。在每一个试次中,研究者向被试呈现一个符号,要求他们用优势手的拇指和食指来触摸识别符号,并与目标进行匹配。他们的研究结果显示,被试对于圆形、矩形和三角形的辨认显著快于多边形和星形;对边数少的符号辨认更快;具有锋利边缘的触觉特征更容易辨认。通过该研究,我们可以得知:采用复杂形状进行控制器的编码很可能会降低识别的准确性和速度,但在另一方面,它也可能提高编码的独特性。

表纹编码可被看作形状编码的一种,它通过不同的表面纹理来表征不同的控制器。表纹编码更多地依赖于触觉反馈。通常将手把(handle)设计为圆柱形时,其可操纵性和设定精度是最佳的,而使用怪异形状进行手把的触觉编码经常会造成较差的可操纵性和设定精度。为了能够使特异性和可操作性有效地结合起来,有研究者考察了圆形手把的特定参数(边缘表面、直径和厚度)对触觉的影响,他们的研究结果表明,被试能通过触觉很好地区别直径相差1/2英寸,厚度相差3/8英寸以及纹路不同(光滑、齿边和滚花纹)的手把(Bradley, 1967)。

综上所述,控制器的识别主要依赖于控制器的编码,而控制器编码主要有视觉和触觉编码两种。视觉编码又分为颜色编码和标记编码。在颜色编码中,主要的问题是编码的数量和颜色所表征的意义的标准化,而标记编码的效率取决于标记本身设计的有效性。触觉编码主要有位置、操作方式、形状和表纹编码。对位置编码而言,控制器之间的相对位置和距离对操作的效率有很大的影响。操作方式编码经常和其他编码方式结合起来应用，其效率和操作者的操作认知习惯有着较大的关系。形状编码中，平时常用的圆形、矩形和三角形等形状的控制器识别效率较高。表纹编码是形状编码中的一种，其效率是由操作者的触觉反馈决定的。

如果要对控制器进行编码，就需要注意编码方式的选择、控制器个数与选择反应的关系以及冗余编码这三个问题。

在控制器编码方式的选择上，应注意以下因素：

- 视觉要求和操作环境的照明。通常当视觉条件不够理想时，就不能采用颜色和标记编码。
- 对控制器鉴别速度和准确性的要求。在对控制器的鉴别速度和准确性要求较高的场合下，不宜采用大小或操作方法的编码方式。
- 可编码的控制器个数。不同的编码方式，其可编码的控制器个数是不同的。如需编码的控制器个数较多，采用形状或标记编码的方式较为有效。
- 编码方式在其他系统中使用的程度。
- 可用的控制面板空间。

控制器编码第二个需要注意的问题是控制器个数与选择反应的关系。

通常，控制器的个数越多，操作者的选择反应的时间就越长。它们之间的关系，可通过如下的 Hick-Hyman 定律来描述：

$$RT = a + b\log 2N$$

公式 5.1　Hick-Hyman 定律

来源：Hick, W. E. 1952.

其中，a、b 为常数，N 为备选个数。反应时间随备选数目的对数(以 2 为底)增大而线性增加。控制器备选数目越多，其选择反应的时间就越长；当备选数目加倍时，选择反应时间增加一个常量。因此，在对时间要求较高的控制情景中，可适当减少控制器的数量。

控制器编码第三个需要注意的问题是冗余编码问题。冗余编码是指对控制器同时使用两种或两种以上的编码方式。与单一编码方式比，当采用冗余编码方式时，人们所能辨别的控制器数目增多，辨别时间缩短。当情景对操作的精确度和时间要求较高时，冗余编码的方案对控制的鉴别起着重要的作用。例如，将电源开关的控制器做成大的红色按钮，放在显眼的位置，就有利于电源开关的操作。

5.1.2　控制器的操作

良好的控制器界面设计不仅能有效降低控制器操作的工作负荷，也能够提高控制器的操作效率。关于控制器操作的影响因素的研究主要集中在控制器形状大小、位置、操作阻力和反馈方式等方面。

形状与大小

很多研究发现，控制器的形状大小会对操作者的操作产生影响。葛列众和胡绎茜(2011)研究了在电脑式微波炉控制面板上，不同形状下按键面积的最小值和最优值。他们的研究结果表明，当采用反应时和正确率为指标时，矩形、圆形按键面积的最小值分别是 50 mm^2 和 30 mm^2，最优值分别是 110 mm^2 和 70 mm^2。傅斌贺等(2015)在车载终端中的研究也证明，不同尺寸触屏按键会影响任务完成时间和错误率。他们的实验结果表明，键盘尺寸对信息操作的任务完成时间有显著作用，表现为在一定范围内(15 mm)，尺寸越大，任务完成时间越少；另外，按键设计既要考虑尺寸因素，也要兼顾按键尺寸和按键间隙的综合效果。

在一些特殊场合下，控制器的大小尤为重要，如在核泄漏事件中，操作员需要穿戴手套手持中子检测器(一种单手手持检测设备)来探测核辐射量。Herring 等(2011)发现，佩戴防护手套情况下使用中子探测器，操作者更加偏好使用长度为 11 cm、直径约 3.5 cm、横截面为带有一个或者两个平面的圆形和正方形(相比横截面为三角形及长宽比为 1 以上的四边形)。其原因是这种形状和大小的设计使得操作者在戴手套的情况下使用较少的力量就可以握住探测器。

在振动工作环境下，直升机座舱显示器周边按键大小对于操作绩效也会产生显著的影响(何荣光等,2010)。研究者通过分析实验数据发现：按键反应时受大小影响；无振动时，按键大小为 10 mm×10 mm 即可；震动频率为 23 Hz、振幅为人体稍感振动时，按键大小至少应增加到 13 mm×13 mm。此时反应时和正确率的综合成绩为最优。这可能是由于振动环境下视觉清晰度下降，增大的按键尺寸有利于驾驶员快速锁定按键目标，进而提高了反应时和正确率。

位置

通常，在工作空间内的控制器应分布在操纵者手足可触及的范围内，因此控制器的位置首先要考虑到操纵者的肢体最大可触及范围(包络面)。李纾等(1990)招募 18—25 岁的男性汉族群体作为研究对象，让其坐在座椅上(坐立时高度约为 90.23 cm)，测量使用不同手臂(左、右)，采用不同的方式(用手抓握，指尖碰触)，在 22 个角度(+150°—150°，间隔为 15 度)和 11 个高度(0—120 cm，间隔为 12 cm)上操纵控制器，并记录每个条件下的操作距离，进而绘制出左/右手臂最大的操作面。他们的研究结果表明，左右手臂的包络面特征类似，但是在 -15°至 150°、高度在 72 cm 以下时，左手臂的最大触摸范围小于右手臂。这项研究使得在配置适合我国劳动者工作空间、操作设备等相关设施时有了重要的数据依据。为了进一步探索控制器位置与中国人肢体的匹配性，研究者还采用类似的研究方法，要求被试看到正视信号灯(黄色)亮了以后再做按键反应，记录被试的反应时(李纾，奚振华，1991)。他们的结果表明，控制器位置在与注视线夹角为30°、高度为48—84 cm、包络面内0—20 cm的绩效最高。根据相关的研究，人体的手和脚都可以绘制相应的最佳操作空间(葛列众，李宏汀，王笃明，2012)。

控制器位置设置还要考虑到操纵者的舒适性。吕胜(2012)以SF35100型300t电动轮矿用自卸车为研究对象，针对姿态舒适性、操纵轻便性和视野优良性等问题，全面优化驾驶室手足控制器的设计。例如，在操纵轻便性优化设计中，研究者将生理力学中的关节力矩的概念引入到驾驶室操纵杆和脚踏板的设置中，将力矩舒适度作为衡量姿势舒适度的重要因素，对操纵杆以及脚踏板位置进行优化。优化结果表明，对于上肢来说，如果考虑关节力矩的影响，肩关节前屈后伸舒适角度范围由0°—50°变为0°—40°，肘关节前屈后伸舒适角度范围由80°—130°变为94°—130°；对于下肢来说，髋关节前屈后伸舒适角度范围由2°—12°变为5°—12°，膝关节前屈后伸舒适角度范围由95°—135°变为110°—135°。这样的设计提高了操作者的舒适性，降低了工作疲劳。不仅在设计大型机械设备控制器时需要考虑舒适性，设计小型工具也需要考虑这方面的因素。Uy等(2013)考察了操作者在使用容器进行倒水任务中，容器把手位置参数对于肩膀和上肢肌肉运动和关节位置的影响。他们的研究结果表明，低把手位置和垂直把手角度最小化了肩膀肌肉的负荷。高位置、倾斜的把手最小化了肌肉活动和小臂的偏斜角度。

对于操纵器位置的设置不仅要考虑到操作人员的舒适性和疲劳度，也要考虑到可否提高工作绩效。在使用平面显示器的研究中发现，相比左右竖直排列的按键，被试对水平排列的按键反应时更快(何荣光等，2010)。但在单手手持中子探测器进行核辐射检测任务中，研究者对比了不同大小的按钮(button)和摇杆(rocker)及其相应的文字标识在不同排列方向下被试的使用情况，结果却发现，垂直排列的按钮和标识的反应时最快，最易用(Herring, Castillejos, & Hallbeck, 2011)。这可能是由于单手手持设备为长方形时，竖直排列的按钮使得被试操作更加便捷。

在一些特殊的工作场合，如在现代战机的驾驶舱中，舱内控制器位置对飞行员操作会有一定的影响。有研究者使用软件模拟了飞行员和驾驶环境，考察了不同操纵杆位置(中央vs侧位)对飞行员的躯干位移距离和手部惯性力大小的影响。他们的结果发现，侧操纵杆(相比中央操纵杆)所造成的躯干位移较小，手部产生的惯性力较少。研究者认为较少的躯体位移和手部惯性力避免了飞行员误操作，提高了飞行中的安全性(都承斐等，2014)。

操作阻力

控制器通常需要设置操作阻力，这不仅仅是为了防止控制器的偶然触发，也为操作者的操作提供了一定的力和本体感觉的反馈。键盘研究中，键盘按键阻力，即键盘启动力（keyboard reaction force），被称按键刚度（keyswitch stiffness），而打字力（fingertip forece）是使用者打字时按键所施加的力。研究表明，打字力是键盘启动力的2.5—3.9倍（Armstrong, Foulke, Martin等，1994）。Rempel等人（1997）采用三种不同启动力的键盘(0.34 N, 0.47 N和1.02 N)，让被试参与打字任务，并记录打字力和手指屈肌的肌电活动。他们的实验结果发现，启动力为0.34 N和0.47 N的键盘打字力和手指屈肌的肌电活动没有差异。相比0.47 N的键盘，在采用启动力为1.02 N的键盘情况下，被试的打字力提高了40%，肌电活动提高了20%。研究者认为，为了最大程度地降低操作负荷，应使得键盘的启动力保持在0.47 N以下。采用类似的研究范式，Gerard等(1999)对比启动力为0.83 N、0.72 N、0.56 N和0.28 N的键盘所造成的打字力和肌电活动。他们的实验结果发现，启动力为0.83 N的键盘造成的打字力和肌电活动最大，舒适得分最低。这个实验结果说明，启动力为0.83 N的键盘在长期重复的打字过程中更容易导致疲劳。值得注意的是，0.72 N键盘的主观舒适得分最高，并且打字力和肌电活动接近启动力为0.28 N的键盘。出现这个结果可能的原因为0.72 N的键盘为弹簧键盘，而其他3种键盘为橡胶键盘。弹簧键盘的操作阻力可以提供本体反馈，而且按键有声。通过触觉和听觉的反馈，被试可以更舒适、便捷地使用键盘。

反馈方式

除了形状大小、位置和操作阻力等因素，控制器的反馈方式也是影响控制器操作的关键因素之一。根据反馈的感觉通道不同，反馈方式可以分为触觉、听觉和视觉反馈。

首先，在触摸屏的使用中，虚拟的按钮和扳扭开关无法像传统控制器一样提供控制操作的本体感觉反馈。因此，有研究者（王硕，2012）认为增大机械触感，形成良好的触觉反馈系统，是触摸屏手机设计的最为关键的技术之一。Scheibe等(2007)介绍了用于以手指为交互方式的沉浸式虚拟现实程序中的一种新的触觉反馈系统。该系统由有形状记忆合金丝包裹的手指套环组成，可以为用户的操作提供触觉反馈。他们的实验结果表明，这种反馈系统能够帮助用户更可靠地控制任务，而且相比于没有反馈的其他系统，用户更偏好于这种触觉反馈系统。

控制器的反馈方式也可以采用听觉或者视觉反馈的方式。如王雪瑞(2013)在她的硕士论文中考察了不同的听觉反馈方式对于高层电梯按钮操作的影响。研究者分别选取了三种不同的听觉反馈方式：在被试按键后，模拟的电梯按钮界面发出"叮咚”的声音、报楼层数的声音以及无声音反馈。结果发现用户在“叮咚”声的声音反馈方式中反应速度最快。相比无声音反馈,有声音反馈更受用户的喜爱。随后,研究者采用类似的研究方法考察了不同视觉反馈的影响。研究者分别采用三种不同的视觉反馈:在被试按键后,模拟的电梯按钮的边框变亮、按钮上的数字变亮以及数字和边框都变亮。他们的实验结果表明,用户在三种视觉反馈中的操作绩效没有明显差异,但是在偏好上有差异,被试最偏爱的反馈方式是数字和边框都变亮,其次是数字变亮和边框变亮。研究者建议电梯按键设计时应采用视觉变化更加明显的方式,如颜色变化面积大或者视觉变化位于按钮的中心等。

综上所述,已有研究表明,控制器形状大小、位置、操作阻力和反馈方式对控制器的操作绩效和舒适程度都有一定的影响。除此之外,控制器的设计中为了防止累积性肌肉骨骼损伤、职业相关的疾病,控制器的设计必须与人的手和脚的运动特点相适应。例如,考虑到手—臂系统的特点,手控制器的设计中,应该保持手腕伸直,避免组织的压迫受力和重复的手指动作(葛列众,李宏汀,王笃明,2012)。

5.2 新型控制的交互界面

随着技术的进步,人机交互日益趋于自然交互,采用语音、眼动、脑电等来实现人机交互。这一节中,将着重介绍语音、眼动、脑电等新型控制界面及其研究。

5.2.1 语音控制

语音控制器实际上是通过计算机的言语识别技术,将语音识别为计算机可辨的指令,以执行一定的控制功能的装置。语音控制界面指的是由语音控制器来完成人机交互的界面。通常,语音控制界面由说话人、语音识别系统和反应装置等部分组成。说话人发出语音信息,语音识别系统识别语言,并输出结果,反应装置则根据识别结果,按照程序执行不同的控制功能。目前的语音识别系统可分为依存说话人系统(speaker dependent system)和不依存说话人系统(speaker independent system)两大类。前者具有使用它的特定说话人的语音特征数据库,对特定人的语音识别具有较高的效率。不依存说话人系统在理论上能识别使用某种语言的任何人所说的话,其语音识别的准确性在很大程度上取决于使用系统的用户群体言语特征的相似性。

语音控制界面最大的优势在于其自然性,操作用户无需学习就可以掌握使用语音界面。但是,在选用语音控制界面时也应当慎重考虑输入速度、人的言语可变性、环境噪声等问题。(葛列众,李宏汀,王笃明,2012)。

人机交互研究中,与语音控制界面相关的主要有语音菜单、语音超文本和语音驾驶界面的研究。

语音菜单的研究[①]

语音菜单和用鼠标等点击装置来选择菜单选择项的菜单不同，操作用户可以用语音来选择菜单选择项。语音菜单的研究主要涉及到菜单的广度和深度及其语音选择项的呈现方式。

目前的研究表明，语音菜单广度并没有统一的结论。有研究表明语音菜单广度应该限制在 4 个以内(Gould 等，1987)。近期，国内的研究表明，语音菜单的广度最大不应超过 5 项或者 6 项(葛列众等，2013；穆存远等，2014)。另外，还有研究表明，语音菜单广度受到语音菜单内容的影响，命令行式菜单(command like option)的项目应该限制在 4 个以内，而实物式菜单(object like option)项目数可以适当放宽(Schumacher & Hardzinski, 1995)。也有研究表明：不同菜单结构对语音菜单系统操作绩效具有重要影响意义，当语音菜单项数目一定时，适度提高菜单结构广度比增大深度更能提高系统的操作绩效(葛列众等，2008)。

语音选择项的呈现方式对语音菜单的操作也有明显的影响。有研究表明，采用自适应方式呈现语音选择项有助于用户操作绩效的提高(胡凤培等，2010)。其中，自适应选择项的设计指的是各语音选择项的排列顺序将随着各语音选择项使用频次的不同而发生变化，使用频次高的语音选择项在选择项中的呈现位置自动往前调整。

语音超文本的研究[②]

语音超文本通常指的是使用超文本组织信息的语音界面系统。如果出现不良的照明环境，视觉信息过载等情况，使得在视觉信息呈现受到限制，那么使用语音超文本可以提高界面使用效率(Raman & Gries, 1994; Perite & Morleyetal, 1997; James, 1997)。语音超文本界面设计中，研究者们主要研究了进程控制方式与链接节点方式两个方面的问题。

语音超文本中，进程控制方式主要有用户控制与自动控制两种。自动控制中，系统呈现所有项目，而无需用户介入；用户控制则是在每个项目呈现后，用户需要作出一定反馈操作后才会继续出现下一项目。Resnick 等(1995)与 Schumacher 等(1995)的实验结果表明，自动控制减少了用户的交互次数，降低了用户操作的复杂度，因而更加适合大型的信息系统。

语音超文本中，链接节点方式主要也有绝对位置选择和相对位置选择两种。绝

---

① 该部分研究和 4.3.3 语音界面的研究中的语音菜单的研究有一定的重复。

② 该部分研究和 4.3.3 语音界面的研究中的语音超文本的研究有一定的重复。

对位置选择是指在系统中各个节点分别与特定的按键相对应;而相对位置选择则是提供一个专门的选择按键,用户通过点击按键选中当前项目。目前的研究表明:相对位置的选择方式易于掌握和迁移到其他情境中,但当用户一旦熟悉了系统的使用方法后,绝对位置选择的绩效将会更高(Morley 等,1998;Resnick 等,1995)。在链接方式中,语音超文本链接的数目(即超文本的广度)对超文本界面的操作也有着明显的影响。目前的研究表明:语音超文本的适宜广度为 3 个或者 3 个以下,而且当语音超链接数目大于 3 项时,应该把重要常用的超链接项设计在靠后或靠前的位置上(崔艳青,2002)。

语音驾驶界面的研究

在驾驶情境下,语音控制界面可以提高操作绩效,减轻用户的操作负荷。根据任务范式的不同,语音驾驶界面的研究主要可以分为双任务范式与探测反应范式两类。

在早期的语音控制研究中,研究者采用双任务范式,让被试参与模拟驾驶任务的同时,也要参与在导航系统中的文字输入任务。在 Tsimhoni 等(2004)的研究中有三种不同的输入方式:逐个词语地说出地址,逐个字母地拼写出地址和在触摸屏上手动输入地址。结果发现在驾驶情况下,逐个词语地说出地名的输入方式最快,汽车行驶更平稳。同样采用双任务范式,He 等(2013)的研究也发现相比手动输入,语音输入时刹车更少,且被试的刹车反应速度更快,行车安全性提高。

考虑到驾驶过程中需要较大的注意范围和较高的注意转移力才能确保行车安全。Munger 等(2014)采用了探测反应任务(detection response task, DRT)来考察被试的认知转移力(cognitive distraction)。通过在被试的非中央视野设置一个 LED 灯,要求被试在看到灯亮的时候,快速按键以表明自己侦测到这个信号,超过时间则表示侦测失败,而任务完成的时间越短,则说明被试认知转移力越高。他们的研究结果表明,相比手动输入地址的方式,语音输入时的 DRT 任务完成时间更短,主观工作负荷评分更低,驾驶控制更稳定。

以上研究说明了语音驾驶界面减轻了用户的视觉注意负荷和双手操作负荷,提高了工作绩效,保证了工作安全,具有重要的实践意义。

近年来,随着研究的深入和技术的发展,语音控制的研究从语音界面逐步向外拓展。近年来年龄、使用经验等因素对于语音控制技术应用的影响受到研究者的关注(McWilliams 等,2015),渐渐普及的穿戴式设备中的语音控制将成为新的研究热点(Tippey 等,2014)。

5.2.2 眼动控制

眼动交互的基本控制原理是利用眼动记录技术,追踪视觉注视频率以及注视持续时间长短，并根据这些信息来分析用户的控制意图，达到输入控制的目的。传统的心理学研究通常将眼动记录技术作为一种诊断方法，应用于阅读、设计、道路交通等领域。例如，研究者通过比较用户在不同设计作品上的眼动模式来判断用户的感兴趣程度(徐娟，2013)。现今，人机交互领域的研究已将眼动视为一种有潜力的控制技术。作为一种新兴的人机交互方式，眼动交互能简化交互过程，增加人与计算机之间的通信带宽，大大降低人的认知负荷。

与鼠标等传统指点设备相比，眼动控制具有更加快速、自然和智能等优点。在具体的界面设计中，眼动控制主要有以下两种应用：

- 代替传统指点设备来帮助用户更高效地完成选择、移动等界面操作，例如，用户可以通过注视某个文件一段时间来打开该文件，而不用移动和点击鼠标。
- 应用在界面显示中以提高信息的传递效率，即眼控系统通过分析实时的眼动信息获取用户的兴趣和需求，进而适应性地改变信息的显示方式，如大小、颜色、布局等(葛列众，孙梦丹，王琦君，2015)。

眼控作为一种处于发展中的新技术，当然也存在一些问题，如米达斯接触问题(Midas Touch)、精度与自由度问题和用户视觉负荷过重等。随着技术和研究的不断发展，在技术上，研究者将进一步研究解决米达斯接触等问题，使眼控更加准确真实地反映用户的需求，减少错误指令。在功能上，逐步发展实现眼动控制的简单化、智能化、个性化，并将现有的眼控研究应用在界面更小的移动设备上。

下面，将从三个方面介绍国内外研究者在眼动控制中取得的研究进展。这些分别为眼控作为指点设备的研究、眼控交互显示的研究和眼控的应用研究。

眼控作为指点设备的研究

Jacob(1991)介绍了一种眼控交互系统。它具有选择、移动、菜单命令等基于视线的功能。后来的研究者在该基础上不断优化眼控技术以提高其作为指点设备的精确性。例如，Kumar、Paepcke 和 Winograd(2007)介绍了一种结合了视线和键盘的控制技术，名为 EyePoint，用于指点和选择任务。用户使用 EyePoint 选择项目的过程可分为四个阶段：注视—点击—确认—释放(look-press-look-release)。研究者开展了用户研究以考察该技术的有效性，结果发现，用户使用 EyePoint 时完成任务的速度与鼠标很接近，有些情况下甚至更快。但是使用 Eyepoint 错误率比使用鼠标更高。

越来越多的国内研究者也在该领域开展了研究。李婷(2012)的硕士论文介绍了一个应用于驾驶环境的眼动交互系统 EyeHUD。在驾驶途中，驾驶员可以完全使用视线来控制车载系统上的功能键。以眼动控制音乐设备为例，当驾驶员想打开车载音乐时，他需要完成以下步骤：注视音乐图标——眨眼——再次注视——再次眨眼。

可用性测试的结果表明，EyeHUD系统的识别成功率和主观满意度都较高。但是，该研究对系统的测试只是在实验室的模拟汽车环境中进行，道路干扰较小，与真实的驾车环境相差较大，因此EyeHUD的生态效度还有待进一步考察。

另外，有研究者将眼控技术与目标动态扩大技术、鱼眼技术（Ashmore, Duchowski, & Shoemaker, 2005）等方法相结合，以提高眼控在指点操作中的准确度。目标扩大技术和鱼眼技术的原理均为在交互过程中动态放大目标的尺寸，从而让视线更好地定位在目标之内。张新勇（2010）的研究通过视线点击任务考察了目标动态扩大技术对于视觉输入的作用。实验结果表明，目标放大技术在一定范围内能显著降低错误率和任务完成时间，但是当目标放大到一定程度后，其作用会减小。

眼控交互显示的研究

眼控交互式界面的目的在于根据用户的需求动态改变界面显示，从而增大复杂界面的信息输出带宽，而不在于触发操作或者执行指令。Jacob（1993）介绍了一种基于视线的交互式界面，该界面分为左右两个区域，右边区域显示了各个船只的地理位置。当用户注视右边区域的某一船只（如，EF151），则左边区域会显示船只EF151的各个属性。2007年，Kumar、Winograd和Paepcke的研究介绍了基于视线的自动滚动界面，这种界面能根据视线当前所在位置自动改变显示内容，使用户在阅读的过程中不再需要控制滚动条。用户研究显示，被试认为界面的滚动速度是适中而且可控的。自动滚动技术的关键在于准确判断用户在阅读时眼睛何时移动、移动至哪个位置，而这也是目前在阅读领域中的眼动研究主要的两类分析指标，即时间维度和空间维度（闫国利等，2013）。但是该研究使用的被试数量较少，仍需进一步的系统研究来评估其优缺点。

浙江理工大学心理系实验室也开展了一些这方面的研究，江康翔（2015）的硕士论文提出了一种基于视线的交互式突显技术。研究者将该技术应用于海量信息搜索情境中，它能即时突显用户当前视线所在位置的项目，进而帮助用户更快地对该项目进行知觉和加工。研究结果显示，基于视线的交互式突显能显著地提高用户的搜索效率。

眼控的应用研究

2001年，Wang、Zhai和Su设计了EASE（eye assisted selection and entry）系统来帮助用户维持一个完整的打字过程，而不用将视觉注意力切换至数字键盘。该系统使用常用的选择键（即空格键），并且用视线来替代数字按键。研究结果显示，该系统能提高用户打字效率。基于EASE系统，冯成志（2010）发展了基于视线追踪的汉字拼音输入系统，并研究了不同软键盘布局编码方案的汉字输入工效。实验中，被试作业为利用鼠标或视线追踪进行汉字输入，同时系统和计算机自动记录鼠标或注视点的当前位置信息、被试的按键反应，汉字输入内容和所用的时间。但是结果发现，键盘布局方式的优劣受输入方式的影响；鼠标输入方式的输入速度、移动距离和正确程度均优于眼动输入方式。

此外，胡炜等(2014)的研究考察了眼动和键盘输入相结合的混合输入方式。他们的研究结果发现，混合输入方式在输入速度、准确率以及用户疲劳度方面均优于完全眼控输入方式。

在上述研究中，视线通过控制软键盘来实现文字输入，而现今越来越多的研究开始探索如何用视线直接“写字”。Wobbrock 等(2008)开发了眼动输入系统 EyeWrite，它通过一系列视线姿势(gaze gesture)来进行文字输入。EyeWrite 输入系统具有两个风格特点：第一，由视线姿势构成的字母形状与罗马字母相似(如图 5.1 所示)；第二，输入模式基于视线的横跨(crossing)，而非指向(pointing)。相比于眼控软键盘输入方式，EyeWrite 的优点在于它能节省屏幕空间，而且对视线校准精度要求更低。研究者还比较了被试使用两种输入方式时的速度和正确率，结果显示，被试使用 EyeWrite 时的平均输入速度比使用眼控软键盘时更慢，但错误率更低。而在主观偏好上，被试更偏好 EyeWrite 输入方式。

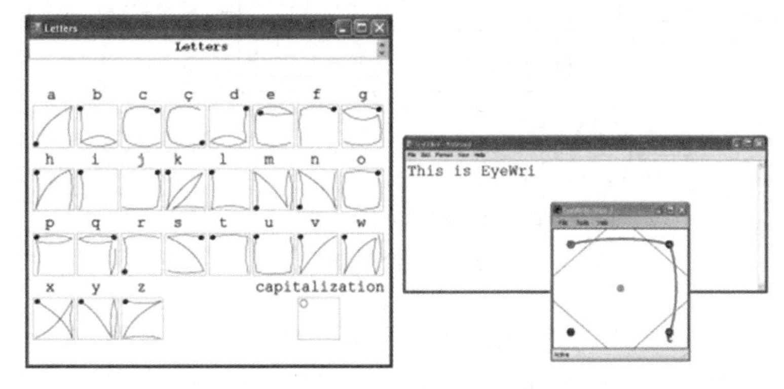

图 5.1 EyeWrite 眼控输入系统字母表

来源：Wobbrock 等，2008.

眼动控制未来的一个诱人的应用领域就是虚拟现实和游戏。它根据用户当前的注视状态，提供给用户相应注视方位的场景信息，这样用户在不同的方位就会看到不同的场景，达到身临其境的效果。2000 年，Tanriverdi 等研究了眼动控制在虚拟现实中的有效性，结果发现，当虚拟环境距离较远时，眼控方式比手动操纵杆控制更有优势。Jönsson(2005)的硕士论文设计了三种不同的眼控游戏原型，实现了多种不同的眼控功能：用视线瞄准目标并且触发射击，游戏图像根据视线进行实时变化等等。

可用性测试的结果表明,眼控交互方式是易学快速的,且对用户来说比一般的鼠标控制更具吸引力。

5.2.3 脑机接口

脑机接口(brain computer interface, BCI)是一种新型的不依赖于外周神经和肌肉等常规输出通道的人机信息交流装置。本质上,脑机接口是一种基于大脑神经活动的信号转换和控制系统,其利用的脑电信号可分为以下几类: P300 事件相关电位(event related potential, ERP)、视觉诱发电位(visual evoked potential, VEP)、稳态视觉诱发电位(steady state visual evoked potential, SSVEP)、自发脑电(spontaneous EEG)、慢皮层电位(slow cortical potential, SCP)、事件相关去同步(even related desynchronization, ERD)和事件相关同步(event related synchronization, ERS)。脑机接口主要包括非侵入式脑机接口和侵入式脑机接口两种。非侵入式脑机接口将检测电极安装在大脑头皮上,而侵入式脑机接口将检测电极植入到大脑皮层中的特定区域,又称为植入式脑机接口。脑机接口系统的组成如图 5.2 所示。

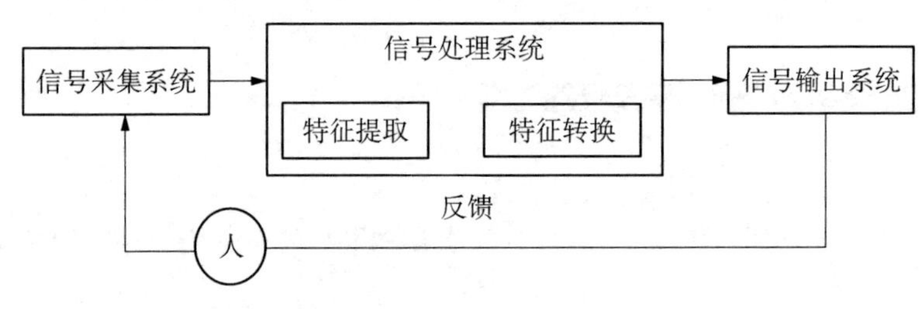

图 5.2 脑机接口系统的组成

来源: 葛列众等,2012.

脑机接口最初主要用于帮助患有神经肌肉障碍的病人与外界进行沟通。肌萎缩性脊髓侧索硬化(amyotrophic lateral sclerosis, ALS)、脑干损伤和脊髓损伤等病症都会破坏神经肌肉通道,通过获取这些患者的脑电信号,抽取其特征,可以有效地帮助其实现与外界的信息交流。美国空军研究实验室(air force research laboratory)的ACT(alternative control technology)计划也包含对脑机接口的研究,其目的是让操作者能在保持双手作业的情况下与计算机进行交互。作为一种新的控制手段,脑机接口还可应用于游戏等娱乐领域。随着准确率和信息传递效率的提高,脑机接口的应用领域也将不断地拓展。

虽然脑机接口的研究已取得较多成果,但它也存在一些问题和挑战。第一,技术问题,例如,信号的传输速率较慢,最大约为 25 bits/min,以该速度输入单词需要几分钟的时间。第二,脑机接口的自动化程度较低,用户通常需要一段时间的学习训练才能适应。第三,由于个体在神经系统上的差异性,脑机接口无法很好地适应每个用户。因此,高精度、高自动化和高适应性是脑机接口未来发展的主要趋势。

下面将从脑机接口的两大应用领域来介绍相关研究,即脑机接口作为医疗辅助技术和作为智能交互方式的研究。

脑机接口作为医疗辅助技术的研究

脑机接口的一项重要应用是作为医疗辅助手段,帮助运动功能障碍患者控制外部设备。Farwell 和 Donchin 等最早将 P300 作为控制信号应用于脑机接口。他们提出了基于 P300 的拼写系统(P300 speller system)。依靠这个系统,瘫痪病人可通过拼写单词实现与外界的交流。纽约州卫生部沃兹沃斯(Wadsworth)中心开发了简化版的基于 EEG 信号的脑机接口系统,用于严重功能障碍患者的家庭生活(Wolpaw, 2007)。该家庭系统可提供患者日常交流功能,实现文字处理、环境控制、收发邮件等功能,以满足每一个用户的需求。Wadsworth 脑机接口系统的第一个用户是一位患有肌萎缩性脊髓侧索硬化的科学家,他认为该系统比眼控系统更有效。该用户在过去的一年里,每天使用脑机接口系统完成写邮件等工作长达 6—8 个小时。上述介绍的脑机接口都要求用户具有敏锐的视力,视弱的患者则无法使用,为此,Nijboer 等(2008)探索了基于听觉反馈的脑机接口系统。该研究比较了被试在视觉刺激和听觉刺激下使用脑机接口的表现。他们的研究结果显示,尽管视觉反馈组被试的绩效优于听觉反馈组,但是两组被试在训练的第三阶段末期并没有表现出差异,而且听觉反馈组的一半被试在最后阶段达到了 70%的准确率。他们的实验结果表明通过一定的训练时间,基于听觉反馈的脑机接口可达到与视觉脑机接口相同的效率。

除了作为直接的控制手段来帮助患者与外界交流,脑机接口还可用于康复训练。研究者将脑机接口与一些认知任务相结合如运动想象(motor imagery, MI)来诱导大脑的神经可塑性,恢复其运动功能。李明芬、贾杰和刘烨(2012)用基于运动想象的脑机接口来训练 7 名严重运动功能障碍患者的运动认知能力。他们的研究发现,经过两个月的脑机接口康复训练,患者处理运动相关的认知时间缩短,认知程度增加,从而可以促进其上肢运动功能的恢复。王娅(2005)研制了结合脑机接口技术和功能性电刺激仪(functional electrical stimulation, FES)的偏瘫辅助康复系统,该系统的设计思路为:将大脑由于运动想象而产生的电信号转化为 FES 的控制命令,控制 FES 对肢体进行刺激,同时将产生的感觉信息和运动信息反馈给大脑皮层,从而完成对损伤中枢的刺激,加速其康复过程。为测试康复系统的可行性,研究者开展了一系列实验并取得了较好的结果,但是该研究采用的被试并不是有严重运动障碍的残疾人,因此该系统的有效性还需进一步测试。

脑机接口作为智能交互方式的研究

越来越多的研究者将脑机接口应用于办公、娱乐等领域，以实现更加智能的人机交互方式。Citi 等(2008)提出了一种基于 P300 的脑控 2D 鼠标。在该系统界面上，4 个随机闪烁的矩形呈现在屏幕上，代表 4 种运动方向。如果用户想要移动鼠标至某个方向，那么他需要注意该方向的矩形，从而诱发外源性的 EEG 成分。系统分析用户的注意后，移动鼠标位置。他们的实验结果表明，用户在使用该眼控鼠标时的任务绩效良好。2011 年，海尔公司研制了可控制电视的 MindReader 脑电波耳机，该耳机能检测到用户的脑电波信号，识别用户所处的思维状态(比如换台、调节音量)并转化为电视可识别的数字信号。但是，该产品还处于原型机阶段，因此其实用性还是未知数。黄保仔(2013)在已有脑机接口系统的基础上设计了一种脑电波控制的网页游戏系统。陈东伟等(2014)结合 MindWave Mobile 耳机(脑波接收器)和手机终端设计了一款脑控射击游戏，能够为用户提供更好的游戏体验。

2008 年，日本本田公司研究了脑控服务机器人，它能识别出操作者运动想象意图并且做出回应(王斐等，2012)。在国内的研究者中，天津大学较早地开始从事该领域的研究。赵丽等(2008)成功研制了基于脑机接口技术的智能服务机器人控制系统。该系统通过对脑电 α 波阻断现象的特征识别和提取来实现对机器人在 4 个方向上的运动控制。他们的实验结果表明，被试在经过简单训练后的控制准确率可高达 91.5%。这种基于脑机接口的机器人可用于航天、军事等危险性较高的领域，提高高难度任务的作业绩效。

5.2.4 可穿戴设备交互

可穿戴设备指的是用户可直接穿戴在身上的便携式电子设备，具有感知、记录、分析用户信息等功能。可穿戴设备是"以人为本，人机合一"理念的体现。目前的可穿戴设备大多可以连接手机或其他终端设备，与各类应用软件紧密结合，以帮助人与机器进行更加智能的交互。便携性、实时性、交互性是可穿戴设备的三大突出优势。从佩戴部位来看，可穿戴设备可分为头戴式、腕带式、携带式和身穿式。可穿戴设备与人的交互方式有：传统物理输入(按键和触摸屏)、肢体运动感应、身体信息感应、环境数据采集等。

可穿戴设备目前存在的问题可归纳为以下几点：

第一，交互准确性不高。由于无法像智能手机那样输入，可穿戴设备需要探索新的交互方式。目前主要依靠传感器采集人体数据和环境数据，并将一些处理后的信息反馈到人的感官系统上，也会使用实体按键进行交互。也有设备采用语音、姿势输入等新型输入方式，但它们有较大的环境局限性，例如，在嘈杂的环境中语音输入的识别率会受到很大影响。此外，在公众场合使用语音输入，难免会给人带来尴尬感。未来的可穿戴设备在交互方式上可以考虑更自然智能的眼动、脑电输入等方式。

第二，用户隐私问题。可穿戴设备能够采集用户多方面的信息，例如，位置信息、健康信息和生活方式等重要数据。如何确保用户个人信息的安全性，是可穿戴设备走向应用阶段的一个巨大挑战。

第三，价格昂贵。谷歌眼镜等设备的价格都让普通消费者望而却步，可穿戴设备需要芯片技术、传感器技术和智能交互技术的支撑，高技术要求造成其成本较高。因此，要推进可穿戴设备的广泛应用，如何改进技术降低其生产成本是研究者和制造商要解决的重要问题。

现有的可穿戴设备主要应用于健康管理领域（如苹果手表）和信息娱乐领域（如谷歌眼镜）。下面我们将主要介绍可穿戴设备在这两个领域的开发设计研究，即研究者如何设计设备的功能、如何实现交互等等。除此之外，我们也会对一些针对现有设备的可用性研究和优化研究进行讨论。

健康管理领域的可穿戴设备研究

曹沁颖（2015）设计了一款面向病患的穿戴式健康医疗手环，它具有采集、显示数据这两大功能。手环采集的数据也有病患体征数据、运动睡眠饮食和服药情况等数据。这些数据可以为医生诊断提供参考。该手环可以通过配套 APP 实现数据显示功能，提供不良状态智能提醒和紧急求助等面向用户的服务。健康医疗手环拥有完整的人机交互系统，用户可通过肢体动作（感应手腕抬起的肢体动作来点亮屏幕和取消提醒）和按键灯输入多种方式向设备输入信息；手环也可以通过视觉显示、振动提醒和蓝牙传输向用户输出信息。研究者采用纸面原型测试考察了该健康手环的可用性。他们的实验结果显示，用户基本能独立完成给予的交互任务，且对用户的界面设计的满意度较高。

老年人生理自理能力较差，且患病概率增高，因此老年人群体是健康管理设备的主要目标群体之一。Mcrindle、Williams 和 Victor（2011）开发了一个辅助老年人日常生活的可穿戴设备。该设备可以监测他们的健康状况、探测潜在问题、提供日常活动提醒和交流服务。在设备开发阶段，研究者采用了用户调查、使用案例分析和情景建模等方法用以确定设备的功能和技术参数。例如，焦点小组共招募了 47 名老年被试（包括健康与患病老人）参与，深度探究用户的需求，并且识别原型设计的问题。经过用户研究之后，研究者得到了用户在关于界面设计和服务使用上的一些需求和偏好。在屏幕显示界面，用户偏好于数字钟表而非模拟钟表来显示时间；在配色方面，用户更喜欢高对比度的简单配色，如白色背景黑色图标；在屏幕图标和字体尺寸上，大部分用户倾向于简单的图标和较大的字体间距。

清华大学的研究者 Zhang 和 Rau(2015)考察了在可穿戴设备上显示屏幕(有、无)、移动方式(慢跑、走路)和性别对人机交互的影响。研究要求被试佩戴智能手表和智能手环完成以下复杂任务：运动、操作智能手表以及通过智能手环管理健康信息,并填写用户满意度量表。实验结果表明,相比于男性被试,女性被试在信息获取和情绪体验上的满意度更高;另外,被试与可穿戴设备的交互在慢跑时比走路时认知负荷和知觉难度更高,流畅体验更差;具有显示屏幕的智能手环更受用户青睐。但值得注意的是,在移动端软件中显示相关信息能提高无屏幕手环的使用体验。

信息娱乐领域的可穿戴设备研究

石磊(2013)介绍了一款结合增强现实功能的交互式翻译眼镜。该眼镜会识别用户手指向的单词并进行翻译和显示。翻译功能的实现需要以下几个关键步骤：定位用户手指的坐标,提取坐标周围图片上的文字并转换成字符,通过翻译算法将中文翻译为英文,用微投影技术显示在眼镜上。在交互设计环节,研究者设计了眼镜的自动对焦功能(图 5.3)。该功能能够对人们指出的文字信息进行自动对焦,模糊掉其他无用的信息,使得翻译的过程更有目的性,从而提高人机交互效率。

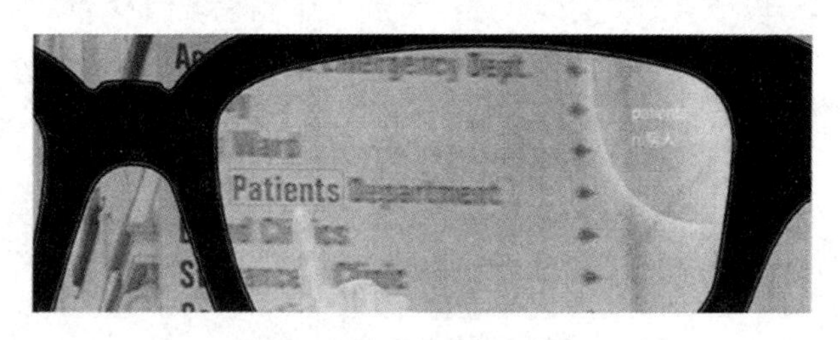

图 5.3 翻译眼镜的概念图

来源：石磊,2013.

为了解决可穿戴设备屏幕小、用户输入困难这一问题,越来越多的研究者采用手势、身体姿势等交互方式。谷歌 ATAP(advanced technology and projects group)团队研制了一种微型雷达,它可以捕捉到 5 mm 波长级的手指运动,比如按钮动作、位移手势。该雷达尺寸非常小,可以置入一系列可穿戴设备的芯片中(Bell, 2015)。Kumar、Verma 和 Prasad(2012)提出一种基于数据手套和 K - NN 分类算法的手势识别的实时人机交互方式。数据手套能够捕捉手的位置和关节之间的角度,并使用 K - NN 算法将这些姿势分类。这些姿势分为点击、旋转、拖拽、指向和正确放置等。他们的实验结果表明,在没有距离限制的动态环境中,使用手套进行交互比普通的静态键盘和鼠标更加精确和自然。Lv 等(2015)设计和评估了一种应用于基于视线的可穿戴设备的非触摸交互技术,即动态姿势交互技术。研究者设计了 11 种基于手/脚的交互动作，并且在手机程序和谷歌眼镜两个平台上考察了这 11 种交互动作的可用性。第一阶段的可用性测量问卷表明，用户认为谷歌眼镜是更适合非触摸交互方式的平台；第二阶段的情绪测量问卷表明，非触摸交互方式对用户的情绪产生了积极影响。

2015 年，Chan 等介绍了一款小型可穿戴设备——Cyclops。它能通过鱼眼镜头捕捉用户的姿势实现与人的交互。不同于其他姿势输入系统需要依赖于外部镜头或者是分布全身的传感器。Cyclops 是一片非常小型的装备，可以像徽章一样佩戴在身上。研究者将 Cyclops 应用于 4 种不同的软件和系统（交互式健身、手机赛车游戏、全身虚拟系统和交互式玩具）来验证该设备的有效性。用户可以通过手脚的动作来完成游戏，如移动手机至身旁，游戏呈现驾驶员视角；推开手机至远处，游戏呈现第二人称视角；推动右侧的虚拟操作杆来发动汽车；踩踏左侧来刹车。另外，在交互式健身实验中，Cyclops 对于来自 20 个被试的 20 个健身动作的识别率可达到 79%—92%。

5.3 点击增强技术[①]

5.3.1 概述

随着计算机技术的不断发展，图形用户界面（graphical user interface，简称 GUI）已经成为各类电子产品的主流界面。作为图形用户界面的主要输入操作方式，点击操作通常指的是用户采用鼠标等指点设备对界面特定视觉操作对象（菜单选择项、图符等）的指点或拖拽操作。

为了提高界面输入绩效，研究者针对点击操作的特征进行了大量的研究，因此，产生了各种以提高点击操作绩效为基点的点击增强技术。这些点击增强技术的实现途径主要有两条：第一条途径是以费茨定律（Fitts-Law）（MacKenzie, 1992）为基础，缩短指点设备的移动距离或者增大指点设备的有效点击区域，从而提高点击操作绩效；第二条途径是以自适应等相关智能技术为基础，基于用户操作习惯和特点，合理调整优化视觉操作对象及其空间布局来实现操作绩效的提高。

可见，点击增强技术本质上是点击技术的绩效改进或者界面优化的技术，其目的在于提高用户的界面输入操作绩效。按照点击增强技术的实现途径，可以将其分为静态的和动态的点击增强技术。

① 本节内容参照了作者已经发表的综述：金昕沁，葛列众，王琦君.（2015）.点击增强技术研究综述.人类工效学，2015，21（1）：69—73.

在用户使用静态点击增强技术的过程中,视觉操作对象和指点设备有效点击区域等界面视觉要素都不会发生任何的变化。这种技术又可以分成区域扩大和缩短距离两种类型。区域扩大类型又包括视觉操作对象的可点击区域扩大或者指点设备有效点击区域增大这两种类型。

在用户使用动态点击增强技术的过程中,视觉操作对象和指点设备的有效点击区域以及用户点击操作距离等界面视觉要素,都会发生有效的变化以适应用户的点击操作。

本节将对各种点击增强技术的研究进行介绍。

5.3.2 静态点击增强技术

静态点击增强技术提高操作绩效的途径,可以归纳为三种:一是缩短用户移动指点设备的距离,二是扩大视觉对象的可点击区域,三是增大指点设备的有效点击区域。

通过缩短用户移动指点设备的距离的方式来提高指点设备操作绩效是一个很容易想到的途径。在这种距离类型的研究中,一项经典的设计是饼状菜单(pie menu)(Balakrishnan, 2004)的设计。Callahan 等(1988)第一次提出了饼状菜单的概念,并对线性菜单和饼状菜单进行了一项比较研究。研究发现,线性下拉菜单的排列方式使得光标从上往下到达每个菜单项目的距离依次增大,而项目的点击难度也随之逐步增大;而饼状菜单的设计是根据圆中心到圆周上任意一点的距离相等(均等于其半径),解决了线性菜单中,光标从上往下到每个菜单项的距离依次增大的问题,光标到达任何一个菜单选择项的距离一致,且这种一致性能够帮助用户建立一种有效的操作记忆。他们的实证研究结果表明:用户使用饼状菜单完成任务搜索的时间显著少于使用线性菜单所需要的时间,且错误率更低。

Guiard 等(2004)提出的对象指点(object pointing)技术(Guiard, Blanch, & Beaudouin-Lafon, 2004)是另一项通过缩短指点设备移动距离来提高操作绩效的技术。此技术的核心点在于它提供了一种用于检测光标运动方向的算法,一旦检测到光标开始移动,此技术将计算出光标的运动方向,将该方向上距离当前目标最近的目标作为下一个选取对象,并忽略两个目标之间的空白空间,光标直接从起始目标移动至选取目标位置上。这项技术使得传统光标在目标之间的移动距离缩减至零,将缩短距离的思想发挥到了极致。Guiard 对传统指点技术和对象指点技术进行了比较研究。他们的实验结果表明:在简单的来回点击任务中,用户使用对象指点技术的平均完成时间比传统指点技术快了将近 74%;在复杂的二维点击任务中,对象指点技术也可以提高用户的操作绩效,并且随着任务难度的提升,绩效的提高越明显。

静态点击增强技术的另一种实现方法是扩大点击区域，而扩大点击区域的方式又可进一步分为视觉操作对象的可点击区域扩大和指点设备有效点击区域的增大两类。

Furnas(1986)提出的鱼眼视图技术属于扩大视觉对象的可点击区域类型中的经典技术。当代表指点设备的光标在屏幕上移动时，光标所在的区域就会放大以达到扩大视觉对象可点击区域的目的，而光标周围的区域则相应地缩小其显示区域。这种技术是通过扩大光标所在显示区的面积来促进用户对光标当前所在区的视觉信息的操作的。相关的应用也有很多。例如，Bederson 等(2000)把鱼眼视图设计引入到线性文本菜单中，能够在很小的空间内显示更多的菜单项。研究结果表明，大多数用户倾向选择用鱼眼菜单来完成浏览任务。Paek、Dumais 和 Logan(2004)把鱼眼视图的思路引入到网络搜索结果的可视化设计中，并设计出 Wavelens 界面，该设计可以在相对小的屏幕空间内呈现很多个结果内容。研究表明，用户在完成某项搜索任务时，相比于传统的搜索结果列表，使用 WaveLens 更快更精确。

增大指点设备有效点击区域研究中的典型代表为区域光标(area cursor)(Kabbash & Buxton, 1995)。Kabbash 等(1995)首先提出了区域光标技术，从外观上来看，区域光标呈现的是一个矩形，而不是尖点光标所呈现的一个"点"。从操作上来看，区域光标指的是当用户选择某个目标时，其有效点击区域是一整块矩形面积。因为区域光标比尖点光标拥有更大的覆盖区域，用户更容易获取目标。Kabbash 比较了区域光标和尖点光标的操作绩效，研究结果表明，对于小型目标的获取，用户认为使用区域光标的难度大大降低，其获取目标的正确率也显著提高。随后，Findlater 等(2010)为有运动缺陷的用户群体优化了区域光标，结果发现其点击小型目标的时间比尖点光标平均缩短了 19%。Worden(1997)的研究也表明老年群体使用区域光标做简单的操作任务时，其平均完成时间相较尖点光标显著缩短，操作绩效显著提高。

综上所述，目前的静态点击增强技术总结如下：

- 静态点击增强技术可以有效地提高用户的操作绩效，不管是饼状菜单、对象指点技术，还是鱼眼视图技术和区域光标，都在不同程度上提高了用户的操作绩效。
- 静态点击增强技术提高操作绩效的原理均可以通过费茨定律来解释。根据费茨定律，缩短移动距离或扩大点击区域的面积均可以减少指点设备的操作任务完成时间。其中，饼状菜单、对象指点技术缩短了视觉对象与指点设备之间的距离，而鱼眼视图技术和区域光标则是扩大了点击区域的面积。
- 目前的静态点击增强技术在使用过程中均存在不足之处。如饼状菜单：当菜单选项个数较多时，单个菜单区域将被大幅度减小，从而影响用户的点击正确率，这表明饼状菜单对选项数目存在限制(Callahan 等，1988)。而当饼状菜单添加子菜单时，菜单在显示上更为凌乱且没有组织性，另外饼状菜单相对线性菜单占用更多的空间。对象指点技术仅适用于目标选取操作上，并且它的优势在目标密度较高且空白区域较少时将受到一定程度的限制。鱼眼视图技术非线性地改变了视觉显示空间，使得聚焦在运动时显得不太稳定，视图也不能永久保持固定的大小。区域光标的优势体现在对于小型目标的获取上，对于大型目标的获取，操作绩效的提高并不显著，其另一弊端就是当其同时覆盖好几个目标时，系统很难分辨出用户想要点击的真正目标，击中真正目标的难度反而会上升(Kabbash & Buxton, 1995)。

5.3.3 动态点击增强技术

动态点击增强技术和静态点击增强技术不同，这种技术是指在操作过程中，图形用户界面上的视觉要素将产生动态的变化以适应用户的点击操作。基于其变化的依据不同，可以将动态点击增强技术进一步分为基于视觉目标特性的点击增强技术和基于用户操作特点的点击增强技术。

基于视觉目标特性的动态点击增强技术主要指根据界面上的目标密度或空间布局等因素的变化来相应地优化指点设备的显示方式，从而提高操作效率。这类技术的典型代表之一是由 Baudisch 等(2003)提出的拖拉弹出技术(drag-and-pop)。拖拉弹出技术是一种面向大幅面交互界面的、用于获取远处控件的技术。当用户移动某一个文件图标时，该技术将根据当前文件的性质判断出与其相关的应用程序，并在指点设备所在区域附近显示相关程序的图标副本。用户只需将文件移动到某个程序图标副本位置上，即可完成使用该程序打开文件的操作。这种技术大大缩短了用户移动指点设备到目标的距离，提高了用户获取目标的操作绩效。Baudisch 等研究比较了传统拖放技术和拖拉弹出技术的操作绩效，实验结果也证实用户使用拖拉弹出技术完成任务的平均时间显著缩短了。

另一项基于视觉目标特性的动态点击增强技术是由 Grossman 和 Balakrishnan (2005)提出的气泡光标(bubble cursor)技术。气泡光标是基于区域光标的一种新型光标。外观上气泡光标呈现为圆形，与区域光标自身大小是固定不变的不同，气泡光标的大小会在移动过程中根据可点击目标和光标此时的相对位置时时发生变化。从操作上来说，每个目标的有效点击区域也会随着界面中目标的数量和分布发生改变。气泡光标一旦进入目标的有效点击区域进行点击，就相当于点击离它最近的那个目标。Grossman 比较了气泡光标和尖点光标的操作绩效，研究结果证明：在平均点击时间和正确率上，气泡光标都比尖点光标有优势。且无论界面中的目标数量有多少，气泡光标都能保持良好的绩效。Laukkanen、Isokoski 和 Räihä(2008)在气泡光标的基础上对其半径算法做了改进，设计出了锥形和惰性气泡光标(cone and the lazy bubble)，其研究表明，这种优化的气泡光标提高了点击的正确率，有效避免了气泡光标半径时时变化分散用户注意力的问题。Tsandilas(2007)将气泡光标的概念引入到普通菜单中，发现气泡菜单可以提高菜单选择的操作绩效。

Yu 等(2010)提出的卫星光标(satellite cursor)技术属于另一项基于视觉目标特性的点击增强技术。卫星光标是一个由主光标和多个随其同步移动的卫星光标组成的光标群。如图 5.4 所示，对于屏幕上的 4 个目标，系统会在其附近生成并关联一个与之唯一对应的卫星光标。每个卫星光标只能用于点击与之关联的目标。用户在使用主光标进行操作时会在主光标周围形成一个虚线圈。虚线圈内的阴影目标按照界面上目标的原始布局进行重新分布，用户操作时只需使用主光标点击虚线圈中的阴影目标，即等价于相应的卫星光标对相应目标的点击。卫星光标根据界面中不同的目标空间布局，会动态形成一个新的控制操作区域。从显示上来看，卫星光标技术不改变视觉显示区域中目标面积的大小和位置，但是从操作上来看，这项技术重新布局了区域，缩短了用户使用主光标移动到目标的距离，提高了操作绩效。Yu 的研究通过比较用户使用卫星光标和尖点光标完成任务的平均点击时间，证明用户使用卫星光标完成任务的平均点击时间显著少于尖点光标，相比与尖点光标，用户也更倾向于选择使用卫星光标。

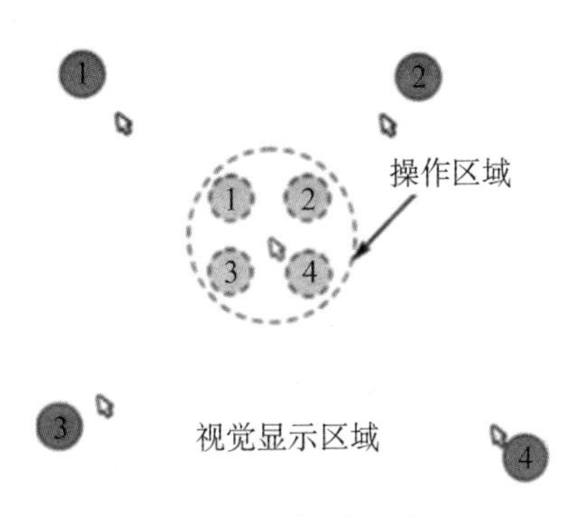

图 5.4 卫星光标示意图

注：图中虚线圈中的是主光标，主光标对阴影目标的点击等价于卫星光标对相应的实际目标的点击。

基于用户操作特点的动态点击增强技术主要指在操作过程中，视觉要素随着用户操作特点的不同而相应地产生变化。Blanch 等(2004)提出的语义指点(semantic pointing)技术(Blanch, Guiard, & Beaudouin-Lafon, 2004)就属于这类技术。语义指点技术的核心点在于此技术可以根据用户以往的操作频次对操作对象进行分类显示。如在某个对话框内有两个操作按键，“不保存”这个按键用户操作的频次很低，仅在总操作参数的 1%，而“保存”这个按键操作的频次很高，有 99%。按照语义指点技术的设计，当用户使用指点设备移动至该对话框内时，操作频次较高的“保存”键的实际有效点击区域扩大，操作频次较低的“不保存”键的实际有效点击区域缩小，但是这两个按键在显示区域却没有发生变化。Blanch 等比较了语义指点和尖点光标的操作绩效,结果表明：用户使用语义指点技术完成任务的平均反应时间比尖点光标要短,错误率也低。Elmqvist 和 Fekete(2008)将这项技术引入到 3D 环境中,让用户在一款 3D 游戏中使用语义指点技术,结果发现用户搜索目标的精确度显著提高。

对目前的动态点击增强技术可以总结如下：

- 动态点击增强技术可以有效地提高用户的操作绩效,不管是拖拉弹出技术、语义指点技术还是气泡光标,都在不同程度上提高了用户的操作绩效。
- 动态点击增强技术之所以能够提高绩效,其部分原理也可以从费茨定律中得到解释,如气泡光标扩大了光标覆盖区域的面积,拖拉弹出技术缩短了指点设备与视觉对象之间的距离。还有一部分原理从用户特点考虑,降低其犯错概率,提高用户体验,如语义指点技术通过放大用户使用频次较高的目标对象的有效点击区域来提高用户的操作绩效。
- 就目前的设计上看,上述提到的几种动态点击增强技术还有不少的缺点。例如,语义指点技术的实现依靠变化的有效点击区域,但是有效点击区域的变化会打破界面的原始布局,也会影响用户对指点设备移动的判断。气泡光标的缺点在于气泡光标本身大小不断变化会对用户造成视觉上的干扰(Grossman & Balakrishnan, 2005)。在使用拖拉弹出技术时,系统自动判断产生的多个图标副本容易使用户产生混淆,导致较高错误率。除此之外,这项技术的优势在较小的操作空间内显示不出来,而且只适合于拖拉任务(Baudisch 等,2003)。卫星光标技术的性能受到界面上目标数量的限制,当目标数量很多时,操作区域上的目标数量也会变多,视觉效果不佳,除此之外,生成多个卫星光标会造成时间延迟和视觉干扰的问题。

5.3.4 小结

由上述研究可知各种静态点击增强技术都可以在不同程度上提高用户的操作绩效,使用户操作时间下降,正确率提高。而其之所以能够提高绩效,是因为静态类点击增强技术的设计都遵循费茨定律。但是这类技术还存在一个最大的问题,即没有考虑用户操作特性。

动态点击增强技术和静态点击增强技术一样,也可以在不同程度上提高用户的操作绩效,其原理也可以从费茨定律得到解释。但是与静态点击增强技术不同的是,动态点击增强技术开始考虑到用户的操作特性,如语义指点技术将用户使用频次较高的操作对象的有效点击区域扩大,将其使用频次较低的操作对象的有效点击区域缩小,以适应用户的操作。但是,这种技术同样存在一些问题：第一,一些动态点击增强技术在视觉上会造成一定干扰,从而影响用户体验。例如,尽管目标在视觉显示区域上的放大缩小提高了用户点击单个目标的操作绩效，但是当目标密度很大或者在多个目标中点击其中一个目标时，目标的放大缩小会打乱原始界面的布局，会对用户造成一定的视觉干扰。第二，一些点击技术的适用环境存在局限性。如拖拉弹出技术在大幅操作界面上更具有操作意义。

针对上述提及的这些点击增强技术的不足之处，可以提出以下一些解决途径供参考：第一，减少视觉干扰，例如只在有效点击区域上放大目标而在视觉显示区域保持目标的初始大小；在实际应用中，只把用户最想要点击的或需要引导用户点击的目标放大。第二，丰富点击增强技术的应用环境，如可将已有的点击增强技术迁移到触屏界面或者 3D 点击环境中。第三，研究者还可以考虑通过调整一些其他因素来优化点击增强技术，如改变指点设备位置与目标之间的角度等。费茨(1954)的研究证明了光标起始位置和目标之间的角度与操作的错误率有关。在后来的几十年里，不断有研究者证明在 2D 点击环境中，光标移动角度和操作绩效有一定显著关系(Vetter 等，2011)。这都为日后探寻新的思路提供了有利的参考价值。总之，将来的研究方向将是以用户体验良好的技术发展为主，围绕用户特性和操作规律展开的。

5.4 研究展望

和视觉显示一样，控制交互是人机界面研究中另外一个重要的组成部分。传统的研究主要集中在机械的脚、手等肢体控制界面的研究上，而新型的交互界面主要集中在言语、眼控、脑控和可穿戴设备交互界面方面。今后的控制界面的研究主要会集中在以下几个方面。

首先是传统控制器的各种界面参数的进一步研究，研究的重点将进一步考虑不同使用者人体尺寸、动作操作、心理模型和操作环境的各种因素对控制交互的影响作用，以期望能够得到适合各种类型操作者和各种操作环境下的最优控制交互界面。

其次，在传统控制交互界面研究的基础上，进一步深化以自然交互为主要目的的新型交互界面的研究。这种界面包括本文中已经论述的言语、眼控、脑控和可穿戴设备交互界面的研究，还包括手势交互等界面的研究。未来研究的重点将逐步转变为对各种新型界面的影响因素及其操作的规律和特点的研究，例如现在的研究已经证明眼控交互界面的可行性，而以后的研究将注重对眼控界面的影响因素和眼控交互的规律和特点进行研究。

最后，随着人机界面的不断复杂化，研究的着眼点还将转向重点开展显示和控制的综合交互界面，即在研究控制交互界面的同时，考虑控制界面和显示界面的综合优化设计问题。应该承认，在现实的任何一个人机界面中，控制界面中的问题和显示问题总是交织在一起的，反之亦然，所以以系统性为基础的显示、控制的综合研究将成为未来研究的重点。在第三章最后有关显示界面的展望中，所提到的交互显示概念，就已经很明显地包含了控制操作的因素。

参考文献

曹沁颖.(2015).面向病患的穿戴式健康医疗产品设计研究.沈阳航空航天大学硕士学位论文.

陈东伟,翁省辉,林浩文等.(2014).基于移动平台的脑电波游戏设计与实现.信息技术,2,160—162.

崔艳青.(2002).语音超文本界面设计的实验研究.浙江大学硕士学位论文.

都承斐,王丽珍,柳松杨等.(2014).机动飞行过载时操纵杆位置对飞行员操控影响的生物力学研究.航天医学与医学工程,27(004),286—290.

冯成志.(2010).眼动人机交互.苏州：苏州大学出版社.

傅斌贺,刘维平,王全等.(2015).车载显控终端触屏按键尺寸工效学实验研究.车辆与动力技术,2,45—48.

葛列众,胡绎茜.(2011).电脑式微波炉控制面板按键形状和面积的工效学研究.人类工效学,17(2),24—27.

葛列众,李宏汀,王笃明.(2012).工程心理学,北京：中国人民大学出版社.

葛列众,滑娜,王哲.(2008).不同菜单结构对语音菜单系统操作绩效的影响.人类工效学,14(4),12—15.

葛列众,孙梦丹,王琦君.(2015).视觉显示技术的新视角：交互显示.心理科学进展,23(4),1—8.

葛列众,周川艳.(2013).语音菜单广度与深度研究.人类工效学,18(4),73—76.

何灿群.(2009).基于拇指操作的中文手机键盘布局的工效学研究.浙江大学博士学位论文.

何惠民.(1990).电控按钮颜色小议.工业安全与环保,7,10.

何荣光,郭定,杨俊超等.(2010).振动环境下直升机座舱显示器周边键的工效学实验.空军工程大学学报,自然科学版,1,15—18.

胡凤培,滑娜,葛列众,王哲.(2010).自适应设计对语音菜单系统操作绩效的影响.人类工效学,16(2),1—4.

胡炜,宋笑寒,冯桂焕等.(2014).眼动和与键盘输入相结合的混合输入方法的分析研究与评测.User Friendly 2014 暨 UXPA 中国第十一届用户体验行业年会论文集.

黄保仔.(2013).脑电波控制的网页游戏设计与实现.青岛大学硕士学位论文.

江康翔.(2015).基于视线追踪的交互式突显的研究.浙江理工大学硕士学位论文.

赖维铁.(1983).人机工程学第五讲操纵装置设计.机械工程,2,021.

李明芬,贾杰,刘烨.(2012).基于运动想象的脑机接口康复训练对脑卒中患者上肢运动功能改善的认知机制研究.成都医学院学报,7(4),519—523.

李纾,奚振华.(1991).眼手协同作业时上肢的伸及时间.应用心理学,1,30—38.

李婷.(2012).眼动交互界面设计与实例开发.浙江大学硕士学位论文.

吕胜.(2012).SF35100 型矿用自卸车驾驶室人机工程优化设计.湖南大学硕士学位论文.

穆存远,郝爽.(2014).单层语音菜单与双层语音菜单的工效学研究.沈阳建筑大学学报(社会科学版),4,020.

王磊.(2013).一种可交互式的穿戴设备-翻译眼镜.浙江大学硕士学位论文.

王春慧,蒋婷.(2011).手控交会对接任务中显示—控制系统的工效学研究.载人航天,17(2),50—53.

王斐,杨广达,张丹等.(2012).脑机接口在机器人控制中的应用研究现状.机器人技术与应用,6,12—15.

王海英,丁华,郑磊.(2014).电梯按钮识别效应的实验研究.工业工程与管理,19(2),107—109.

王硕.(2012).浅析触摸屏手机系统中的触觉反馈设计.贵阳学院学报,自然科学版,7(1),30—33.

王雪瑞.(2013).高层电梯按钮可用性研究.浙江理工大学硕士学位论文.

王娅.(2005).基于脑机接口技术的偏瘫辅助康复系统的研制.天津大学硕士学位论文.

网易数码.(2011).用意念控制电视海尔脑电波电视机体验.2015 - 07 - 21 取自 http,//digi. 163. com/11/0907/00/7DACNV150016656A. html.

徐娟.(2013).国内设计心理学领域中的眼动研究综述.北京联合大学学报：自然科学版,27(3),72—75.

闫国利,熊建萍,臧传丽等.(2013).阅读研究中的主要眼动指标评述.心理科学进展,21(4),589—605.

张晓燕,薛红军,张玉刚.(2011).触点运动与交互界面按钮设计研究.计算机工程与应用,47(36),83—85.

张新勇.(2010).目标动态扩大方法对视线输入交互的影响研究.第六届和谐人机环境联合学术会议(HHME2010)、第 19 届全国多媒体学术会议(NCMT2010)、第 6 届全国人机交互学术会议(CHCI2010)、第 5 届全国普适计算学术会议(PCC2010)论文集.

赵丽,刘自满,崔世钢等.(2008).基于脑—机接口技术的智能服务机器人控制系统.天津工程师范学院学报,18(2),1—4.

Armstrong, T.J., Foulke, J.A., Martin, B.J., Gerson, J., & Rempel, D.M.(1994). Investigation of applied forces in alphanumeric keyboard work. *American Industrial Hygiene Association*, 55(1), 30 - 35.

Ashmore, M., & Duchowski, A.T.(2005). Efficient Eye Pointing with a FishEye Lens. In Proceedings of Graphics Interface. pp. 203 - 210.

Balakrishnan, R.(2004). "Beating" fitts' law, Virtual enhancements for pointing facilitation. *International journal of human-computer studies*, 61(6), 857 - 874.

Bell, K. 2015. Project Soli, Google's new experiment to put gesture controls everywhere. Retrieved May 31, 2015, from http,//mashable.com/2015/05/30/google-project-soli-analysis/#miGW61EMYqqQ.

Baudisch, P., Cutrell, E., Robbins, D., Czerwinski, M., Tandler, P., Bederson, B., & Zierlinger, A. (2003). Drag-and-pop and drag-and-pick, Techniques for accessing remote screen content on touch-and pen-operated systems. Paper presented at the Proceedings of INTERACT.

Bederson, B. B. (2000). Fisheye menus. Paper presented at the Proceedings of the 13th annual ACM symposium on User interface software and technology.

Blanch, R., Guiard, Y., & Beaudouin-Lafon, M. (2004). Semantic pointing, Improving target acquisition with control-display ratio adaptation. Paper presented at the Proceedings of the SIGCHI conference on Human factors in computing systems.

Bradley, J. V. (1967). Tactual coding of cylindrical knobs. *Human Factors, The Journal of the Human Factors and Ergonomics Society*, 9(5), 483 - 496.

Callahan, J., Hopkins, D., Weiser, M., & Shneiderman, B. (1988). An empirical comparison of pie vs. Linear menus. Paper presented at the Proceedings of the SIGCHI conference on Human factors in computing systems.

Chan, L., Hsieh, C., Chen, Y., Yang, S., Huang, D., Liang, R., & Chen, B. (2015). Proceedings of the 33rd Annual ACM Conference on Human Factors in Computing Systems, Seoul, Republic of Korea.

Citi, L., Poli, R., Cinel, C., & Sepulveda, F. (2008). P300-based bci mouse with genetically-optimized analogue control. *Neural Systems & Rehabilitation Engineering IEEE Transactions on*, 16(1), 51 - 61.

Farwell, L. A. Donchin, E. (1988). Talking off the top of your head, toward a mental prosthesis utilizing event-related brain potentials. *Electroencephalography and Clinical Neurophysiology*, 70(6), 510 - 523.

Elmqvist, N., & Fekete, J.-D. (2008). Semantic pointing for object picking in complex 3d environments. Paper presented at the Proceedings of graphics interface 2008.

Findlater, L., Jansen, A., Shinohara, K., Dixon, M., Kamb, P., Rakita, J., & Wobbrock, J. O. (2010). Enhanced area cursors, Reducing fine pointing demands for people with motor impairments. Paper presented at the Proceedings of the 23nd annual ACM symposium on User interface software and technology, pp. 153 - 162.

Furnas, G. W. (1986). Generalized fisheye views (Vol. 17), ACM.

GB2893 - 2008, 安全色[S]. 2008.

Gerard, M. J., Armstrong, T. J., Franzblau, A., Martin, B. J., & Rempel, D. M. (1999). The effects of keyswitch stiffness on typing force, finger electromyography, and subjective discomfort. *American Industrial Hygiene Association Journal*, 60(6), 762 - 769.

Gould, J. D., Boies, S. J., Levy, S., Richards, J. T., & Schoonard, J. (1987). The 1984 the Olympic Message System: a test of behavioral principles of system design. *Communications of the ACM, 30(9)*, 758 - 769.

Grossman, T., & Balakrishnan, R. (2005). The bubble cursor, Enhancing target acquisition by dynamic resizing of the cursor's activation area. Paper presented at the Proceedings of the SIGCHI conference on Human factors in computing systems.

Guiard, Y., Blanch, R., & Beaudouin-Lafon, M. (2004). Object pointing, A complement to bitmap pointing in guis. Paper presented at the Proceedings of Graphics Interface 2004.

He, J., Chaparro, A., Nguyen, B., Burge, R. J., Crandall, J., & Chaparro, B., et al. (2013). Texting while driving, is speech-based text entry less risky than handheld text entry?. Accident Analysis & Prevention, 72 c, 124 - 130.

Hick, W. E. (1952). On the rate of gain of information. Quarterly Journal of Experimental Psychology 4(1), 11 - 26.

Herring, S. R., Castillejos, P., & Hallbeck, M. S. (2011). User-centered evaluation of handle shape and size and input controls for a neutron detector. *Applied ergonomics*, 42(6), 919 - 928.

Jacob, R. J. K. (1991). The use of eye movements in human-computer interaction techniques, what you look at is what you get. *Acm Transactions on Information Systems*, 9(2), 152 - 169.

Jacob, R. J. K. (1993). Eye movement-based human-computer interaction techniques, toward non-command interfaces. IN ADVANCES IN HUMAN-COMPUTER INTERACTION. pp. 151 - 190.

James, F. H. (1998). Representing structured information in audio interfaces: A framework for selecting audio marking techniques to represent document structures. Stanford University.

Jönsson, E. (2005). If Looks Could Kill-An Evaluation of Eye Tracking in Computer Games. Master's Thesis, Department of Numerical Analysis and Computer Science, Royal Insittute of Technology, Stockholm, Sweden.

Kabbash, P., & Buxton, W. A. (1995). The "Prince" technique, Fitts' Law and selection using area cursors. Paper presented at the Proceedings of the SIGCHI conference on Human factors in computing systems.

Kumar, M., Winograd, T., & Paepcke, A. (2007). Gaze-enhanced scrolling techniques. *Stanford Infolab*, 2531 - 2536.

Kumar, M., Paepcke, A., & Winograd, T. (2007). EyePoint, practical pointing and selection using gaze and keyboard. Proceedings of the SIGCHI Conference on Human Factors in Computing Systems (pp. 421 - 430). ACM.

Kumar, P., Verma, J., & Prasad, S. (2012). Hand data glove: a wearable real-time device for human-computer interaction. *International Journal of Advanced Science and Technology, 43*, 15 - 16.

Laukkanen, J., Isokoski, P., & Räihä, K.-J. (2008). The cone and the lazy bubble, Two efficient alternatives between the point cursor and the bubble cursor. Paper presented at the Proceedings of the SIGCHI Conference on Human Factors in Computing Systems.

Li, S., & Xi, Z. (1990). The measurement of functional arm reach envelopes for young chinese males. *Ergonomics*, 33

(7),967-978.
Lv, Z., Feng, L., Feng, S., & Li, H. (2015). Extending Touch-less Interaction on Vision Based Wearable Device, IEEE Virtual Reality Conference 2015, Arles, France.
MacKenzie, I. S. (1992). Fitts' law as a research and design tool in human-computer interaction. *Human-computer interaction*, 7(1),91-139.
Mcrindle, R., Williams, V., & Victor, C. (2011). Wearable device to assist independent living. *International Journal on Disability & Human Development*, *10*(4).
McWilliams, T., Reimer, B., Mehler, B., Dobres, J., & Coughlin, J. F. (2015). Effects of age and smartphone experience on driver behavior during address entry, A comparison between a samsung galaxy and apple iphone. Paper presented at the Proceedings of the 7th International Conference on Automotive User Interfaces and Interactive Vehicular Applications.
Morley, S., Petrie, H., O'Neill, A. M., & McNally, D. (1999). Auditory navigation in hyperspace: Design and evaluation of a non-visual hypermedia system for blind users. Behaviour & Information Technology, 18(1),18-26.
Munger, D., Mehler, B., Reimer, B., Dobres, J., Pettinato, A., Pugh, B., & Coughlin, J. F. (2014). A simulation study examining smartphone destination entry while driving. Paper presented at the Proceedings of the 6th International Conference on Automotive User Interfaces and Interactive Vehicular Applications.
Narborough-Hall, C. (1985). Recommendations for applying colour coding to air traffic control displays. *Displays*, 6(3),131-137.
Nijboer, F., Furdea, A., Gunst, I., Mellinger, J., Mcfarland, D. J., & Birbaumer, N., et al. (2008). An auditory brain-computer interface (bci). *Journal of Neuroscience Methods*, 167(1),43-50.
Ng, A. W., & Chan, A. H. (2014). Tactile symbol matching of different shape patterns, Implications for shape coding of control devices. Paper presented at the Proceedings of the International MultiConference of Engineers and Computer Scientists.
Paek, T., Dumais, S., & Logan, R. (2004). Wavelens, A new view onto internet search results. Paper presented at the Proceedings of the SIGCHI conference on Human factors in computing systems.
Petrie, H., Morley, S., McNally, P., O'Neill, A. M., & Majoe, D. (1997, April). Initial design and evaluation of an interface to hypermedia systems for blind users. In Proceedings of the eighth ACM conference on Hypertext (pp.48-56). ACM.
Project Soli: Google's new experiment to put gesture controls everywhere, Retrieved July 30, 2015, from http://mashable. com/2015/05/30/google-project-soli-analysis/
Raman, T. V., & Gries, D. (1994, October). Interactive audio documents. InProceedings of the first annual ACM conference on Assistive technologies (pp.62-68). ACM.
Rempel, D., Serina, E., Klinenberg, E., Martin, B. J., Armstrong, T. J., Foulke, J. A., & Natarajan, S. (1997). The effect of keyboard keyswitch make force on applied force and finger flexor muscle activity. *Ergonomics*, 40(8), 800-808.
Resnick, P., & Virzi, R. A. (1992, June). Skip and scan: cleaning up telephone interface. In Proceedings of the SIGCHI conference on Human factors in computing systems (pp.419-426). ACM.
Scheibe, R., Moehring, M., & Froehlich, B. (2007). Tactile feedback at the finger tips for improved direct interaction in immersive environments. Paper presented at the 3D User Interfaces, 2007. 3DUI'07. IEEE Symposium on.
Schumacher, R. M., Hardzinski, M. L., & Schwartz, A. L. (1995). Increasing the usability of interactive voice response systems: Research and guidlines for phone-based interfaces. *Human Factors: The Journal of the Human Factors and Ergonomics Society*, *37*(*2*),251-264.
Tippey, K. G., Sivaraj, E., Ardoin, W.-J., Roady, T., & Ferris, T. K. (2014). Texting while driving using google glass investigating the combined effect of heads-up display and hands-free input on driving safety and performance. Paper presented at the Proceedings of the Human Factors and Ergonomics Society Annual Meeting.
Tanriverdi, V. & Jacob, R. J. K. (2000). Interacting with Eye Movements in Virtual Environments. Proc. of the SIGCHI conference on human factors in computing systems, pp.265-272.
Tsandilas, T. (2007). Bubbling menus, A selective mechanism for accessing hierarchical drop-down menus. Paper presented at the Proceedings of the SIGCHI conference on Human factors in computing systems.
Tsimhoni, O., Smith, D., & Green, P. (2004). Address entry while driving, Speech recognition versus a touch-screen keyboard. *Human Factors*, *The Journal of the Human Factors and Ergonomics Society*, 46(4),600-610.
Uy, C., Chang, C.-C., Fallentin, N., McGorry, R. W., & Hsiang, S. M. (2013). The effect of handle design on upper extremity posture and muscle activity during a pouring task. *Ergonomics*, 56(8),1326-1335.
Vetter, S., Bützler, J., Jochems, N., & Schlick, C. M. (2011). Fitts' law in bivariate pointing on large touch screens, Age-differentiated analysis of motion angle effects on movement times and error rates Universal access in human-computer interaction. Users diversity (pp.620-628), Springer.
Wang, J., Zhai, S., & Su, H. (2001). Chinese input with keyboard and eye-tracking, an anatomical study. Proceedings of the SIGCHI Conference on Human Factors in Computing Systems (pp.349-356). ACM.
Wobbrock, J. O., Rubinstein, J., Sawyer, M. W., & Duchowski, A. T. (2008). Longitudinal Evaluation of Discrete Consecutive Gaze Gestures for Text Entry. Proceedings of the 2008 symposium on Eye tracking research &

applications. pp. 11 - 18.

Wolpaw, J. R. (2007). Brain-computer interfaces (BCIs) for communication and control. Proceedings of the 9th international ACM SIGACCESS conference n Computers and accessibility (Vol. 57, pp. 521 - 529). ACM.

Worden, A., Walker, N., Bharat, K., & Hudson, S. (1997). Making computers easier for older adults to use, Area cursors and sticky icons. Paper presented at the Proceedings of the ACM SIGCHI Conference on Human factors in computing systems.

Yu, C., Shi, Y., Balakrishnan, R., Meng, X., Suo, Y., Fan, M., & Qin, Y. (2010). The satellite cursor, Achieving magic pointing without gaze tracking using multiple cursors. Paper presented at the Proceedings of the 23nd annual ACM symposium on User interface software and technology.

Zhang, Y., & Rau, P. L. P. (2015). Playing with multiple wearable devices: exploring the influence of display, motion and gender. *Computers in Human Behavior*, 148 - 158.

6 人计算机交互

计算机的发明和普及是人类整个文明发展过程中的一个非常重要的里程碑。计算机不仅推动了整个产业界的革命,也造就了人类思想的飞跃。从 20 世纪 40 年代出现计算机以来,计算机的软件界面已经从最早的命令式语言界面发展到现在的图形化操作界面,而硬件界面也由最早的完全依赖键盘、显示器发展到现在各种各样的输入设备(如鼠标、轨迹球、语音输入等)及输出设备(如大屏幕投影等)。基于计算机科学、心理学、人体测量学、语言学、社会学等多个学科的研究成果,人计算机交互(human computer interaction, HCI)是专门研究人和计算机的交互的学科,是工程心理学在其发展过程中衍生发展出来研究分支。人计算机交互的研究始于20世纪70年代，其主要的研究目的是优化计算机软件界面系统，使用户可以高效、方便、无误而且健康地使用计算机系统。

本章主要论述的是和人计算机交互及其相关的研究。本章第一节(6.1节)讲的是菜单、命令语言、填空式等诸多界面中人的因素研究。第二节(6.2节)讲的是协同工作、虚拟和网络等界面的研究。第三节(6.3节)讲的是自适应界面，论述的是自适应这种具有智慧特征的人计算机交互界面的相关研究。第四节(6.4节)讲的是键盘、鼠标、轨迹球等硬件设计中的人的因素研究。第五节(6.5节)是专门请中科院心理所朱廷劭研究员等写的关于手机使用行为和心理特征方面的研究，尽管这些研究与本章中以人计算机界面优化及其设计的研究有所不同，但是对开拓人计算机、人机界面交互研究有着非常重要的意义。最后一节(6.6节)展望了人计算机交互这个领域研究的未来。

应该说在人计算机领域中，近年来新兴的自然交互研究还有许多，比如手势识别、3D沉浸式界面(3D immersive interface)等。由于出版时间要求和版面的限制，本章中没有包括这方面的内容。希望在本书再版的时候，能把这些内容添加进去。

6.1 菜单、命令和对话等界面[①]

人计算机交互的研究开始于菜单、命令语言、填空、对话和直接操纵等早期传统人计算机界面的研究。

6.1.1 菜单界面

菜单界面(menu interface)是通过向用户提供多个备选对象，来完成特定任务的人计算机交互界面。目前windows系统的主流信息架构就是通过菜单构建的，其特点是易学、易用、无须记忆，并有良好的纠错功能，但效率不高，变通性较差，适合那些操作动机水平较低、操作能力较低、且在工作中也不常用计算机的用户操作使用。

目前，菜单人计算机交互的研究主要集中在菜单深度和广度结构、菜单选择项的顺序组织等方面。

菜单结构中菜单呈现方式是影响使用者操作绩效的一个重要因素，有研究表明，不同菜单的呈现形式对操作用户的操作绩效和主观满意度都有一定的影响(Quinn, 2008)。

---

① 本部分参照：葛列众，李宏汀，王笃明.(2012).工程心理学.北京：中国人民大学出版社.

除了呈现形式，菜单结构中的深度与广度两个重要参数对用户的操作也有明显的影响。其中菜单深度指菜单层次数目，菜单广度指同一层次上菜单项的数目。2012年，葛列众等对语音菜单的深度与广度进行了较为系统的实验研究，确定了语音菜单中最为合理的广度与深度配置(葛列众等，2012)。此外，葛列众等(2008)也研究了菜单结构对语音菜单系统操作绩效的影响。他们的实验结果表明：不同菜单结构对语音菜单系统操作绩效有着明显的影响，当语音菜单项数目一定时，适度提高菜单结构广度比增大深度更能提高系统绩效。(在本书的4.3.3节中，对语音菜单相关研究已有过类似的介绍。)

菜单选择项的顺序组织指的是同一层次画面中各菜单选择项在屏幕上呈现的排列顺序。通常，选择项的顺序组织有固定式和自适应式两种。固定式顺序是指菜单顺序按照一定的原则进行安排，在用户操作过程中菜单的顺序保持不变。菜单顺序通常按照习惯、使用频率、选择项的概念范畴和各选择项首字母顺序排列组织。此外，自适应顺序是指由计算机自动根据用户操作来判断用户需求并对菜单项进行重新排序，以适应操作用户的操作特点。通常，根据用户的操作频率以及最近的一次操作来进行自动排序是采用的最多的一种形式。有关自适应菜单和固定式菜单之间的绩效差异，不同研究者的研究结果存在一定的争议，有研究发现自适应菜单的操作绩效显著优于固定菜单(Greenberg & Witten, 1985)。2010年，胡凤培等对语音菜单的固定和自适应顺序进行了研究。他们的实验共有16名被试参加，被试的操作任务是词语归类。研究结果表明：自适应模式语音菜单系统的系统绩效比固定模式语音菜单系统的操作绩效更好。根据实验结果，他们认为在一定条件下语音菜单选择项越多采用自适应设计越能提高语音菜单系统绩效。但是，也有研究表明，固定和自适应这两种菜单的操作绩效没有显著差异(Sears & Shniederman, 1994)。而王永跃等(2004)的研究表明：这两类菜单在绩效上的差异还受到用户的不同认知风格的影响。王永跃的实验研究了操作者场独立性水平高低对固定和自适应菜单操作绩效的影响。他们的研究结果表明，不同场独立性水平的被试的固定菜单操作绩效不存在显著差异，而场独立性水平高的被试的自适应菜单操作绩效要显著好于场独立性水平低的被试。自适应技术也可以通过与传统菜单方式结合达到较优的设计，王璟(2011)就利用自适应的技术对手机菜单进行了改进，并考察了这种优化的菜单对不同认知风格的使用者操作的影响。

随着信息复杂性以及图形化用户界面的发展，原有的菜单已经无法完全适应用户的操作需求，因此出现了各种对传统菜单的改进设计形式，其中主要包括跳跃式菜单、鱼眼菜单等。

跳跃式菜单(jumping menu)是指当用户点击第一层的菜单时，鼠标自动跳跃到打开的第二层菜单的第一个菜单项上。采用跳跃式菜单的主要优点是用户只需在垂直方向上移动鼠标选择，减少了用户平移点击鼠标的操作，提高了点击效率(Ahlstroem 等，2006)。

鱼眼菜单(fishes menu)最早是由贝德森(Bederson)在 2000 年提出的，该菜单可以动态地变换菜单条目的尺寸，将鼠标所在区域放大。这样便可以在一个屏幕上显示并操作整个菜单，而无须传统的按钮、滚动条或分级浏览结构。鱼眼菜单既着眼于整体，又聚焦于具体，使整体和局部达到了比较完美的统一，适合用来浏览条目比较多的菜单。张丽霞等(2011)对鱼眼菜单进行了可用性测试，实验结果表明，鱼眼菜单的布局方式能够使得用户更方便地发现目标菜单项，但实验同时也发现了鱼眼菜单本身的不足，即在选择目标菜单项时较为困难。基于实验结果，他们对原有鱼眼菜单进行了改进，设计了粘滞式鱼眼菜单。随后也有研究者对鱼眼菜单做了许多不同的改进(葛列众，孙梦丹，王琦君，2015)。

菜单作为计算机界面信息架构的一种主要形式应用十分普遍，但作为新型的信息架构形式的图符界面正逐步兴起。例如，ipad 等平板电脑中就普遍采用这种信息构架的形式。在图符界面中，各种软件功能(或者应用)都用特定的图符表征，并排列在特定的页面上，用户可以在页面上查找各种功能和应用的图符，并用鼠标点击，执行该功能或者应用。图符界面具有扁平特征，即：每一个页面上有较多个图符(相对于菜单结构，其广度较大)，而显示图符的页面通常较少(相对于菜单结构，其深度较浅)。操作用户查找一个代表某种功能的图符的操作步骤通常较少。

以菜单为基础，开发新的信息架构的形式，研究其特点和规律将会是未来人计算机界面研究的一个非常重要的领域。

6.1.2 命令和填空界面

命令语言界面

命令语言界面(command language interface)也被称为字符用户界面。这种界面是通过专门设置的人工命令语言来实现人机交互的界面，其优点是功能强，灵活性大，运行速度快，效率较高；缺点是人工命令语言较为复杂，不易掌握，容易出错，用户的记忆负担较重。通常，命令语言界面只适于具备专门知识的计算机专家或专业操作人员使用。

命令语言界面的人机界面研究主要集中在 20 世纪 80 年代。研究的主要问题有：命令语言界面语义表达方式和词汇及句法设置中的人的因素问题。

命令语言界面语义表达方式的人的因素问题主要涉及到如何表达命令语义，有丰富化和简约化两种不同的命令语言表达的方式。丰富化语言是用较多的基本命令语言来完成较多的功能操作,例如,除了"Select all"、"Delete"外,还有专门的"Delete all"命令可以完成删除某目录下所有文件的操作。简约化语言则用相对较少的核心语言来完成较少的特定功能操作,较为复杂的功能操作则通过不同的命令组合来完成,例如,只能通过组合"Select all"和"Delete"两个命令来完成删除所有文件的操作。丰富化语言的优势是命令丰富,操作效率高,但是操作者的记忆负荷很高。简约化语言虽然对记忆要求不高,但由于要通过命令组合完成复杂操作,所以其效率较低。

有研究者(Kraut 等,1983)通过对 170 名专家用户使用 UNIX 系统的现场观察发现,在全部的 500 条指令中,只有约 20 条命令是常用的,70%是几乎不用的;其次,操作者的错误主要集中在词法错误(如命令名输入错误等)和句法错误(如缺少标点符号等)上。可见,语言的过于丰富化会导致操作界面的复杂化并影响用户的操作绩效。如何在命令语言的丰富化和简约化之间取得平衡,应根据实际的应用情况进行慎重考虑。

命令语言界面的词汇设置会涉及命令语句词汇的命名和简略词的表达等问题。词汇命名应该使词汇具有确定的含义,并与人们的语言习惯保持一致。例如,汇编语言中的通用数据传送指令"交换"的指令是"XCHG",从单词"EXCHANGE"(交换)缩略而来,用户对它的记忆可能就没有直接取其前四位"EXCH"容易。

结构化语言和自然性语言式是命令语言界面的句法设置中的两种典型设计。结构化语言是使用人为确定的参数和标点组织各种命令语句,表达一组完整的操作,其特点是语言精炼,具有较好的结构层次。自然性语言式是模仿自然语言的句法,以完成相应的功能,其特点是便于学习和记忆。有研究者(Ledgard 等,1980)用实验比较了使用结构化语言和自然性语言式的操作绩效。他们的实验结果表明:无论用户是专家、熟手还是新手,在使用自然性语言句法时的操作绩效都要优于结构化语言。因此,在命令语言的句法设计中,应注意句法的自然性。

国内研究者张东峰(1999)基于以往的研究,提出了以下命令语言界面中命令语言的设计原则:

- 命令语言设计要符合用户的专业水平和使用要求。
- 合理组织系统的命令集及层次安排,如按照系统逻辑功能对命令进行分类。
- 选择易记、不易混淆的用户熟悉的术语或短语作为命令语。
- 使用一致的命令格式,如可把同一类命令参数放在相同位置上。
- 使用的命令串应尽可能简短。
- 可以对命令参数设置缺省值,当用户未键入时,可使用系统指定缺省值。
- 提供必要的命令语言环境的用户使用手册和联机帮助功能。
- 对频繁使用的系统命令定义功能键。

- 允许用户使用不同方法输入命令，如命令可用全名或缩写。
- 如命令语言不易用或用户常出错，应提供其他替代性人机交互界面。

虽然现在图形化界面已经成为了界面设计的主流，但命令语言式界面以其高效、灵活的优点，依然在人机交互设计中占有着重要的地位。

填空式界面

填空式界面(fill in forms interface)指通过操作用户在格式化的信息域内按要求填入适当内容来完成人机交互任务的界面形式，其优点是可以充分利用屏幕空间输入各种类别不同的信息内容，但容易出错。

填空式界面中操作用户的操作绩效受到填空界面组织和设置、信息域的设计、提示和说明、引导和出错纠正等多种因素的影响。

通常，在填空界面的组织和设置上应根据用户操作任务的不同，按照信息域的语义关联、用户的操作顺序或者各信息域的重要程度将各种信息域分组呈现，而且应尽可能把内容上相互关联的信息域呈现在同一个显示画面上。刘艳(2014)提出在对界面元素进行布局时，一般应采用三列表格形式进行布局，其中第一列为标签，第二列为表单元素，第三列为对表单元素填写的说明。另外，各个信息域在显示屏上的排列应考虑平衡和对称，组与组之间采用空白区域、线条、颜色或其他视觉线索加以区分。

填空的信息域指的是需要操作用户填写相关内容的空间。在填空界面上通常会用方格等界定。通常，信息域的对齐方式应根据不同的情形选择，若标题字符(或其节略语)长短相差不多，或者使用者是经常性用户，那么纵向排列的标题应采用左对齐，否则可考虑采用右对齐；若信息域要求输入的是数字，那么在输入过程中，数字应该是左对齐，但输入完成后，数字呈现时则应考虑右对齐或小数点对齐。填空信息域中字符的数量往往有一定的限制，应该采用设置括号、短划线等方法让用户了解信息域中可以输入的字符数量。有时还可以直接通过反馈的方式告诉用户还可以输入的字符数。

在填空界面中，输入内容的提示和说明应注意提示应该简短明确。对计算机新手，或者信息输入有些特殊的规定时，就有必要采用提示。提示的位置可以在信息域的右边，也可以放在显示屏的底部。

填空的引导一般来说是通过光标自动在不同信息域间的移动来进行的。当同一显示屏上有多个信息域时，通过填空引导的优化设计可以帮助用户方便地逐个完成每个信息域的信息输入操作。对于填空的引导应该注意以下几点：

- 信息输入开始时，应将信息输入引导的光标放置在第一个要求输入信息的信息域的起始点上。

- 引导信息输入次序的光标移动应该是自左向右,逐行进行。
- 引导信息输入的光标不能移到非编辑区域。
- 如果信息域输入信息的长度固定,对有经验的用户,可采用自动表格键技术。
- 如果有多页信息输入,在显示屏上要标出页码和标题。

在填空信息输入出错时,有效地纠正错误将提高人计算机之间的操作绩效。填空的错误处理可以分为两大类:一类是预防性的输入错误处理;一类是纠正性的输入错误处理。前者是在用户输入前或输入过程中进行实时错误处理,比如,如果出生日期中只能输入数字,当系统检测到用户输入非数字或者数字格式不符合规则时,禁止错误信息出现在填空区域中。纠正性的输入错误处理是指当用户输入完后,系统给予错误输入的提示,并告知相应的修改方法。同时系统应把指示光标放在出现错误的信息域中,并把该信息域用突显显示,以便于用户及时发现、纠正。

出错信息的内容对用户操作有着明显的影响,为了比较新手用户对三种不同的出错信息方式(复杂的出错信息、简单的出错信息、没有出错信息)的偏好,Zajicek 等(1990)研究了复杂的出错信息、简单的出错信息和没有出错信息三种条件下,出错信息对计算机新手操作的影响。研究结果显示:相对于没有出错信息和复杂的出错信息,操作用户更偏好简单的出错信息。此外,Tzeng 等(2006)研究了被试对积极的致歉式出错信息(比如使用与该网页有关的玩笑)、消极的致歉式出错信息(比如简单的道歉)以及机器式的出错信息(比如直接报告错误代码)等三种不同内容的出错信息的偏好程度。他们的结果发现:被试对不同类型出错信息的偏好受到个体差异的影响,如日常生活中偏好礼貌的被试更偏好致歉式的出错信息。

出错信息呈现的方式也会对用户操作有着明显的影响。Bargas-Avila 等(2007)以填写 Web 表单形式的在线问卷为任务,比较了使用即时呈现和提交时呈现的出错信息时用户出错的次数、填写所需要的时间以及主观评价等各个指标。他们的结果表明被试更偏好页面在提交时同时呈现所有的出错信息。基于此研究,研究者还提出了"表单填写模型理论"。

6.1.3 对话和直接操作界面

对话式界面

对话式界面(dialogue interface)是兼有菜单和填空界面两者特点的一种界面。通常由系统使用类自然语言式的指导性提问,提示用户进行回答,用户的回答一般通过在几个备选选项中进行选择来完成。

对话式界面的优点是简单明了,易学易记,用户每次的输入操作都非常明确。但其缺点是效率较低,灵活性较差,用户需要按照事先指定的顺序和内容完成交互。针对这个问题,目前已经有大量的自适应系统应用于对话式界面设计。这种自适应的对话系统能够根据用户对前面问题的回答自动调整后面需要回答的问题,以提高界面交互效率。

在向导式对话界面中还需要注意提供给用户在不同页面中灵活进行切换的选择,对于较长的问答,需要有较为明确的导航信息为用户提示当前操作所处的阶段。

直接操作界面

直接操作界面(direct manipulation interface)最初是由英国人计算机交互研究专家施内德曼(Shneiderman)于 1983 年提出的。通常,在直接操作界面中,计算机用户可以对看得见的对象进行直接的操作,而不是像在命令或菜单界面中那样通过中介的代码(计算机命令语句、图符或者菜单选择项)间接地进行操作。直接操作界面具有易学易记、简单明了、灵活、出错率低等优点,但其缺乏自我解释,而且会占用更多的屏幕显示空间。如果用户学习计算机的积极性较差,不常使用计算机,击键技能较差,有一定的使用其他计算机系统的经验,那么就适合操作直接操作界面。

以往的研究者对直接操作的有效性及其影响因素做了不少的研究。

许多研究者比较了用户在几类不同界面中的操作绩效,如 Margono 和 Schneiderman(1993)采用基本文件操作任务比较了 MSDOS 命令式界面和麦金托什直接操作界面的操作绩效。他们的实验结果表明:麦金托什界面使用者完成操作任务更快,错误更少,而且使用满意感也较高。有研究者(Te'eni, 1990)采用涉及决策的任务比较了非直接操作界面(数据输入到表格,然后显示在散点图上)和直接操作界面(数据直接输入到数据图中)的操作绩效,也得到了类似的结果。

此外,研究者也对直接操作界面的有效性提出了解释。比如,有研究者(Hutchins 等,1985)认为,"参与"和"距离"是解释直接操作界面效应的两个最主要因素。其中,"参与"涉及用户在操作计算机完成特定任务时自我参与的感受。高参与度的界面会让用户感受到是他自己,而不是计算机在完成一项确定的任务。"距离"因素包括两种不同的类型:一是语义距离(sematic distance),即用户的期望与界面上的语义对象和操作之间的差异程度。二是关联距离(articulatory distance),包括:(1)直接操作形式与物理操作形式之间的差异,例如,输入一个命令语句和一个对象名与直接在该对象上进行操作相比,关联距离更大。(2)直接操作形式与系统输出之间的差异,例如,某种操作的结果在操作的对象上通过可视的形式表现出来,可以大大地减小关联距离。

另外,直接操作界面的优越性也受到操作任务、用户经验等其他因素的影响。有研究者(Gould 等,1988,1989)通过实验表明:对于简单的单个数据输入,填表式输入技术要优于直接操作式输入;但是,对于输入任务复杂,输入中容易出现拼写错误或要求在众多的可输入中选择特定的输入项时,采用直接操作式输入显然有着明显的优越性。另外有研究(Benbasat & Todd, 1993)表明:在开始操作时,直接操作界面的作业绩效要优于菜单式界面,操作反应时较短,但随着操作次数的增加,两者反应时的差异逐渐消失。

6.2 协同工作、虚拟和网络等界面①

6.2.1 协同工作界面

计算机支持的协同工作(computer supported cooperative work, CSCW)的概念最早是在1984年由美国的艾琳·格里夫(Irene Grief)和保罗·卡什曼(Paul Cashman)提出的,主要关注人们在一起共同工作的方式以及通过计算机系统和界面的设计,帮助人们在该方式下更好地进行协作工作(董士海等,1999)。

可以从时间和空间维度把CSCW分为以下四种不同的工作方式(朱祖祥,2003):

- 面对面同步对话。在同一地点同一时间进行的同一任务合作方式,如共同决策、室内会议等。
- 同步分布式对话。在不同地点同一时间进行的同一任务的合作方式,如电视会议、联合设计等,微软开发的NETMEETING软件就是一种同步分布式对话系统。
- 异步对话。在同一地点不同时间进行的同一任务的合作方式,如制定项目进度、协调工作等。
- 异步分布式对话。在不同地点不同时间进行的同一任务的合作方式,如电子邮件、电子公告牌(BBS)等。

CSCW以网络为基础,多个用户无论在何时何地都可以彼此合作完成同一任务,而且,多个用户可实现信息共享,促进了生产效率和协作创新能力的提高,但是,由于CSCW的工作方式和传统的用户单个计算机工作完全不同,就目前的CSCW发展水平来看,至少还存在以下问题(向勇等,2006):不能形成一个很好的支持人们实际协作过程的协作系统,协作技术与协作需求间还存在一定的间距,目前的协作应用系统在易用性和灵活性等方面还不能满足社会协作活动的需求。

CSCW的人因素问题主要有两个方面:一是多用户交互的界面设计问题,需要解决的问题包括给用户呈现的信息内容与方式;二是多用户交互沟通的设计问题。

① 本部分参照:葛列众,李宏汀,王笃明.(2012).工程心理学.北京:中国人民大学出版社.

针对以上的两个问题，以往的研究者们在界面耦合性、协同感知与人际沟通三个层次开展了相关研究。

界面耦合性

界面耦合性表示了群体信息共享的程度，一般可以分为三个不同的层次(马先林，林宗楷，郭玉钗，1997)：

- 紧耦合。每一个用户看到的是同一信息的同一显示，当这一表示发生某种变化时，所有的显示都要更新，即常说的WYSIWIS(你所见即我所见)。
- 中等耦合。每个用户拥有相同的共享信息，但表示方法可以不同。比如对同一批数据，同一时刻不同用户可以采用不同的界面形式与之交互，有的可以采用表格形式，有的可以采用曲线形式。
- 松耦合。每个用户拥有不同的信息，但具有相同的目标。比如在共享编辑器中，几个用户可以同时编辑同一文档的不同部分。

由于用户的知识、角色和性格各不相同，不同的用户可能偏好不同的界面形式，甚至对于相同的信息也有不同的表现要求，因此，人与人交互界面应该支持多种耦合方式，供用户选择。

协同感知

协同感知(collaborative awareness)是指在一个好的多用户交互界面中，每个用户既能实时感知群组中的最新信息，同时其自身的活动又不能受其他用户的活动的干扰。在单用户的人机界面中，由于只有一个用户控制应用，该用户屏幕上的任何变化都与其动作有关，因此他能解释屏幕上所发生的任何变化。而在多用户交互界面中，由于用户通常并不知道何时何种情况下别的用户会产生一个新的动作，因此，他可能会对屏幕上因其他用户的动作带来的显示的突变感到惊讶。

因此，在人与人交互界面中，在不影响实时响应的前提下，应研究如何自然地将一个用户动作通知到其他用户。这包含三个层次的内容：一是看到其他用户的操作动作及操作结果；二是听见其他用户的声音；三是看到其他用户的嘴、眼及头等器官的动作和面部表情。比如，要求执行操作的用户在操作前用语言通告其他用户将执行的操作，让其他用户有心理准备或者采用多光标技术，支持操作过程中多个成员的光标同时显示在屏幕上，并用不同的标识信息加以区分。

人际沟通

CSCW中的人际沟通(interpersonal communication)是一个非常棘手的问题。有研究表明，CSCW中群体信息的共享意愿就受到个性、角色内行为知觉、共享制度、信任和沟通网络畅通性等众多因素的影响(邵艳丽，黄奇，2014)。而且，就目前的计算机技术发展来看，社会行为的复杂性使得CSCW界面在很多时候并不能较好地满足人际交往需求(Ackerman, 2000)。在CSCW系统中,体态语言往往会缺失或导致误解。例如,在日常会话中,通过直接的眼神接触,可以得到对方对会话内容感兴趣、混淆不清或不感兴趣等重要线索。在CSCW系统中,虽然安装摄像系统可以使用户彼此间能看见对方,但是当把摄像机放在监视器上方时,用户双方在屏幕上实际知觉到的对方的眼神往往是"向下看"的,这很容易导致误解,以为对方对自己说话的内容不感兴趣,或鄙视自己等等。另外,当系统或网络响应时间过慢时,也容易造成人与人之间沟通的困难,因此,设计一个能反映人与人之间良好交互的CSCW系统环境是提高CSCW效率的一个很重要的方面。

目前,CSCW主要应用在军事、远程教育、医疗和科研和办公自动化和管理信息系统等各个领域。

6.2.2 虚拟界面

虚拟现实(virtual reality, VR),始于1989年,由VPL Research公司的奠基人兰尼尔(Jaron Lanier)提出。现在的虚拟显示主要是指由计算机生成的,利用计算机和电子技术产生逼真的视、听、触、力感觉,通过头盔显示器和数据传感手套等一系列传感设备辅助实现的模仿现实环境的三维人造虚拟系统。

虚拟现实界面中的人因素问题主要是以如何提高用户在虚拟现实系统中的沉浸感为出发点的,而实现这一目的需要考虑人的视觉听觉等各种感知觉的信息处理的特点。

在视觉上,首先必须解决的是深度知觉和运动知觉问题,也就是如何在虚拟现实中应用人们真实生活中的通过物体重叠、相对大小、相对高度、光影、相对清晰度、运动视差、双眼视差等单眼和双眼线索产生各种物体的立体知觉和深度知觉的原理,给用户产生真实的深度知觉。心理学家里克(Riecke)等使用虚拟现实的方法研究表明,虚拟现实的真实感可以在真实的移动与虚拟的移动之间建立直接的联系,使被试产生如同真实场景下行走的感受(王雯,王国强,2008)。

听觉也是决定虚拟现实系统沉浸感的重要因素,其中主要解决的是人在运动时虚拟空间里声源的精确定位问题。虚拟听觉重放(virtual auditory display),也称为虚拟声(virtual sound)或3D声(3D sound)是近20年发展起来的新技术,它利用与头相关的传输函数(head related transfer function, HRTF)进行信号处理,模拟出声波从声源到双耳的传输,从而在耳机或扬声器重放中虚拟出相应的空间听觉(谢菠荪,2008)。

虚拟世界中需要解决的还有本体感觉(人对自身机体所处状态的感觉)和触觉反馈问题。人乘坐电梯上升或下降时,身体有突然"下沉"或"上飘"的感觉,就是典型的本体感觉。触觉反馈则涉及摸、压、烫、痛等各种皮肤感觉问题。有研究者(Penn，2000)研究了在虚拟环境中物体质地的触觉感受特征，认为触觉感觉信息和本体感觉信息的联合在VR中可以有效地提高虚拟现实的沉浸感。

运动视觉是制作活动画面的视觉机制。在虚拟现实中，随着人眼视点的变化，整个虚拟世界的画面也应当有相应的运动变化，此外，味觉感知、嗅觉感知等在虚拟现实界面的设计中也有不少的应用，这也是比较热门的话题。

从20世纪80年代开始，虚拟现实技术的应用领域和交叉领域变得非常广泛，归纳起来这些应用主要有军事、航天航空、商业、制造业、娱乐和医疗等领域(柳菁，2008)。

6.2.3 网络界面

随着信息技术的发展，以网络为中心的用户界面(net user interface)已经成为目前计算机最主要的应用。在传统桌面计算机应用中，计算机完成的任务以计算和文本处理功能为主，即用户发出明确的指令，由计算机负责将运算结果反馈给用户。但是，在网络应用中，由于普遍采用CS客户机/服务器(client/server)的模式进行工作，一方面在互联网上的一些被称为Web信息服务器的计算机上运行着Web服务器程序，它们是信息的提供者；另一方面，在用户的计算机上运行着各式各样的Web客户机程序，它们是信息读取工具，用来帮助用户完成各种信息操作。

随着Web应用的深入，网络用户界面中的人因素问题也变得日益重要起来。良好的网络用户界面能够使用户更加方便和快捷地获取需要的信息或者完成预期任务，而设计不合理的界面会给用户使用网络服务造成障碍和不便，导致用户产生挫折感，甚至无法完成任务。近年来，已经有大量有关网络界面的人因素问题的研究。下面将对这些网络用户界面中的人的因素问题的相关研究进行介绍。

网络界面的迷路问题

迷路(disorientation)问题的出现与网络用户界面的超文本浏览方式密不可分。所谓超文本系统是以类似数据交互联系网的方式组织信息，即先按内容将信息划分成一个个线性单元(称为节点)，然后按各单元之间的语义关系(称为链)联成网络(蒋培，1996)。超文本设计符合人类联想思维的特征，使读者能自由选择阅读顺序，灵活组织信息和快速检索所需资料。但是在方便用户阅读和掌握知识的同时，超文本系统也存在一些局限性，迷路是其中最重要的问题之一。

所谓迷路是指用户在游览信息网络时，不知道自己身处何处，如何达到目的地，或者在游览时因多次跳转而偏离学习或搜索主题。在检索和阅读超文本信息时，用户经常要在多层交互联系的各个线性文本之间频繁跳转，例如，当用户对某个文档内容不清楚或需要获得更全面的资料时，就会跳转到参考文档，当用户对当前文档不感兴趣时也会跳转到其他文档，而在跳转过程中，用户也可能被无关文档所吸引而耗费一定时间，甚至偏离主题，从而导致工作效率降低或失败(张智君，2001)。

提供导航辅助是目前解决迷路问题的最重要途径。解决迷路问题的常用技术有结构导航和概念导航两种。

结构导航主要通过将超文本信息系统中的节点及节点之间的关系以局部或全局视图的方式显示出来，使用户对节点内容、节点之间的关系、超文本系统的整体轮廓、当前所处的位置以及所经历的游览路线有清楚的认识，并可相应地选择跳转方向和目标节点。结构导航一般采用主节点、历史记录、书签、回溯指针、地图、Focus + Context 等方法。

主节点技术简单来说就是给用户一个快速返回初始点的途径或按钮。当用户迷路时可以直接返回到初始节点，从而摆脱混乱。

历史记录技术可以跟踪用户在信息网络中的游历过程，逐一记录用户访问的节点，通过对历史记录中的节点进行选择，用户可以返回访问过的任意位置。

书签技术通过对节点定义书签，以备以后用户可以直接访问该节点。不同于历史记录的是，历史记录只是对当前浏览过程的记录，而书签若不是由用户主动删除，则将作为永久的记录(冯成志，贾凤芹，2002)。

指针回溯技术包括依次回溯(一次只能回溯一步)和跳跃回溯(可以任意回溯)两类。当用户在进行由浅入深的浏览时，会在节点间形成一条导游线路，当用户处于导游线路上的任何一点时，都可以使用回溯指针转换到已经阅读过的内容。

Focus + Context 信息可视化技术是指能够使用户在浏览大量信息的过程中既看到感兴趣的细节，同时又了解当前细节与整个背景信息之间的关系，从而缓解用户对信息的记忆负荷，增强交互的控制感。有研究(葛列众等，2007)表明，在注册流程页面中采用 Focus + Context 技术可以在一定程度上解决注册系统中缺乏背景信息的导航性问题，从而缓解用户的记忆负担，最终给用户带来积极的操作感受和较高的满意度。

概念导航是一种以用户为中心的导航技术。其主要原理是通过对用户的游览行为，如游览过的文档、在每个文档上停留的时间、跳转的关键字等进行分析和追踪，来判断用户感兴趣的概念，形成一个代表游览意图的概念空间，并围绕该概念空间安排提示和引导。常用的概念导航技术包括文档分析方法、分层结构化方法和基于查询的搜索方法等。

性别差异与网络用户界面

从 20 世纪 80 年代开始，已经有研究者对不同性别的用户在使用计算机时的绩效差异进行了研究。这些研究大多数都支持了在使用计算机时，与女性相比，男性用户的焦虑程度较低、绩效较好（Young, 2000）。随着网络的应用越来越广泛，也有许多研究开始关注在网络使用上的性别差异。其中，性别在网络用户界面上的差异主要表现在导航模式和网络态度方面。

导航模式

有研究者（Large 等，2002）比较了不同性别儿童被试使用网络时在信息提取方面的差异，研究发现男性儿童在网络浏览中更加积极主动，会点击更多的超链接，在网页之间的跳转频次也更高。同时，男性儿童更喜欢使用搜索引擎来进行信息提取，并且相对于女性儿童收集到的信息也更多。同样，其他研究者（Roy 等，2003）也发现，在导航风格上，男性更喜欢用一种非线性的跳跃方式来浏览页面，而且跳跃频次更高。

同样，在迷路问题上，也有研究表明，在进行互联网检索的任务时，女性相对于男性来说更容易迷路，对操作的控制感的评价也较低（Ford 等，2001）。

不过，并不是所有的研究都得到了一致的结果，比如有研究（Lorigo 等，2006）采用眼动技术发现，在使用 Google 搜索时，女性被试更加喜欢跳回到搜索的摘要页，而男性被试更喜欢采用线性顺序。

对网络的态度和知觉

在对网络交互过程的态度上，有研究（Jackson 等，2001）表明，女性自我焦虑评价程度更高，对使用网络过程中的自我效能感也较低。另外，类似研究（Liaw 等，2002）也表明，针对网络使用，男性的态度更加积极。

然而，也有结果表明，不同性别对网络使用的态度并没有显著差异或者结果相反，比如有研究（Kim 等，2007）发现，在进行旅游相关信息的检索任务中，女性被试表现得更加积极。

从目前研究现状来看，不同性别被试在网络使用上，无论是在导航模式还是网络态度上还是存在一定的差异，但是这种差异也取决于具体的任务类型。对于网络界面设计来说，这提示我们在网络使用中为不同性别用户提供的信息支持应该有所不同。

用户经验与网络用户界面

用户经验包括两个方面，即有关互联网工具的经验和信息检索内容方面的经验。已经有研究表明，用户经验对被试使用互联网的绩效、策略等均有显著影响（Shih 等，2006）。

基于网络的学习

基于网络的学习是互联网重要的功能和服务。研究表明，不同的用户经验对不同文本结构和导航工具的使用绩效有显著影响。有研究者(Mcdonald & Stevenson, 1998a)比较了线性层次结构、非线性结构、混合型结构三种超文本结构使用上的绩效差异,结果表明,无知识经验的被试在浏览和导航任务中,使用混合型结构均要好于非线性结构。而也有研究(Calisir & Gurel, 2003)表明,层次结构对于无知识经验的被试最为合适,这可能是由于层次性结构可以给被试提供更为清楚的内容组织结构。

层次地图和字母索引是采用的较为普遍的网络学习导航工具,研究也发现,不同的导航工具对不同经验的用户效果也不同。比如有研究(Mcdonald & Stevenson, 1998b)发现,对于无知识经验的被试来说,采用层次地图导航的绩效要好于内容列表。同样,也有研究(Potelle & Rouet, 2003)考察了导航工具对网络学习中被试知识理解的影响,发现层次地图可以帮助无知识经验的被试建立学习内容的整体结构,从而提高其学习绩效。研究者认为,层次模型不但可以提示文档的组织结构,还反映了学习内容的概念结构(即不同知识点之间的关联),这一点对于无知识经验的被试来说尤为重要。

网络搜索

不同经验的用户在网络搜索上的差异主要表现在搜索策略、搜索绩效等方面。在搜索策略上,有研究(Tabatabai & Luconi, 1998)发现,有经验的被试会使用更多的关键词,而无经验被试更多地使用"Back"按钮,而且更容易遗漏重要网站。在搜索绩效上,也有研究(Aula & Nordhausen, 2006)采用了两类网络搜索任务:事实性搜索任务(通过搜索找到某个明确的答案)和开放式搜索任务(需要找到和检索任务相关的三个文档),发现虽然在查找事实任务中,不同经验的被试并没有表现出显著差异,但是在开放式搜索任务中,有经验的被试明显花费的时间更少,效率更高。

认知风格与网络用户界面

在网络界面使用中,认知风格也是一个不容忽视的因素。有研究(Graff, 2003)比较了不同认知风格的被试在阅读长篇幅和短篇幅网页内容时的绩效差异,结果发现,场独立性被试在长篇幅网页学习中分数更高,而场依存性被试在短篇幅网页学习中分数更高。

在网络学习方式的偏好方面,有研究(Lee 等,2000)发现,场依存性被试更喜欢采用线性顺序学习,而场独立性被试更喜欢采用非线性顺序的自由学习(被试可以自己选择学习顺序)。而在使用导航工具上,也有研究(Chen & Liu, 2008)表明,场独立性被试更加偏好采用搜索引擎和字母列表索引方式找到节点内容,而场依存性被试更加喜欢利用地图的方式。

在网络搜索上,虽然国外大多数研究都表明,认知风格对网络搜索策略、搜索绩效都有显著影响,比如有研究(Kim 等,2004)表明,场依存性被试在进行网络检索时会进行更多的搜索尝试,而且会使用更多的检索符号(如 and、or 等)来帮助检索,但国内研究大多数都没有发现这种差异(张智君等,2003;张智君等,2004),因此,有关认知风格对网络搜索的影响还需要进一步深入研究。

6.3 自适应用户界面[①]

6.3.1 概述

通常,涉及到人计交互的适应性用户界面有两种形式:一种是可适应用户界面(adaptable user interface);另一种是自适应用户界面(self-adaptive user interface)。可适应用户界面在人计界面软件的设计、制作阶段中,是通过两种途径来增加界面的适应性的。第一种途径是增加软件系统各种操作的多项选择来提高计算机用户的操作自由度。例如,对同一"文件拷贝"的命令操作,可用鼠标选择菜单选择项逐步完成,也可以在键盘上输入特定的快捷键组合完成。第二种途径是设置某种功能,让用户自己修改或者定义计算机界面的特征来提高界面的适应性[②],例如,增加或修改特定的快捷键组合,以完成特定的操作。可适应用户界面增加了操作的多种选择和软件界面本身的修改或者定义功能,无形中也增加了软件设计的难度,占有了过多的计算机内存,同时也增加了操作者本身的工作负荷。但是,由于可适应系统界面具有可以适应不同操作者不同操作需要的优点,已有不少的计算机软件界面采用了可适应系统的设计,如文字处理软件 WINWORD6.0 就采用了这种界面设计。

与可适应用户界面不同,自适应用户界面是一种可以根据用户的行为,自动地改变自身的界面呈现内容、方式和系统行为的界面,例如改变其布局、功能、结构等元素,以适应特定用户特定操作要求的用户界面(葛列众,王义强,1996; Van 等,2008)。例如微软的 Windows 7 操作系统会把用户最近使用和最常使用的菜单项列入开始菜单。

根据自适应用户界面的基本功能,自适应用户界面由输入(afferential component)、推论(inferential component)和输出(efferential component)三大部分组成(Van 等,2008; Oppermann, 1994; Norcio & Stanley, 1989)。其中,输入部分的主要功能是收集各种数据,记录用户的各种操作行为和系统反应。根据输入部分的数据,推论部分对用户的操作行为进行分析和推断,基于相关的理论或原则得到一个合理的推论,

---

① 本部分参照:郑燕,王璟,葛列众.(2015).自适应用户界面研究综述.航天医学与医学工程,28(2),145—150.

② 如果用户对界面的特征或者功能进行了定义,那么这个用户界面通常被称为自定义用户界面。

从而决定系统应该采用怎样的方式去适应用户的操作特点,即决定自适应系统输出部分的操作行为。输出部分的主要功能是根据推论部分做出的决定,自动改变系统本身的某些输出特点,以适应用户的操作要求,这些改变主要包括界面信息呈现的方式和内容。

自适应用户界面具有基于智能操作的拟人化特点和个性化特点。自适应用户界面的设计基于这样的假设,即计算机系统能够通过记录、评价用户的操作行为,使自己的输出的呈现方式和内容适应用户的期望和任务要求,从而打破计算机和用户之间的交互障碍。与其他人计界面交互方式相比,人和自适应用户界面的交互方式更接近人与人的交互交流形式。以往的人计对话中,作为对话的一方,计算机是根据程序设计者事先设定的反应程式对用户的操作作出应答的。自适应用户界面则可以根据用户不同的操作特点,采用不同的应对行为。实现这种拟人化的交互行为的基点是对计算机用户操作行为的准确评估。自适应用户界面中的核心部分就是根据输入部分的数据对用户的操作行为进行分析和推断,并基于相关的理论或原则得到一个合理的推论,决定系统应该采用怎样的方式去适应用户。可以说,自适应用户界面这种智能型的操作特点决定了其拟人化的交互行为方式。

自适应用户界面的第二个特点是个性化。在以往的界面设计中,人计界面的设计是针对一般用户而不是所有用户进行的。例如,根据图符易记,象征性强的特点,人计界面专家设计了适合一般计算机用户使用的图符界面,但是,这种界面对于字符记忆较优的操作者来说,则并不是最适合的。换句话说,就是以往的设计思路是使界面能够适应多数的一般性用户的操作要求。自适应用户界面的设计则有所不同,它是针对特定用户设计的。对于那些图形信息处理能力较强的操作者,自适应用户界面可以在人计对话中更多地使用图形界面,而对于那些文字信息处理能力较强的操作者则考虑更多地使用文字界面。可见,从理论上讲,自适应用户界面可以满足每一个用户的个性化要求。

自适应用户界面的基于智能操作的拟人化特点和个性化特点,在界面设计的构思上,突破了原有的人计算机界面的设计框架,提出了人计算机界面设计的一种新的思路,即以智能操作为基础,进行拟人化和个性化界面设计。

如今,为了满足用户的的各种需求,各种软件、程序提供的功能越来越丰富。然而,对于特定用户来说,这些功能往往过多,从而影响他们的使用效率及用户体验。例如,经常上购物网站买东西的买家用户使用的网站功能显然和上同样购物网站去卖东西的卖家用户所使用的功能不同。过多的选项会给新手用户造成困扰,而对于不同群体的熟练用户,他们经常使用的功能不多,而且大多也不尽相同。很多学者认为,采用自适应用户界面便可以解决这种问题(Greenberg & Witten, 1985; Benyon,

1993; Weld, Anderson, & Domingos 等, 2003)。良好的自适应用户界面可以预测用户的行为,简化用户界面的复杂度,减少操作步骤,减轻人机交互过程中的认识负担,提高用户的操作效率和满意度,从而更好地适应不同的用户或用户不断变化的需求(Carroll & Carrithers, 1984; Gajos 等, 2006; McGrenere 等, 2002; Gajos 等, 2008a)。

6.3.2 自适应交互研究

自适应用户界面的研究主要包括自适应用户界面的自适应方式、自适应算法和自适应属性三个方面。

自适应方式的研究

自适应的方式指的是自适应用户界面输出部分根据推论部分做出的自动改变系统本身的某些输出特点以适应用户操作的途径。这些改变主要表现在界面信息呈现的方式(布局、组织、突显等)和信息呈现的内容上。改变的项目通常被称为自适应项目。

关于信息呈现的方式,早期的自适应界面研究大都集中在空间自适应方式,近几年才开始出现了在时间维度上的自适应方式。

空间自适应方式主要是通过改动、复制等方式组织、调整自适应项目的空间属性来实现自适应的目的。常见的空间自适应方式主要包括改动、复制两个大类,其中,改动方式是通过改变、调整界面原设计视觉要素的布局、结构和属性等来实现界面的自适应,而复制是保留界面的原设计视觉要素的布局、结构和属性等的条件下,通过复制新建自适应项目至特定区域来实现界面的自适应的。

改变自适应项目在界面中的相对布局位置可以实现界面的自适应要求。例如,1989 年,Mitchell 和 Shneiderman 在计算机的菜单界面上,根据菜单项的使用频次,从高到低排列菜单项的顺序。结果显示这种方法并没有提高操作绩效,用户表示更喜欢传统静态菜单。分析其原因可能是这种方式改变了原有界面的布局,破坏了用户的心理模型,因而降低了用户的操作绩效及满意度。然而,Greenberg 和 Witten (1985)在层级架构的通讯录上应用这种方法,根据用户的使用情况重新构建通讯录的架构,把常用的联系人放置在通讯录的第一层,把次常用的根据频率分别放在第二层和第三层。他们的这种设计成功提高了操作绩效。2011 年,郑璐的通讯录自适应的研究也证明了手机通讯录自适应界面的优势。这些研究使用了相同的自适应方式却得到了相反的结论,有学者认为这可能是由于用户容易在前者实验的静态菜单界面形成熟练的操作或动作记忆,而后者通讯录的设计排除了这种因素,因此体现出了自适应界面的优势(Gajos 等,2006)。

改变自适应项目在界面中的结构也可以满足界面的自适应要求。1994年，Sears和Shneiderman在计算机下拉菜单中采用了分栏的方式，用一条水平的横线把菜单分开，并把自适应菜单项移动至菜单的上部，非自适应项目保持不变，结果得到了很好的操作绩效和用户满意度。

改变自适应或非自适应项目的尺寸、背景颜色、字体等空间属性来突显自适应项目，也可以达到自适应的目的。2007年，Cockburn等设计出了变体菜单(Morphing Menu)，即根据用户的使用频率，动态地调整菜单项名称的字体大小。Kane等(2008)将此方式应用到移动用户界面(Walking User Interface)上，即当用户的注意力和操作能力受到限制时(如走路、乘车时等)，界面会自动调整字体尺寸。在此基础上，一些应用软件还采用了隐藏的方式来缩减非自适应项目的尺寸。例如，微软的Office 2000版本的折叠菜单(Smart Menu)就是根据某种算法隐藏界面的某些项目，当用户点击菜单时，只有部分菜单项显示出来，当点击菜单下方的箭头时，可查看全部菜单项。这种方法可以减少界面显示的功能项，缩短用户对特定项目的搜索时间。然而，这些研究并未显著地提高用户的操作绩效，一个在类似的自适应菜单上进行的实证研究显示这种方式的绩效低于传统静态菜单(Kane等，2008)。还有一些学者通过改变背景颜色的方法突显自适应项目(Fischer & Schwan, 2008；Gajos等，2006)，然而这些研究并没有得出确定性的结论。也有学者将此方法与变体菜单进行比较(Gajos等，2005)，然而他们的研究并未包括与控制条件(静态菜单)的比较。Park在菜单中使用了加粗自适应项目字体的方法并进行了实证研究，然而结果显示这种方法与传统静态菜单相比并未体现出优势(Tsandilas & Schraefel, 2005)。

复制是空间自适应方式的第二个主要的途径。它在保留界面的原设计视觉要素的布局、结构和属性等的条件下，通过复制新建自适应项目至特定区域来实现界面的自适应。这样，界面就分成了静态的原区域和动态的自适应区域。一些商业软件就采用了这种菜单，与之前分栏方式不同的是，他们把自适应项目复制出来，使得自适应项目在原菜单中也可以使用。Gajos等(2006)在Microsoft Word的工具栏中比较了复制和移动方式的优劣，结果显示用户更喜欢复制，原因是这种方式使自适应项在原来的菜单中也可以使用，更好地保持了界面的空间稳定性。

时间自适应方式是指通过改变自适应或非自适应项目的时间属性从而实现界面的自适应。首先呈现自适应项目，经过一个短暂的延时后，再以“淡入”的方式逐渐呈现界面上的其余非自适应项目。这样，用户的注意力会首先集中到最先突显的自适应项目上，如果自适应项目不是用户所要选择的项目，用户可以在随后出现的项目中进行选择，由于延时很短，不会损失很多时间。2004年，Lee首先提出这种方法，Findlater等(2012)随后进行了系统的实证研究，后者的研究结果显示，这种方式在保持了界面稳定性的同时,有效地提高了用户的视觉搜索绩效。

终上所述,自适应方式的研究主要包括空间和时间属性改变这两个大类,其中,与空间属性相关的研究包括改动、复制两种。在空间属性方面,改动界面原设计视觉要素的研究结果表明,用户在这种自适应界面下的操作绩效并没有得到明显的提高,但是在一些特殊的应用场合,如手机电话薄,这种自适应界面提高绩效的作用却很明显。另一种空间自适应方式是复制,研究证实其能显著提高用户的操作绩效。而在时间属性方面,有关的自适应研究也表明用户在使用该自适应界面时的操作绩效有明显的提高。出现这种状况的原因很可能与这种自适应界面是否在很大程度上破坏用户的已经建立的界面空间心理模型有关。复制自适应的方式是在保留原视觉界面设计要素的前提下,通过复制自适应项目实现界面自适应的,时间自适应的方式改变的是自适应项目呈现的时间,也没有破坏用户原有的空间心理模型。因此,实现自适应界面应该尽可能少地破坏用户原有的空间心理模型。就目前的研究成果看,空间自适应方式中,采用复制方式或者采用时间自适应方式是一种比较理想的自适应的界面设计途径。

除了改变自适应界面显示方式之外,改变自适应界面信息呈现的内容是另外一种重要的实现自适应的途径。例如,Baudisch 等(2003)提出的拖拉弹出技术(drag-and-pop)其实就涉及到自适应界面的设计。这种技术是一种面向大幅面交互界面的、用于获取远处控件的技术。当用户在大屏幕上,移动某一个文件图标时,该技术可以根据当前文件的性质判断出与其相关的应用程序,并在指点设备所在区域附近显示相关程序的图标副本。用户只需将文件移动到某个程序图标副本位置上,即可完成使用该程序打开文件的操作。这种技术大大缩短了用户移动指点设备到目标的距离,提高了用户获取目标的操作绩效。拖拉弹出技术和传统拖放技术相比,用户使用拖拉弹出技术完成任务的平均时间显著缩短了。在这个研究中,重点是这种拖拉弹出的技术在操作过程中,界面显示的内容随着用户的交互操作发生了变化,即在移动特定文件的同时,界面增加显示了与该特定文件相关的程序的图标副本。可见,改变显示内容也是自适应界面的一种形式。目前这种改变显示内容的自适应方式的研究很少,在以后的研究中,需要重视这方面的研究工作。

自适应算法的研究

自适应算法是自适应用户界面推论部分的核心,是自适应界面生成自适应项目所遵循的用户模型或数学模型的算法。它决定了系统采用怎样的方式去适应用户的操作。常见的自适应算法有:基于用户使用频次(Frequency)的算法,即将使用次数最多的项目作为自适应项,例如电子邮箱中常用联系人;基于用户最近使用情况(Recency)的算法,即将最近使用的项目作为自适应项,例如手机中常见的最近联系人;基于决策树(Decision Tree)模型的算法,即根据先前的数据,生成一个决策树,然后系统利用这个决策树生成自适应项目;基于朴素贝叶斯(Naïve Bayes)模型的算法,即根据先前的数据,利用贝叶斯模型计算出其后验概率,选择具有最大后验概率的项目作为自适应项目;基于列联(Contingency)算法,即判断一个项目的使用是否取决于另一个项目,当用户使用一个项目时,系统将与此项目关联概率最大的项目作为自适应项目。此外,还有混合算法,即结合上述两种或多种算法的方法。

目前,结合用户使用频次和最近使用情况的混合算法应用较为广泛。Findlater 等(2009)在下拉菜单的研究中采用了基于使用频次和最近使用情况的自适应方式。Al-Omar 等(2009)也在研究中采用这种算法比较了五种菜单的绩效。微软的 Windows 7 和 8 等版本的操作系统的开始菜单,也采用了这种自适应算法。喻纯等基于自适应光标的图形用户界面的研究表明,用户获取目标的时间缩短了 27.7%,自适应光标的图形用户界面显著提高了图形用户界面的输入效率(Findlater & McGrenere, 2004)。又如,语音识别系统中的说话人自适应,即是一种新的渐进使用自适应数据的策略,试图使用比特定人系统训练所需更少的数据来提高对特定人的建模精度的方法,用到语音自适应中可以有效克服说话人差异和环境差异对识别系统的影响(Al-Omar & Rigas, 2009)。另外,还有基于大规模无约束数据的书写者自适应的中文手写识别系统研究,基于运动传感的感知用户界面研究,管道内自适应移动机器人的设计与运动控制的研究等一系列例子(喻纯,史元春,2012;王昱,2000;高岩,2013)。

基于用户使用频次、最近使用情况的算法以及两者结合的混合算法在研究和商业软件中的应用最为常见。Bridl 收集了 13 个用户的手机通讯记录并采用 5 种算法进行了仿真运算,结果表明基于最近使用情况的算法可以更多地减少按键次数(程俊俊,2011)。

自适应属性的研究

自适应属性则是自适应用户界面在适应用户操作的过程中体现出来的特性,例如,为了适应用户的操作,自适应用户界面会改变自身界面的某些输出特性。这种界面变化的频率即为界面的稳定性。这种稳定性对用户的操作行为会带来一定的影响。

自适应用户界面主要有准确性、稳定性和预测性三种属性。准确性是指自适应界面预测用户相对于当前操作的下一个要进行的操作的准确程度。自适应算法预测的准确率越高,自适应项目的利用率就越高,用户所达到的绩效也越好(Gajos 等,2006;Gajos 等,2005;李鹏等,2009)。例如,Gajos(2005)在微软的 Word 界面中的研究发现,较高准确率的自适应界面取得了较好的绩效和主观满意度,同时其自适应项的利用率也较高,而准确率的降低即意味着较高的出错率。

稳定性是指自适应界面根据自适应算法变化的频率。变化的频率越低,则界面越稳定。一般来说,变化频繁的界面难以使用户建立稳定的心理模型。例如,Bae 等提出应当采用一个能动态适应转换的可升级用户界面(SUI, Scalable User Interface)框架来支持多屏服务系统,使得用户的体验一致(Gajos 等,2008b);Cockburn 等也用数学模型预测出过多的变化会导致用户操作绩效下降(Sears & Shneiderman, 1994)。Bridle 等(2006)也强调了稳定性的重要性,但是针对这一点仍需要进一步的研究。

预测性是指自适应算法能够使用户理解和预测其行为的容易程度。这个特性有更多的主观成分。一般说来,界面越稳定,其预测性也越强。但是,这也并非绝对,例如,Gajos(2005)在研究中证明基于最近使用情况的算法稳定性不高但取得了较好的预测性,例如,现在 Web 自适应界面技术的新思路是将获取用户个性信息作为 Web 使用挖掘的任务,从界面内的功能对象和界面区域入手,利用自适应公式设计的算法进行动态布局,从而预测用户行为(Cramer, 2013)。

总的来说,自适应属性的研究至今,研究者们都试图分离开这些属性并孤立地研究每种属性的特点和规律,但是在实际应用中,这三种属性是密不可分的,因此在未来的研究中,需要从整体的角度研究这三个属性的特点和规律。

6.3.3 问题和展望

存在的问题

有不少的研究已经证明使用自适应方式可以提高用户的操作绩效和满意度,然而自适应的界面设计也可能给用户带来困惑和一定的认知负荷。

有些学者认为,由于自适应界面相应于用户的操作做出的界面改变(例如,改变呈现文字的颜色,或者改变手机电话本联系人的排列顺序)是由计算机系统算法决定并自动进行的,因此可能破坏用户原有的心理模型,容易给用户造成理解上的困惑。为了减少这种困惑,可以采取多种不同的措施。

首先,正如前面的研究中说到的,可以采用一些对用户心理模型破坏程度较低的自适应界面的设计。比如,复制自适应的方式是在保留原视觉界面设计要素的前提下,通过复制自适应项目来实现界面自适应的。这种不破坏用户原有的空间心理模型的自适应方法通常有较好的操作绩效和满意感,用户的困惑也相对较少。

其次,设计自适应界面时应该提高自适应系统的准确性、稳定性和预测性。如果自适应界面的自适应算法预测的准确率越高,用户对自适应项目的利用率也会随之提高,用户所达到的绩效也越好。自适应界面变化的频率越低,则界面的稳定性也较高。这可以使用户建立相对稳定的界面心理模型。

最后,在使用自适应界面的设计时可以同时考虑使用自定义界面或者混合界面(mixed-initiative)(Gajos 等,2006),这也是减少用户困惑的一种途径。在一些比较自适应和自定义界面的实证研究中,自定义方式显示出明显的优势(Findlater 等,2009;Bae 等,2014)。混合方式是把二者结合起来的一种方式,这种方式既可以使用户参与其中,又节省了用户的努力。Bunt 等(2007)采用这种方式设计出了 MICA 系统,并进行了实证研究,结果发现该系统达到了很好的操作绩效和用户满意度。

自适应界面的第二个问题是使用自适应界面可能会导致用户的认知负荷增加。自适应界面的确可以简化用户界面的复杂度,减少操作步骤,使用户对自适应功能项的使用更为方便和高效,但是,这同时也可能会导致用户的认知负荷增加,从而给用户对界面全部功能的认知(feature awareness)带来负面影响,给用户使用非自适应项造成困难(Findlater, McGrenere, 2007; Findlater, McGrenere, 2010)。为此,在设计自适应界面时,除了要提高系统的准确性、预测性等,还要注意鼓励用户对非自适应功能的探索,促进用户对界面功能的全面了解(康卫勇等,2008)。在对自适应界面进行评估时,除了测量操作绩效和用户满意度,还应该关注对功能认知的测量。

研究的发展

自适应界面作为一种很有潜力的智能型界面设计形式有着广泛的应用前景。就研究而言,当前急需进行的研究主要集中在加强自适应界面基础研究和自适应界面评估的研究两个方面。

和其他界面形式一样,自适应界面还是一种较新的界面设计形式,其本身还有许多问题急需进一步研究,这些研究都可以归到自适应界面的基础研究中。

以往对自适应方式已经提出了许多不同的自适应的方式,但是,这些方式在什么情况下能够或者不能促进用户绩效的规律和特点并不清楚,因此,有必要加强对各种自适应方式的操作规律和特点的研究。

自适应算法是自适应界面生成自适应项目的依据,因此加强自适应算法,特别是在复杂情景中,如何采用复杂的算法来设置自适应界面是一个急需研究的研究领域。

准确性、稳定性和预测性是自适应界面特有的三种属性。目前研究者对这些属性是如何影响自适应界面操作的特点和规律还没有系统完整的认识,因此需要加强对这些属性的实证研究。

尽管已经有不少的研究证明,自适应界面能够提高用户的操作绩效,但是也会影响用户对界面全部功能的认知,给用户带来一定困难。因此,除了采用一定的方法减少用户的困惑,也应该注意开发对自适应界面的有效的评估方法。这些方法应该能够对自适应界面对用户的整体影响做一个完整的评估。这种评估不仅能够有效促进自适应界面的本身设置，也有利于对用户整体的体验的评估。

6.4 键盘等硬件的交互设计[①]

计算机的硬件界面主要涉及到的设备可以分为计算机输入设备(如键盘等)和计算机输出设备(如显示器等)。输出界面的相关人机界面研究请参见第三章视觉显示界面的相关内容，语音输出部分的内容请参见第四章听觉显示界面的相关内容。本节只对输入设备中键盘输入(keyboard input)和指点输入(point input)界面的人机工效研究进行了介绍。

6.4.1 键盘的交互设计

键盘是最常见的计算机输入设备。键盘输入在进行文本输入、操作准确性和快捷性等方面具有其他输入设备所不具有的优势。

1971 年，国际标准化组织 QWERTY 的键盘被规定为国际标准键盘。该键盘布局是沿用 1866 年问世的机械打字机键盘的布局。为了解决相邻字母卡键问题，当时设计者的设计是将所有常用字母之间的距离，都安排得尽可能远，手指移动的距离尽可能长。这样使得 QWERTY 键盘进行英文输入时，至少存在着以下几个方面的问题(Cassingham, 1986；朱祖祥，2003)：

- 母行的字母使用率仅占整个打字工作的 30%左右；
- 只有 20%的常用字母顺序的连击是由左手和右手交替完成的；
- 按键的操作手指不合理；
- 左右手之间和各个手指之间的工作负荷不均衡。

基于上述 QWERTY 键盘的人机界面问题，研究者开发出了很多改进型键盘设计。其中，比较典型的有 DVORAK 键盘、K 键盘、槽式键盘和和弦键盘等。

1936 年美国人奥古斯特·德沃夏克(August Dvorak)设计了 DVORAK 键盘布局，如图 6.1 所示。

与 QWERTY 键盘比较，DVORAK 键盘有以下操作特点(Cakir 等，1979)：

- 右手的负荷(56%)略高于左手(44%)；
- 有 70%的击键可以在母行中完成，而在最下行的击键次数最少；
- 有 44%的常用字母顺序可以由左右手交替完成；

---

① 本部分参照：葛列众，李宏汀，王笃明.(2012).工程心理学.北京：中国人民大学出版社.

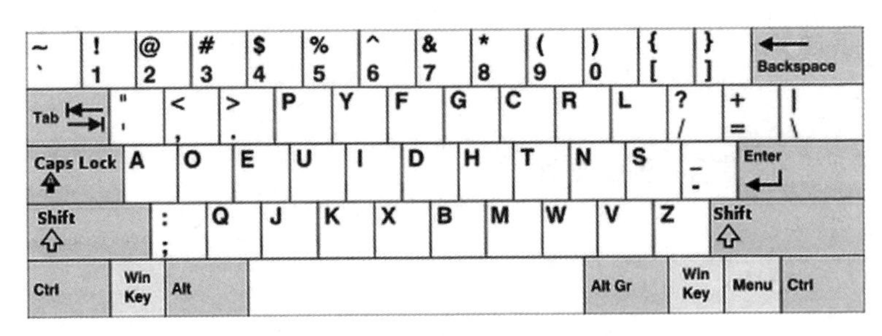

图 6.1 DVORAK 键盘布局示意图

来源：葛列众，李宏汀，王笃明，2012.

- 手指运动量不到 QWERTY 键盘的 1/10，平均打字速度可提高 35%。

对于英文输入来说，DVORAK 键盘的输入绩效要明显高于 QWERTY 键盘，而且错误少，不容易导致疲劳。但是目前受用户的使用习惯所限，Windows 操作系统的快捷键设置都仍是 QWERTY 键盘。

有研究者(Klockenberg, 1926)发现，在使用 QWERTY 键盘时，用户的双手需并列平放在键盘上，姿势极不自然，容易产生疲劳，因而建议把键盘分成左、右两半。后来有研究者(Kroemer, 1972)根据上述思想设计了 K 键盘，如图 6.2 所示。K 键盘可以使用户的手腕自然伸直，操作自然、不易疲劳(宿芳等，2003)。分离键盘(Split Keyborad)与 K 键盘有点类似，它也是将键盘分成左、右两半，只是中间没有铰链相连，操作者可根据需要调整两片键盘的放置位置。

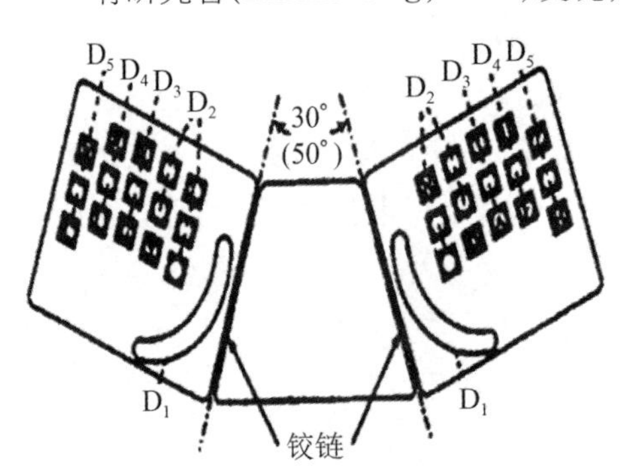

图 6.2 K 键盘布局

来源：葛列众，李宏汀，王笃明，2012.

槽式键盘按键布局和 QWERTY 键盘基本一致，但 QWERTY 键盘的第三行按键(ZXCVB 行)与整个键盘的角度被改成了 90°，如图 6.3 所示。这简化了键盘操作时从第二行按键移至第三行按键时手指的移动操作。有研究表明，在做英文输入操作中，槽式键盘在输入正确率、输入速度、易学性和减轻操作者的疲劳等方面都优于标准 QWERTY 键盘(张侃等，1997)。

和弦键盘不像标准键盘那样把键与输入的信息元一一对应，而是多键对应一个信息元(刘艳芳等，1997)。如图 6.4 所示，例如标有 A 和 C 的按键可以按这些键输入相应的 A 或者 C 字母，而 B 则同时按 A 和 C 按键输入。和弦键盘可由单手操作，也可由双手操作，学习与操作要容易。

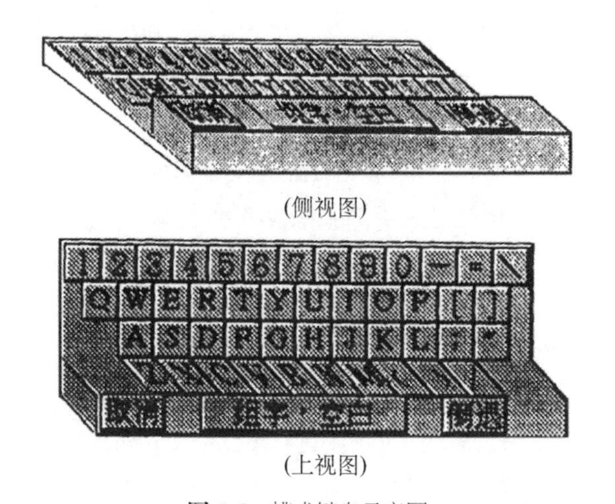

图 6.3 槽式键盘示意图

来源：葛列众，李宏汀，王笃明，2012.

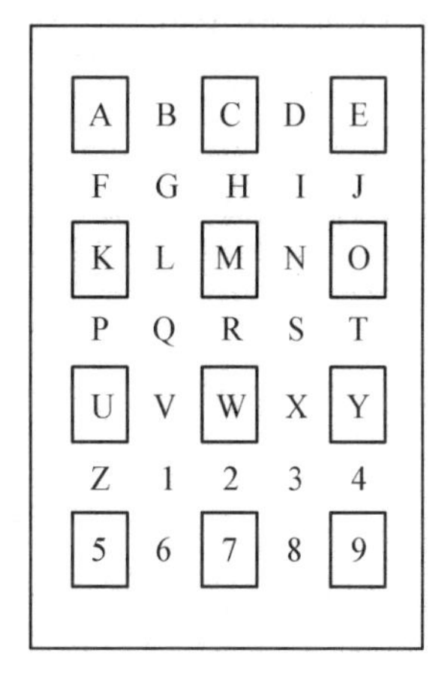

图 6.4 和弦键盘示意图

来源：葛列众，李宏汀，王笃明，2012.

2008 年，楚杰等基于人手的生理特点和键盘的人机功能特点，完成了现代健康型人机工程学键盘的新的设计。他们设计的新键盘改进了键盘的布局，设置了一体化支撑手枕；按键采用“x 构架”技术，实现按键“静音”效果，减低噪音；制作材料考虑“抗菌性能”新型材料；键盘与电脑采用无线接口技术。同年，张学成等(2007)结合人体生理学、心理学等因素，提出了笔记本电脑的后移键盘位置、“A”形分离式键盘以及调整键盘布局等性化的改进与设计。上述这些研究提出的键盘人机界面的设计无疑是这个研究领域中新的尝试。

另外，伴随着智能手机的普及，在键盘人机界面的研究中也出现了不少关于手机键盘设计的人机界面研究。例如，2008 年，何灿群等做了基于拇指操作的中文手机键盘布局的工效学研究。该研究探究用户在利用拇指操作手机键盘时的拇指操作特征，研究影响基于拇指操作绩效的布局因素，并根据拇指操作特征模型和拼音字母频次关系模型，通过改变拼音字母的排列顺序来建立新的手机键盘拼音文本输入方式。该研究主要包括三部分：研究系列一主要探究用户在利用拇指操作手机键盘时的文本输入特征，研究影响基于拇指操作绩效的布局因素。研究系列二主要探讨当前中文输入中汉字字母的频次关系，建立了常用汉语拼音字母频次模型和中文手机短信字母频次模型。研究系列三根据拇指操作特征和拼音字母频次关系模型，通过改变拼音字母的排列顺序来建立新的手机键盘布局，并通过与现有手机键盘布局的比较，来探究用户在不同的手机键盘布局中中文文本输入的拇指操作绩效。该研究主要结论有：按键在键盘上的位置对于手机操作绩效有显著影响。对于手机标准键盘而言，母键“5”键的操作绩效最高；对于右利手被试而言，键盘左上区域按键的操作绩效优于其他区域的按键。对于连接输入的字母，其字母所处按键的相对位置对于字母输入绩效有显著影响。当两个连接输入的字母处于同一个按键时，其操作绩效最高，其次为相邻按键。同时，水平、垂直方向上的相邻按键的操作绩效优于斜向排布的相邻按键。根据常用汉语拼音首字母出现频率以及前两个字母连接出现概率，对手机键盘上的字母分布可进行以下分组：SZH、JXYI、DEA(N)、WO(U)、BGU、M(E)L。根据常用手机短信的首字母出现频率以及前两个连接字母出现概率，对手机键盘上的字母分布可进行以下分组：ZSH、DBA(N)、JXIY、LME、WO(U)。与传统的手机键盘布局相比，基于拇指操作特征和汉语拼音字母频次特征的手机键盘布局的效率更高。改进后的按键布局比传统的按键布局具有更好的实用价值。类似的，2012 年任丽月等通过对于拇指操作触屏手机的人机工程学实验，提出要以拇指在界面上操作的灵活区域以及拇指所做出各种手势的灵活程度，来指导触屏手机的界面设计，从而提高手机应用(App)的易用性和用户的体验。2011 年，姚海娟等采用 Tobii T120 型眼动仪记录研究了手机键盘界面的设计。通过对用户平均注视时间和平均瞳孔直径的分析，对手机键盘设计提出界面设计的参考建议。和手机键盘设计相关的，国内也有人研究了手机手型尺寸分布及其对触屏手机操作绩效影响(李宏汀等，2014)。此外，国内也有研究者关注计算器和电话机数字键盘的界面布局问题，探讨数字键盘布局与出错率的关系(沈浩等，2005)。

键盘设计中的人因素问题对于键盘的输入效率以及操作人员的舒适度来说非常重要。早期的工作主要集中在提高键盘的输入速度和准确性方面，而近年来的研究则越来越关注键盘使用者的生理和心理负荷问题，如疲劳、双手肌肉的紧张和肌肉劳损等。另外，除了传统的计算机键盘界面研究外，近年来研究者也开始关注手机键盘界面研究。其中，各种不同键盘方案的设计及其工效学评价、操作姿势对键盘工效的影响等研究尤为引人注目。

6.4.2 指点设备的交互设计

指点设备分为直接指点设备和间接指点设备。前者常见的主要有触摸屏(Touch Screen)等，而后者主要有鼠标(Mouse)和追踪球(Trackball)。

触摸屏也被称为触控面板、轻触式屏幕，是用户可以直接使用手指来指示或定位显示屏特定对象或区域的指向设备。目前，各种便携式移动设备(如手机、MP3、数码相机)等产品中都大量应用了触摸屏技术。触摸屏的优点主要是直观形象，用户在触摸屏上所指即所得，操作简便易学。但触摸屏也同样存在不足之处，比如：用户手指相对较大，不适合用来指示较小的对象；操作时间较长时，长时间的抬手容易引起疲劳;此外,触摸屏也不适合用于完成在屏幕上作图的任务。

触摸屏技术结合各种不同的反馈方式可以有效提高人机交互的准确性和效率。比如有研究者(Yfantidis & Evreinov, 2006)设计出了一种便于盲人操作的触摸屏输入技术,盲人用户的手指接触到触摸屏后,会自动出现一个八个方向的字母菜单,手指触到相应字母后相应字母以声音反馈,从而引导视觉障碍或不便的人顺利地进行输入操作。研究者通过实验证明,该触控输入方式在蒙住眼睛的情况下最快可以达到 12 wpm(wpm: 每分钟单词数)的速度。

近年来,国内在键盘人机界面方面的研究中也出现了不少关于触摸屏软件盘的研究。例如,2011 年,任衍具等以 24 名大学生为测试对象,结合基于视频的用户绩效测试方法和问卷调查法,比较了测试对象用户使用触屏手机和传统键盘手机完成测试任务时的绩效及主观满意度。他们的实验结果显示: 在完成测试任务的时间和按键效率方面,两款手机在不同测试任务上各有优势;在按键敏感性方面,传统键盘手机在各项测试任务上均优于触屏手机。在速度、按键效率及易学性方面,用户认为传统键盘手机基本上都优于触屏手机;在舒适度、愉悦度和灵活性方面,选择购买触屏手机的用户认为触屏手机优于传统键盘手机,而选择传统键盘手机的被试认为两者没有显著差异。2014 年,陈肖雅等对软键盘键位大小的自适应模式进行了探索研究,在考察了软键盘键位大小与输入绩效之间的关系的基础上,开发设计了一种键位大小可以自适应的软键盘,并从用户满意度和输入绩效两个指标上与固定和自定义键位大小的软键盘进行了比较。研究分为三个部分。实验一考察了键位大小对绩效的影响,以便为自适应软键盘的设计确定设计参数。实验二和实验三,考察了新开发的自适应键盘的可用性,比较了该键盘与固定键位大小及自定义键位大小的软键盘的绩效和用户满意度。实验四和实验五,比较考察了被试在应激条件下,自适应的软键盘的操作特点和规律。研究提出了触摸屏软键盘键大小的自适应设计,研究结果对软键盘的个性化设计、提高软键盘的输入绩效有重要的理论及实践意义。2015 年,毕纪灵等设计了加粗加黑和颜色提示两种基于汉语全拼输入的提示性软键盘,并通过实验研究了这两种提示性软键盘对汉字输入绩效的影响。其实验结果表明,两种提示性软键盘均优于非提示性软键盘,在打字速度、使用方便程度、喜爱程度和总体评价上均更好,加粗加黑提示性软键盘还显著提升了输入正确率。该结果为基于汉字输入的提示性软键盘的研发和使用提供了科学依据和数据支持,也将为相关键盘的投入市场做出贡献。

鼠标最早是 1968 年由美国科学家道格拉斯・恩格尔巴特(Douglas Englebart)在加利福尼亚发明的。它是一种简单而快速的定位和指向设备,也是最为常用的电脑输入设备。

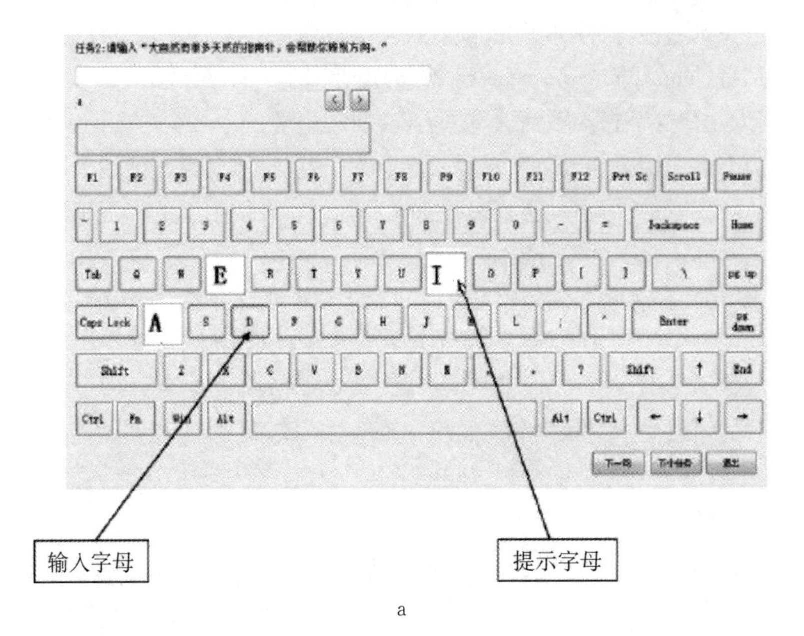

a

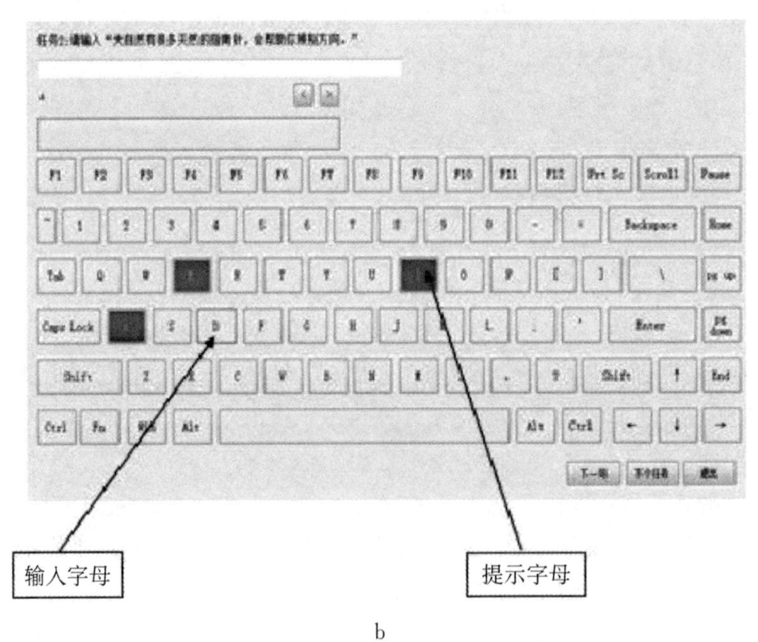

b

图 6.5 a. 加粗加黑型软键盘样例 b. 颜色提示性软件盘样例

来源：毕纪灵，2015.

鼠标有两种最基本的操作，一是可以通过在平面上移动鼠标来控制显示屏上的光标位置，二是可以通过控制鼠标上的按键动作(如单击或双击)以实现特定的操作。

鼠标的优点是快速、简便，操作效率较高。不足是需要键盘以外的独立的操作空间，使用鼠标，一只手必须离开键盘，较难完成作图或完成其他要求更为精细的任务。

鼠标界面研究较多地集中在如何提高作业绩效上。例如，有研究者探讨了图形用户界面中目标的方向、大小和距离对鼠标指点定位和拖动操作的影响。结果表明，鼠标指点定位和拖动操作的操作时间随着目标距离的增加而增加，随着目标的增大而减小，但下降率呈递减趋势(张彤等，2003)。2014 年，刘骅等设计了一种新的具有自适应显控比功能的鼠标。这种鼠标能够显著地提高鼠标的操作绩效。他们的研究包括三个实验：实验一在扩大控制显示增益的条件下，结合操作任务难度因素，研究了在不同任务难度下的控制显示增益水平与鼠标操作绩效的关系；实验二在改进鼠标自适应控制显示增益技术的前提下，进一步研究自适应、固定和自定义等三种鼠标控制显示增益方式对用户操作绩效的影响，并根据实验结果构建一种新的自适应鼠标控制显示增益技术，以提高用户鼠标操作的绩效；实验三中分析了在复杂任务中自适应控制显示增益对操作绩效的影响作用。他们的实验结果表明：不同的鼠标控制显示增益会对操作绩效产生不同的影响，鼠标控制显示增益大小与操作绩效有着倒“U 型”关系。任务难度对鼠标操作绩效有着明显的影响，低难度任务操作绩效明显好于高难度任务；不同难度条件下，鼠标控制显示增益与操作绩效还是保持倒“U 型”关系，但是对于不同难度的任务，用户获得最优绩效的特定的鼠标控制显示增益水平是不同的。在不同的确定鼠标控制显示增益的方式中，考虑任务难度因素的自适应增益方式的操作绩效明显高于自定义和固定增益方式。在复杂任务中，完全匹配任务的自适应控制显示增益的操作绩效明显较好。

目前国外出现了许多点击增强技术，与鼠标的人机工效有关，该类技术可以提高点击操作绩效(金昕沁等，2015)。国内也有研究者开始从事这方面的研究工作。例如，2015 年，金昕沁等选取点击增强技术中典型的气泡光标，在验证气泡光标在操作绩效上的优越性之后，从用户操作习惯和特点出发，设计了基于频次和时间算法的两种全新的自适应气泡光标，并通过实验研究探讨自适应气泡光标的操作特点以及不同用户认知风格对自适应气泡光标点击操作绩效的影响作用。他们的研究由四个实验组成，其中，实验一和实验二通过比较不同任务中气泡光标和尖点光标的操作绩效和主观满意度，探讨了气泡光标的操作特点和规律，并验证了气泡光标在操作绩效上的优越性；研究二从用户操作习惯和特点出发，根据频次和时间两种不同的自适应算法设计全新的自适应气泡光标，并通过实验三比较了这两种自适应气泡光标和气泡光标的操作绩效及主观满意度，探讨了自适应气泡光标的操作特点和规律；最后，实验四对不同认知风格的用户使用气泡光标和自适应气泡光标的点击操作进行了研究，进一步探讨了用户的认知风格对自适应气泡光标的操作影响作用。

国内也有研究者关注鼠标的人机界面的设计。例如，2006 年，周雯等以学龄儿童为研究对象，根据他们的生理及心理特点，运用调查、分析、对比等方法，搜集和提炼数据，分析和借鉴优秀设计，对学龄儿童鼠标的设计进行了研究，旨在为未来该类产品的设计提供理论和数据的支持。

追踪球是一种用手指转动位于固定空窝内的小球来控制显示屏上光标的一种指向设备，有时被认为是倒置了的鼠标。追踪球的操作容易使用户的手指疲劳，不适合较长时间的作业，较适用于追踪作业。

依据滚球位置的不同，可以分为食指操纵追踪球和拇指操纵追踪球。张彤等 2004 年探讨了在指点定位中目标方向、大小和距离对食指和拇指操纵追踪球的运动时间的效应，并用绩效指数比较了不同指点装置的操作绩效。他们的研究结果表明，按照绩效指数，鼠标的操作绩效最好，食指操纵追踪球略优于拇指操纵追踪球。同时，研究者也指出，追踪球不必像鼠标操作那样有时涉及手臂甚至肩部运动，因此可以避免产生高肌肉负荷，引起肌肉骨骼不适。2006 年，张彤等研究了鼠标、食指追踪球和拇指追踪球三种指点装置的操作可控性和稳定性。他们的实验采用需要连续精确控制的追踪作业，考虑了目标路线和目标速度因素，以追踪操作误差作为操作可控性指标，以操作误差变异度作为操作稳定性指标，同时要求被试对所使用装置的操作可控性和疲劳度做主观评价。他们的实验结果表明：目标路线和目标速度影响三种指点装置的操作。鼠标的操作绩效优于两种追踪球，但其主观疲劳度也高于两种追踪球，两种追踪球间的差异较小。

除以上提到的计算机输入设备外，目前广泛应用的计算机输入设备还包括操纵杆、触摸板（笔记本电脑）、小红点（Track Point）等。另外，随着多媒体和虚拟技术的出现，也出现了各种新型输入方式，比如各种三维交互输入方式，如三维鼠标、数据手套等。感兴趣的读者可以参考相关书籍（罗仕鉴等，2004；Bill Scott，Theresa Neil，2009；周陟，2010）。

此外，围绕着指点装置的交互研究相关的点击增强技术研究可参见本书第 5 章第 5 节的相关内容。

6.5 手机使用行为与心理特征

6.5.1 概述

在互联网空间中，人计算机交互（human-computer interaction，HCI）是一种基本的互动关系形式。以计算机作为媒介,人际之间可以实现跨越时间与空间界限的远距离互动,这使得置身于互联网环境下的个体在进行社会互动时需要直接面对的互动对象将不再是纯粹生物学意义上的人类,而是用来传递或呈现数字化信息的互联网终端设备(例如,计算机)。人机使用关系的一个基本理念就是认为在人类的属性与计算机的运行模式、特性及规格之间应该存在着某种匹配关系(Norman, 2008)。根据Brunswik(1956)的"透镜模型"(lens model),在私人的空间环境中蕴含着能够表征主体自身的心理特征的线索(例如,房间陈设的布置风格与个人物品的摆放方式)。而借助于"行为痕迹"(behavioral residue)的呈现形式,能够表征主体自身的心理特征的线索得以见诸日常生活的各种场景与情境之中(例如,互联网空间)(Gosling 等, 2002;Yee 等,2010)。这意味着,互联网用户在互联网空间中的"行为痕迹"可能会反映出其自身的心理特征,而现有研究表明网络行为(Zhang 等,2013)、微博行为(Li 等,2014)对人格等心理特征具有较好的预测效度。移动互联网作为互联网的一部分,主体在其空间中的行为痕迹也能够表征主体的心理特征。

此外,从1973年John Mitchell(被称为手机之父,摩托罗拉移动通讯产品首席工程师)发明了第一部手持手机后,伴随着全世界移动网络的高速发展及电子设备制造工艺的迅速革新,智能手机迅速在全世界范围内普及。智能手机作为近几年新普及的便捷式移动智能终端,除了具备基本的通讯服务(电话、短信息等)之外,还像个人电脑一样,具有独立的操作系统,用户可以自行安装软件、游戏等第三方服务商提供的程序(wikipedia smartphone, 2014)。根据互联网数据中心IDC(internet data center)的报告分析,2013年全球范围内的智能手机的销售量达到了100.42千万部,比2012年的72.53千万增长了38.4%,预计2014年智能手机销售量将同比增长19.3%,这意味着截止到2014年底全球将总共销售出12亿部智能手机(IDC, 2014)。在第三方应用程序商店(如App Store, Google Play,豌豆荚市场,应用宝等)中,有着上百万第三方应用程序,用户可以下载并运行在自己的设备上。由于可根据用户个人需要扩展功能,智能手机成为了人们日常生活中用来通讯、娱乐、人际互动最流行的电子设备。

综上所述,可以通过对手机使用行为的研究,揭示手机使用行为与使用者心理特征的关系,甚至可以进一步利用手机使用行为对使用者的心理特征进行预测,而且,从人机界面的角度来说,这种研究的成果也将有助于手机界面的设计及其优化。

6.5.2 研究状况

目前,国内外既有研究者针对手机使用行为进行了全面的研究,也有研究者针对手机某一特定功能或服务进行了深入的研究。有研究者把手机使用行为定义为手机部分功能的使用情况,比如电话、日历、短信等的使用频率等(Coen, 2002);也有研究者重点定义并研究了某一类特定的手机功能,比如手机电子商务使用情况(Suh & Han, 2003);而加州大学的 Falaki 等(2011)在探究用户智能手机使用的多样性时,将手机使用行为描述为用户与移动设备及设备上安装的程序之间所有的使用行为。本文将手机使用行为界定为任何用户和其移动设备使用的部分,分为手机基础服务(如电话、短信、开关机等)及手机扩展服务(如相机、第三方应用、服务使用等)两部分,不考虑手机使用行为所发生的外在环境(如是否在开车,是否在公共场合等)。

与手机使用相关的第一篇文献发表于 1991 年,研究的内容是驾驶期间电话使用对驾驶状况的影响(Brookhuis 等,1991)。有关手机使用与用户心理之间关系的文献则多集中在 2000 年之后发表。

下面将着重介绍心理健康、人格和手机使用行为相关的研究。

心理健康与手机使用行为

"心理健康"(mental health)描述了一种心灵安适(well-being)状态,在该种状态下,个体能够清醒地意识到自身的能力,能够自如地应对生活中常见的应激源,能够卓有成效地完成日常的工作任务,能够为社会做出贡献(Herrman 等,2005)。常见的心理健康维度有抑郁、焦虑、孤独感等。

目前,国内外已有很多研究探究了手机使用行为与用户心理健康状态的关系。国外的相关研究主要是抑郁、焦虑、孤独感、压力等心理状态与手机使用的相关性。Ha 等(2008)发现具有更高的人际焦虑水平和抑郁倾向的人更有可能成为手机过度使用者。Reid 等(2007)通过 158 份网络调查问卷数据,发现在短信和电话两种联系方式中,孤独感更强的用户更喜欢打电话,而焦虑得分高的用户倾向于发短信。Thomée 等(2011)追踪调查了 4 156 名年龄在 20—24 岁间的青年人,发现手机使用频率与男性用户的睡眠紊乱、抑郁症状有关系,与女性用户的抑郁症状也有关系;而过多地使用手机与女性用户的精神压力、睡眠紊乱均有关系。Augner 与 Hacker (2012)调查了 196 名青年手机用户的手机使用情况及对应的心理特征,统计分析结果显示持续压力、情绪波动、抑郁等均是与手机使用有相关性的,其中情绪波动对频繁的手机使用预测效果最好。Beranuy 等(2009)在对 365 个大学生的手机使用及互联网使用的调查中发现,遭受心理困扰的个体更容易有过度的手机及互联网使用情况。Lepp 等(2014)通过对 496 名大学生的调查发现,手机使用/短信使用均与焦虑有正相关关系。

国内研究者针对心理健康状态与手机使用行为的关系也做了大量的研究。研究显示,抑郁、焦虑等心理健康状态维度与手机依赖、手机短信的使用等具有相关性关系。黄海等(2013)通过分层整群抽取某高校大学生 1 172 名,采用手机依赖量表和症状自评量表(SCL—90)进行施测,发现依赖手机的大学生可能存在不同程度的心理健康问题,心理健康水平可能是影响手机依赖的重要因素。在对江苏省 513 名大学生短信使用情况的研究中,刘传俊等(2008)分析调查结果得出陌生交流、工作短信对焦虑状况有正性预测关系,手机短信交往行为已经明显影响到大学生的焦虑水平。台湾大学对女大学生手机使用情况的一项调查显示,社交外向型和焦虑对手机依赖有正面影响,手机成瘾的女大学生会发送更多的短信和拨打更多的电话(Hong 等,2012)。

也有研究显示,社会支持与手机使用具有相关性。秦亚平等(2012)对 84 名大学生采用大学生手机使用情况调查表、社会支持评定量表、幸福感指数量表进行测评,分析通过研究大学生手机依赖情况和主观幸福感及社会支持的相关性,指出了大学生的主观幸福感对手机依赖行为存在负向影响,而社会支持状况并不影响其手机依赖状况。黄时华等(2010)采用手机使用情况调查表、手机依赖问卷、自我接纳问卷和社会支持评定量表对广州市 8 所高校 536 名大学生进行测查,发现广州市大学生的手机使用率高,手机依赖的检出率为 26. 1%;大学生手机依赖不存在性别差异,存在显著的年级和专业差异;手机依赖与自我接纳间为显著负相关,与社会支持间相关性不显著。葛续华等(2013)采用分层取样法选取山东 2 所职业院校的 900 名在校学生,用亲密关系经历量表(ECR)中文版、社会支持量表和手机成瘾倾向调查问卷对其进行问卷调查,探讨了青少年手机依赖以及其与依恋、社会支持的关系;其结果显示在青少年学生中,手机依赖现象具有普遍性,中职生的手机依赖行为比高职生严重,手机依赖与依恋、社会支持关系密切;依恋焦虑不仅与手机依赖直接相关,而且还通过社会支持间接影响手机依赖行为。

孤独感不同的个体的手机使用情况可能不同。韦耀阳(2013)采用自编的大学生手机依赖问卷和 UCLA 孤独感量表对 304 名大学生进行了调查研究,得到结论大学生手机依赖在性别和年级变量上差异显著,孤独感可能会增加大学生的手机依赖倾向。刘红等(2012)用分层抽样和方便取样法,在贵州省 4 所高校对 442 名大学生用手机依赖指数量表(MPAI)和 UCLA 孤独量表进行测查,结果发现大学生的个人基本特征(性别、年级)与手机依赖倾向无密切关系,理科大学生的手机依赖倾向相对较高,孤独感可能会增加大学生的手机依赖倾向。汪婷等(2011)在广西省的 4 所中学中选取了 942 名学生进行调查,发现相对于手机无依赖群体,手机依赖青少年往往在健康行为上表现出更多的问题,并且会体验到更多的抑郁情绪,生活和学习满意度更低。王芳等(2008)通过用问卷调查和个人访谈相结合的方式,调查了 632 名大学生手机使用情况及手机依赖与性格之间的关系,结果发现手机依赖与内、外向性格无关,与孤独感呈低相关。黄才炎等(2006)通过自编的大学生手机短信交往行为调查问卷和孤独差异量表,对87名大学生手机短信使用行为进行了调查,结果发现频繁地使用手机短信交往可能与孤独感有关,对手机短信交往行为的自我认知上的不同可能与更大群体关系的孤独程度有关。

除了上述研究以外,也有研究者开发了专门的应用程序,记录使用者的使用日志数据,并进而对使用者的心理健康状况进行分析和研究。例如,国内的Gao等(2014),利用开发的Android应用程序“MobileSens”自动采集用户的手机使用日志数据,结合用户的心理量表分析了主观幸福感(subjective well-being, SWB)与手机使用行为的关系,并发现基于手机使用行为预测用户的SWB分数,达到了62%的精度。其中,MobileSens包含手机使用行为记录和问卷测评填写两个模块:手机使用行为记录的模块属于后台服务程序,可记录用户在使用手机过程中手机的活动信息并上传到服务器;问卷测评填写模块实现了启动手机记录模块服务、应用自动检测更新、问卷填写及上传功能。此研究分三步开展:(1)招募了拥有Android手机、并在日常生活中经常使用手机的被试。在为期一个月的实验期间,被试需要在MobileSens内完成个人信息及问卷填写,并在网络通畅时及时上传手机使用数据。(2)设计了包括短信、通话、壁纸、GPS、应用等手机使用行为特征,以进行行为分析及预测模型输入。(3)实验结束后,利用被试提供的手机使用数据及问卷测试结果,建立基于手机使用行为的用户SWB预测模型。分析结果显示:SWB高分个体倾向于使用更多的通信应用(如微信,QQ,飞信等),但是较少地使用拍照类的应用;SWB高分个体都倾向于玩更多的手机游戏,女性用户倾向于玩策略类游戏,而男性用户倾向于玩竞技类游戏;此外,女性高SWB得分个体倾向于更频繁地使用阅读类和浏览器应用,然而男性用户并没有表现出这个倾向。

国外,LiKamWa等(2013)利用了运行在智能手机上的应用程序“LiveLab”收集用户的手机使用数据,发现了部分用户手机使用行为是随着其心情变化波动的,并利用机器学习的算法实现了预测用户的心情的系统MoodScope,初步达到了66%的精度。LiveLab是运行在iPhone上的程序,被设计用来收集上网记录、正在运行的进程及可接入的WIFI点,这些数据最初主要是用来分析程序及网络的使用情况(Shepard等,2011)。他们在32名实验参与者的手机上安装并运行LiveLab为期2个月,实验期间被试每天至少需填写四次自己的心情状态(5级评分,代表心情由坏到好5个级别),并在每晚上传LiveLab记录的手机使用日志数据。此研究设计了应用、电话、邮件信息、短信、浏览器历史、位置信息变换6类行为特征,并分别把每一类特征扩充成10个特征输入预测模型,对用户的日常心情波动进行预测,完成了ModeScope系统。

上述这些研究表明:抑郁、焦虑、孤独感、压力等心理状态与手机的使用具有正相关关系,而且社会支持与手机依赖关系密切。此外,可以开发专门的应用程序对使用者的手机使用行为进行记录,进而更好地对使用者的心理健康状况进行分析和预测。

人格与手机使用行为

“人格”(personality)指的是“个体自身所具备的稳定的行为及心理加工模式”(Burger, 2008)。人格理论科学地解释了人际之间存在个性化差异的心理学原因,因此,与人格相关的研究一直是心理学领域的重要课题(Ozer & Benet-Martinez, 2006)。在人格心理学领域中,“大五”人格(big five personality)是最被研究者广泛接受的人格理论框架(Burger, 2008;McCrae & John, 1992)。“大五”人格理论通过外向性、内向性、尽责性、宜人性、开放性五个维度来描述人际之间的个性化差异。与心理健康状态相比,人格特质具有相对的时间稳定性的特点,这意味着利用一些长期稳定的手机使用行为静态特征就有可能会在一定程度上反映出用户的人格特质。下文将重点介绍手机使用行为与人格特质之间关系的相关研究。

具有不同人格特质的用户可能对不同手机通讯功能及个性化设置偏好不同。澳大利亚的 Butt 和 Phillips(2008)招募了 112 名手机用户,通过 NEO - FFI 人格问卷及自编的手机使用问卷调查收集了用户的手机使用行为,分析结果得出结论:手机的使用情况可以反映一个人的人格,不同人格的用户使用手机的偏好也不同;外向性的人可能拨打更多的电话、更换手机铃声和壁纸的频率更高,使用手机可以带给其兴奋感;外向性和低宜人性的个体更不重视接收到的电话,同时也更多地调整手机铃声和壁纸;神经质、低宜人性、低尽责性及外向性个体倾向于花更多的时间在使用短信上。Ehrenberg 等(2008)通过对 200 名大学生的调查结果发现,低宜人性个体花费更多的时间在电话上,然而高外向性和高神经质个体花费更多的时间在短信上;低宜人性和低自尊个体会花费更多的时间使用手机即时通讯(Instant Messaging, IM)相关应用程序;高神经质个体更有可能有手机依赖倾向;该研究还实现了通过人格和自尊对部分手机使用行为的预测。Lane 等(2011)通过分析 312 份有关手机使用及大五人格的问卷数据,他们的实验结论表明:高外向性用户更多地使用手机的短信功能;相对于发短信,高宜人性用户更喜欢打电话。Beydokhti 等(2012)在对 364 名中学生的手机短信使用及人格调查中发现,神经质与短信使用频率成正相关,外向性与短信使用频率呈显著负相关,在男女个体中短信的使用情况并没有显著差异。

手机游戏、短信息等功能的使用与不同人格特质也是具有相关性的。Phillips 等(2006)利用 112 份问卷数据研究了人格与手机游戏的关系,通过多元回归他们发现,低宜人性个体更倾向于使用手机玩游戏。这个研究揭示了人格特质与因为玩手机游戏导致的手机过度使用间的相互影响关系。Delevi 等(2013)利用 304 份大学生的网上填写的问卷数据,探究了手机色情信息(包括图片、文字、视频)的收发情况与人格的关系,结果显示:高外向性的个体倾向于通过短信文本发送色情信息,高神经质和低宜人性个体倾向于选择发送具有性暗示的图片。这表明问题性的手机应用和色情信息的收发是有一定关联的。Ezoe 等(2009)对 132 名护士专业女学生的调查结果显示,外向性及神经质维度与手机依赖有正相关关系。

也有研究表明,手机过度使用、手机依赖与人格特质具有相关性。Takao 等(2009)对 488 名大学生的一项调查研究显示,性别、自我监控力、自我认可度等因素和手机依赖行为之间存在着关联,并提出通过衡量这些相关的人格因素可有效地监测和预防潜在的手机成瘾症。Billieux 等(2008)考察了手机用户的冲动性特质与其手机依赖间的关系,研究者通过收集的 339 份手机使用情况及 UPPS 冲动行为量表数据,分析发现冲动性能有效预测手机依赖并发现问题性手机用户更倾向于关注行为的即时收益,而忽视长远利益。Arns 等(2007)分析了 300 名被试的手机使用调查问卷及人格问卷结果后得出结论,过多的手机使用与外向性成正相关,与开放性成负相关。

国内的研究显示,手机短信的使用与不同的人格特质维度具有相关性。刘敏(2012)通过对 93 名大学生手机短信使用情况和人格特质的分析,得出结论:(1)外倾性与短信发送对象呈显著正相关;(2)神经质与短信查看时间呈显著负相关,而与作息时间改变呈显著正相关;(3)精神质与短信发送频率、发送对象均呈显著负相关;(4)外倾性、神经质两种人格特质与短信使用的相关关系存在明显的性别差异。陈少华等(2005)用人格测试和自编手机短信问卷,以 280 名大学生为研究对象,考察了大五人格特质及其子维度与短信使用情况之间的关系,其研究结果显示:神经质与使用短信的担心时间、幻觉经验、作息时间有显著负相关,外倾性与短信使用数量和作息时间呈显著正相关,宜人性与短信使用时间有显著负相关,认真性与短信占总费用的比例有显著负相关;除焦虑、刺激性、想象力、谦虚、条理性等八个子维度外,大五人格特质的其他子维度与短信使用情况均有显著相关;短信使用情况中没有任何一个因素可以对开放性人格特质做出有效预测。

手机上网、新功能的尝试与人格特质具有相关性关系。盛红勇等(2012)对大学生手机上网与坚韧人格相关的研究结果显示,学习中失望感越强的学生越倾向于使用手机上网。在一项结合创新采纳者分类针对武汉大学生手机使用行为进行的调查研究显示,大学生中墨守传统者对手机的各种新功能并没有进行尝试;而积极尝试者具有冒险精神,乐于使用手机的新功能与新应用;适当跟随者则在各种特征上都属于中间状态(钱正,2012)。

手机依赖与人格特质也可能存在相关性关系。孙玲等(2011)采用自编的《大学生手机依赖量表》与EPQ问卷中的E(内外向)量表,定额选取宁夏大学的130名学生进行研究发现大学生手机依赖行为存在性别差异,且女生比男生更容易产生手机依赖行为;大学生的手机依赖行为不存在年级差异;内外向因素不是决定大学生手机依赖行为的决定性人格因素。

与心理健康和手机行为的研究类似,目前也有研究者已经开发了应用程序记录分析通讯智能手机使用行为,研究手机使用与人格之间的相关性并利用手机使用行为预测用户人格的特质。例如,Chittaranjan等(2013)把数据收集程序装入Nokia N95智能手机中,同时跟踪收集了瑞士117名被试17个月的电话、短信、应用程序、电话卡使用情况的日志记录。通过对这些大规模数据进行特征提取并分析、挖掘,得出很多特定的手机使用行为与用户人格具有较强的相关性,验证了之前很多通过自我填答方式进行的此类研究的结论。研究结果显示:宜人性维度得分低的用户倾向于接收更多的电话,但很大比例的电话并不是他们想要接收的,拨出的电话并没有能显著地解释宜人性维度的特征;高外向性、高神经质及低尽责性用户可能花费更多的时间收发短信;外向性及低宜人性用户倾向于更频繁地更换手机铃声和手机壁纸;低宜人性用户倾向于更多地玩手机游戏。此研究更进一步地使用机器学习算法对用户的人格进行了预测及分类,取得了较好的效果。

上文提到的Gao等(2014)利用数据采集程序"MobileSens"也研究了手机使用行为与人格特质的关系。研究结果显示,具有更高外向性得分的女性用户倾向于更频繁地打开手机应用、使用GPS、开关屏幕以及使用社交类、生活类和健康类的应用;而具有更高外向性得分的男性用户倾向于使用更少的健康类应用,并且没有其他类相关的手机使用行为;而从总体上来看,具有更高外向性得分的用户倾向于使用更多的社交类和健康类应用。具有更高宜人性得分的女性用户更倾向于玩策略类游戏,而男性用户则倾向于拨打更少的电话及使用更少的浏览器。具有更高尽责性得分的女性用户更倾向于更频繁地打开或使用安全类应用,而男性用户则没有相关性的行为特征。具有更高开放性人格得分的女性用户更倾向于频繁地使用应用、GPS服务及社交类应用,相对于电话使用更多的短信交流,而更少地更改通讯录;具有更高开放性人格得分的男性用户则倾向于更少地使用耳机及办公类应用;总体上看,具有更高开放性人格得分则倾向于使用更多的GPS服务,而办公类应用使用更少。此研究进一步在大五人格的五个维度分别建立了预测回归模型,回归效果显示针对女性用户的预测模型整体上效果更好一些,如开放性维度(女CORE: 0.750,男CORE: 0.368),外向性维度(女CORE: 0.401,男CORE: 0.368)。导致这种结果的原因尚未被发现,但文中给出可能的原因是女性使用智能手机的形式更多样,而男性用户使用手机的功能比较单一。

综上所述,研究表明具有不同人格特质的用户可能对不同手机通讯功能及个性化设置偏好不同,而且,手机游戏、短信息等功能的使用与不同人格特质也是具有相关性的。手机过度使用、手机依赖与人格特质具有相关性。国内的研究还表明,手机短信的使用与不同的人格特质维度具有相关性,而且,手机上网、新功能的尝试与人格特质具有相关性关系。与心理健康和手机行为的研究类似,目前也有研究者已经开发了应用程序记录分析通讯智能手机使用行为,研究手机使用与人格之间的相关性并利用手机使用行为预测用户的人格特质。

6.5.3 小结

现有的文献表明,利用手机尤其是智能手机使用行为进行用户心理特征的预测是可行的,关于此领域今后的发展方向,主要有以下三个方面:

首先,需要有更大规模的用户实验,收集足够的用户数据,以建立更精确的预测模型。目前已有的研究招募了从几十个到一两百个参与者采集数据并训练预测模型,这样小范围的模型不一定具有普适性,应用在更广泛的人群中效果可能会变差。

其次,从用户的其他智能穿戴设备(如智能手环、智能眼镜、智能手表等)收集到的数据也将被纳入分析中。通过这种方式,几乎用户所有的饮食数据、睡眠时间与他们的设备的交互行为都将被纳入记录和分析,这可以为帮助用户提供更精准的心理健康及身体健康调节建议。与此同时,研究人员应该在数据泄漏保护上投入更多的精力以保护用户的隐私。

最后,计算机科学与心理学科的结合在这一研究领域将会越来越突出。移动设备交互行为研究需要这两个学科的理论和技术。心理学家可以更科学严密地设计用户实验、分析数据和解释结果,而计算机科学家可以开发更有效的数据采集工具和机器学习算法。

6.6 研究展望

第一章中,我们就已经讲到人计算机交互是工程心理学中衍生出来的一个学科,其中,涉及的问题有许多,特别是由于技术的进步、互联网的出现和后信息时代的到来,使得人计算机交互研究问题日益增多,研究问题所属的领域也越来越广。例如,第5章中讲到的新型控制交互,眼控、脑控等都可以划到人计算机交互这个学科中的。

本章中我们介绍了人计算机交互研究领域中传统的研究问题,例如,软件界面中的菜单、填空、命令等界面中的人机交互问题,硬件界面中键盘、鼠标等界面交互问题，也介绍了近年发展起来的、网络界面和自适应界面等智能界面中的交互问题。本章最后部分，我们还专门论述了手机使用行为和心理特征方面的研究。值得注意的是手机使用行为和心理特征方面的研究的目的并不是直接为了优化和界面设计，但是通过了解使用者界面的使用行为特点以及这些特点和使用者心理特征的关联性与影响作用，无疑也会间接地帮助我们进行界面优化，而且这些研究对界面的个性化设计有着深远的意义。

我们认为今后的人计算机界面的研究将有以下研究发展：

首先，人计算机交互传统领域的研究将持续进行，各种界面的改进和优化仍将成为该学科领域中一个重要的研究领域，特别是各种研究成果将推广到许多其他电子产品中，例如，智能手机、智能手表、智能可穿戴设备等等。

其次，人性化界面的追求将成为未来人计算机交互的一个非常重要的研究目的。这种拟人化的交互主要是通过自然交互界面设计实现的。本章中提到的言语交互、眼控、脑控和可穿戴设备界面的研究的最终目的就是为了实现个性化的发展。这种个性化界面的实现将最终将把人和作为物的计算机的交互变成一种以人的自然交互为基础的人和类似人的计算机的交互。而且，我们认为这种个性化界面，将需要通过智能化界面设计来实现。所谓智能化的界面其实是因为界面本身具有了记忆和判断的功能，能够对操作者的操作特点进行合理的分析和判断，从而合理地改变界面的初始设置，以适应操作者的操作特点。前面我们说到的自适应界面其实已经初步具有了这些功能。

总之我们认为今后的人计算机交互的研究一方面将延续传统领域的研究工作，另外一方面将日益重视个性化的界面研究，而实现个性化的界面则需要我们进一步开展自然和智能化交互界面的研究工作。

本章最后有关手机使用行为和心理特征方面的研究是我们特地邀请中科院心理所朱廷劭研究员及其团队成员撰写的。我们认为这方面的研究工作虽然不同与以往的人计算机交互研究，但是其研究的方法、研究的问题将有助于我们更好地解决人计算机交互中的实际问题。我们认为，将来采用大数据或者其他的科学研究方法，研究交互中的操作特点、交互中人的个性特征、交互中人的需求、交互中的社会以及交互中的物理的环境特征等计算机交互相关的问题将成为人计算机交互研究中重要的研究领域。

参考文献

毕纪灵，刘宏艳，葛列众.(2015).适合汉语全拼输入的提示性软键盘的研发与验证.心理科学，4，009.
陈少华，刘文兴，宋立娜.(2005).大学生人格特质与手机短信的相关研究.湖南师范大学教育科学学报(6)，82—86.
陈肖雅.(2014).用于大触摸屏软键盘的大小自适应研究.浙江理工大学硕士学位论文.

程俊俊,童馨,耿卫东.(2011).基于运动传感的感知用户界面综述.计算机应用,31(A01),104—108.
楚杰,牛敏,楚良海.(2008).键盘的创新设计.工程图学学报,28(6),114—120.
董士海.(1999).人机交互和多通道用户界面.北京：科学出版社.
冯成志,贾凤芹.(2002).解决"迷路"问题的一种导航技术.计算机应用,22(1),87—89.
胡凤培,滑娜,葛列众,王哲.(2010).自适应设计对语音菜单系统操作绩效的影响.人类工效学,16(2),1—44.
蒋培.(1996).超文本系统中迷路问题.计算机时代(1),21—22.
金昕沁,葛列众,王琦君.(2015).点击增强技术研究综述.人类工效学(1),69—73.
金昕沁.(2015).自适应气泡光标的研究.浙江理工大学硕士学位论文.
马先林,林宗楷,郭玉钗.(1997).从人机交互界面到人与人交互界面.计算机科学(6),103—104.
高岩.(2013).基于大规模无约束数据的书写者自适应的中文手写识别系统研究.华南理工大学硕士学位论文.
葛列众,李宏汀,王笃明.(2012).工程心理学.北京：中国人民大学出版社.
葛列众,孙梦丹,王琦君.(2015).视觉显示技术的新视角：交互显示.心理科学进展 23(4),539—546.
葛列众,王义强.(1996).计算机的自适应界面——人—计算机界面设计的新思路.人类工效学(3),50—52.
葛列众,王琦君,王哲.(2007).采用 focus + context 技术改进网页注册界面可用性的实证研究.人类工效学,13(3),28—30.
葛列众,滑娜,王哲.(2008).不同菜单结构对语音菜单系统操作绩效的影响.人类工效学,14(4),12—15.
葛列众,周川艳.(2012).语音菜单广度与深度研究.人类工效学,18(4),73—76.
葛续华,祝卓宏,王雅丽.(2013).青少年手机依赖与依恋,社会支持的关系.中华行为医学与脑科学杂志,22(8),736—738.
康卫勇,袁修干,柳忠起,刘伟.(2008).飞机座舱视觉显示界面脑力负荷综合评价方法.航天医学与医学工程,21(2),103—107.
何灿群,李宏汀,葛列众.(2008).按键位置对手机键盘拇指操作绩效的影响.心理科学,30(6),1402—1404.
黄海,周春燕,余莉.(2013).大学生手机依赖与心理健康的关系.中国学校卫生,34(009),1074—1076.
黄时华,余丹.(2010).广州大学生手机使用与依赖的现状调查.卫生软科学(3),252—254.
黄才炎,严标宾.(2006).大学生手机短信交往行为与孤独感的关系研究.中国健康心理学杂志,14(3),255—257.
刘红,王洪礼.(2012).大学生的手机依赖倾向与孤独感.中国心理卫生杂志,26(1),66—69.
刘骅,葛列众.(2014).鼠标控制显示增益的绩效研究.人类工效学(4),26—30.
刘传俊,刘照云,朱其志,叶宁.(2008).江苏省 513 名大学生短信交往行为调查.中国心理卫生杂志,22(5),357—357.
刘敏.(2012).大学生人格特质与手机短信使用情况的相关研究.语文学刊：基础教育版(6),134—135.
刘艳.(2014).Web 表单设计技巧探析.电脑知识与技术：学术交流(4X),2845—2846.
刘艳芳,牟炜民,张侃.(1997).和弦键盘及其工效学研究.人类工效学(3),47—49.
李宏汀,宫媛娜,梁道雷.(2014).大学生手型尺寸分布及其对触屏手机操作绩效影响.人类工效学,20(1),6—10.
李鹏,马书根,李斌,王越超.(2009).具有自适应能力管道机器人的设计与运动分析.机械工程学报,45(1),154—161.
柳菁.(2008).虚拟现实技术应用于心理治疗领域的最新进展.心理科学,31(3),762—764.
罗仕鉴.(2004).人机界面设计.北京：机械工业出版社.
秦亚平,李鹤展.(2012).大学生手机依赖与主观幸福感及社会支持相关性研究.临床心身疾病杂志,18(5).
钱正.(2012).大学生手机使用行为研究——基于武汉大学生手机调查数据的分析.广告大观(理论版)(1),31—34.
任丽月,王中宝,张宇红.(2012).触屏手机中人机工程学的研究.硅谷(6),19—20.
任衍具,岳振飞,庞雪.(2011).触屏手机与传统键盘手机的可用性之比较.应用心理学,17(1),70—76.
邵艳丽,黄奇.(2014).计算机支持协同工作群体信息共享意愿影响因素研究——社会心理学视角.情报理论与实践,37(8),84—89.
沈浩,杨君顺,唐波.(2005).数字键盘布局人机工程学的研究.包装工程,26(4),129—130.
盛红勇.(2012).大学生手机上网与坚韧人格及学业情绪影响.淮海工学院学报：社会科学版,10(9),57—59.
宿芳,张智君.(2003).键盘操作的工效学研究回顾.应用心理学(3),56—61.
孙玲,汤效禹.(2011).大学生手机依赖行为的研究.咸宁学院学报,31(5),117—118.
汪婷,许颖.(2011).青少年手机依赖和健康危险行为,情绪问题的关系.中国青年政治学院学报(5),41—45.
王芳,李然,路雅,张福龙.(2008).山西大学本科生手机依赖研究.中国健康教育,24(5),381—381.
王璟.(2011).手机菜单类型的工效学研究.硕士学位论文.浙江理工大学.
王雯,王国强.(2008).虚拟现实技术在空间认知心理学研究中的发展与应用现状.新西部：理论版(8),223—224.
王昱.(2000).语音识别自适应技术的研究与实现.硕士学位论文.清华大学.
王永跃,葛列众,高晓卿.(2004).场独立性对菜单操作绩效影响的研究.人类工效学,10(1),46—47.
韦耀阳.(2013).大学生手机依赖与孤独感的关系研究.聊城大学学报：自然科学版,26(1),83—85.
向勇,张少华,史美林.(2006).国内协作研究的现状和发展.通信学报,27(11),1—6.
谢菠荪.(2008).虚拟听觉在虚拟现实,通信及信息系统的应用.电声技术,32(1),70—75.
姚海娟,李晖,杨海波,焦俊杰.(2011).基于眼动记录技术的手机键盘界面设计.包装工程(14),36—39.
喻纯,史元春.(2012).基于自适应光标的图形用户界面输入效率优化.软件学报,23(9),2522—2532.
张东峰.(1999).高效率 CAD 系统的开发研究及 KCSJCAD 系统的产生.太原理工大学硕士学位论文.
张侃,扬穗民,顾泓彬,赵惠铃,郭素梅,刘艳芳等.(1997).槽式键盘的工效学特征.人类工效学(3),1—4.
张丽霞,梁华坤,傅熠,宋鸿陟.(2011).鱼眼菜单可用性研究.计算机工程与设计,32(2),706—710.
张彤,杨文虎,郑锡宁.(2003).图形用户界面环境中的鼠标操作活动分析.应用心理学,9(3),14—19.

张彤,王碧英,郑锡宁.(2004).一种特殊的计算机指点装置追踪球的操作活动研究.应用心理学,10(4),54—58.
张彤,夏方昱,郑锡宁.(2006).计算机指点装置的操作可控性和稳定性分析.浙江大学学报:工学版,40(10),1732—1737.
张学成,孔庆华,杨东森.(2007).笔记本电脑键盘的人因工程学研究.科技导报,25(0713),27—29.
张智君.(2001).超文本阅读中的迷路问题及其心理学研究.心理科学进展,9(2),102—106.
张智君,江程铭,任衍具,朱伟.(2004).信息呈现方式、时间压力和认知风格对网上学习的影响.浙江大学学报:理学版,31(2),228—231.
张智君,任衍具,朱伟.(2003).导航线路和个体认知风格对超文本搜索绩效的影响.用心理学,9(2),16—20.
郑璐.(2011).手机通讯录自适应与自定义的工效学研究.浙江理工大学硕士学位论文.
周雯.(2006).学龄儿童鼠标外形设计研究.北京林业大学硕士学位论文.
周陟.(2010).UI进化论.北京:清华大学出版社.
朱祖祥.(2003).工程心理学教程.北京:人民教育出版社.
Ackerman, M. S. (2000). The intellectual challenge of CSCW: the gap between social requirements and technical feasibility. *Human-Computer Interaction*, 15(2-3),179-203.
Ahlstroem, D., Alexandrowicz, R., & Hitz, M.(2006). Improving menu interaction: a comparison of standard, force enhanced and jumping menus.. *Computer Human Interaction* (pp.1067-1076).
Al-Omar, K., & Rigas, D. (2009, September). Comparison of adaptive, adaptable and mixed-initiative menus. In *CyberWorlds, 2009. CW'09. International Conference on* (pp.292-297). IEEE.
Arns, M., Van Luijtelaar, G., Sumich, A., Hamilton, R., & Gordon, E. (2007). Electroencephalographic, personality, and executive function measures associated with frequent mobile phone use. *International Journal of Neuroscience*, 117(9),1341-1360.
Augner, C., & Hacker, G.W.(2012). Associations between problematic mobile phone use and psychological parameters in young adults. *International journal of public health*, 57(2),437-441.
Aula, A., & Nordhausen, K. (2006). Modeling successful performance in Web searching. *Journal of the American society for information science and technology*, 57(12),1678-1693.
Bae, Y., Oh, B., & Park, J.(2014). Adaptive Transformation for a Scalable User Interface Framework Supporting Multi-screen Services. In *Ubiquitous Information Technologies and Applications* (pp. 425 - 432). Springer Berlin Heidelberg.
Bargas-Avila, J. A., Oberholzer, G., Schmutz, P., de Vito, M., & Opwis, K. (2007). Usable error message presentation in the World Wide Web: Do not show errors right away. *Interacting with Computers*, 19(3),330-341.
Baudisch, P., Cutrell, E., Robbins, D., Czerwinski, M., Tandler, P., Bederson, B., & Zierlinger, A.(2003). Drag-and-pop and drag-and-pick: Techniques for accessing remote screen content on touch-and pen-operated systems. In *Proceedings of INTERACT* (Vol. 3, pp.57-64).
Bederson, B.B.(2000, November). Fisheye menus. *In Proceedings of the 13th annual ACM symposium on User interface software and technology* (pp.217-225). ACM.
Benbasat, I., & Todd, P.(1993). An experimental investigation of interface design alternatives: icon vs. text and direct manipulation vs. menus. *International Journal of Man-Machine Studies*, 38(3),369-402.
Benyon, D.(1993). Adaptive systems: a solution to usability problems. *User Modeling and User-Adapted Interaction*, 3(1),65-87.
Beranuy, M., Oberst, U., Carbonell, X., & Chamarro, A. (2009). Problematic Internet and mobile phone use and clinical symptoms in college students: The role of emotional intelligence. *Computers in Human Behavior*, 25(5),1182-1187.
Beydokhti, A., Hassanzadeh, R., & Mirzaian, B.(2012). The Relationship between Five Main Factors of Personality and Addiction to SMS in High School Students. *Current Research Journal of Biological Sciences*, 4.
Bill Scott, & Theresa Neil.(2009). *Web*界面设计.北京:电子工业出版社.
Billieux, J., Van der Linden, M., & Rochat, L.(2008). The role of impulsivity in actual and problematic use of the mobile phone. *Applied Cognitive Psychology*, 22(9),1195-1210.
Bridle, R., & McCreath, E. (2006). Inducing shortcuts on a mobile phone interface. In *Proceedings of the 11th international conference on Intelligent user interfaces* (pp.327-329). ACM.
Brunswik, E.(1956). *Perception and the representative design of psychological experiments*. Univisty of California Press.
Brookhuis, K.A., de Vries, G., & de Waard, D.(1991). The effects of mobile telephoning on driving performance. *Accident Analysis & Prevention*,23(4),309-316.
Bunt, A., Conati, C., & McGrenere, J.(2007, January). Supporting interface customization using a mixed-initiative approach. In *Proceedings of the 12th international conference on Intelligent user interfaces* (pp.92-101). ACM.
Butt, S., & Phillips, J.G.(2008). Personality and self reported mobile phone use. *Computers in Human Behavior*, 24(2),346-360.
Burger J M.(2008). Personality. 7th ed. Belmont: Thomson Wadsworth.
Calisir, F., & Gurel, Z. (2003). Influence of text structure and prior knowledge of the learner on reading comprehension, browsing and perceived control. *Computers in Human Behavior*, 19(2),135-145.
Cakir, A., Hart, D.J., & Stewart, T.F.M.(1979). *The VDT manual*. Inca-Fiej Research Association.

Carroll, J. M., & Carrithers, C. (1984). Training wheels in a user interface. *Communications of the ACM*, 27(8), 800-806.
Cassingham, R. C. (1986). The Dvorak Keyboard. *Freelance Communications*.
Cramer, M. D. (2013). *U.S. Patent No. 8,543,570*. Washington, DC: U.S. Patent and Trademark Office.
Chen, S. Y., & Liu, X. (2008). An integrated approach for modeling learning patterns of students in web-based instruction: A cognitive style perspective. *ACM Transactions on Computer-Human Interaction (TOCHI)*, 15(1), 1.
Chittaranjan, G., Blom, J., & Gatica-Perez, D. (2013). Mining large-scale smartphone data for personality studies. *Personal and Ubiquitous Computing*, 17(3), 433-450.
Cockburn, A., Gutwin, C., & Greenberg, S. (2007). A predictive model of menu performance. Proceedings of the SIGCHI Conference on Human Factors in Computing Systems (pp. 627-636). ACM.
Coen, A., Dai, L., Herzig, S., Gaul, S., & Linn, V. (2002). The Analysis: Investigation of the cellular phone industry. *Retrieved October*, 21, 2006.
Delevi, R., & Weisskirch, R. S. (2013). Personality factors as predictors of sexting. *Computers in Human Behavior*, 29(6), 2589-2594.
Ehrenberg, A., Juckes, S., White, K. M., & Walsh, S. P. (2008). Personality and self-esteem as predictors of young people's technology use. *CyberPsychology & Behavior*, 11(6), 739-741.
Ezoe, S., Toda, M., Yoshimura, K., Naritomi, A., Den, R., & Morimoto, K. (2009). Relationships of personality and lifestyle with mobile phone dependence among female nursing students. *Social Behavior and Personality: an international journal*, 37(2), 231-238.
Findlater, L., & Wobbrock, J. (2012). Personalized input: Improving ten-finger touchscreen typing through automatic adaptation. *Proceedings of the SIGCHI Conference on Human Factors in Computing Systems*(pp. 815-824). ACM.
Findlater, L., Moffatt, K., McGrenere, J., & Dawson, J. (2009). Ephemeral adaptation: The use of gradual onset to improve menu selection performance. In *Proceedings of the SIGCHI Conference on Human Factors in Computing Systems* (pp. 1655-1664). ACM.
Findlater, L., & McGrenere, J. (2004). A comparison of static, adaptive, and adaptable menus. In *Proceedings of the SIGCHI conference on Human factors in computing systems* (pp. 89-96). ACM.
Findlater, L., & McGrenere, J. (2007). Evaluating reduced-functionality interfaces according to feature findability and awareness. In *Human-Computer Interaction-INTERACT 2007* (pp. 592-605). Springer Berlin Heidelberg.
Findlater, L., & McGrenere, J. (2010). Beyond performance: Feature awareness in personalized interfaces. *International Journal of Human-Computer Studies*, *68*(3), 121-137.
Fischer, S., & Schwan, S. (2008). Adaptively shortened pull down menus: location knowledge and selection efficiency. *Behaviour & Information Technology*, 27(5), 439-444.
Falaki, H., Mahajan, R., & Estrin, D. (2011, June). SystemSens: a tool for monitoring usage in smartphone research deployments. *In Proceedings of the sixth international workshop on MobiArch* (pp. 25-30). ACM.
Ford, N., Miller, D., & Moss, N. (2001). The role of individual differences in Internet searching: An empirical study. *Journal of the American Society for Information Science and technology*, 52(12), 1049-1066.
Gao Y., Lei M. and Zhu T. (2014). Predicting Psychological Characteristics by Smartphone Usage Behaviors. In Z. Yan (Ed.), *Encyclopedia of Mobile Phone Behavior* (*Volumes 1, 2, & 3*). Hershey, PA: IGI Global.
Gajos, K., Christianson, D., Hoffmann, R., Shaked, T., Henning, K., Long, J. J., & Weld, D. S. (2005). Fast and robust interface generation for ubiquitous applications. *In UbiComp 2005: Ubiquitous Computing* (pp. 37-55). Springer Berlin Heidelberg.
Gajos, K. Z., Czerwinski, M., Tan, D. S., & Weld, D. S. (2006). Exploring the design space for adaptive graphical user interfaces. *In Proceedings of the working conference on Advanced visual interfaces* (pp. 201-208). ACM.
Gajos, K. Z., Wobbrock, J. O., & Weld, D. S. (2008a). Improving the performance of motor-impaired users with automatically-generated, ability-based interfaces. *In Proceedings of the SIGCHI conference on Human Factors in Computing Systems* (pp. 1257-1266). ACM.
Gajos, K. Z., Everitt, K., Tan, D. S., Czerwinski, M., & Weld, D. S. (2008b). Predictability and accuracy in adaptive user interfaces. In *Proceedings of the SIGCHI Conference on Human Factors in Computing Systems* (pp. 1271-1274). ACM.
Gosling, S. D., Ko, S. J., Mannarelli, T., & Morris, M. E. (2002). A room with a cue: personality judgments based on offices and bedrooms. *Journal of personality and social psychology*, 82(3), 379.
Gould, J. D., Boies, S. J., Meluson, M., Rasomny, M., & Vosburgh, A. M. (1988). Empirical Evaluation of Entry and Selection Methods: For Specifying Dates. (Vol. 32, pp. 279-283). SAGE Publications.
Gould, J. D., Boies, S. J., Meluson, A., Rasamny, M., & Vosburgh, A. M. (1989). Entry and selection methods for specifying dates. *Human Factors: The Journal of the Human Factors and Ergonomics Society*, 31(2), 199-214.
Graff, M. (2003). Learning from web-based instructional systems and cognitive style. *British Journal of Educational Technology*, 34(4), 407-418.
Greenberg, S., & Witten, I. H. (1985). Adaptive personalized interfaces — A question of viability. *Behaviour & Information Technology*, 4(1), 31-45.
Ha, J. H., Chin, B., Park, D. H., Ryu, S. H., & Yu, J. (2008). Characteristics of excessive cellular phone use in

Korean adolescents. *CyberPsychology & Behavior*, 11(6),783 - 784.

Herrman, H., Saxena, S., & Moodie, R. (2005). *Promoting mental health: concepts, emerging evidence, practice: a report of the World Health Organization, Department of Mental Health and Substance Abuse in collaboration with the Victorian Health Promotion Foundation and the University of Melbourne*. World Health Organization.

Hong, F.Y., Chiu, S.I., & Huang, D.H. (2012). A model of the relationship between psychological characteristics, mobile phone addiction and use of mobile phones by Taiwanese university female students. *Computers in Human Behavior*, 28(6),2152 - 2159.

Hutchins, E. L., Hollan, J. D., & Norman, D. A. (1985). Direct manipulation interfaces. *Human-Computer Interaction*,1(4),311 - 338.

IDC.(2014) Worldwide Smartphone 2014 - 2018 Forecast and Analysis, *http://www.idc.com/getdoc.jsp? containerId = 247140*

Jackson, L.A., Ervin, K.S., Gardner, P.D., & Schmitt, N. (2001). Gender and the Internet: Women communicating and men searching. *Sex roles*,44(5 - 6),363 - 379.

Kane, S.K., Wobbrock, J.O., & Smith, I.E. (2008, September). Getting off the treadmill: evaluating walking user interfaces for mobile devices in public spaces. In *Proceedings of the 10th international conference on Human computer interaction with mobile devices and services* (pp.109 - 118). ACM.

Kim, D.Y., Lehto, X.Y., & Morrison, A.M. (2007). Gender differences in online travel information search: Implications for marketing communications on the internet. *Tourism management*, 28(2),423 - 433.

Kim, H., Yun, M., & Kim, P. (2004). A comparison of web searching strategies according to cognitive styles of elementary students. *In Computational Science and Its Applications-ICCSA 2004* (pp. 892 - 901). Springer Berlin Heidelberg.

Klockenberg, E.A. (1926). Rationalization of typewriters and their operation. *Rationalisierung der schreibmaschine une ihrer bedienung*.

Kraut, R.E., Hanson, S.J., & Farber, J.M. (1983, December). Command use and interface design. *In Proceedings of the SIGCHI conference on Human Factors in Computing Systems* (pp.120 - 124). ACM.

Kroemer, K.E. (1972). Human engineering the keyboard. *Human Factors: The Journal of the Human Factors and Ergonomics Society*, *14*(1),51 - 63.

Lane, W., & Manner, C. (2011). The impact of personality traits on smartphone ownership and use. *International Journal of Business and Social Science*, 2(17),22 - 28.

Large, A., Beheshti, J., & Rahman, T. (2002). Gender differences in collaborative web searching behavior: an elementary school study. *Information Processing & Management*, 38(3),427 - 443.

Lee, D., McCool, J., & Napieralski, L. (2000). Assessing adult learning preferences using the analytic hierarchy process. *International Journal of Lifelong Education*,19(6),548 - 560.

Lee, D.S., & Yoon, W.C. (2004). Quantitative results assessing design issues of selection-supportive menus. *International Journal of Industrial Ergonomics*, 33(1),41 - 52.

Ledgard, H., Whiteside, J.A., Singer, A., & Seymour, W. (1980). The natural language of interactive systems. *Communications of the ACM*, 23(10),556 - 563.

Lepp, A., Barkley, J.E., & Karpinski, A.C. (2014). The relationship between cell phone use, academic performance, anxiety, and Satisfaction with Life in college students. *Computers in Human Behavior*, 31,343 - 350.

LiKamWa, R., Liu, Y., Lane, N.D., & Zhong, L. (2013, June). Moodscope: building a mood sensor from smartphone usage patterns. *In Proceeding of the 11th annual international conference on Mobile systems, applications, and services* (pp.389 - 402). In ACM.

Li, L., Li, A., Hao, B., Guan, Z., & Zhu, T. (2014). Predicting Active Users' Personality Based on Micro-Blogging Behaviors. *PloS one*, 9(1), e84997.

Liaw, S.S. (2002). An Internet survey for perceptions of computers and the World Wide Web: relationship, prediction, and difference. *Computers in human behavior*, 18(1),17 - 35.

Lorigo, L., Pan, B., Hembrooke, H., Joachims, T., Granka, L., & Gay, G. (2006). The influence of task and gender on search and evaluation behavior using Google. *Information Processing & Management*, 42(4),1123 - 1131.

Margono, S., & Shneiderman, B. (1993). 1, 2 A study of file manipulation by novices using commands vs, direct manipulation. *Sparks of Innovation in Human-computer Interaction*, 39.

McCrae, R.R., & John, O.P. (1992). An introduction to the five - factor model and its applications. *Journal of personality*, 60(2),175 - 215.

McDonald, S., & Stevenson, R.J. (1998a). Effects of text structure and prior knowledge of the learner on navigation in hypertext. *Human Factors: The Journal of the Human Factors and Ergonomics Society*,40(1),18 - 27.

McDonald, S., & Stevenson, R.J. (1998b). Navigation in hyperspace: An evaluation of the effects of navigational tools and subject matter expertise on browsing and information retrieval in hypertext. Interacting with computers, 10(2), 129 - 142.

McGrenere, J., Baecker, R.M., & Booth, K.S. (2002, April). An evaluation of a multiple interface design solution for bloated software. *In Proceedings of the SIGCHI conference on Human factors in computing systems* (pp. 164 - 170). ACM.

Mitchell, J., & Shneiderman, B. (1989). Dynamic versus static menus: an exploratory comparison. *ACM SIGCHI Bulletin*, 20(4), 33 - 37.
Norcio, A. F., & Stanley, J. (1989). Adaptive human-computer interfaces: A literature survey and perspective. *Systems, Man and Cybernetics, IEEE Transactions on*, 19(2), 399 - 408.
Norman, K. L. (2008). *Cyberpsychology: an introduction to human-computer interaction* (*Vol. 1*). New York, NY: Cambridge university press.
Oppermann, R. (1994). Adaptively supported adaptability. *International Journal of Human-Computer Studies*, 40(3), 455 - 472.
Ozer, D. J., & Benet-Martínez, V. (2006). Personality and the prediction of consequential outcomes.. *Annual Review of Psychology*, 57(1), 401 - 421.
Park, J., Han, S. H., Park, Y. S., & Cho, Y. (2007). Adaptable versus adaptive menus on the desktop: Performance and user satisfaction. *International journal of industrial ergonomics*, 37(8), 675 - 684.
Penn, P., Petrie, H., Colwell, C., Kornbrot, D., Furner, S., & Hardwick, A. (2000). The perception of texture, object size and angularity by touch in virtual environments with two haptic devices. In Proceedings of the 1st International Workshop on Haptic Human Computer Interaction (University of Glasgow, 2000 - 8 - 31 to 9 - 1). *University of Glasgow*.
Phillips, J. G., Butt, S., & Blaszczynski, A. (2006). Personality and self-reported use of mobile phones for games. *CyberPsychology & Behavior*, 9(6), 753 - 758.
Penn. P., Petrie, H., Colwell, C., Kornbrot, D., Furner, S., & Hardwick, A. (2000). The perception of texture, object size and angularity by touch in virtual environments with two haptic devices. *University of Glasgow*.
Potelle, H., & Rouet, J. F. (2003). Effects of content representation and readers' prior knowledge on the comprehension of hypertext. *International Journal of Human-Computer Studies*, 58(3), 327 - 345.
Quinn, P., & Cockburn, A. (2008, January). The effects of menu parallelism on visual search and selection. *In Proceedings of the ninth conference on Australasian user interface-Volume 76* (pp. 79 - 84). Australian Computer Society, Inc.
Reid, D. J., & Reid, F. J. (2007). Text or talk? Social anxiety, loneliness, and divergent preferences for cell phone use. *CyberPsychology & Behavior*, 10(3), 424 - 435.
Roy, M., & Chi, M. T. (2003). Gender differences in patterns of searching the web. *Journal of Educational Computing Research*, 29(3), 335 - 348.
Sears, A., & Shneiderman, B. (1994). Split menus: effectively using selection frequency to organize menus. *ACM Transactions on Computer-Human Interaction* (*TOCHI*), 1(1), 27 - 51.
Shih, P. C., Muñoz, D., & Sánchez, F. (2006). The effect of previous experience with information and communication techonlogies on preformance in a web-based learning program. *Computers in Human Behavior*, 22(6), 962 - 970.
Shepard, C., Rahmati, A., Tossell, C., Zhong, L., & Kortum, P. (2011). LiveLab: measuring wireless networks and smartphone users in the field. *ACM SIGMETRICS Performance Evaluation Review*, 38(3), 15 - 20.
Shneiderman, B. (1983). *Human factors of interactive software* (pp. 9 - 29). *Springer Berlin* Heidelberg.
Suh, B., & Han, I. (2003). Effect of trust on customer acceptance of Internet banking. *Electronic Commerce research and applications*, 1(3), 247 - 263.
Takao, M., Takahashi, S., & Kitamura, M. (2009). Addictive personality and problematic mobile phone use. *CyberPsychology & Behavior*, 12(5), 501 - 507.
Te'eni, D. (1990). Direct manipulation as a source of cognitive feedback: a human-computer experiment with a judgement task. *International Journal of Man-Machine Studies*, 33(4), 453 - 466.
Tabatabai, D., & Luconi, F. (1998). Expert-novice differences in searching the web. *AMCIS 1998 Proceedings*, 132.
Tabatabai, D., & Shore, B. M. (2005). How experts and novices search the Web. *Library & information science research*, 27(2), 222 - 248.
Thomée, S., Härenstam, A., & Hagberg, M. (2011). Mobile phone use and stress, sleep disturbances, and symptoms of depression among young adults-a prospective cohort study. *BMC public health*, 11(1), 66.
Tsandilas T, Schraefel MC. (2005). An empirical assessment of adaptation techniques. *In CHI'05 Extended Abstracts on Human Factors in Computing Systems* (pp. 2009 - 2012). ACM.
Tzeng, J. Y. (2006). Matching users' diverse social scripts with resonating humanized features to create a polite interface. *International journal of human-computer studies*, 64(12), 1230 - 1242.
Van Velsen, L., Van Der Geest, T., Klaassen, R., & Steehouder, M. (2008). User-centered evaluation of adaptive and adaptable systems: a literature review. *The knowledge engineering review*, 23(03), 261 - 281.
Weld, D. S., Anderson, C., Domingos, P., Etzioni, O., Gajos, K., Lau, T., & Wolfman, S. (2003, August). Automatically personalizing user interfaces. *InIJCAI* (Vol. 3, pp. 1613 - 1619).
Wikipedia. Feature phone. 2014; Available from: http://en.wikipedia.org/wiki/ Feature_phone.
Yee, N., Harris, H., Jabon, M., & Bailenson, J. N. (2010). The expression of personality in virtual worlds. *Social Psychological & Personality Science*, *1*(3), 2011.
Yfantidis, G., & Evreinov, G. (2006). Adaptive blind interaction technique for touchscreens. *Universal Access in the Information Society*, *4*(4), 328 - 337.

Young, B.J. (2000). Gender differences in student attitudes toward computers. *Journal of research on computing in education*, 33(2),204 - 216.

Zajicek, M., & Hewitt, J. (1990). An investigation into the use of error recovery dialogues in a user interface management system for speech recognition. *In Proceedings of the IFIP TC13 Third Interational Conference on Human-Computer Interaction* (Vol.20, pp.755 - 760).

Zhang, Z., Zhang, J., & Zhu, T. (2013). Relationship Between Internet Use and General Belief in a Just World Among Chinese Retirees. *Cyberpsychology, Behavior, and Social Networking*, 16(7),553 - 558.

7 环境

无论身处何地，人类的行为无时无刻不在受周围的人、物、声、光、色、形、空间布局等这些外部环境特征的影响，这些影响有的是人自身能意识到的外显的影响，有些则是内隐的、潜在的影响，人类自身往往没有意识到。同时，人类的行为也在有意或无意之中改变着身边的环境，因此，人与环境之间交互作用的研究或者说"人环界面"的研究是"人机环境"系统研究中不可或缺的重要组成部分。

作为客观物质世界的环境同时具备物质属性和空间属性等一般属性。环境的物质属性包括声、光、温度、振动等环境的物理属性和氧、二氧化碳、微量有害气体等环境的化学属性。环境的空间属性包括人和机存在的空间场所、空间布局及空间关系等。无论是环境的物质属性还是空间属性，均对身处其中的人与机产生着广泛的影响。

本章第一节(7.1节)中首先介绍了照明、噪声等一般环境物理属性对人的心理行为及工作绩效的影响。第二节(7.2节)简要介绍了航天失重、高原低氧两类典型特殊环境对人的心理行为的影响及相应的应对措施。第三节(7.3节)介绍了情境意识的内涵、测量方法和研究现状。

7.1 一般环境属性及其影响

7.1.1 光环境

视觉是人类获取感觉信息的最重要的感觉通道,“人机环”系统中,人从外界接受的各种有关机或环境的感觉信息中,视觉信息约占80%以上,而光环境则是人类视觉发挥作用的首要条件,它直接影响到人们从外界获取信息的效率与质量。

光环境的度量

光环境可以通过光通量、光强度、照度、亮度等基本指标进行度量。

光通量是最基本的光度量指标,指光源在单位时间内发出的或被某一表面所接收到的光量,可以根据标准观测者的光谱灵敏度对辐射通量进行评定得出,单位为流明(lm)。

光强度又称发光强度,是用来描述点光源发光特性的度量单位,是光源在单位立体角内辐射的光通量,单位是坎德拉(candela, cd)。1坎德拉表示在单位立体角内辐射出1流明的光通量。

照度又称光照度,是描述受照物体表面照明量大小的光度量,在照明系统设计中,常用照度值规定照明的标准值。照度可定义为均匀投射到物体平面单位面积上的光通量,单位为勒克斯(lx)。

亮度又称光亮度,是描述面光源发光特性的光度量单位,指给定方向单位投射面、单位立体角内发射和(或)反射的光通量。

上述照明常用度量指标的具体计算公式请参见《工程心理学》第10章(葛列众等,2012)。

光源及其特性

光环境主要受照明光源和环境空间形状及布局的影响。照明光源包括自然照明光源和人工照明光源,现代社会中人工照明光源的应用日益普遍。人工照明光源的特性主要包括光量特性、光色特性以及经济特性等三个特性,这亦是塑造光环境过程中人工照明光源选择的主要考量因素。

光源的光量特性主要是指光源的发光强度,这是决定环境照明强度水平的基本因素,可以通过光通量、光强、亮度等光度量单位进行度量。

光源的光色特性则是指光源的颜色特性,主要包括光源的色表和显色性两大指标。

色表是光源所呈现的颜色,也就是人眼直接观察光源时所看到的光的颜色,如荧光灯呈日光色。光源的色表可以用色温或相关色温度量。如果某一光源所发射的光的光谱与黑体[①](或完全辐射体)在温度为 Tc 时所发射的光电光谱分布相同,则将黑体的这个温度 Tc 称为该光源的色温,其单位是绝对温度(K)。表 7.1 中列出了各种常见光源的色温。某些光源所发光的光谱与黑体在各种温度下所发光的光谱都不完全相同。在此种情况下,若光源所发光的光谱与黑体在某一温度下所发光的光谱最接近,则此时黑体的温度就被称为该光源的相关色温。基于光色的冷暖感觉,低色温光源通常被称为“暖光”,而高色温光源通常被称为“冷光”。

表 7.1 各种光源的色温

光源	色温度/K	光源	色温度/K
太阳(大气外)	6 500	钨丝白炽灯(100 W)	2 740
太阳(在地表面)	4 000～5 000	钨丝白炽灯(1 000 W)	2 020
蓝色天空	18 000～22 000	荧光灯(昼光灯)	6 500
月亮	4 125	荧光灯(白色)	4 500
蜡烛	1 925	荧光灯(暖白色)	3 500
煤油灯	1 920	镝铟灯	6 000
弧光灯	3 780	钪钠灯	3 800～4 200
钨丝白炽灯(10 W)	2 400	高压钠灯	2 100

来源:葛列众等,2012.

显色性则是用于评价当光源照射到有颜色的物体时物体颜色失真度大小的度量指标。人眼观察到的物体颜色往往会因照明光源颜色的不同而变化,在某种光源照射下显示的物体颜色越接近该物体在阳光下的颜色,这种光源的显色性就越好,反之则较差。显色性通常以显色指数来衡量,把显色性最好的日光作为标准,将其显色指数定为 100,其他光源的显色指数均小于 100(如表 7.2 所示)。

表 7.2 各种光源的显色指数

光源	显色指数 R_a	光源	显色指数 R_a
白色荧光灯	65	荧光水银灯	44
日光色荧光灯	77	金属卤化物灯	65
暖白色荧光灯	59	高显色金属卤化物灯	92
高显色荧光灯	92	高压钠灯	29
水银灯	23	氙灯	94

来源:葛列众等,2012.

---

① 所谓黑体,是指在辐射作用下,既不反射也不透射,而是把作用于它的全部辐射都吸收的物体。黑体被加热时,随着温度的升高,其辐射由长波向短波移动,相应的颜色也沿红、黄、绿、蓝顺序依次变化。

显色指数愈小,显色性愈差,物体颜色在此光源照射下失真程度也就越大。一般显色指数低于 50 为差,50—75 为一般,75 以上为优。

光源的经济特性主要是指光源的发光效率,这是反映光源经济效益的一个重要参数,由灯泡发出的光通量与其消耗的电功率之比确定,单位为流明/瓦(lm/W)。与热光源相比,冷光源的发光效率较高,例如,白炽灯的发光效率为 20—30 流明/瓦,而荧光灯则为 65—78 流明/瓦①。

光环境的影响及其设计

光环境对人的影响,可以基本分为以下两方面:一是影响人机环系统的安全与高效运转,随着新技术的不断发展引入,人机环系统日益复杂,各类显控界面的信息日益增多,光环境设计合理与否,直接影响操作者对这些信息读取与监控的速度与准确性,进而影响人机系统运转的安全性与高效性;二是影响操作者的视健康、视疲劳及工作舒适性等心理感受,科学合理的光环境设计不仅可以缓解操作者的视疲劳,而且可以创设舒适轻松的工作环境和工作氛围,给人以良好的心理感受。

环境照明对人的影响主要体现在照明水平、照明分布以及照明性质等方面,此外还有眩光的影响。

照明水平的影响　照明水平是指工作环境中照明的强度或一定视觉作业的背景亮度。照明水平直接影响到人的视敏度和对比灵敏度等视觉功能,进而影响视觉作业绩效。一般情况下,视敏度及对比灵敏度均随照度水平的升高而提高,但随着照度的提高,其相应视觉功能提高量却在逐渐递减,这一关系被称为照明收效递减律(朱祖祥,2003)。在低照明水平条件下,照明水平的提高对视觉作业绩效的促进作用较为明显,在高照度条件下,这种增益作用就不再明显,甚至照明水平过高时可能会由于眩光效应而对视觉作业产生负效应。如有研究者研究了不同环境照度条件下驾驶人对不同颜色组合目标物的辨识时间,结果如图 7.1 所示,总体上照度为 0.3 lx 的条件下目标辨识时间最长,随着照度水平的升高,辨识时间逐渐降低,但在 60 lx 水平上部分颜色组合的目标辨识时间反而变长了(张卫华等,2014)。

程雯婷研究了不同照度条件下(10 lx,100 lx,1 000 lx)的色棋排序视觉作业绩效。结果发现,视觉作业绩效总体上随照度水平的升高而升高,10 lx 与 100 lx 照度条件下的作业绩效差异显著,但 100 lx 与 1 000 lx 照度条件下的作业绩效差异却未达显著水平,整体趋势与照明收效递减律相吻合(程雯婷,2011)。

除传统视觉作业之外,各类自发光视觉显示器(如手机等移动电子设备屏幕)显示信息的判读受环境照明水平的影响尤为突出;为提高显示信息判读效率,降低操作

---

① 本部分参见:朱祖祥.(2003).工程心理学教程.北京:人民教育出版社.

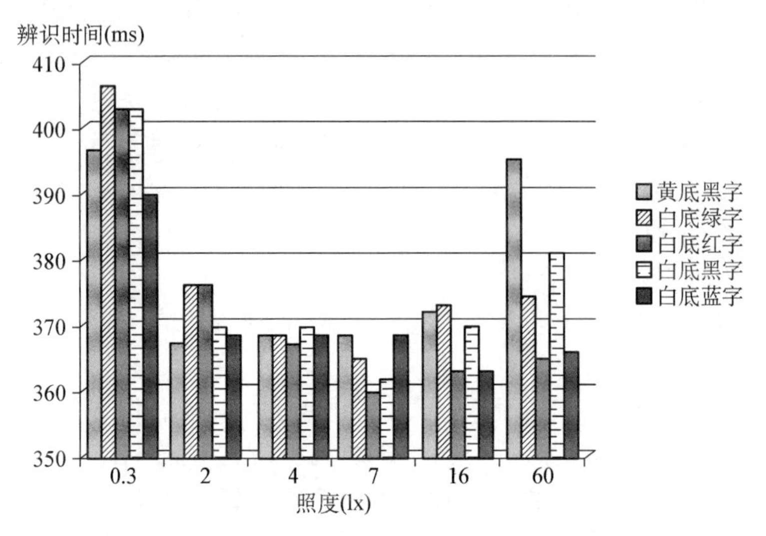

图 7.1 不同照度条件下各视标表辨识时间分布图

来源：张卫华等，2014.

者视觉疲劳，此类显示器的亮度水平就需要依据环境照明强度的变化进行自动调节。张艳霞等研究了不同环境照度、手机屏幕亮度对视觉搜索绩效的影响，结果发现随着环境照度的提高，为确保视觉搜索绩效，手机屏幕亮度亦需相应提高，并最终确定了室外不同的环境照度下手机屏幕亮度的最优值设置参数（张艳霞等，2013）。

除了对工作绩效的影响之外，照明水平还影响着人的疲劳度、舒适性等生理心理感受。Karin C. H. J. Smolders 等研究了不同环境照度水平（200 lx 和 1 000 lx，色温 4 000 K）对受试者主客观生理心理指标的影响，主观指标有自身警醒度、困倦度、环境满意度等主观自评，客观指标有心率、心率变异性、皮电等客观生理唤醒水平指标以及 PVT（psychomotor vigilance task）测试、GO－NO GO 测试等客观任务绩效，结果表明，高照度（1 000 lx）条件下，受试者的自身警醒度、满意度等指标均更高，该效应在受试者处于心理疲劳状态下更为明显（Smolders，2014）。Steidle 等人（Steidle 等，2013）的研究则认为微光环境或暗环境有助于激发人的创造性。

照明分布的影响　照明分布是指整个视场中不同照明区域的照明水平的分布情况。光的稳定性和均匀性是衡量照明环境质量的重要方面。光的稳定性要求强照度或者亮度在设计的照明空间内应保持恒定，不产生波动，不发生频闪。光的均匀性则要求照度或亮度在某一作业范围内相差不大，分布均匀适度。

当环境照度不均匀时，人眼从一个亮度表面移到另一个不同亮度表面时就需要一个明适应或暗适应的调节过程，在此适应过程中视觉功能下降，而且作业中频繁的适应调节很容易导致视觉疲劳。例如,公路交通中,隧道进出口处的“黑洞效应”和“白洞效应”即是典型代表。白天隧道进口处由于隧道内照度水平的降低,驾驶员视觉需要进行暗适应,产生“黑洞效应”,而在隧道出口处由于隧道外照度水平的升高,驾驶员视觉则需要进行明适应,产生“白洞效应”。夜间环境下的“白洞效应”和“黑洞效应”则与白天环境下的相反。这两类效应是交通安全的重要影响因素。

为了应对隧道进出口处的“黑洞效应”和“白洞效应”对交通安全的影响,潘晓东等提出了利用植物、加强照明及改变路面色彩等相应环境设计措施,例如针对“白洞效应”建议在隧道外40米范围内路面设计为暗色彩(如暗红色)路面,一方面可以提醒驾驶员在隧道进口前集中注意力,减速行驶,另一方面借助红色光在不同照度下变化较少的特点有效降低暗适应的不良影响。其他措施还包括:搭建半透明结构以及隧道内设置60米范围过渡段,尤其是5—15米段照明特别加强等;针对夜间的“黑洞效应”,建议隧道外35米范围增强路灯照明(潘晓东,2009)。肖尧等针对隧道出口亮度过渡不合理的环境现状,基于防眩原理提出渐变图层设计方案,隧道内侧墙及顶棚由低到高依次涂抹反射系数递增的不同颜色(深绿、中绿、浅绿、浅蓝)涂料,构成隧道内饰面渐变涂层,借此缓和隧道出口亮度过渡,降低交通事故隐患,提升隧道视觉舒适性,并通过模拟实验验证了该改进方案的有效性,结果发现眩光面积减少20%—30%,且眩光高度抬高20%—40%,视觉负荷系数降低了30%—40%(肖尧,2015)。

同样,照度不稳,闪烁或忽明忽暗也妨碍了视力,增加了视觉器官的额外负担。在一些需要在不同光照环境下进行目标观察搜索的情况下,环境间的照明强度差就会成为影响视觉作业绩效及视觉疲劳的重要因素。例如战时装甲车辆乘员需要在舱外视景观察和舱内仪表观察间不断切换,但二者照度强度差可达万倍,乘员在舱内外不同照度环境中不断地转换,延缓了视觉判断进程,加重了视觉疲劳,为此田志强等研究了三种强度(10 000 lx、20 000 lx、100 000 lx)曝光后,不同照度条件下(10、20、30、50、75、100 lx)的视标判读绩效,结果发现随着视标照度水平的提高,受试者判别反应时曲线都呈先急后缓的加快趋势,并在视标照度为50 lx时出现一有效拐点;据此,研究者建议在无特殊视觉要求的情况下,装甲车辆局部环境照度应不低于50 lx(田志强等,2006)。

除了对视觉作业绩效的影响之外,Kato等(2005)研究发现照明分布还影响用户的主观照明水平感受,在空间平均照明水平相同的前提下,用户主观感觉认为,分散照明比集中照明效果好,照明水平高,所以他建议若要提高用户对工作空间的亮度感知,增加等亮度的照明光源数比增加每个照明光源的照度要更为有效。

照明性质的影响 照明性质主要是指光源光谱能量分布。照明性质的影响研究主要集中于不同色温光源对于视觉作业及视觉舒适性的研究。朱祖祥等研究了10 lx

照度下不同色温光源对红、橙、橙黄、黄、绿、淡蓝、深蓝、紫、白和黑等 11 种颜色视标辨认的影响(朱祖祥,许跃进,1982)。结果发现:白光照明条件下被试对色标的辨认效果要优于色光照明条件下的辨认效果,而高色温白光照明又优于低色温白光照明。

照明性质不仅影响视觉作业绩效,而且还会对生理节律、警醒状态、情绪状态及认知加工等产生重要影响。石路综述了光源色温对人体生物节律和体温调节的影响以及色温对人体脑电及睡眠功能的影响(石路,2006)。Ferlazzo 等的研究发现冷光(高色温)照明有助于提高三维心理旋转等视空间认知加工绩效(Ferlazzo 等,2014)。但亦有研究发现照明性质对视觉作业绩效、认知加工及视觉舒适度、心理满意度的影响并不一致,即有利于视觉认知加工的照明光源并不一定使被试产生积极的视觉舒适度评价或心理满意度。黄海静等从客观视觉作业绩效、生理指数及主观心理感受三方面研究了真实教室照明环境中(课桌面平均照度 300 lx)不同色温(6 500 K 高色温、4 000 K 中间色温、2 700 K 低色温)的荧光灯照明条件对学生的影响,结果发现在客观视觉作业绩效指标上,学生在中、高色温(4 000 K,6 500 K)的荧光灯照明条件下的学习效率更高,在生理指标上(血压、脉搏),学生在中间色温(4 000 K)荧光灯照明条件下学习最放松,在主观心理感受上学生更倾向于 4 000 K 的中等色温;该研究认为 6 500 K 的高色温虽视觉作业绩效较优,但易引起视觉疲劳(黄海静,2011)。与此研究结果较为一致,Wei 等在为期两周的现场实验研究亦发现,与相对色温 3 500 K 的照明条件相比,5 000 K 的照明条件下被试的空间亮度知觉评价更高,但是主观自评满意度、视觉舒适度及工作效率却更低(Wei 等,2013)。严永红的研究亦得出类似结论,研究者通过测试 3 种不同色温、3 种照度下学生脑电图 α 波、β 波指数的变化来观察光照对人体生理节律的影响。实验结果发现,大脑活动兴奋度及敏感性随光源色温、照度值增加而增强,基本呈正相关关系,但高色温、高照度状态下更易出现疲劳(严永红等,2012)。

照明性质的效应同时还受照明水平高低的影响,意即色温与照度水平两因素间存在交互作用。图 7.2 表明了照明水平、照明光性质(以色温为指标)与光色视觉舒适感之间的关系。

由图可见光色视觉舒适感等照明效果不仅与照明光的光色性质有关,而且还与照明水平有关。例如严永红等采用汉语双字词卡片和“学习—再认”实验模式,以信号检测论中辨别力 d′作为指标,测试和分析了 3 种典型色温(2 700 K、4 000 K、6 500 K)T5 荧光灯在 4 种不同照度水平下(300 lx、500 lx、750 lx、1 000 lx)对学生短时记忆再认能力和脑疲劳的影响。结果发现低色温、低照度对大脑具有“唤醒”作用,可提高短时记忆能力;中间色温为最适宜光环境,可使大脑保持适度兴奋,但在该色温高照度下,脑疲劳相对较重,学习效率较低;高色温在短时间内可对大脑产生强烈的刺激,提

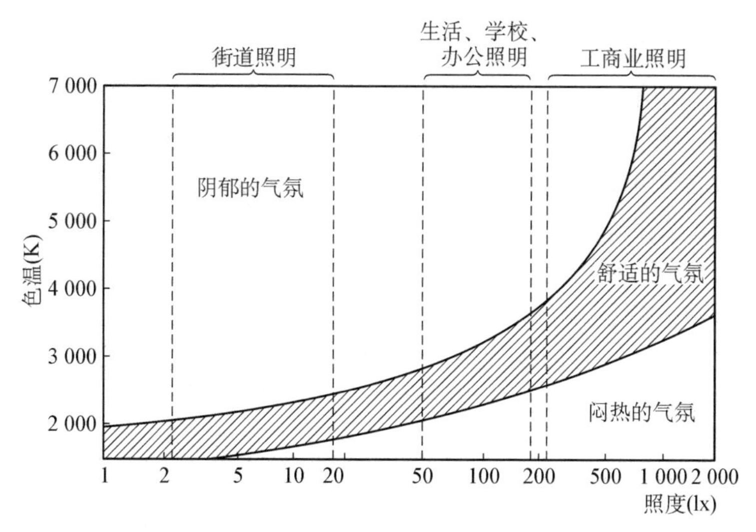

图 7.2 照明水平、色温与光色视觉舒适感之间的关系

来源：朱祖祥,2003.

高学生的短时记忆能力,但无法长时间保持其学习效率,再认辨别力下降最快,且视疲劳、脑疲劳显著(严永红等,2012)。

眩光的影响 眩光是指由于视野中光源或反射面亮度太高太耀眼或者光源及其背景间亮度对比太大而引起视觉器官不舒适和视觉功能下降的一种特定视觉条件。眩光的形成既有照明水平的因素也有照明分布的因素。

眩光的成因及影响多样,从不同的角度可以对眩光进行不同的分类。按照产生原因的不同,眩光可分为直射(直接)眩光、反射(间接)眩光和对比眩光。直射眩光是由眩光源的强烈光线直接照射入观察者的眼睛导致的。反射眩光则是由强光照射在过于光亮的表面(如电镀抛光表面)后再间接反射到人眼所造成的眩光。对比眩光则是由于观察目标与背景明暗对比过大而造成的眩光。

眩光作为影响环境照明质量的重要影响因素,其评价指标多样,主要有英国照明学会的 GI 法、美国照明学会的视觉舒适概率(VCP)法、CIE 暂行方法—亮度限制曲线系统、UGR(universal glare rating)眩光指数、DGI 眩光指数以及等效光幕亮度等(杨公侠,杨旭东,2006;方卫宁,郭北苑,2013)。在实际使用过程中,根据具体的研究需要,研究者又发展出了一些新的适应于某些具体情境的评价方法。如熊凯等针对高照度眩光源的评价问题提出以人眼接触眩光后恢复时间作为一种在强光干扰下对眩光的客观评价方法,建立了基于眩光强度和背景亮度的人眼眩光后恢复时间计算公式并进行了实验验证。实验结果验证了该公式在高照度情况下的有效性和客观性(熊凯等,2008)。针对飞机驾驶舱中普遍存在的非均匀眩光源、不规则形状光源以及间接眩光源等常规眩光评价方法难以量化评估的非常规眩光源，张炜等开发了一种基于 SPEOs/CATIA 平台的飞机驾驶舱眩光量化评估方法，用以定量评价来自飞机驾驶舱的非均匀眩光、不规则形状眩光和间接眩光等眩光，并以某型飞机驾驶舱为例，进行了夜间和白天的眩光评估，结果表明该方法能自动、快速地评估驾驶舱内眩光分布和量级（张炜，2012）。与此类似，李慧等采用日光眩光概率（DGP）、亮度对比度（LR）和人眼垂直照度（EV）指标，对不同的季节、日照时间和天气条件下的飞机驾驶舱进行了视觉舒适性的仿真研究，结果验证了该方法在飞机设计阶段对飞机驾驶舱的视觉舒适性进行有效评估的可能性，可用于飞机驾驶舱防眩布置及照明设计（李慧等，2013）。

按照眩光对观察者视觉影响的程度不同，可将眩光分成不舒适眩光（心理眩光）、失能眩光（生理眩光）和失明眩光三类。其中不舒适眩光的影响主要是主观上的视觉不适；失能眩光的影响主要是使观察者视野中观察对象的能见度下降，降低视功能水平，会产生朦胧的强光感或眩目的强光感，同时还会使人烦恼，精神涣散，注意力不集中，从而引起视觉作业绩效的降低；失明眩光又称闪光盲或强光盲，其影响是亮度很高的眩光源作用于人眼一定时间后，使人的视敏度暂时降低，在一段时间内看不清视野中的目标直至暂时失明。眩光的影响普遍存在于各类视觉作业之中，航空航海、道路驾驶、交通标志视认、体育运动等各个领域均有眩光的影响。在航空安全领域，Nakagawara 等的研究查询了联邦运输安全委员会航空事故数据库 1988 年至 1998 年的数据，结果发现共有 130 件事故是与眩光有关的（Nakagawara 等，2004）；他们的另一项研究发现，民航飞行员在夜间飞行时，由于暴露于过亮光源所导致的视觉问题所引发的灾祸达 58 起，且多发生于起飞降落滑行阶段（Nakagawara 等，2007）。时粉周等采用视觉运动目标作业效能测试系统研究了眩光对海军飞行员暮视视觉工效的影响，结果表明眩光导致平均辨认距离缩短 30%，正确率下降 20%，反应时延长 7%（时粉周等，2007）。针对航空中广泛使用的平视显示器中存在的眩光问题，张寅等研究了不同投射眩光强度对平视显示器色标辨识的影响，实验结果发现透射眩光强度对反应时具有显著影响，强透射眩光会显著降低被试的作业绩效，被试在强眩光强度下的反应时可达弱眩光强度条件下反应时的两倍（张寅等，2014）。在道路驾驶交通安全领域，杨春宇、刘锡成研究了失能眩光对道路照明安全的影响，从觉察阈限、识别阈限及反应时三方面探讨了眩光对夜间驾车视觉作业的影响，并建立了等效光幕亮度与反应时间之间的曲线拟合方程（杨春宇，刘锡成，2007；刘锡成，2007）。方卫宁等则系统研究了列车司机室室内室外人工照明环境及司机室昼光环境下的日眩光评价，为列车司机室光环境设计提供了科学合理的指导原则及系统充分的实证数据支持（方卫宁，郭北苑，2013）。

眩光对人的影响不仅仅取决于单纯的眩光强度指数，还与眩光暴露时间有关。同一眩光指数的眩光由于作用于人眼的时间不同，刺激程度也不一样。魏永健等研究了不同眩光作用时间下人的主观反应，结果发现随着眩光作用时间的延长，被试眨眼频率升高，不适感逐渐增强，对于统一眩光指数 UGR 不超过 50 的眩光源，持续出现时间在 0.1 秒时无显著影响，持续 0.2 秒可以忍受，超过 0.3 秒将可能失能(魏永健，2005)。

眩光的防控　影响眩光产生及其效应的因素主要有眩光源的亮度与面积、作用时间、眩光源所处的背景环境亮度、眩光源与观察者视线的夹角等环境因素以及观察者瞳孔大小、适应状态等个体生理因素。因而一般来说眩光的防控也主要从光源、环境及个体这几方面着手。

在光源方面，主要考虑光源亮度的限制和光源的合理布置。在满足作业要求的前提下限制光源亮度，用质量较好、眩光指数较小的光源，增加遮光罩或栅格、在条件允许的情况下用较多的低亮度光源代替少数较高亮度的光源以在保证环境整体照明水平不变的前提下降低眩光影响。光源的合理布置应使眩光源尽可能远离观察者视线，将光源布置在视线外微弱刺激区；或把光线转为散射，使光线经灯罩或天花板、墙壁漫射到工作场所。

背景环境方面，一方面可以考虑适当提高眩光源周围环境的亮度，以降低光源与其背景间的亮度对比，使光源亮度与背景亮度之比不超过 100 ∶ 1，防止对比眩光的产生；另一方面，对于由环境中工作台、仪表等物体表面反光所引起的反射眩光，除了改变光源与反射面之间的相对空间关系之外，还可以考虑改变物体表面材质或涂色来降低反射系数。例如对于普遍存在的液晶显示屏表面反射眩光问题，微观表面粗化结构、光干涉多层膜复合结构、表面三维微纳结构以及纳米光学颗粒散布结构等防眩光结构表面材料的选用将是一个重要发展趋势(冯俊元等，2015)。

个体防护方面，对于强度较高的眩光，如失明眩光，可以佩戴减光护目镜以降低眩光的不良影响。

7.1.2　声环境

环境之中充斥着各类声音，既有鸟鸣虫叫、风声雨声等自然声音，也有人类活动、机器运转等人工声音。人机环境系统中，声环境亦是主要的物理环境之一，而听觉是仅次于视觉的第二大感觉系统，声环境对人的行为与心理产生着重要的影响。声环境的研究主要集中于两个方面，一方面是噪声、超声、次声等消极声环境对人的影响的研究，另一方面是风景园林、住宅活动场所等优美声景观设计的研究。

噪声及其度量

噪声从物理学角度来分析是指由各种强度、频率不一的声音杂乱无章地组合而成的一种紊乱、随机的声波震荡;但从心理学角度分析,但凡会干扰人的工作、学习和生活,使人产生烦恼的声音,无论其规律性如何,都可以被视为噪声。因而,噪声的多样性就使得其在“人机环”系统中,尤其在听觉相关人机交互中,成为一种固有的不容忽视的环境因素。

噪声的分类多样,可以基于时间特性、强度特性、频率特性、来源等进行不同的分类,对于不同类型的噪声,其度量指标与方法虽有所差异,但总体上,噪声的度量指标主要包括客观的物理参数和主观的心理参数两大类。

表 7.3　常用声学参数

分类	名称	符号	说明	单位名称	单位符号
声音物理量	声压	P	声波通过传播媒介时产生的压强	帕斯卡	Pa
	声压级	L_P	声压与基准声压之比的常用对数乘以 20 $L_p = 20 \times \lg(P/P_0)$ P_0是 1 000 赫纯音的听阈声压,为 2×10^{-5}帕	分贝	dB
	声强	I	单位时间内通过垂直于声波传播方向单位面积上的声能强度	瓦/米^2	W/m^2
	声强级	L_i	声强与基准声强之比的常用对数乘以 10 $L_i = 10 \times \lg(I/I_0)$ I_0是 1 000 赫纯音的听阈声强,为 10^{-12}瓦/米^2	分贝	dB
	声功率	W	单位时间内声源向外辐射的总能量	瓦	W
	声功率级	Lw	声功率与基准声功率之比的常用对数乘以 10 $Lw = 10 \times \lg(W/W_0)$ $W_0 = 10^{-12}$瓦	分贝	dB
声音心理量	响度	N	人耳对声音强弱的主观感觉,取决于声音强度和频率,以 1 000 Hz40 dB 的纯音为基准,该基准音响度为 1 sone,感觉声音是基准音响度的倍数即为该声音的响度	宋	sone
	响度级	Ln	等响的 1 000 Hz 纯音的声压级	方	phon
	音调		人耳对声音频率的主观感觉,以 1 000 Hz40 dB 的纯音为基准,该基准音心理量为 1 mel	美	mel
	等效声级	L_{Aeq}	在非稳态噪声声级不稳定情况下,人实际所接受的噪声能量的大小 $L_{eq} = 10\lg\left(\frac{1}{T}\int_0^T 10^{0.1\cdot L_A}dt\right)$ L_A指 t 时刻的瞬时 A 声级,T 为测量时间段	分贝	dB(A)

续表

分类	名称	符号	说明	单位名称	单位符号
	噪度	N	噪声所引起的干扰的主观感觉量，声压级为 40 dB、中心频率为 1 000 Hz 的 1/3 倍频程噪声的噪度为 1 noy，两倍吵闹程度的噪度则为 2 noy	呐	noy
	感觉噪声级	LPN	对噪声吵闹程度的主观相对度量，定义为正前方来的，主观上判断为与受试信号具有相等感觉噪度的，中心频率为 1 000 Hz 的倍频带噪声的声压级	分贝	dB

来源：葛列众等，2012.

噪声的客观物理参数除了表 7.3 中所示的声压、声压级、声强、声强级、声功率、声功率级之外，还有频谱图。频谱图是以频率（或频带）为横坐标，以声压级（或声强级）为纵坐标画出的声谱图，可以反映噪声的频率构成以及在不同频率分布上噪声的强度特征。

基于心理物理学的研究，人耳对声音的主观感觉不仅取决于声音的物理参数，同理，噪声对人的心理影响与其物理特性之间亦并非简单的线性关系，所以单一的声学物理参数难以准确描述噪声对人的影响，因而需要一系列噪声的主观心理量参数对此予以度量。

噪声的主观心理参数除了表 7.3 中列出的响度、响度级、等效声级、噪度与感觉噪声级之外，还包括语言干扰级与 NC（noise criteria）曲线、PNC（preferred noise criterion）曲线、NR（noise rating）曲线等指标与评价标准。

上述各主客观指标的详细解释说明具体可请参见《工程心理学》第 10 章（葛列众等，2012）。

除了上述指标之外，心理声学、声品质研究中还常用噪声烦恼度作为主要的声环境品质评价指标。噪声烦恼度是一种与噪声刺激直接相关的基本情感体验，源于噪声引发的各种即时效应，其测量评定方法主要包括现场调查与实验室评价，前者如社会声学调查，后者则包括排序法（rank-order method, RM 法）、对偶比较法（paired comparison, PC 法）、语义细分法（semantic differential, SD 法）和量值估计法（magnitude estimation, ME 法）（阎靓，陈克安，2013）。由于噪声来源及噪声特性的多样性，致使各指标在使用中均会有一定的局限性，研究者为此不断改进新的评价方法。如针对低频噪声的特殊性及多源混合噪声问题，阎靓等分别改进提出了新的低频噪声主客观评价方法以及混合噪声总烦恼度的评价方法（阎靓等，2009；阎靓等，2012）；针对特定的研究对象，方源等结合人类听觉系统建立了适用于电动车的客观评价指标——敏感频带能量比，并通过实验验证了敏感频带能量比指标与主观评价值的相关性达到0.958，优于其他心理声学参数(方源等，2015)。

噪声的影响

环境噪声对人的生理及心理均有着不容忽视的影响。

噪声的生理效应 噪声的生理效应包括对听觉系统的特异性影响及对听觉系统之外的其他生理系统的非特异性影响两大类。

噪声的生理效应首先表现为对听觉系统的特异性影响。在噪声作用下，人的听觉敏感性会降低，按照影响程度由低到高可以产生暂时性听阈偏移、永久性听阈偏移(噪声性耳聋)和爆震性耳聋。飞行人员的工作环境空间狭窄，接触噪声时间相对较长且防护较差。程浩等对1 724名飞行人员进行了听力及耳鼻咽喉科检查，并与1 658非噪声作业人员作为对照，结果发现，飞行人员听损检出率为19.61%，远高于对照组的3.92%，且听损检出率与飞行时间成正相关；另外，飞行人员耳鸣、头晕等神经症状的出现率亦明显高于对照组(程浩等，2011)。即使是对于低于国家卫生标准的一些低强度噪声，长期作用亦可导致听力系统的损伤。饶成全等对某加工企业低强度噪声(81.5—84.5 dB(A))作业环境下的125名作业工人的听力、心电图以及自觉症状(头晕、耳鸣、失眠、记忆力减退)等做了检查，并与不接触噪声的122名作业人员进行对照，结果发现心电图结果无差异，但高频听力损失较为严重，自觉症状很明显(饶成全等，2009)。

噪声的非特异性生理效应主要包括噪声对人的神经系统、消化系统、内分泌系统及心血管系统等的影响。在对神经系统的影响方面，钱学全等调查了油田作业噪声对作业人员神经系统的影响，结果发现2 261名噪声接触人员的神经衰弱综合征的检出率显著高于对照组，且噪声对女性的有害影响更为严重，噪声影响与噪声接触强度呈正相关关系，存在剂量—反应关系(钱学全等，2015)。在对心血管系统的影响方面，沈大学等研究了高中低三种公路噪声暴露条件对收费站作业人员血压和静息心率的影响，结果发现中、高噪声暴露组的血压和静息心率明显高于非暴露组，并且血压和静息心率均值和异常检出率均随着噪声强度的增加而增加(沈大学等，2009)。同样，即便是工作环境平均噪声强度低于卫生标准，长期的噪声接触亦会对心血管造成不良影响。张萍等对150名接触中低强度噪声3年以上作业人员的血压、血脂、心电图进行分析，并与同单位非有毒有害岗位的600名工人及管理人员进行对比，结果发现噪声接触组总胆固醇、甘油三酯、低密度脂蛋白、胆固醇、舒张压及高血压发病率均显著高于对照组(张萍，钱小莲，2015)。

噪声的心理效应 噪声的心理效应亦是多方面的，噪声可以直接影响人的情绪反应，亦可影响社会交往、助人行为、攻击行为等社会心理行为，同时还会影响注意、记忆等认知能力，进而影响作业绩效。总的说来，噪声的心理效应可以分为噪声对认知因素的影响及非认知因素的影响两大类。

噪声对认知因素的影响主要表现为噪声对注意、记忆、思维推理等认知能力的影响以及基于认知能力之上的认知操作或作业绩效的影响。如 Srqvist 比较了航空噪声和言语噪声对于散文文本阅读与记忆的影响，结果发现两种背景噪音都降低了被试的阅读与记忆绩效(Söqvist, 2010)。考虑到噪声效应的长时间累积效应，Clark 等对伦敦 Heathrow 国际机场附近小学学生进行了 6 年的追踪研究，发现航空噪声导致学生的噪声烦恼度升高，也降低了学生的阅读理解能力，但未达显著水平，也未发现航空噪声对心理健康的影响(Clark, 2013)。Tassi 等研究了在铁路边居住 10 年以上的居民的 EEG 指标和认知操作绩效，结果发现铁路噪音致使沿线居民认知功能慢性受损，同时也影响了其睡眠质量(Tassi, 2013)。与噪声生理效应的产生类似，不仅仅是高于卫生学标准的噪声会影响人的心理认知，低于标准要求的噪声也会对人的认知产生影响。韩厉萍等的研究发现低频中等强度噪声(85、95 dB(A))会显著降低被试的心理旋转及方向判断的认知作业绩效，且暴露时间越长影响越大，这表明即便是在卫生学标准容许范围内，中等强度噪声对较为复杂的或脑力负荷较大的认知作业任务绩效仍会产生一定的影响(韩厉萍等，1998)。

噪声对人的心理的非认知因素的影响主要体现为对情绪、人格及社会行为的影响。噪声引发的烦恼情绪反应是噪声心理效应的最主要体现，其主要表现为焦躁、厌烦、心神不安等各种不愉快情绪。噪声情绪反应的研究主要集中于噪声烦恼度的研究。噪声烦恼度是噪声对个体不良反应的综合，包括“不舒适”、“烦恼”、“干扰”等成分，已成为心理声学及环境声品质研究中的常用指标。Benfield 等研究了不同噪音背景对国家公园风景美感及情感评价的影响，五种背景声环境分别是安静环境、自然声环境、混合有航空飞行器声音的自然声环境、混合有地面交通噪声的自然声环境、混合有人言语噪声的自然声环境，结果发现后三种背景声环境会显著降低被试对风景的美感及情感评价，风景越是优美，负面影响就越大(Benfield 等，2010)。与此类似，Mace 等研究了不同航空飞行器(直升机、螺旋桨飞机、喷气式飞机)飞越噪声对国家公园景色评价的影响，评价指标有烦恼度、景色美感度、宁静幽静感、自然性、总体评价等，结果发现各类飞行器噪音均对环境景色评价有不良影响，其中直升机噪音影响最大，螺旋桨飞机噪音影响次之(Mace, 2013)。

除了情绪效应外，噪声亦会影响人格及助人、攻击等社会行为。如 Stansfeld 等以荷兰、西班牙、英国的 2 844 名 9—10 岁的小学生为对象，研究了航空噪声和道路交通噪声对儿童心理健康的影响，结果发现航空噪声暴露与儿童多动显著相关，而道路交通噪声暴露则与品行障碍显著相关(Stansfeld, 2009)。

噪声心理效应的影响因素 噪声心理效应不仅与噪声本身物理特征有关,还与个体敏感性及文化、环境等其他因素有关。表 7.4 列出的是噪声心理效应的影响因素,各影响因素的详细解释说明请参见《工程心理学》第 10 章(葛列众等,2012)。

在噪声物理特征的影响方面,低频噪声对人的影响受到越来越多的关注,针对低频噪声的主客观评价问题,阎靓结合声品质理论及其常用评价方法,提出了低频噪声主观评价体系及客观评价方法(阎靓,2006)。孙艳等研究了低频噪声频谱特征对主观低沉度、有调感、粗糙感和烦恼度等声品质主观感知的影响,结果发现频率调制因子对粗糙感的影响较大,而截止频率则对有调感和低沉度的影响比较明显(孙艳等,2009)。此外,噪声的持续时间、间歇时间等物理特性亦影响着噪声的心理效应。王亚晨等研究了飞机飞越噪声的持久时间、响度等因素对于个体烦恼度的影响,结果发现,噪声持续时间越长,个体烦恼度越高,但过长的噪声会造成人耳的感觉适应,进而使得个体对烦恼的敏感度降低(王亚晨等,2015)。翟国庆等研究了间歇噪声中各参数对主观烦恼度的影响,结果发现对于频率、响度相同的间歇性纯音,持续时间及间隔时间共同影响主观烦恼度。持续时间相同时,间隔时间越短,烦恼度越高;间隔时间相同时,持续时间越长,烦恼度越高;频率的影响则因频段不同而呈相反趋势,对于 250—4 000 Hz 的较高频间歇性纯音,频率越高,烦恼度越大,但对 250 Hz 以下的低频间歇性纯音,125 Hz 比 250 Hz 烦恼度更大(翟国庆等,2008)。

表 7.4 噪声烦恼程度的影响因素

噪声物理特征	其他因素
声强	可预见性
声强波动	可控制性
频率	必然性
频谱组成	利益相关性
频率波动	内容意义性
持续时间	任务性质及难度
间歇时间	个体敏感性
	发生时段
	发生地点

来源:葛列众等,2012.

噪声的可预见性、内容意义性等其他因素亦影响着噪声的心理效应。Shelton 等的研究表明,在实验室及教室等工作学习场所,电话铃声及乐器声、无关纯音等噪音均有损被试认知作业绩效,但前两者造成的不良影响恢复更慢,且在被提醒有噪音干扰的情况下恢复得更快,这就显示了噪音可预测性的提高可以降低其不良影响(Shelton 等,2009)。噪声的影响还与其内容意义性有关,前述 Söqvist 的研究中发现了航空噪声和言语噪声都降低了散文文本阅读与记忆的绩效,但言语背景噪音的影响更大,因为言语噪声具有一定意义性,对语义相关的散文文本阅读与记忆的影响就更大,研究还发现工作记忆容量在其中起调节作用,高工作记忆容量者抗航空噪声干扰能力较强,但抗言语背景噪声干扰能力较差(Sörqvist, 2010)。此外,Shankar 等对印度北部某宗教节日声环境的研究表明,声音是否被视为噪音取决于其是否与宗教相关，社会认同影响着声音的心理效应(Shankar 等，2013)。

噪声的防控

噪声的防控一方面可以通过噪声标准的制定与执行来进行宏观政策法规层面的防治，另一方面基于“声源——传播途径——接收者”的噪声干扰的形成过程，可以从声源、传播途径、接收者三个环节采取措施防止、削弱噪声或降低噪声的影响。

噪声源的控制方面可以考虑通过改善设备性能、加强维修保养，降低设备运行中的机械振动、撞击或摩擦来降低声源发声强度；通过合理安装设备来改变声源的频率特性及其方向性；通过改进设备基座，设置减振装置或将设备安装在带由弹簧、橡胶、毛毡等消声材料组成的消声隔层的地基上来避免声源与其相邻传递媒介的耦合；或通过安装隔声罩或修造隔声间对设备进行整体性隔离，减少设备向周围环境中的声辐射。对于大范围的噪声问题，如交通噪声，还应该从城市规划及建筑总体设计方面着手，对强噪声源的位置进行合理布局。

噪声传播过程中的控制可以考虑通过安装各类遮声板、隔声板和吸声板以增大噪声在传播过程中的衰减，如靠近居民区的公路两侧设置隔音墙。郭斌等的研究表明安装隔声窗对临街住宅尤其是朝向交通干道侧居室内的噪声水平有显著的降低效果，降幅可达 18.8 dB(A)(郭斌等，2015)。室内环境中，在墙壁敷设吸声材料，可明显减少声波的反射，调节混响时间，有利于语音通信；在室外环境中，栽植灌木乔木绿化亦是有效的隔音衰减措施。丁真真等研究了绿化带对公路交通噪声吸收消减的频谱特性，结果发现其所选择的绿化带对中高频噪声的消减效果最好，消减量可达 17 dB(丁真真等，2014)；陈庆阳等对青岛城市道路绿化带降噪特性评价分析发现，绿化带对噪声的消减亦可达 15 dB 以上(陈庆阳，段皓严，2015)。

接收者个人防护控制方面可以考虑使用隔声头盔、耳罩和耳塞等个人防护装具或对工作人员实行轮流工作制以减少噪声暴露时间。传统的噪声控制技术均属于对噪声的被动性防治措施，近年来有源控制的主动消噪技术日益受到广泛重视，其基本原理是在对噪声进行频谱分析的基础之上，利用主动产生的与噪声频谱相同而位相相反的另一个新的噪声与原噪声进行抵消，从而达到消噪目的。传统被动控制技术对于中高频段噪声效果较好，但对低频段噪声效果有限，有源控制技术则是对低频段噪声控制效果好，与传统的无源噪声控制方式互补性极强，成为振动噪声控制领域尤其是低频噪声控制领域的研究热点(刘小玲等，2011)。张霞等在研究歼击机噪声对人听力及识听歼击机座舱显示信息汉语话音短语任务的影响时发现，歼击机噪声不同程度地造成了飞行员的听力损失、影响了飞行员的话音短语识别绩效，佩戴有源耳罩防护的飞行员识别绩效要高于佩戴传统无源耳罩的，表明有源耳罩的防护效果要优于无源防护耳罩(张霞等，2005)。唐红和李明瑞分别研究了自适应有源降噪技术在飞行员头盔和坦克头盔中的应用，通过实验验证了自适应有源降噪头盔具有较为理想的降噪效果（唐红，2011；李明瑞，2013）。

噪声的防控，仅仅是尽量消除声音环境中的不良因素，但仅仅是声环境中不良因素的消除虽然可以降低人的不满意感却不一定能带来对环境的满意感。因而声环境研究的另一面就是如何提高声音的品质，即让声音听起来和谐、悦耳，创设令人满意、舒适、愉悦的声环境，这也一直是风景园林、住宅活动场所等优美声景观设计所要解决的内容。

环境声音中，既有风声雨声流水声、鸟啼虫鸣等自然声音，也有渔舟唱晚、暮鼓晨钟等人文声音，这些声音多是和谐愉悦的；但机器轰鸣声、卡拉 OK 声等则多为人所不喜。Jahncke 等研究了开放式办公空间中声环境对认知作业绩效的影响，自变量一为噪音水平，自变量二为恢复期的环境，分别为有声河流视听环境、仅有河流水声环境、安静环境、办公室噪音环境，因变量为工作记忆绩效、应激生理指标皮质醇和儿茶酚胺、自评情绪状态及疲劳度。实验结果表明高噪音条件下认知加工绩效及自评均较差，但生理指标未出现显著差异；恢复期复愈性效果最好的是有声河流视听环境，最差的是办公噪声条件。这证明了自然声景环境对人心理的复愈性效果最好（Jahncke 等，2011）。

“秋阴不散霜飞晚，留得枯荷听雨声”、“蝉噪林愈静，鸟鸣山更幽”、“明月别枝惊鹊，清风半夜鸣蝉。稻花香里说丰年，听取蛙声一片”……众多古诗名句塑造了各种优美的声景意境。西湖十景中的南屏晚钟、柳浪闻莺，承德避暑山庄康熙三十六景中的风泉清听、远近泉声、万壑松风，无锡寄畅园的“八音涧”，苏州拙政园的“留听阁”、“听雨轩”……均是中国古典园林风景声景的典型。以往景观学研究中多集中于对视觉景观的研究，近年来声景观设计研究日益得到重视（赵警卫等，2015；王亚平等，2015），这亦是人类塑造优美生活环境的必然趋势之一。

7.2 特殊环境及其影响

随着科技的进步，人类对外部环境的探索范围日益扩大，载人航天、深海探测、极地科考、高原开发……这些活动面临的都是特殊极端环境，极端环境是人类必需经过复杂的生理心理适应过程才能生存的环境。在航天、深潜、极地、高原等特殊极端环境中，除了照明、噪声、温湿度等一般环境对人的影响之外，尚有失重、低压、低氧等特殊环境因素的影响，这些特殊环境对人的生理、心理等将会发生何种影响已引起研究者的广泛关注。本节将简要介绍航天失重、高原低氧环境对人的心理的影响以及相应的应对措施。

7.2.1 航天失重环境

航天环境特性

载人航天环境的特殊性由地球轨道外层空间特有的物理特性以及载人航天器和航天任务特殊性两方面因素共同决定,如微重力、短昼夜周期、强宇宙辐射、狭小隔离空间等。

微重力环境是航天环境最为显著的特征,由于作用于绕轨飞行航天器的离心力和重力的相互抵消作用,致使重力加速度低于 10^{-4}G,微重力通常亦被称为失重或零重力。这种与地面相比的根本性变化对几乎所有的机体生理系统都有着显著影响,同时也影响着人的认知及情绪等心理功能。

昼夜周期在地面上为 24 小时,但在近地轨道上,昼夜周期大大降低。航天器在以约 28 000 千米/小时的速度绕地飞行时,昼夜周期将变为 90 分钟,在月球表面,昼夜周期则又长至约 28 天,而人在地面的昼夜生理节律略大于 24 小时,因而航天环境下昼夜周期的改变将会对人的生理节律造成重大影响。

强宇宙辐射是由于在太空环境中缺少了平时由地球大气层提供的屏蔽保护,致使高能、高穿透性的银河系宇宙射线及太阳高能粒子的辐射强度高于地面环境。强宇宙辐射既可能引起危害人体健康的急性效应又有可能引起后续延迟效应,如继发性癌症、白内障、纤维化、神经退行性病变、血管损伤、免疫系统受损、内分泌失调以及遗传效应等,其中后者是航天员更为关注的(万玉民等,2011)。

受航天器整体空间限制,航天员空间居住舱较为狭小,缺乏独处私密空间,生活条件较为苛刻,且与亲人朋友隔绝,缺乏社会接触,属于典型的限制隔离环境。

除了微重力、昼夜周期改变、强宇宙辐射以及狭小隔离空间之外,航天器高低温交变的热环境、振动及声光环境等均会对航天员造成不同程度的影响。各类航天环境因素对人的影响中,最为突出的即是微重力环境对人的影响。鉴于载人航天环境的复杂性及其影响的多样性难以尽述,此处主要侧重于介绍微重力环境对于人的心理行为的影响。

微重力环境的影响

微重力的生理效应 微重力的生理效应是传统航天医学研究中最主要的研究问题。数十年的载人航天工程实践及相关科学研究均已证明微重力环境对人体的心血管系统、肌肉骨骼系统、前庭/感觉运动系统以及免疫系统等各个生理系统均有着重要影响,相关领域的研究已取得了丰硕的研究成果,此处仅进行简要介绍。

在对心血管系统的影响方面,人体体液在微重力环境下的重新分布会导致中心血量的增加和颅内压的升高,继而依次引发心血管、内分泌及血液各系统复杂的适应效应，导致体液丢失，同时还会影响肺微循环、脑微循环等。微重力引起的心血管功能失调主要表现之一是立位耐力下降，这是航天员返回地面后所面临的严重问题(沈羡云，王林杰，2008)。

在对肌肉骨骼系统的影响方面，微重力环境致使作为人体支撑系统的肌肉骨骼系统负荷突降，导致人体肌肉尤其是对抗重力所必需的肌肉体积和力量显著下降，抗重力骨骼肌萎缩，抗疲劳耐力降低。若无适当的对抗措施，航天员在短期和长期航天飞行中丧失的肌肉质量可达 20%—50%(白延强，王爱华，2009)。同时，微重力还会导致骨钙丢失，致使骨密度下降，导致骨折和因钙排泄增多而发生肾结石的风险增大。

在对前庭/感觉运动系统的影响方面，微重力环境的影响基本可以分为两类。第一类是单纯的前庭功能失调，导致航天员姿势控制和身体运动控制出现障碍。第二类是由前庭平衡功能失调所引起的自主神经系统和其他系统的综合性功能紊乱，如视觉、前庭觉、本体感觉信号间协调性的丧失。这其中空间运动病是最严重的后果，症状包括身体不适加剧、无食欲、胃部不适、短暂而突发性呕吐、恶心、困倦等。首次飞行航天员发病率约为 44%—67%，持续时间通常为 1—3 天，有时可达 7 天，严重影响航天员工作能力(白延强，王爱华，2009)。

在对免疫系统的影响方面，在失重及航天飞行任务应激及强宇宙辐射的共同作用下，细胞免疫功能受限，尤其是 T 细胞功能受限，同时，失重可能导致体内潜伏病毒生长速度变快，在应激及细胞免疫功能受限等其他因素的共同作用下，原本在地面不会引起机体疾病的病毒可能在航天失重环境下致病(余志斌，2013)。

微重力的心理效应　相较于微重力生理学的研究，微重力环境下心理学的研究就显得相对较为薄弱。航天心理的研究中，大量研究集中于长期狭小幽闭隔绝环境及异质乘组、文化差异等对航天员人际交往、情绪等心理健康及精神问题的影响。单纯微重力心理效应的研究则主要集中于微重力对航天员认知功能、工作绩效等方面的影响。

大量载人航天相关的轶事报告及观察资料都表明航天失重环境会干扰人的认知功能，例如出现空间定向障碍和视错觉、时间观念的改变、注意力集中性的衰退等(白延强，2009)。

空间定向障碍和错觉是微重力对认知能力影响的最直接与最主要的体现。空间定向能力是个体在三维空间环境中准确感知确定自身与外部物体间相对位置与方向的能力，对于大型空间站内的导航寻路作业意义重大。航天失重环境下，由于重力竖直状态这一关键参照系线索的缺失，致使个体空间定向能力受到严重影响，且该影响会在进入微重力环境后即刻产生，持续时间长短不一。曾有调查表明 104 名俄罗斯航天员中有98%的人报告曾存在部分或完全的空间定向障碍并出现空间错觉，尤其是在黑暗或闭眼等缺乏视觉信息参照的情况下（肖玮，苗丹民，2013）。

宋健等曾综述归纳了航天失重环境下的空间定向障碍的主要类型，主要包括微重力下的倒置错觉、视性再定向错觉、舱外活动恐高性眩晕以及方向定向障碍等（宋健等，2006）。倒置错觉是一种典型的前庭本体性错觉，尽管舱内的视觉定向提示航天员一直是处于"视觉上正立"的体位，但他们仍感到自己是处于倒置状态的。现有研究认为，倒置错觉与内耳耳石器失重，内脏位置抬高及鼻面部充血的综合作用有关。视性再定向错觉（visual reorientation illusion）是指航天员会因自身体位的改变而对周围环境的方向产生错觉，如体位改变后会认为自身脚下方向的物体表面好像是地板，与身体平行的是墙，而头顶上的是天花板；但遇到一个同时相反方向穿越的同伴时会突然产生自己倒立头向下的下降错觉，如果此时回头看见自己的脚又会觉得自己是头向上。方向定向障碍是指航天员在空间站多个舱室之间进行穿舱行走时，难以保持方向感，在缺乏标志物时很容易迷路，穿过多个舱后很难找到回去的路。舱外活动恐高性眩晕是指：当航天员在载荷舱内倒立姿势工作或将脚固定在航天飞机机械臂末端时以及当他们悬在移动式安全杆的末端时，突然出现的高空恐惧，感觉正落向地面，类似于人站在悬崖边或是高楼顶时发生的高空恐惧症。

微重力对认知的影响研究相对较多的第二个领域就是空间知觉及心理表象和心理操作的相关研究。

在空间知觉与表征方面，Clément 等研究了飞机抛物线飞行中被试在闭眼状态下横向书写与纵向书写的单词长度（高度），结果发现，在失重条件下，纵向书写的单词高度较之平飞条件下减小了约9%（Clément 等，2009）；除了单词书写之外，物体描画亦出现了类似的研究结果。Clément 等在另一项抛物线飞行模拟失重研究中采用调整法来由被试调节一三维物体的长宽高，借此研究失重条件对被试深度与距离知觉的影响，结果表明失重条件下三维物体调节结果较之正常条件下更矮、更宽、更深，这与单词书写及物体描画的研究结果一致，均表明了失重条件对空间知觉与表征的影响（Lathan 等，2000）。王笃明、田雨等在失重飞机上进行的物体运动知觉的研究亦表明，失重飞行条件下受试者速度知觉偏差率显著高于平飞条件下，且在平飞阶段以及正坐实验中，受试对竖直方向的速度感知偏差总体大于水平方向；而在失重飞行阶段和头低位条件下，这种方向效应有消退的趋势（王笃明等，2015）。

在心理表象及心理旋转方面，Grabherr 综述了以往研究认为失重环境对心理旋转的影响因心理旋转类型而异；心理旋转可以分为基于外物的非自我中心的旋转和基于自身的自我中心的旋转，失重环境并不影响非自我中心的心理旋转但却降低了自我中心的心理旋转绩效，其原因可能在于前者可通过单纯视觉空间信息处理来解决，而后者则涉及到视觉空间信息和前庭信息两类信息线索，在失重条件下前庭信息线索消失，导致自我中心的心理旋转绩效下降（Grabherr 等，2010）。Dalecki 等进一步采用了人手、字母、场景三类心理旋转材料，通过飞机抛物线飞行模拟失重条件研究了失重对于心理旋转的影响，结果表明在提供视觉及触竖直线索参照时，自我中心和非自我中心心理旋转的反应时及错误率均不受失重条件的影响，而在缺乏竖直线索参照时，自我中心的心理旋转将受失重条件的影响（Dalecki 等，2013）。朱填莉借助于行为及脑电技术研究了 72 小时头低位卧床模拟失重对心理旋转的影响，结果发现模拟失重状态的持续时间显著影响个体心理旋转的能力。头低位卧床中，个体心理旋转能力呈现先下降后恢复的现象。行为及脑电指标均呈现倒“U”型变化趋势，提示脑功能存在失重生理效应作用下的自适应变化，且失重生理效应对主体（自我中心）心理旋转的影响大于客体（非自我中心）心理旋转（朱填莉，2013）。

微重力对认知功能的影响是多方位的，除了上述空间定向障碍和错觉、空间知觉及心理表象和心理操作等方面之外，微重力环境还会对质量甄别以及学习记忆、注意、决策等认知功能产生影响。曾有短期航天飞行中的两项心理生理学实验要求航天员通过摇荡小球来两两比较其质量，结果表明在失重环境下，航天员的质量甄别能力减弱，差别阈限升高至地面时的 1.2—1.9 倍（白延强，王爱华，2009）。

在微重力对学习记忆能力的影响方面，Benvenuti 等的研究中，22 名男性被试分为头低位卧床组及正坐控制组分别进行图片浏览任务，任务进行中以强声刺激诱发其惊跳反射，记录眼轮匝肌 EMG 信号波幅作为惊跳反射强度指标，结果发现控制组出现正常的惊跳反射的适应效应（习惯化抑制），但头低位组未出现此适应效应，表明头低位模拟失重或可藉由心血管系统而影响学习能力及大脑可塑性（Benvenuti 等，2011）。陈思佚等研究了 15 天—6°头低位卧床对女性个体再认记忆、前瞻记忆的影响，结果表明 15 天—6°头低位卧床模拟失重条件下，女性被试再认记忆能力及基于事件的前瞻记忆能力没有受到显著损害，而自我启动较多的基于时间的前瞻记忆能力受到一定干扰（陈思佚等，2011）。杨炯炯等综述了载人航天中微重力环境对认知功能的影响，认为微重力条件对短时记忆提取的速度和准确性以及高级认知功能（如逻辑推理等）的影响较小，但是一些需要注意参与的认知任务（如跟踪任务、视觉选择反应）和长时记忆任务，在航天环境或模拟失重条件下会受到影响（杨炯炯，沈政，2003）。

在微重力条件对注意的影响方面，Manzey 等发现在长达 438 天的航天飞行任务中，航天员的高级注意能力会出现显著的下降（Manzey 等，1998）。姚茹等研究了 15 天—6°头低位卧床对女性抑制功能的影响，结果表明头低位模拟失重影响了被试的抑制功能，在时间进程上表现为由损害到恢复的发展变化过程（姚茹等，2011）。为进一步明确头低位卧床模拟失重对返回抑制能力的影响及其时间进程表现，闫晓倩等进一步将头低位卧床时间延长至 45 天，研究了 45 天—6°头低位卧床对视觉注意返回抑制能力的影响，结果发现 45 天—6°头低位卧床可能延长了个体的认知加工时间，导致产生返回抑制现象需要的 SOA 延长，个体在卧床前期以及卧床后恢复阶段的抑制能力受到影响，表现出由受损到适应恢复再到受损的变化趋势（闫晓倩等，2013）。在对执行功能及决策能力的影响方面，Torre 等在综述航天飞行环境的心理效应后提出失重会降低宇航员的执行功能及决策能力（Torre 等，2012）。

微重力对航天员工作绩效的影响受到越来越多的关注。在航天飞行发展的早期阶段，为证明及保障人类在太空这一极端环境中的生存，研究重点集中于微重力对人体机能的影响。现如今随着航天事业的发展，太空已成为人类重要的工作场所，航天员需要在此特殊环境下完成各类复杂的科研和操作任务，这些任务对认知功能和心理运动机能均有着较高要求。因此，航天失重环境对航天员工作绩效的影响直接关系到航天飞行任务的安全与目标的顺利实现。

微重力除了通过影响航天员的上述认知功能及情绪状态而影响其工作绩效之外，还会影响航天员自主运动功能，进而影响其操作绩效。失重飞机抛物线飞行的相关研究结果表明微重力会使航天员进行空间指向任务的手臂运动的精度和可靠性下降；航天飞行中的相关研究虽未得出此结论，但研究结果均表明航天员进行空间指向任务的手臂运动速度明显变慢，从手臂的整体运动到手掌和手指的精细控制运动等各种不同的运动中均出现了这一现象（白延强，王爱华，2009）。

在短期航天飞行任务对人的工作绩效的影响方面，美俄等前期航天任务的相关研究表明一些基本认知能力如记忆、推理、算术运算能力等变化不大，但感知—运动功能与高级注意功能（负责多任务作业时注意分配），如跟踪作业和双作业操作，在重力环境改变初期会受到较大干扰（陈善广等，2015）。

在长期航天飞行任务对人的工作绩效的影响方面，现有的研究表明航天失重环境对工作绩效的影响因时间进程而异，存在一个干扰与适应补偿过程。在长期航天飞行的最初 2—4 周和返回地面后的最初 2 周，精确运动控制及注意相关绩效可能会降低，但在成功适应空间环境之后，即便是经历长期航天飞行，认知功能与工作绩效亦可维持在较高水平，即人体具有较强的对抗太空环境不利影响的适应与复原能力（肖玮，苗丹民，2013）。Eddy 等对 4 名宇航员进行了记忆、追踪、心理旋转等 6 项认知绩效测试，共进行 38 轮测试（其中飞行前 24 轮，飞行中 9 轮，飞行后 5 轮），结果表明 2 名宇航员未出现认知绩效的降低（Eddy 等，1998）。Manzey 等的研究亦表明在为期 438 天的太空飞行中并未发现语法推理、短时记忆、非持续追踪、双任务操作等认知功能的下降（Schneider 等，2012）。

总结微重力环境对认知功能及工作绩效的影响会发现该领域的研究存在以下两个共同特点：一是影响因素的多样化，二是影响效果的时间效应。

在影响因素的多样化方面，无论是短期航天飞行还是长期航天飞行，微重力环境总是伴随狭小幽闭隔绝环境、短昼夜周期变化以及高负荷任务压力等各类环境、任务及乘组等应激源因素，即使是在地面头低位卧床模拟失重或飞机抛物线飞行模拟失重条件下，亦难以剥离隔绝、应激等因素的影响。上述因素皆有可能影响个体的情绪情感等心理状态继而影响认知功能表现及工作绩效。因而相关的研究结果很难确定是由单纯的失重环境所引起的特异性结果。例如，Wollseiffen 等以抛物线飞行模拟失重的范式研究了失重条件对 4 种不同难度心算作业的影响，记录被试的行为指标反应时以及脑电指标视觉诱发电位 N1、P2，结果表明只有在高难度心算任务中，失重条件下较之平飞时的反应时才显著降低，同时背侧前额叶及额中回的 P2 波幅在失重条件下亦显著降低，研究者认为以往研究所发现的认知操作绩效降低是由于其他伴随的应激因素所导致的，因为实际研究中难以将失重因素与其他环境及任务应激因素有效剥离(Wollseiffen, 2016)。

在影响效果的时间效应方面，失重环境乃至航天综合环境对人的认知功能、工作绩效、情绪情感等的影响效果及表现形式均受时间因素的影响，各类影响因时间进程而异。一般而言，航天环境早期均表现为对认知功能、工作绩效、情绪情感的干扰与损伤，随着时间进程的推移，航天员逐渐适应航天环境，各类不良影响逐渐减弱乃至消失，随着航天任务时间的持续延长，部分不良影响可能会再度出现。如前述失重环境对认知功能及工作绩效的影响的部分研究中已体现出了该类损伤与适应的进程规律(姚茹等，2011；肖玮，苗丹民，2013)。闫晓倩等发现 45 天—6°头低位卧床对注意返回抑制能力的影响亦表现出“受损——适应恢复——受损”的变化趋势(闫晓倩等，2013)。

航天失重环境对情绪的影响的时间进程效应更为明显。Gushin 等基于俄罗斯的中长期航天飞行的数据将航天员的情绪变化划分为四阶段(Gushin 等，1993)：

第一阶段是初始阶段不适期，主要是由环境变化导致生理不适进而引起心理不适。

第二阶段是相对平稳期(飞行第 6 周前后)，此阶段航天员生理上已适应航天环境，情绪上因受隔绝、限制、单调生活的影响尚未显现而相对平稳。

第三阶段是情绪波动关键期(约第 6—12 周始，持续至任务结束前 2—3 天)，此阶段由于受到隔绝、单调生活及任务负荷压力等的影响，航天员易出现情绪稳定性降低、易激惹、精力衰退、喜欢刺激性音乐等情绪及行为表现，也容易出现如“衰弱综合征”等精神类疾病。

第四阶段是末期兴奋阶段(任务结束前2—3天至任务结束),此阶段主要表现为欣快,情绪及工作效率均相对高涨。

秦海波等研究了60天—6°头低位卧床对个体情绪的影响,结果发现受试者负性情绪变化呈现“高——低——高——低”的变化趋势,变化的时间点与当前航天飞行中情绪变化的四阶段模型假设基本一致,反映压力及应激状态的皮质醇指标波动和情绪指标波动趋势基本一致(秦海波等,2010)。

微重力环境的对抗措施

航天微重力环境对人的生理及心理的影响是全方位的,微重力环境的各类对抗措施亦是纷繁复杂,目前尚未有何种有效的综合性方法能全面防护与对抗其影响。各类对抗措施中,既有主要针对微重力生理效应的措施,也有针对各类航天心理效应的措施。

在主要针对微重力生理效应的各类对抗措施中,人工重力可能会达到全面防护的效果,将有可能会成为全面对抗失重影响的首选措施,但由于工程技术的原因以及相关医学研究的缺乏,迄今为止对人工重力的实际作用尚缺乏深入了解。人工重力实施方案、人体各系统所需的合适强度与持续时间、空间实施过程中存在的潜在副作用等尚需进行详细的观测与研究(余志斌,2010)。除了将来可能的人工重力环境创设之外,当前常用的对抗微重力生理效应的主要对抗措施及设备如表7.5所示:

表7.5 常用微重力对抗设施设备

微重力影响	可能的对抗措施	设备和器材	备注
心血管失调	大肌肉群的高频低阻抗运动(有氧运动)	运动装置(自行车功量计)	
		心率和代谢监测系统	心率和代谢监测系统是舱载航天员医学监督设备的组成部分。心率监测是常规的,代谢监测可以是周期性的
		合适的通风散热装置	
		身体清洁用品	航天员日常生活用品
		运动器材	包括文化娱乐设备
体液丢失	进入1g前增加体液	补充液容器	
	应用药物	航天药箱	航天员医保用品
		药物清单与使用说明	

续表

微重力影响	可能的对抗措施	设备和器材	备注
骨矿质丢失	低频高阻抗运动负荷	运动器材	需要考虑存放和使用的空间
	应用药物	离心机	可产生舱内振动
		航天药箱和药物清单与使用说明	航天员医保用品
失定向空间适应征候群；神经肌肉功能失调；骨骼肌萎缩	心理—运动锻炼	健身垫	可以是娱乐设备
		带身体限位器的锻炼设备	
		视觉定向信号	
	应用药物	航天药箱	
		药物清单与使用说明	
	特殊肌肉群的运动锻炼： (1) 低频高阻抗的无氧运动 (2) 高频低阻抗的有氧运动	运动装置	需要存放和使用的空间

来源：周前祥，2009.

由上表可见，运动锻炼是对抗微重力的重要措施之一，运动锻炼不仅可以缓解微重力环境对人体的心血管系统、肌肉骨骼系统、前庭/感觉运动系统以及免疫系统等各个生理系统的不良影响，而且还可以有助于航天员保持心理健康、情绪稳定，并可以提高航天员认知及操作能力，如决策能力等（Torre 等，2012）。

在微重力心理效应的对抗方面，由于微重力心理效应影响因素的多样化，现有的各类应对措施均是面向整体航天环境的（微重力、短昼夜周期、强宇宙辐射、狭小隔离空间、长期幽闭单调生活以及高负荷任务操作、异质乘组等多因素的混合环境），极少有单纯针对微重力环境的特异性措施，例如为避免因难以正确感知和识别面部表情而导致的误解，研究者建议航天员在进行面对面交流时采取相同的体位方向（Cohen，2000）。这其中有针对航天员选拔、训练及任务支持的各类心理措施，有针对航天环境适居因素的环境改进措施，也有针对航天任务的工作设计方面的措施。

为在航天飞行任务中维持航天员心理健康、保持其正常工作能力，严苛的心理选拔、科学的心理训练及任务中多样化的心理支持（王峻等，2012）已成为各国航天机构普遍采用的措施，并已取得了良好的效果。

航天环境中适居因素主要包括居住舱设计、工作站设计、后勤服务设施、特定装备以及各类环境因素等。随着人机环境系统工程的发展，航天环境宜居性及工效学研究日益受到重视。已有研究者指出,太空舱内部的装置摆设不仅要符合航天任务的要求,还要与航天员的需要、习惯相结合,使其更具适居性。特别是在长时航天任务所处的空间站和月球基地等设施中,更应加强人机环境方面的研究(王雅等,2014)。这其中,基于个人空间的乘员居住区设计、舱内装饰、窗口设计等是受到普遍关注的重要内容。

鉴于在长期隔离和限制条件下人的个人空间需求及领域性的增强,在舱室设计中提供充足的个人空间和私密住处就成为重要的心理对抗措施。表 7.6 按照优先考虑顺序列举了乘员个人生活空间应具备的主要功能(白延强,王爱华,2009)。

表 7.6　乘员个人"宿舍"应提供的重要功能(按优先考虑顺序)

顺序	内　容
1	有效隔离外界视线和声音
2	不受干扰的睡眠
3	个人环境调节(如可调的灯光、温度)
4	通过音像传输和电子邮件进行私人通信
5	穿脱个人衣服
6	存放个人物品
7	个人娱乐(即可使用不占空间的娱乐设备)
8	个人可调装饰(如屏风上的绘画/照片,可调的灯光颜色)
9	从居住舱向外观景

来源:白延强,王爱华,2009.

合理的舱内装饰可以弥补因航天居住舱空间活动范围受限所导致的负面心理效应;其中颜色的合理使用既可以使工作区(兴奋的暖色调)、生活区(宁静的冷色调)等不同区域的不同心理功能得以加强,还可以作为场所或位置代码标识,有效防止在空间居住舱中出现空间定向和导航障碍。

窗户在居住舱这一封闭受限的环境中,不仅是居住舱建筑结构的一个"宜人的"特色,而且具有非同一般的心理意义;窗口可通过降低单调感、限制和隔绝感促进航天员身心健康,还可防止出现幽闭恐惧症反应,这已为众多航天轶事报告所证实(白延强,王爱华,2009)。

科学合理的工作设计和日程安排亦可充当有效的心理对抗措施以防止航天失重环境对人体健康的伤害和工作绩效的降低。这包括为航天员规定适当的每日工作量,保持 24 小时作息制度惯例不变以及采取措施避免工作乐趣和动机的降低,例如在长期航天飞行任务中给乘组尽可能多的自由,由航天员自主计划和安排工作任务等。

7.2.2 高原低氧环境

高原环境特性

对于高原,不同的学科有着不同的界定。地理学上指海拔 500 m 以上,地势平缓面积较辽阔的高地。医学上则是指能引起明显生物效应的海拔 3 000 m 以上的广泛区域,由于生物个体差异,部分耐受性差的个人在海拔 2 000 m 时亦可出现明显的高原反应。

根据人体暴露于高原环境时出现的生物效应程度,高原还可进一步分为以下四级:

(1) 中度高原(moderate altitude) 海拔高度 2 000 m—2 500 m,人体在此高度一般无任何症状或仅有轻度生理反应,如呼吸和心率轻度加快,运动能力稍有降低,除极少数对缺氧特别易感者之外,极少有人发生高原病。

(2) 高原(high altitude) 海拔高度 3 000 m—4 500 m,多数人进入此高度会出现明显缺氧症状,如呼吸和脉搏加快,头痛、食欲缺乏,睡眠差,易发生高原病。

(3) 特高高原(very high altitude) 海拔高度 4 500 m—5 500 m,人体进入该高度时缺氧症状进一步加重,运动和夜间睡眠期间会出现严重的低氧血症,一般认为海拔 5 000 m 以上为生命禁区。

(4) 极高高原(extreme altitude) 海拔高度 5 500 m 以上,人类难以长期居住,到达此高度时机体生理功能会出现进行性紊乱,常失去机体内环境自身调节功能,出现极严重的高原反应、显著的低氧血症和低碳酸血症。(崔建华等,2014)

据 WHO 1996 年的统计数据,全球有约 1.4 亿的人口居住于海拔 2 500 m 以上区域,其中亚洲占了 56%,此外每年还有约 4 000 万人口到高原短期生活,即总计不下 1.8 亿人口受高原环境的影响(李彬等,2010)。中国是世界上高原面积最为辽阔的国家,有 6 000—8 000 万的人口居住在海拔 2 500 m 以上区域,如青藏高原和帕米尔高原区域辽阔,自然资源丰富,边境线长,对于经济可持续发展和国家安全至关重要。高原地区的生活与生产建设不可避免地受高原环境特性的影响与制约。

高原地区具有空气稀薄、严寒缺氧、日光(紫外线)辐射强、昼夜温差大、山高沟深落差大等环境特性。低压、低氧、低温、强风及强辐射是高原环境的主要气候特点,直接影响人体与环境之间的能量交换和物质交换,对人体生理及心理功能构成了不同程度的综合性影响与效应,这些效应的大小主要取决于海拔高度,其中低气压是核心,低氧是关键,低氧与低温是高原病的主要致病因素。高原环境下,由于海拔的升高,空气中氧分压降低,致使吸入气氧分压不足,血液在肺内得不到充分的氧合,血液中氧分压下降,血氧含量和血氧饱和度降低,甚至出现低氧血症,造成缺氧,这是高原环境对人体影响最为明显和最严重的因素。

因而,此处主要介绍高原低氧环境因素对人体生理及心理的影响。另外,在军事航空领域,陆航或海航直升机在执行飞行任务时,大多未装备供氧设备,随着飞行高度的增高,低氧对飞行员操控绩效的影响也会越来越大。

低氧环境的影响

低氧的生理效应　低氧的生理效应是传统高原医学研究中最主要的研究问题。高原环境下人体的一切生命活动均处于低气压、低氧分压的缺氧环境中,这种高原低压低氧环境对人体的影响是多系统、全方位、急慢性并存的,对呼吸系统、心血管系统、消化系统、生殖系统、免疫系统及中枢神经系统等均有着不同程度的复杂影响。

呼吸系统对高原低氧环境的反应程度直接决定着机体对高原环境的习服。高原环境下大气压力降低,单位体积空气中的氧气含量随海拔的升高而降低,因此在高原必须吸入更多的空气才能供给低海拔平原相同量的氧,所以肺通气量的增加是提高氧运输系统效率的第一步,初到高原低氧环境,人类抗衡低氧最有效的手段之一即是加强呼吸,增强肺通气、换气,一般进入高原几小时就可发生过度通气,并在一周内迅速增高。同时高原低氧还会促使呼吸系统为适应此环境而产生肺泡弥散面积增大、通气血流比例改善、肺血管结构重塑等生理变化。此外,高原低氧还可以导致睡眠呼吸紊乱,其特征性呼吸变化是周期性呼吸伴有或不伴有呼吸暂停。

在对心血管系统的影响方面,高原低氧环境可使心率明显加快,并随海拔高度的增加而增加,在高原尤其是特高高原地区(海拔 4 500 m 以上),心率可增至 85—90 次/分,而平原地区约为 75 次/分。高原低氧环境同时也会显著影响人体血压,个体一般初到高原时多会出现血压升高,以舒张压升高为主,之后随高原居留时间的延长及人体低氧习服机制的建立而呈不同形式的变化。高原低氧还影响心搏出量,在急速进入高原的人群中,在头几天多数人的心脏搏出量会降低,一周左右降至最低,进入的高原海拔越高,搏出量降低越明显。除了心率、血压和心搏出量之外,高原低氧环境还对肺循环—右心系统、脑循环、微循环血液流变学和动力学产生影响。高原低氧环境下的显著的肺动脉高压及心率增快使得心脏承受着沉重的压力负荷,易导致高原性心脏病的发生。高原低氧环境对心血管系统的各类影响均与海拔高度及高原停留时间有关,高海拔比低海拔影响大,急进高原较之缓进高原效应更强。

在对消化系统的影响方面,急进高原后,消化腺的分泌和胃肠道的蠕动受到抑制,除胰腺分泌稍有增加之外,其余消化食物相关的唾液、肠液、胆汁等分泌均较平原时减少,胃肠功能明显减弱。因此会出现食欲缺乏、腹胀、腹泻或便秘、上腹疼痛等一系列消化系统紊乱症状(格日力,2015)。研究表明急进高原人员早期最常见的反应是胃肠道症状,恶心、呕吐和食欲缺乏可高达60%(崔建华,王福领,2014)。此外,高原低氧环境还会导致肝功能及代谢方面的变化。

在对中枢神经系统的影响方面,由于在机体的所有器官中,中枢神经系统的氧耗最高,因而中枢神经系统(尤其是大脑)对低氧也就最为敏感。人体进入高原时,由于大气压降低,氧分压、肺泡内氧张力和动脉血氧饱和度亦随之相应下降,导致氧气向脑组织的扩散释放减少而产生缺氧症。当动脉血氧饱和度降至75%—85%时,即会产生判断错误与意识障碍等症状,而降至51%—65%时即可引起昏迷。另外,高原低氧环境通过对中枢神经系统的影响还会导致个体一系列的心理效应,影响个体的感知觉、注意、记忆、思维等认知功能和情绪情感等心理状态。

此外,高原低氧环境还会导致一系列高原特有疾病,如急性高原反应、高原肺水肿、高原脑水肿等急性高原病以及高原红细胞增多症、高原性心脏病等慢性高原病。

低氧的心理效应 相较于高原低氧生理学和高原医学的研究,高原低氧环境下心理学的研究就显得相对较为薄弱。低压、低氧、低温、强风及强辐射等高原环境因素不仅对人体生理状况有着重要影响,而且还会影响个体的感知觉、注意、记忆、思维及情绪等心理状态,进而影响高原作业人员的工作绩效。

由于中枢神经系统对内外低氧环境最为敏感,低氧环境所导致的心理效应基本均由低氧环境的中枢神经系统效应所引起。而各类生理心理效应的强弱主要取决于海拔高度及高原停留时间,高海拔比低海拔影响大,急进高原较之缓进高原效应更强,且各类效应症状大多可在高原习服之后消失。

在急性缺氧情况下,初期可出现感官功能减退,视觉和听觉紊乱,如感觉四周变暗、噪声变弱或有音调的改变。神经功能障碍可呈现特殊的醉酒样状态,精神愉快、欣然自得,对周围环境失去正确的定向力和判断力。易激动和发怒,即使事先明确缺氧的危险性,也对其面临的危险境地毫无警惕,对周围事物有着不切实际的认识,盲目做自己不能胜任的工作,常常表现出不当的动作,然后迅速转入抑制状态,表现出头痛、头部沉重感、精神萎靡不振、全身无力、嗜睡,脑力活动迟钝、注意力不集中、对周围事物漠不关心、沉默、抑郁、忧虑、悲伤、哭泣、淡漠、无欲、动作迟缓、工作能力下降。严重者可出现神志障碍、意识模糊、抽搐、晕厥。有部分个体在高原地区的山峰上会暂时主观感觉良好转而突然出现晕厥和意识障碍,若不及时抢救则可因延髓的呼吸中枢和心血管运动中枢出现麻痹而死亡,亦有表现为全身疲乏无力、衰弱、全身肌肉麻痹后死亡。

在慢性缺氧条件下,个体会产生一系列神经精神方面的改变,主要表现为中枢神经系统功能紊乱和大脑皮质高级活动失调。在神经精神系统方面往往伴有一般高原反应和其他系统反应征象。首先,可出现头痛、头重、耳鸣、易疲劳、衰弱感、晕眩、记忆力减退、分析判断发生困难、注意力不集中、工作能力低下、易出汗、四肢厥冷发麻、失眠等类似神经衰弱综合征的临床症状;其次,可出现喘息、震颤、四肢强直、无力、抽搐等癔症发作症状。多数患者意识清楚,少数轻度意识障碍,包括晕厥、意识浑浊、轻度神志不清、头脑晕沉感,常表现为恐惧不安、烦躁等症状。再次,可出现躁狂—抑郁症样改变,表现兴奋、轻度的精神欣快感,身体活动增加,言语增多,喜欢争论,联想丰富,常伴有不耐烦、急躁、易怒等,亦有出现相反症状,表现为抑郁、情感淡漠、对周围事物不关心、活动减少、沉默寡言、疑虑重重,甚至伤心落泪等(崔建华等,2014)。

在高原低氧对于个体认知功能的影响方面,国内外众多研究均表明高原低氧对个体认知功能的影响显著而持久,中等海拔对人的认知功能影响较小,但长期高海拔暴露则会明显损害认知功能,如感知困难、记忆获得保持较差、言语功能降低等。

高原缺氧对机体感觉功能的影响出现较早,其中视觉对于缺氧最为敏感。高原缺氧环境对视觉的影响包括视物模糊和短暂的视力减退、视疲劳、闪光幻觉、飞蚊幻觉、夜盲、复视、视野改变、视敏度下降、视觉反应时及暗适应时间延长、甚至出现一过性失明等。急性缺氧时,主要依赖于视杆细胞的暗视力(夜间视力)受影响最为显著,从海拔 1 200 m 起即开始出现障碍,在 4 300 m 高度以上时受损明显,且并不因机体代偿反应或返回低海拔地区而有所改善;主要依赖于视锥细胞的明视力(昼间视力)的低氧耐受力则较强,平均自 5 500m 始才开始受损(崔建华,王福领,2014)。时粉周、王珏等以 31 名飞行员为实验被试研究了明视和暮视光环境中急性轻度缺氧对飞行员视觉跟踪辨认能力的影响,结果表明暮视光环境条件下,急性缺氧状态下的纵向动态视力显著低于正常状态,但明视光环境条件下,二者却无显著差异(时粉周等,2008),证实了明暗视力对于低氧环境的不同耐受力。即便是轻度缺氧亦会显著影响视觉功能,张慧等研究了模拟直升机飞行轻度缺氧对飞行人员的对比敏感度函数(CSF)以及对比视力(CVA)等视形觉功能的影响,结果表明直升机飞行高度(轻度急性缺氧)对视觉系统功能有显著的影响,并据此建议在直升机飞行中当对目标背景需要精确识别时应该供氧或采取一定的缺氧防护措施(张慧等,2001)。王珏等测试了急性轻度缺氧对对比视力、对比敏感度函数、动态视力、快速暗适应及暗视力等视形觉功能的影响,结果发现模拟轻度缺氧条件(相当于海拔 3 000 m 高度)即开始对视形觉功能各指标产生显著影响(王珏等,2003)。中度缺氧则可进一步使视野缩小,在 6 000 m时视野明显缩小,周边视力丧失,盲点扩大,若缺氧进一步加重则可引起全盲。上述研究均为急性缺氧的研究,慢性缺氧亦可对视功能造成重要影响,Bouquet 等采用低压舱模拟高原缺氧对颜色辨别能力的影响,结果发现低海拔时被试颜色辨别力无明显变化,但高海拔条件下被试颜色辨别力下降,主要体现为红蓝辨别障碍。

高原低氧除了影响视觉功能之外,对于听觉、触觉、痛觉等各感知觉系统均会产生影响,听力及听觉定向力均随海拔升高而降低;触觉和痛觉在严重缺氧时会逐渐变迟钝,极端高度下(大约 6 000 m)多数人会出现错觉和幻觉体验,表现形式为躯体幻觉、听幻觉和视幻觉等。各类反应时亦会随海拔升高而增加(谢新民等,2007)。

在对注意力的影响方面,早在 1966 年 Evans 和 Witt 就发现在海拔 4 200 m 时,数字编码测验可显示出被试注意力受损。Stivalet 等对适度低氧暴露 8 小时后的被试进行视觉搜索测试,结果表明测试成绩显著低于低氧暴露前,低氧延迟了被试的连续注意力处理时间(Stivalet 等,2000)。李学义等利用低压舱模拟 3 600 m、4 400 m高度 1 小时,5 000 m 高度 30 分钟低氧暴露对 16 名男性青年被试注意力的影响,结果表明急性中度缺氧会对注意广度及注意转移能力产生显著影响,3 600 m 时被试注意力已有下降但未达显著水平,4 400 m 时的注意广度测验综合绩效已降至 88%,5 000 m 时则进一步降低至 80%(李学义等,1999)。蒋春华等的研究亦表明快速进入海拔5 380 m高原早期听觉注意力方面的认知功能会显著降低,但经过一段时间(30 天)的习服后,部分认知功能可以得到一定程度的恢复(蒋春华等,2011)。但关于高原低氧对注意力的影响亦有不同的研究结论,保宏翔等对在 3 700 m 和 5 200 m两个海拔高度驻防 3 个月的士兵进行了 8 项认知神经心理功能测试,结果却发现注意力(注意广度)有随海拔升高而增强的趋势(保宏翔,陈竺,王东勇等,2013)。杨国愉等对某进藏训练部队的 50 名军人连续测评的研究结果亦表明海拔对注意广度及注意转移能力影响不明显,但对短时记忆力和复杂思维判断力影响较大(杨国愉等,2005)。在 Bonnon 等对两个不同的登山小组的实地检测研究中,第 1 组在 16 天内从海拔 2 000 m 上升到了 5 600 m,接着用 2 天时间登上了海拔 6 440 m;另一组在海拔高度为 6 542 m 处持续居住 21 天,研究结果发现只有第 2 组的注意力受到了明显的影响(Bonnon 等,2000)。上述研究结论的不一致可能源于高原低氧效应影响因素的多样化,高原低氧效应不仅取决于海拔高度,还取决于高原暴露缓急及停留习服时间等时间进程因素,高原急进及短暂停留会使包括注意力在内的认知功能降低,缓进则会使高原低氧的不良影响降低,长期停留后则会产生习服,使部分认知功能得以恢复。

在对记忆的影响方面,众多研究已表明高原低氧环境会对人及动物的学习及记忆能力造成损害。综合分析高原低氧对学习记忆影响的研究,可将相关研究大致分为以下几类:不同记忆组成部分的影响、记忆损伤海拔阈限的研究、高原低氧记忆损伤的生理生化机制、高原低氧记忆损伤应对研究。

关于高原低氧对于不同记忆组成部分的影响研究,一部分是集中于对空间记忆、工作记忆、短时记忆等不同记忆类型进行的研究,另一部分的研究则是从记忆编码、存贮、提取三阶段组成部分的视角进行分析的。

现有研究大多认为高原低氧会对各类记忆造成不良影响。如 Clare E. Turner 等的研究表明急性缺氧(10%O_2)条件下,被试的言语记忆、视觉记忆及复合记忆、反应时、执行功能、认知灵活性等均显著降低(Turner 等,2015)。Deyar Asmaro 等模拟了海拔 17 500 ft(5 334 m)和 25 000 ft(7 620 m)低氧条件下被试的短时记忆与空间记忆容量以及选择注意、认知灵活性、执行功能等,结果发现各认知功能均受海拔高度影响,且海拔越高,损伤程度越大(Asmaro 等,2013)。Lee Taylor 等综述了低氧环境对认知功能的影响,认为在海拔高于 5 000 m 时,各类记忆,包括空间记忆、工作记忆、学习能力等均显著受损(Taylor, 2016)。国内亦有众多研究得出类似结论,如吴兴裕等利用低压舱模拟 300 m、2 800 m、3 600 m、4 400 m 低氧环境,研究了 18 名男性青年被试在不同高度暴露 1 小时的感知觉、记忆、注意、思维和心理运动功能的变化情况,结果表明在 2 800 m 高度暴露 1 小时后被试连续识别记忆测验的综合绩效就已显著低于对照水平(吴兴裕等,2002)。李彬等研究了海拔高度及居留时间对移居者记忆与肢体运动能力的影响,结果发现数字记忆广度随海拔高度的升高而逐渐降低(李彬等,2009)。保宏翔等对 37 名新兵进驻 4 400 m 海拔 3 个月后的多项认知功能指标的测试结果表明字母短时记忆容量轻微下降(保宏翔等,2014)。

关于高原低氧对于记忆的影响,亦有部分研究认为高原低氧对于记忆的影响并非全是负面的。Pagani 等对 17 名登上 5 350 m 高峰的运动员的研究表明,在山上停留 15 天以后,运动员的记忆测试绩效显著增强,研究者认为对低氧的适应可能是记忆反应增强的原因;已有部分资料显示一定条件的低氧可以促进动物和人类的学习记忆能力(韩国玲,2009)。Zhang 等对在适度低氧环境中(2 260 m)人的空间记忆、长时程记忆以及短时程记忆都做了调查,结果发现适度低氧仅对受试者的短期视觉构建能力(ability of visual construction)产生了影响,而对其他功能却未造成明显影响;他们还发现适度的间歇性低氧暴露(2000 m,3 或 4 周,4 h/d)却可以提高动物的空间记忆能力(Zhang 等,2005)。Wittner 等亦发现短暂的急性低氧暴露(7 000 m,60 min)也可以提高动物的空间记忆能力(Wittner 等,2005)。保宏翔等研究了急进高原对 42 名新兵认知功能的影响,结果发现在记忆广度(短时记忆容量)指标上,在平原区记忆广度峰值为 8 位,9 位数之后能正确记忆的人数锐减;急进高原后,记忆广度峰值也是 8 位,但能正确记住 9、10 位甚至更长位数的人数缓慢下降;短时记忆在急进高原后反而轻微好于急进高原前(保宏翔,陈竺,陆小龙等,2013)。

从记忆编码、存贮、提取三阶段进行分析,众多研究表明,高原低氧环境对于记忆的贮存及提取的影响不尽一致。Shock 等于 1942 年首次证实,11%的低氧便可以对大鼠在迷宫中的视觉辨认学习能力造成影响,而且低氧对学习能力的损害要大于对储存和提取能力的；Nelson 等进一步发现，高于海拔 6 000 m 的低氧环境对于个体的信息储存能力没有影响，但是却损害了个体对新信息的学习能力；然而，动物实验表明，严重的低氧环境也可能损害动物对信息的储存和提取能力。Chleide 等发现，连续 4 d 的低氧处理可以损害大鼠储存信息能力，但是这种损害可以在动物回到常氧环境中 6 d 后便得以恢复；Chiu 等发现急性低氧暴露（5%氧浓度，2 h）3 h 后会严重损害动物的信息提取能力，5 h 后会严重影响动物对新信息的学习能力；Kramer 等通过对海拔 6 100 m 登山队员作业能力的检测同样发现了类似的结果（张宽等，2011）。Shukitt-Hale 等（1994）通过水迷宫研究发现海拔 5 500 m—6 400 m 的低氧暴露可能会损害动物的空间记忆能力，而且对记忆能力的损伤程度和海拔高度呈正相关，且低氧损害的是动物的学习能力，而对动物储存信息的能力则无影响（张宽等，2011）。对于上述研究结果，从记忆编码、存贮、提取三阶段的视角进行分析，可以推测高原低氧最先影响的是记忆的编码阶段与提取阶段，即短时记忆向长时记忆的转化与记忆的提取，然后才是记忆的存贮阶段。

在记忆损伤海拔阈限研究方面，Crow 和 Kelman 研究了不同海拔高度下 86 名被试的数字短时记忆能力，结果发现只有在海拔达到 3 658 m 高度时被试的短时记忆才会产生障碍；Bartholomew 等研究了 72 名飞行员在海拔 606 m、3 788 m 以及 4 545 m 时的短时记忆能力，结果表明只有当海拔到达 4 545 m 且记忆任务难度较大时，飞行员的短时记忆绩效才会出现明显降低；同样 Virúes 等也发现只有在海拔高度达到 4 500 m—4 600 m 时被试的短时记忆才会受到损害；Nelson 于 1982 年对 20 名攀登 McKinley 峰（6 193 m）的登山者在 35 d 的攀登过程中做了空间记忆能力的检测，结果在海拔 3 800 m 时未观察到低氧对其记忆能力的影响，而在海拔 5 000 m 以上时其空间记忆能力受损较大（张宽等，2011）。综合上述研究结果，可以认为高原低氧对于记忆的不良影响应存在海拔下限，短时记忆高原低氧记忆损伤的海拔阈限约为 3 500 m。

在对思维的影响方面，一般研究结论认为高原低氧对于复杂认知任务的影响大于对简单任务的影响。思维作为人脑对客观现实的间接和概括的反应，涉及的复杂认知活动比重更多，因而更易受高原缺氧的影响。急进高原条件下，海拔到达 1 500 m时思维能力即开始受损，新近学会的智力活动能力受到影响，海拔 3 000 m 时思维能力全面下降，判断力较差，但对已熟练掌握的任务仍能完成，海拔 4 000 m 时书写字迹拙劣，造句生硬、语法错误；海拔 5 000 m 时思维明显受损，判断力尤为拙劣，做错了事也不会觉察，反而自觉正确，不知道危险；海拔 6 000 m 时意识虽然存在，但机体实际上已处于失能状态，判断常常出现明显错误，而自己却毫不在意；海拔 7 000 m 时，相当一部分人会在无明显症状的情况下突发意识丧失，少数人仍可坚持。

严重缺氧时个体常产生不合理的固定观念，主要表现为主观性增强，说话重复，书写字间距扩大，笔画不整，重复混乱等；理解与判断力受损，丧失对现实的认识和判断能力。缺氧还会导致个体自觉性或自我意识觉知的缺乏，即缺氧虽已致使个体思维能力显著受损，但个体自身往往意识不到，做错了事也不会觉察，还自以为思维和工作能力"正常"，这种对自身及外部环境危险因素觉察意识的缺失往往会导致严重后果。曾有低压氧舱实验发现有被试在海拔 7 000 m 左右出现下肢瘫痪、记忆力丧失、书写不能等症状，但被试自身对此却缺乏觉察，不顾舱外主试意见，仍要坚持继续停留且坚信自己的思考是"清晰的"，判断是"可靠的"（杨国愉等，2003）。此外，高原低氧还会对认知灵活性、冲突控制等认知执行功能造成影响。徐伦等以低氧舱模拟海拔 3 600 m低氧环境，采用任务转换范式观察 23 名男性被试在低氧模拟各阶段的认知灵活性，同时监测焦虑状态及基本生理指标的变化，结果发现中度低氧暴露会影响人的认知灵活性和焦虑状态；低氧暴露前，焦虑可促进个体的认知灵活性，低氧暴露后，焦虑会阻碍个体的认知灵活性（徐伦等，2014）。Ma 等借助 ERP 技术采用 flank 任务范式研究了长期高原暴露对于冲突控制功能的影响，结果发现长期高原低氧暴露会影响冲突解决阶段的冲突控制功能（Ma & Kaber, 2015）。

在对语言的影响方面，Shipton 和 Garrido 等在 1943 年即已发现极端低氧环境暴露可以导致暂时性失语。Petiet 等在登山运动员登上海拔 6 800 m 高度时立即进行言语能力测验，结果发现被测者抽象思维能力及言语流利程度均降低；Regard 等亦发现近期攀登过高海拔山地的登山运动员与最近 7 个月内未攀登海拔高于 5 000 m 的登山队员相比，在言语流程程度上表现出相当大的损伤（张宽等，2011）。Lieberman 等分析了登山队员实际攀登珠穆朗玛峰过程中的无线电电话录音，结果发现登山队员在言语理解上所需的时间随着海拔高度的升高而逐渐增加（Lieberman 等，1995）。

在对情绪情感的影响方面，作为高级心理过程，情绪情感与思维等对高原低氧的敏感性较强，相应地，高原低氧效应也就出现得相对较早。Shukitt 及 Banderet 等 1988 年的研究结果表明在海拔 1 800 m 左右以欣快感为主的情绪变化就已经出现，到海拔 4 000 m 左右，除有躯体不适者之外，欣快感普遍存在（张宽等，2011）。Ryn 等在 1971 年、1988 年对 80 名登山者的研究发现，在海拔高度低于 2 500 m 时，个体的情绪特征主要表现为兴奋—冷漠，当海拔高于 5 500 m 之后，情绪特征中的欣快—冲动因素便占主导，且抑郁综合征的发生概率增加（张宽等，2011）。高原低氧对于个体情绪影响的严重程度及具体表现除取决于海拔高度（缺氧程度）和暴露时间之外，还与个体情绪反应类型有关。如在低压舱实验之中，由于情绪反应类型的个体差异，有的被试表现出活动过多、兴奋喜悦、好说俏皮话、好作手势、爱开玩笑等特征；有的被试则表现为嗜睡、反应迟钝、对周围事物漠不关心、头晕、疲乏、精神不振和情感淡漠等；还有的被试表现为敏感、易激惹、敌意、争吵等；严重者会有如饮酒初醉状态出现，若海拔继续升高，则这种情绪失控现象将会更加严重。在 6 000 m 以上高度停留时，有些被试会出现突然的、不可控制的情绪爆发现象，如忽而大笑、忽而大怒、争吵，有时又突然悲伤流泪等，情绪情感的两极性表现非常明显(杨国愉等，2003)。焦虑与抑郁是高原情绪情感研究中最为集中的两种心理状态。廖丽娟等采用 SAS 焦虑自评量表和 SDS 抑郁自评量表对 303 名高原驻防官兵(驻防海拔 3 800 m)进行了焦虑、抑郁问卷调查，结果表明高原官兵焦虑、抑郁总分均显著高于全国常模水平，高原官兵轻度焦虑、抑郁分别占 28. 05％、25. 74％，中度分别占 9. 9％、10. 56％、重度分别占 3. 3％与 2. 97％(廖丽娟等，2004)。杨国愉等亦采用 SAS 焦虑自评量表和 SDS 抑郁自评量表对某进高原训练的部队 50 名军人在不同海拔、进入高原不同时间及不同军事作业阶段的情绪反应进行动态跟踪观察，结果发现高海拔环境对从低海拔地区进入高海拔地区训练的军人的情绪反应产生明显影响，但抑郁和焦虑反应出现了明显的分离现象，抑郁反应程度明显高于焦虑，焦虑得分只是在初进高海拔地区略有升高，之后随军人进入高原环境的时间延长而迅速下降，但抑郁的反应有所不同，自军人进入高原后抑郁得分一直居高不下，处于轻度抑郁状态，这种情况会一直延续，在军人返回到低海拔地区后仍继续存在(杨国愉等，2005)。

高原低氧环境对人的影响是全面的，除了对上述感知觉、注意、记忆、思维、言语、情绪情感等方面的影响之外，高原低氧还影响个体的人际交流能力、心理运动能力等。如高原环境下人际交往相对较少；轻度低氧环境下，控制的精确性、四肢运动协调能力、手臂稳定性等下降，随着海拔升高，肢体肌肉易疲劳、无力，可能出现震颤、抽搐和痉挛等表现，严重缺氧时症状可加剧(崔建华，王福领，2014)。

高原睡眠是高原医学的重要研究内容，众多研究已表明高原低压低氧环境会导致机体神经、呼吸调节功能及昼夜生理节律的变化，影响个体的睡眠模式与睡眠质量。高原睡眠紊乱的基本表现主要有频繁觉醒、周期性呼吸、夜间呼吸窘迫等。夜间睡眠的频繁觉醒导致整夜睡眠深度睡眠减少，睡眠连续性受到严重破坏，呈片段状睡眠，易使人处于一种睡眠剥夺状态，从而导致日间疲乏、困倦，致使工作效率、警觉性降低。周期性呼吸的典型表现为在 2—3 次的深呼吸之后继之以 10 s—20 s 的呼吸暂停，周期性呼吸被视为机体的一种自我保护机制，有利于改善动脉血氧合作用。夜间呼吸窘迫主要表现为由气短引起觉醒后常伴有无法深呼吸的感觉和胸部束缚感，且此感觉不因坐起及走动而缓解，可持续数小时乃至整个晚上，并伴有恐惧感。这些睡眠障碍会影响个体的日间情绪状态，造成个体社会活动、人际交往、职业工作效率方面以及注意和记忆等认知活动的损害。李强等曾研究了长短期驻藏官兵睡眠质量与认知功能的相关性,结果发现驻藏官兵的睡眠质量各成分(催眠药物除外)得分与智商及记忆的10个成分得分均呈显著的负相关,同时他们认为高原驻防期间,尤其是在习服期,可通过改善驻藏官兵的睡眠质量来提高其认知水平(李强,杨全玉,王向阳等,2010)。高原睡眠障碍及其继发效应的强度主要取决于海拔高度及高原停留时间长短。李强等对比了进藏未超过3个月的习服组军人与驻藏1年以上的适应组军人的睡眠质量与认知功能,结果表明在高原缺氧环境下,习服组的睡眠质量明显差于适应组,主要表现在入睡困难、日间功能障碍和睡眠的主观感受差等方面(李强,王向阳,刘诗翔等,2010)。

高原低氧环境对人的生理、心理及睡眠等的影响又进一步制约了人在高原条件下的体力作业和脑力作业效率。高原低氧对于人体血氧饱和度、最大摄氧量、心率及能量代谢率的影响直接制约了人体高原劳动能力,在海拔2 260 m、3 000 m和4 100 m高度,人体劳动能力较之平原地区分别降低11%、21%和34%(崔建华,王福领,2014)。

上述高原低氧各类生理效应、心理效应的产生虽主要是因为低氧因素的作用,但各类研究结果(尤其是实地研究结果)都表明,这亦是高原环境中低压、低氧、低温、强风及强辐射等因素综合作用的结果;同时,各类效应的强弱亦是由环境因素(海拔高度、停留时间等)及个体因素所共同决定的。

高原低氧环境的对抗措施

高原卫生防护　鉴于高原低氧对人的生理心理影响的广泛性,尤其是急进高原所引起的急性高原病严重影响移居人群的身心健康乃至生命安全,因而急进高原的卫生保健与防护就显得尤为重要,科学的卫生保健与防护措施不仅可以增强个体在高原环境下的生存能力、降低高原病发病率,而且有助于提高高原生活质量和工作效率。高原卫生保健防护要从进入高原前准备开始,纵贯进入前、进入中及进入后三阶段。表7.7所示为不同阶段高原卫生防护知识简表。

表7.7　高原卫生防护知识简表

阶段	方法		措施
进入高原前	健康教育	普及高原医学知识,克服恐惧、焦虑心理	
	药物预防	在医生指导下服用氨茶碱、地塞米松、硝苯地平	进入高原前24小时开始服用,指导进入高原后急性高原病症状消失
		复方红景天胶囊	进入高原前5—7天开始服用,直至进入高原后急性高原病症状消失

续表

阶段	方法		措施
进入高原途中	阶梯习服	每晚宿营地高差不超过 300 m—600 m	在 3 000 m 以下地区，每天宿营地高差不超过 600 m
			在 3 000 m—5 000 m 地区，每天宿营地高差不超过 150 m—300 m
进入高原后	高原卫生	保暖	
		避免疲劳	
		使用高碳水化合物食物	
		限制烟酒	
		饮水 3—4 L/天	

来源：格日力，2015.

进入高原前的准备和防护主要包括调整心理状态、健康筛查、体能训练和预缺氧、药品及物资准备等。

绝大多数初上高原者对高原环境了解甚少，不是对进驻高原没有足够重视，抱着无所谓的态度毫无准备，就是过分焦虑紧张甚至恐惧，这两种心理都不利于个体对高原低氧环境的应对。因为紧张恐惧、忧心忡忡、思虑过度均会使大脑处于兴奋状态，增加脑耗氧量，从而增大低氧效应，使身体不适加剧。有研究发现性情开朗、心情愉悦者进入高原后低氧反应往往较轻，而思想沉闷、心理压力较大者进入高原后的低氧反应往往较重；情绪稳定者较之情绪不稳者高原反应要轻（崔建华，王福领，2014）。因而对于初上高原者，可通过健康教育时期事先了解高原地理环境、气象条件及相关高原病知识，以消除对高原不必要的恐惧心理，避免精神过度紧张。

严格的健康筛查亦可避免一些不宜进入高原的人员进入高原，有效降低高原对健康的威胁。耐力型的有氧锻炼可以增强心肺功能，提高身体素质，有利于提高对高原恶劣自然环境条件的适应能力，降低急性高原病发生的可能性或严重程度；但进入高原前一周应停止或减少体能训练，预防疲劳，以保持良好的体力进入高原，减少急性高原病的发生。

预缺氧是指机体经短暂时间缺氧后，对后续的更长时间或更严重缺氧性损伤具有了一定的抵御和保护作用。常用低氧训练方式有低压舱法、低氧呼吸器法以及氮气稀释器法等。研究发现在平原进行缺氧条件下的运动，有利于机体对高原的习服，能帮助个体更快地适应高原环境；在高原进行针对性的预缺氧复合锻炼，可以显著提高人体对高原环境的耐受性，有效预防急性高原病（格日力，2015）。

药物预防是预防急性高原病的一种简单且快速有效的方法，常用药物有复方红景天胶囊及复方丹参滴丸等，前者可明显改善低氧环境人群的食欲和睡眠，提高人的抗缺氧、抗寒、抗疲劳能力及免疫功能，已广泛应用于急性高原病的预防和治疗以及高原人群工作效率（格日力，2015）。此外，在进入高原之前还应避免饮酒、感冒，避免疲劳，保障充足睡眠。

进入高原过程中，在时间条件允许的情况下，缓进阶梯习服是一种能有效预防急性高原病的措施，但当执行紧急任务时，则无法采取缓进阶梯习服，此时在高原行进的过程中予以间歇性吸氧则可以有效促进高原习服，降低急性高原病发病率。同时，该阶段还应注意饮食营养、防寒保暖防疲劳。

进入高原之后，除了保障营养膳食卫生学要求之外，个体还应保证充足的睡眠和休息，减少体能训练活动，适当降低工作负荷强度。有研究者认为，为保护劳动者的健康，提高工作效率，在海拔 2 000 m 以上应避免从事过重体力劳动，海拔 3 000 m 以上不宜从事重度体力劳动，海拔 4 000 m 以上只宜从事中度体力劳动或略小于中度的体力劳动（崔建华，王福领，2014）。Chul-Ho Kim 等研究了常压低氧条件下低强度活动对认知操作绩效的影响，8 名被试在常压低氧环境下（氧含量 12. 5%）完成两种条件实验，一种条件为被试静坐 5 小时，另一种条件为静坐 2 小时后进行 1 小时低强度负荷运动（工作负荷等同于 50%最大吸氧量），以近红外光谱监测脑血氧水平并进行认知绩效测试，结果表明低氧条件下被试认知功能降低，低强度运动降低了被试的脑血氧水平，但未对其认知绩效造成进一步的不良影响（Kim 等，2015）。

高原富氧室是高原地区建立起来的氧浓度高于 21%的富氧房间，是近年兴起的对抗高原缺氧、预防高原病，维护进入高原人员健康的有效方法。李彬等对海拔 5 200 m高原驻防官兵的研究表明，每天吸氧 1 h 能显著改善高原驻防官兵的记忆功能和肢体运动能力（李彬等，2010）。同时，富氧室内还可种植一些平原地区的花草绿色植物，不仅可以在生理上也可以在心理上为驻高原人员带来积极影响（格日力，2015）。

高原习服与适应　高原习服与适应是人体系统在高原环境影响下的变化过程与结果，这两个概念非常相近但又有所差异。目前高原医学研究者将从低海拔进入高海拔后机体为适应高原低氧环境而通过神经—体液调节发生一系列代偿适应性变化的过程，从而在新环境中有效生存的过程称为习服（accilimatization）；将通过长期基因突变使其功能结构发生深刻改造或重建，而这些特性又通过生殖传给后代而巩固下来，称为适应（adaptation）。个体对高原的习服是通过后天获得的，其结构及功能改变是可逆的；而适应则是高原世居个体经世代自然选择所获得的，具有遗传特性（格日力，2015）。

研究及实践均已证明人体对高原低氧环境具有强大的习服能力，在一定限度之内,通过采取适当的措施和手段,可以加快习服过程,促进高原习服。高原习服的影响因素主要有海拔高度、气候状况等环境因素,个体机体状况、营养状况、精神心理因素等个体因素以及登高速度、劳动强度等任务因素。上述进入高原前、进入高原中及进入高原后的各类高原卫生防护措施均有利于促进高原习服。

值得注意的是,与高原习服相反,对于高原世居者或已习服高原环境的移居者下到平原后,会出现一系列的功能和代谢甚至是结构性的改变等症状,这被称为高原脱习服症。高原居住地海拔越高,居住年限越长,返回平原时年龄越大,发病率就越高。目前对高原脱习服的发病机制尚不十分清楚,亦缺乏相应的明确的诊断标准和有效的防范措施,已知最为有效的办法就是延长机体的代偿时间。从高原下到平原,应当采取"循序渐下"的预防措施,比如先从 5 000 m 下到 3 000 m,休整一段时间后再往低处走(崔建华,王福领,2014)。

7.3 情境意识

近二十年来,随着科技水平的提高和人机系统功能的日益复杂,系统对操作人员的认知特性需求进一步增加,工作由过去以操作为主变为以监控、决策为主。情境意识(situation awareness, SA)作为个体认知特性的典型表现,已成为工程心理学研究的核心问题之一,研究已逐渐扩展到航空飞行、空中交通管制、核电站中央监控、医学治疗、汽车驾驶等多个领域(傅亚强,2010)。

7.3.1 情境意识的内涵

关于情境意识存在多种不同的定义,其中最经典的定义由 Endsley(1988)提出。她认为情境意识是指在特定的时间与空间内,感知、理解环境中的要素,并预测其不久后的状态的过程。根据这个定义,情境意识可分为感知、理解和预测三个阶段:

第一,感知阶段,该阶段主要表现为操作者对环境中要素的感知。这是整个情境意识过程最为基本的环节,Jones 和 Endsley(1996)发现,飞行员的情境意识错误中,有 76%是由于信息感知错误导致。在这个阶段,个体通过视觉、听觉、触觉以及嗅觉等各个通道感知来自外周(如系统显示或其他成员等)的信息,例如在汽车驾驶过程中,驾驶员需要关注如周边路况、汽车系统状态等相关信息。这个阶段中,新手操作者可以达到和专家操作者同等水平的情境意识。

第二,理解阶段,该阶段主要表现为操作者对感知到信息的整合、解释、存储和保持。Jones 和 Endsley(1996)发现,20%的情境意识错误是由于这个阶段的错误导致。这个阶段典型的信息整合包括如:理解感知到的信息对操作目标的影响和预期状态的偏差、成本/收益评估、事件优先级排名等。例如，驾驶员知觉到代表油耗告警灯指示时，需要结合剩余油量、加油站距离等信息快速对当前信息做出解释，如目前油量是否能维持到目的地？是否需要立即停止行驶等。总而言之，在这个阶段，个体需要从感知阶段获得的数据中提取与操作相关的意义，这些意义不仅指主观上的解释，同时在客观上具备意义和重要性(Flach, 1995 cited by Endsley, 2000)。这个阶段中，专家操作者的情境意识相比新手操作者具备更大的优势。

第三，预测阶段，这是对情境的最高水平的理解，具备这个能力的操作者可以基于当前的事件动态预测将来的事件，从而完成实时决策。例如，在汽车行驶过程中，驾驶员需要观察前方路况(行人或交通信号灯的变化等)从而预测是否需要变更道路或停车。几乎所有领域中有经验的操作者都需要依赖这个能力，可以说这个能力是专家的标志。

尽管 Endsley 的定义被广泛引用，但仍有许多研究者试图重新定义情境意识(Adams 等，1995；Sarter, Woods, 1991; Taylor, 1990)，关于情境意识的定义存在的不同意见，主要可分为以下三类：

第一，以 Endsley 定义为代表的把情境意识看作操作者从人机和人环界面上获得的信息总和，即操作者工作记忆中的内容(product)，是外部信息和被激活的内部长时记忆在工作记忆中加工形成的特殊产物(心理表征)(Endsley, 2000a)。

第二，把情境意识当作操作者获取任务相关信息、加工信息的过程(process)。Fracker(1991)将情境意识定义为这样一个过程，将新信息与工作记忆中已有的知识结合，形成一个综合的情境表征，同时预测未来的状态以及关于随后所要采用的行为进程的决策。

第三，认为情境意识既说明了内容，也说明了保持与形成情境意识所涉及的认知过程。Smith 和 Hancock(1995)认为情境意识是一种指向外部环境的"适应性意识"，是系统中的不变量，该不变量产生瞬间的知识和行为特性以满足目标要求，而个体知识与环境状态之间的偏差将引导情境评估行为和接下来需要从环境中获取的信息。

目前的定义都从不同侧面对情境意识的内涵进行了解释，一致认为个体的情境意识是对持续外部情景的动态意识。Dominguez(1994)基于以往 15 种定义，建议将情境意识定义为：操作者连续地从环境中获取信息，并将这些信息与已有知识整合在一起，形成一个完整、统一的心理表征，操作者利用这个心理表征确定下一步如何获取信息，同时预测系统中可能发生的事件。我们认为，情境意识是指操作者基于环境(系统、环境、设备及其他成员)信息和已有知识形成的动态化心理表征。这个心理表征协助操作者完成个体子目标以及和其他操作人员共享的整体目标，并在此过程中得到不断的更新。

7.3.2 测量方法

依据不同的理论基础和内涵定义，情境意识有多种不同的测量方法。从测量获取的途径来说，情境意识的测量方法可分为直接测量和间接测量两大类。

直接测量

直接测量法是借助于一定测量手段直接获取操作者情境意识的内容或水平的方法，包括记忆探测法和等级评定法。

记忆探查测量：被认为是一种直接测量情境意识的方法，它要求操作者报告其记忆中的内容(如：让飞行员回忆飞行状态用以评估其情境意识)，随后将获取的结果与客观现实状态进行比较来测量情境意识。因此，记忆探测法被认为是一种客观的方法。然而，Endsley 和 Garland(2000)对此持有不同的意见，他们认为记忆探测法通过自我报告的方式所获取的内容易受操作者的主观偏见的影响，同时也可能因个体记忆容量限制等因素的影响而导致结果存在偏差。根据测量时间点的不同，该方法可进一步分为三类(Endsley, 1995)。

- 回溯测量(post-trial recall technique)：该方法是在任务完成后，让操作者回忆特定的事件或描述实验情境中所作的决策。Endsley(1995)认为只有在任务完成后立即进行测量，并且操作者拥有足够的时间进行问题回答时，才能获取较为可靠的情境意识测量结果。回溯测量法在一定程度上避免了对主要操作任务的干扰，但过于依赖操作者的记忆。
- 暂停任务提问测量(freeze probe recall technique)：该方法是通过在任务间隙向操作者提问的方式进行测量的。例如，在模拟任务执行期间，在若干随机的时间点上停止模拟任务，清除所有与任务相关的信息(如屏幕上的显示为空白等)，在这个间隙向操作者提问，让其回答若干与执行任务所需信息有关的问题。操作者基于当前情境的知识和理解回答问题，然后继续执行任务。该方法的优点在于其对操作者的情境意识进行了直接的客观测量，解决了如回溯测量法中受时间困扰等问题。情境意识综合评价技术(situation awareness global assessment technique，简称 SAGAT)是目前最常用的暂停任务提问法，是基于(Endsley, 1995)三层次模型开发的，最初用于测量飞行员的情境意识。已有大量研究证明了 SAGAT 技术的有效性和可靠性(Endsley & Garland, 2000; Jones & Kaber, 2004; Mamessier, Dreyer, & Oberhauser, 2014)。尽管暂停任务提问法在现有情境测量技术中是最受欢迎的，但其依然存在着不容忽视的问题。首先，这种暂停任务技术对正在测量情境意识的任务绩效存在不可避免的干扰作用。再者，在实际应用中，尤其是处于不同空间的操作者间的协作任务过程中，通过暂停任务进行提问几乎是不可能的。

- 实时测量(real-time probe technique)：该方法是在任务操作过程中(无需暂停任务)，向操作者提出与任务信息有关的问题，基于操作者回答的内容和所需时间来评估其情境意识。Durso和Truitt(1998 Cited by 傅亚强，2010)认为操作者对当前情境的认识越清楚和全面，就越能既快又准地回答问题。实时测量法包括两种形式，第一种是以口语的形式向执行任务中的操作者提问；第二种需要在任务中设置评估者，评估者通过与操作者进行任务讨论的形式来确定操作者是否意识到与任务相关的各种信息。显而易见，评估者的言语和非言语线索将对操作者产生影响，且使得操作者更易出现“舞台效应”(杨家忠，张侃，2004)。情境现状评估测量法(situation present assessment method，SPAM)是使用较多的实时测量法，主要用于评估空中交通管制者的情境意识。实时测量法最大的优势在于无需暂停任务，因此，在一定程度上降低了对任务操作的影响，同时也更易于在实际中得到应用。Jones和Endsley(2004)的研究发现，当操作任务无法被冻结暂停时，实时测量法是测量情境意识的一个有效选择。然而，有研究者对此提出了异议。Alexander(2005 Cited by 傅亚强，2010)指出暂停任务提问法属于测量记忆的方法，而实时提问法属于测量知觉的方法，它会提示被试去注意被忽视的信息，因而比暂停任务提问法更容易出现“天花板”效应。另一方面，实时问题将随着操作过程中的动态和不可预测性而变化，从而带来其他问题(如增加评估者的负荷等)。

由上文可知，以上三类记忆探测法存在各自的优缺点。尽管已有研究多次证明了SAGAT在效度和敏感性上的优势，例如，Loft等(2015)考察了SPAM和SAGAT两种方法是否能预测模拟潜水艇追踪管理任务绩效的增量变化以及测量方法潜在的破坏作用。结果显示，两种方法均能预测追踪任务绩效上独特的变化，其中SAGAT在所有任务中预测出绩效的变化的同时，略微增加了主观工作负荷(并不降低绩效)。但我们认为，在具体使用时依旧需要结合实际的可行性选择相应的方法。

等级评定法：是从主观上对情境意识水平进行直接的等级评定的方法，通常在测试后进行。该方法易于操作、成本较低且实用，既可在模拟情境中应用，也可在实际的任务环境中应用。依据评估者的不同，可分为自我评定法和观察者评定法。

自我评定法：通常在操作者完成任务操作之后，对自我的情境意识水平进行评定的方法，是一种非侵入性的方法。情境意识等级评定技术(situation awareness rating technique, SART)是自我评定法中最常用的一种方法，最早用于评估飞行员的情境意识。SART 量表包括十维和三维两种，其中十维量表包括情境的稳定性、情境的变化性、情境的复杂度、唤醒水平、剩余心理资源、注意分配、注意集中程度、信息数量、信息质量和对情境的熟悉程度等维度。三维量表包括注意需求、注意供应和理解度三个方面。在任务操作完成后，操作者在每个维度上进行七点评分，从而来表达自己体验到的情境意识。由于该方法可获得团队成员各自的情境意识自评结果，因此为团体情境意识的评估提供了可能的途径。Vidulich(2003)对情境意识的测量方法进行了元分析研究，结果表明，SART 是目前最为敏感的测量方法。

然而，如同其他方法，自我评定法同样面临一系列质疑。首先，由于自我评定法是在任务完成后进行评定，评定内容可能受操作结果的影响，较好完成任务的操作者会更好地评价自我的情境意识。第二，Endsley(1995)指出操作者并不善于记住过往心理事件的细节，并且从记忆特性可知，个体更倾向于遗忘产生较差情境意识的阶段，因此，操作后的自我评估法获得的情境意识更多针对的是任务完成阶段，且存在评定的合理化和泛化现象。第三，Endsley (1995)对操作者自我情境意识水平评估能力提出了质疑，认为操作者可能无法意识到自己在任务开始时的情境意识缺乏。第四，有研究者对 SART 方法测量的内容和任务负荷之间的关系提出了质疑。Selcon 等(1991)通过模拟实验对 SART 和 NASA 的任务负荷指标进行了比较，结果发现 SART 可测量心理负荷之外的内容。

观察者评定法：是现场任务操作中最常用的情境意识评价法，执行过程中，通常需要一名主题/领域专家作为观察者观察操作者的任务执行过程，然后基于与情境意识相关的行为对操作者的情境意识水平进行评估或打分。情境意识行为评价量表(situation awareness behavioral rating scale, SABARS)是观察者评定法的一种，用于评估步兵人员在野外实地训练时的情境意识(Matthews & Beal, 2002)。该量表需要领域专家对 28 个可观察的情境意识相关行为进行五点评分。然而，关于该方法的结构效度，即观察者在多大程度上可以准确地评价操作者的情境意识是备受质疑的(Endsley, 1995)。因此，实际应用中，通常需要多名专家进行观察来提高评价的效度，同时应避免使得操作者意识到被观察而出现“舞台效应”。另一方面，这种基于行为观察得到的情境意识评分，是无法明确内在的情境意识水平的。

间接测量

间接测量法是借助其他测量结果来推测情境意识水平的方法，主要包括生理测量法和作业绩效法。

生理测量法：借助相关仪器获取操作者的生理指标来推断操作者的情境意识。早期的研究中，研究者借助生理传感器(获取皮肤电、心率等指标)来测量情境意识(Pancerella 等，2003；Doser 等，2003)。随着测量技术的发展，研究者试图通过更能反应认知过程的指标(如脑电、眼动等)来测量情境意识。Berka 等(2006)通过分析 8 名被试在执行模拟海军指挥任务过程中的 EEG 数据,结果发现独特的神经信号可用于表征任务中的关键事件(该任务与操作者情境意识水平有关),为后续开发一个基于神经生理法实时测量个体情境意识系统提供了可行性的实证基础。Merwe 等(2012)考察了眼动法测量飞行模拟环境中的情境意识的潜力。实验中通过眼动追踪设备追踪 12 名飞行员在驾驶舱中感兴趣区域的视线扫描行为。基于实验结果得到了针对不同情境意识水平的眼动指标特征。王琛玮和倪萌(2013)基于眼动测量的原理,针对雷达模拟机练习的特性,运用模糊综合评价方法建立数学模型,从定量角度提供了一套可以切实评判管制员情境意识水平高低的标准,为民航专业管制人员的选拔和培养提出了合理依据。

生理测量法的优势在于,相较于操作者的主观评定,生理指标的数据更为客观、实时化。如眼动指标(注视点等)可直接用于评估任务操作中操作者的注意分配情况。然而,目前的测量设备还无法支持在实际作业过程中进行应用,并且生理指标和情境意识的关系有待进一步研究确认。例如,借助脑电测量技术获得的信号(如 P_{300} 等)只能说明环境中的某些元素是否被知觉和加工,至于这些信息是否被正确理解,或在多大程度上被理解了则无从得知。另外,借助眼动测量获得的相关指标也无法说明处于边缘视觉的哪些元素已被觉察到,或个体是否已经加工了所看到的元素。

作业绩效法:该方法是通过操作者的任务操作结果推测其操作过程中的情境意识水平的。如杨家忠、曾艳和张侃(2008)通过获取管制员对高度请求事件的反应来测量情境意识,并检验该方法的敏感性与效度。另一些研究者提出了基于内隐绩效来测量情境意识的方法(克里斯托弗 D. 威肯斯等著,张侃等译,2014)。这个方法与以往侧重基于意识层面的信息测量(回忆信息等)方法不同,认为有必要针对没有意识到的、内隐层面的信息进行测量,而在现实生活中的确存在诸多“我们自己不知道自己知道”的情况。

总体而言,作业绩效法是易于测量且较为客观的一类方法,但具有争议的是绩效结果和情境意识水平之间的关系。例如,情境意识并不充分的专家操作者有可能获得较好的作业绩效,而新手操作者因缺乏经验,尽管具有较高水平的情境意识,但其作业绩效水平较低的可能性依然存在。Endsley 和 Garland(2000)的研究表明较高的情境意识可能是良好绩效的必要条件,但不是充分条件。但是,尽管我们依然无法明确绩效结果是否能真正反映操作者的情境意识的水平,但在实际操作过程中,绩效结果依然会被保留,作为其他方法的补充。

由上可见,目前尚没有一种情境意识测量方法可同时达到效度及测量的高敏感性、抗干扰性及可靠性等标准。因此,在测量情境意识时,应结合多种测量方法来提高测量效度。例如,Lenox、Connors 和 Endsley(2011)使用 SAGAT 客观测量法结合主观评定法对电力控制室的操作者情境意识水平进行了测量,基于测量结果分析得到了可用于控制中心显示设计的建议,从而支持了操作者的情境意识建立和维持。

近年来,随着计算机等学科的发展,相关研究者开始通过建立规范有效的计算机模型来测量或预测情境意识。刘双、完颜笑如、庄达民和吕诗晨(2014)结合人的认知特性及贝叶斯条件概率理论,提出了一种新的情境意识量化模型和求解方法,并在不同任务条件下开展仪表监视实验,并采用 SAGAT、三维度情境意识评定技术(3-D SART)、操作绩效和眼动测量 4 种方法,对不同任务条件下的情境意识水平进行测评。综合测评结果表明,根据预测模型计算所得的情境意识水平变化趋势与综合实验测量方法所获得的被试者实验结果高度相关,从而验证了该模型的效度。Yim、Lee 和 Seong(2014)提出了一个定量化情境意识测量工具(CoRSAGE),并通过情境实验验证了该工具的有效性。薛书骐等(2015)综合考虑情境意识三层次信息处理模型中的主要影响因素,提出了"认知预期"的概念,并围绕这一概念建立了三阶段情境意识量化预测模型。实验结果表明,该模型可用于预测手控交会对接操作者情境意识水平。

7.3.3 研究现状

情境意识的研究主要分为基础和应用研究两种类型,其中,基础研究主要是关于情境意识的理论机制、影响因素以及团队情境意识的研究,而应用研究主要集中在提高个体的情境意识能力、情境意识界面、系统设计等方面。

基础研究

情境意识的理论机制研究

如同上文所述,研究者们对于情境意识的定义存在不同的意见,主要原因是这些定义是基于不同的理论模型或研究取向的。在这诸多情境意识的理论研究中,最有代表性的有三层次模型、知觉环路模型以及活动理论模型。

(1) 三层次模型

以往有大量研究者从认知心理的角度来阐述情境意识的内在机制(如 Sarter & Woods, 1991;Taylor, 1990),其中 Endsley(1995)基于信息加工理论提出的三层次模型无疑是最受关注的。该模型是情境意识相关研究中引用最为广泛的理论,是其他理论模型的基础。三层次模型的定义指出,情境意识包含知觉、理解和预测三个层次,高层次的 SA 依赖低层次的 SA,三个层次形成一个简单回路(如下图 7.3 所示)。模型中的三个层级是一个不断迭代的循环过程,现有的情境理解驱动新信息的知觉,而新信息补充现有的情境理解。

在三层次模型中，情境意识建立和维持过程是通过自上而下和自下而上两种信息加工方式相互协作完成的，这也是三层次模型理论的核心机制。当个体采用以数据驱动(如突显的信息捕获注意的方式)的自下而上的信息加工方式时，情境意识的三个层级由低到高逐级出现，但这不是一种有效的加工机制。在实际交互操作中，个体更多采用以目标驱动的自上而下的信息加工方式，操作者基于目标或当前的理解或预测来搜索相应的信息，因此，这三个层级并不是总以由低到高的形式依次线性出现，操作者在没有完成信息知觉时，可以到达理解或预测水平。尽管，在自上而下加工过程中，操作者可能错误地将搜索到的数据整合到现有的情境表征中，因而错误理解数据的真正意义(Jones & Endsley, 2000)。但这个方法足以弥补复杂的操作环境中信息的缺失或过剩问题，提高加工效率。

Endsley 认为该模型中的情境意识是指在工作记忆中形成的当前情境的心理表征(又称情境模型，situation model)，是不包含情境意识的获取/保持过程的。模型中涉及的认知过程包含注意、工作记忆、长时记忆和心理模型等。其中，注意选择性和有限性决定了操作者(尤其是新手或新的情境中)觉察的内容以及 SA 不足，随后觉察的信息在工作记忆中编码存储，工作记忆中存储的信息可以激活长时记忆中已有的知识，因此注意和工作记忆是制约操作者感知、理解环境中信息从而形成情境意识的关键因素，而操作者(尤其是有经验的操作者)所具备的领域相关的心理模型及典型情境的模式匹配能力是克服这两个限制的重要条件。心理模型的使用提供了一种将大量不同信息整合并理解其意义的方法，使得操作者可以对将来可能的事件或情境变化做出有效的预测。而对心理模型的典型状态进行模式匹配则使得操作者能从已识别的相关情境中快速获取理解和预测，且在大多数情况下，操作者可直接检索出适合情境的行为。因此，基于三层次模型，获得良好情境意识的关键在于识别可用于模式匹配的线索和记忆中存储有相关模式。

三层次模型对情境意识的描述兼具了普遍性和直观性的特点，因此在不同的领域中得到了大量的应用(闫少华，2009)。首先，三层次模型将情境意识划分为三个水平，使得情境意识的测量更为容易和有效，同时也支持了对情境意识需求、训练策略的开发以及设计准则的提取。另一方面，该模型尝试描述各种影响情境意识建立和获取的不同因素，包括个体、任务和系统因素等。

三层次模型在持续应用过程中得到丰富完善，但依然存在如下问题：(1)三层次模型认为情境意识包含三个阶段，没有从连续的过程来解释情境意识，因此，也无法解释团队情境意识。(2)另外，模型中的三阶段并不能解释所有操作者的情境意识，Klein(1998)提出专家决策者无需经过情境元素感知阶段同样获得良好的情境意识。

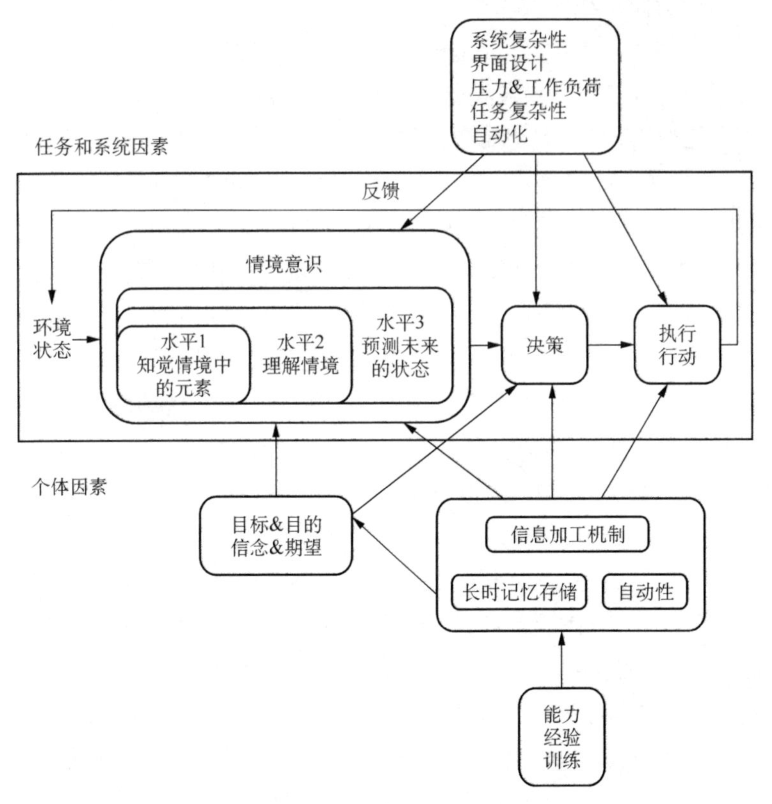

图 7.3 情境意识三层次模型

来源：Endsley, 2000.

针对这些专家，情境意识无法进行三层次划分。(3)三层次模型强调情境意识是一种内容，并不真正关心动态变化的信息的加工过程，这不利于对情境意识获取和保持过程的内在机制的研究(杨家忠，张侃，2004)，而这个过程对需要保持高水平的情境意识的操作者来说是至关重要的。(4)三层次模型中所涉及的多个认知过程(注意、记忆、模式匹配等)是情境意识发展的根本，因此，从本质上来说获取情境意识的能力受限于这些认知过程(Endsley, 1999)。同时，这些心理学概念(如注意和图式等)在内涵理解(Smith & Hancock, 1995)及研究时采用的实验范式依然存在着争议，极大地阻碍了情境意识的评价及训练提高方面的研究。

(2) 知觉环路模型

知觉环路模型由 Neisser(1976)首先提出，该模型描述了个体与外在环境的交互过程以及在这些过程中图式的影响作用。基于知觉环路模型可知，个体与外在环境的交互过程(探索)是由个体所具有的内在图式(由经验/训练累积并存储于长时记忆中的有组织的知识)引导,交互的结果将修改最初的图式,并引导接下来的探索,如此往复形成一个无限循环,如下图 7.4 所示。因此,情境意识既不在环境,也不在个体,而在交互中。该模型具备导向性、动态性和交互性三个特点。其中,导向性指的是操作者信息的搜索和解释由相应的知识/图式指示引导,因此情境意识的获取具有导向性;动态性指的是情境意识的获取和保持过程是一个信息获取和图式调整更新的循环过程;交互性指的是模型从个体与环境的相互作用出发,已获取的信息对已有的图式/知识进行更新,而图式/知识对新信息的搜索进行指引。Smith 与 Hancock(1995)在 Neisser 模型基础上增加了一个新的成分:胜任行为(操作者的胜任力是相对稳定的,因此称为常量 invariant),处于模型的中心,是结合环境信息、图式和探索行为三个成分而产生的,并由此常量来定义情境意识。由此可见,Smith 与 Hancock 从更加整体、生态化的角度来定义情境意识,认为这是一种指向外部环境的“适应性意识”,而适应性意识与操作者的胜任能力(competent,帮助操作者确定需要获取的信息及获得方法)之间有着密切关系。同样的,Adams 等(1995)基于 Sanford 和 Garrod(1981)在工作记忆方面的成果对 Neisser 的模型进行了扩展和完善,从而来推断情境意识的机制。Adams 等提出,工作记忆中的外显焦点和内隐焦点可替换知觉环路模型中的“当前环境的图式”部分(如图 7.4),其中外显焦点指工作记忆中的信息及其

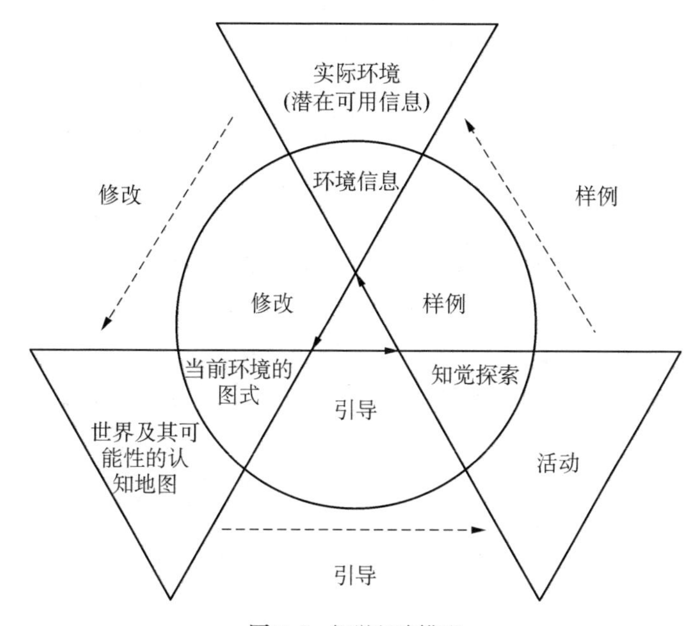

图 7.4 知觉环路模型

来源:Salmon 等,2008.

加工;内隐焦点指长时记忆中没有被激活的可提取的知识。最近的研究将知觉环路模型应用在如铁路、飞机等领域中,用于解释各种事故产生相关的决策过程。

知觉环路模型或许是三个理论模型中对情境意识的获取和维持的描述最为完善的,与 Endsley 的三层次模型不同,情境意识被认为既是内容又是过程(Adams, 1995)。内容是指基于有效的信息和知识得到的情境意识状态(持续更新的图式);过程是指情境意识修正过程中的知觉和认知活动(持续的环境取样过程)。知觉环路模型从人机交互的角度来解释情境意识,充分体现出情境意识的动态性,为分布式情境意识(详见下文团队情境意识)的研究提供了理论基础。然而,知觉环路模型依旧存在着三个重要问题:(1)新模型将情境意识定义为更加完整的概念,但缺乏对其内在结构的说明,因此无法基于该模型建立可用于测量情境意识的客观方法;(2)新的模型将胜任能力看作是情境意识的重要成分,但它并不是唯一对情境意识起决定作用的因素,信息呈现方式等因素也会对操作者获取环境中的信息产生重要作用;(3)该理论过于概括,没有详细说明情境意识与记忆等认知过程的关系,并且模型中缺乏对注意过程的解释。

(3) 活动理论模型(子系统交互理论模型)

Bedny 和 Meister(1999)基于活动理论(theory of activity)来描述情境意识,又称子系统交互理论模型。活动理论描述了各种与人类行为相关的认知过程,该理论认为个体拥有代表理想的最终活动状态的目标,引导个体朝向最终状态的动机和达成目标的活动方法。目标和当前情境之间的差距激励个体采取行动去实现目标。活动包括定向阶段(外在情景形成内部表征)、执行阶段(通过决策和行为执行朝目标前进)和评价阶段(通过信息反馈评估情境)。因此,基于活动理论的模型强调的是情境知觉反馈的部分,认为情境意识是个体对情境的有意识的动态反馈,不仅是对过去、现在和将来的反馈,同时也有对情境的潜在特征进行的反馈。这个动态反馈包括了逻辑概念、想象、意识和促使个体建立外部事件的心理模型的无意识成分。子系统交互理论模型(如下图 7.5 所示)包括 8 个模块,每个模块对于情境意识的建立和保持都具有特定的作用,其中核心过程为:概念模型(功能模块 8),目标图像(功能模块 2)和主观上相关的任务和条件(功能模块 3)。基于该模型,操作人员通过想象的目标及作业目的和以往的经验、动机与情境知觉的相互作用,对输入的外部信息进行解读,以此来完成情境意识的获取,而情境知觉为该模型的子系统之一(李佩颖,2010)。可见,该模型不是对感知、记忆、思维和行为执行的处理,而是根据任务性质和目标进行的处理(陈媛媛,刘正捷,2013)。

相比于三层次模型缺乏对情境意识获取的动态过程的关注,活动理论模型对获取过程提供了更为动态的描述。活动理论模型认为情境意识不断地修正与外在环境

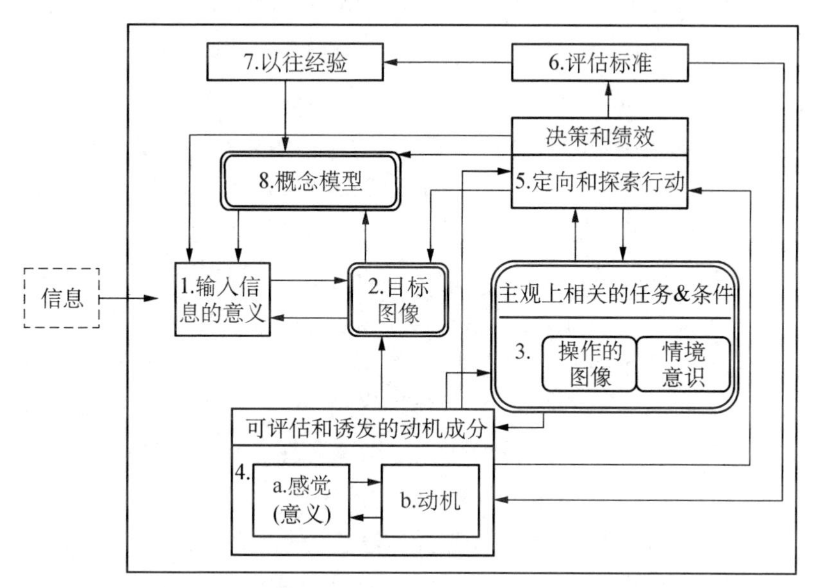

图 7.5 子系统交互理论模型

来源：Salmon 等，2008.

的交互，然后交互过程又不断地修正情境意识。然而，活动理论模型并没有被心理学家完全接受，并且该模型缺乏实证研究的支持。另外，在测量情境意识方面，活动理论模型并未提供可行的方法。最后，该模型同样未能为团队情境意识的解释提供相关的依据。

综合以上可知，三个理论模型针对个体的情境意识进行了描述，每个模型都有各自有效的成分。然而，情境意识作为一个认知现象，是不可直接观察的，因此，对于这些模型的直接有效性尚缺乏实证研究证据。

情境意识的影响因素研究

Endsley(1995)三层次模型指出，情境意识的获取和维持受个体(经验、训练、工作负荷等)、任务(复杂性等)和系统因素(界面设计)三方面的影响。这一观点得到大量的实证研究的支持。

个体因素

个体的心理发展与年龄有着密不可分的联系，情境意识作为一种心理现象，研究年龄对其影响作用同样是必不可少的。Bolstad(2001)比较了青年、中年和老年阶段的被试情境意识能力，实验结果发现，老年被试的情境意识低于青年和中年组被试，他们同时发现影响情境意识能力的因素包括个体可用的视野、知觉速度、驾驶经验和自我报告的视力。Liu 和 Cian(2014)的研究中采用 SAGAT 问卷测量了 46 名被试执行模拟驾驶任务过程中的情境意识,并根据情境意识研究年龄和道路事件(车载信息、车辆、交通信号灯、交通标志、行人、骑自行车的人)对驾驶绩效水平的影响。结果显示,年龄对驾驶中的情境意识存在影响,年长的驾驶员情景理解性比年轻的驾驶员差,并且所有被试在车辆和交通标记上的情境意识显著低于其他道路事件。

除了年龄因素,经验是另一个对情境意识有重要作用的因素。Horswill 和 McKenna(2004)研究了驾驶员危险预见能力,研究发现有经验的驾驶员比无经验的驾驶员具备更好的预见危险能力,并且无经验的驾驶员更易受双任务操作带来的负面影响。Salmon 等(2013)对新手和经验驾驶员在乡间轨面人行横道的情境意识进行了研究。结果显示,新手和专家驾驶员的情境意识存在显著差异,新手驾驶员更多依赖于人行横道的告警,较少关注在人行横道外的环境。杨家忠和张侃(2008)通过主观评定法测量空中管制员在执行任务时的情境意识,以考察情境意识的个体差异。结果表明,管制员获取与保持情境意识的能力不仅具有个体差异,而且具有稳定性。而个体的认知能力与倾向是解释这种差异与稳定性的重要因素。

关于个体经验对情境意识的影响作用,研究者从注意、记忆等角度进一步分析了作用机制。Underwood(2007)研究发现,随着道路复杂度的增加,有经验的驾驶员会相应地增加视觉扫视范围,并且受过训练的警察司机比经验驾驶员扫视更多,而新手驾驶员并未显示出视觉扫视上的变化,因此,无法注意到道路上的潜在威胁。傅亚强和许百华(2012)通过模拟复杂人机系统的监控作业,考察了长时工作记忆与短时工作记忆在情境意识保持中的作用。实验结果表明,熟练被试可以利用长时工作记忆存储情境意识,新手被试主要利用短时工作记忆存储情境意识。由此可见,有经验的专家更多依赖于长时记忆,更有效地分配和利用注意资源,相反,无经验的新手则较多地依赖于工作记忆,且对注意的分配较为单一。

任务和系统因素

除去个体因素对情境意识的影响作用,与个体直接进行交互的系统及相应的操作任务对个体的情境意识也有明显的影响作用。

王萌等(2014)利用 SART 量表探究了不同任务难度和技能水平下志愿者的情境意识水平和脑力负荷差异,结果表明,高任务难度操作中操作者的情境意识(注意集中程度)水平显著高于低任务难度,专家水平操作者的情境意识(信息的获取和理解)显著高于初学者水平操作者。李佩颖(2010)探讨了在不同作业负荷条件下,不同性质的作业对情境知觉的影响作用。结果显示,作业类别数越多、作业复杂度越高,对操作人员的情境知觉影响越大。

Kaber 和 Endsley(2004)对中级水平自动化和自适应自动化两种以人为中心的自动化方法的结合进行了探索研究。研究结果发现,自动化水平是决定主要任务绩效和情境意识的因素,自动化配置周期时间是知觉主要任务工作负荷和辅助任务绩效的主要因素。尽管研究结果未发现两种自动化方法结合的效应,但其对发展以人为中心的自动化理论具有一定的作用。Ma 和 Kaber(2005)考察了自适应巡航控制系统(ACC)和手机使用对驾驶绩效和情境意识的影响,结果显示,在典型驾驶条件下,使用 ACC 提高了驾驶员的情境意识,而使用手机对驾驶员的情境意识有负面作用。这一研究结果对常规驾驶下的车载自动化系统的应用以及驾驶中的手机使用规则有启示作用。Winter 等(2014)通过元分析和相关研究综述探究了自适应巡航控制(ACC)和自动化驾驶(HAD)对驾驶员的工作负荷和情境意识的影响。当驾驶员在环境中检测目标时,自适应和自动化驾驶比起手动驾驶均提高了情境意识,但相比于自适应巡航控制(ACC)和手动驾驶,自动化驾驶(HAD)环境中的驾驶员更易于转移注意力进行次要任务(例如观看 DVD 等),从而导致其情境意识的降低。

除此之外,另一部分研究者基于现有的情境意识理论对特定领域中的情境意识影响因素进行了研究。Panteli 等(2013)对电力系统控制中心人员的情境意识形成的影响因素进行了研究,结果显示,个体因素、个体间的沟通、自动化、环境因素、实时测量以及软件本身均对工作人员的情境意识存在影响作用。王永刚和陈道刚(2013)在三层次模型基础上结合管制员内部心理和外部环境情况,试图构建影响管制员情境意识的结构模型,并利用调查数据研究各种因素对情境意识的影响。结果表明,管制员内部心理对情境意识有显著的影响,影响程度由大到小依次为记忆、注意力和经验;外部环境通过内部心理间接地影响情境意识,综合影响程度大小依次为系统特性、工作负荷和班组管理。

以上研究均肯定了个体、任务以及系统这三个方面对情境意识的影响作用。低年龄操作人员的情境意识优于高年龄操作者,拥有丰富的情境经验的专家操作者的意识水平要显著高于新手操作者。这方面的研究成果不仅对培训和选拔操作人员具有直接的指导作用,而且,任务难度、系统自动化方面的研究成果也为更好地设计人机交互系统提供了理论基础。

团队情境意识研究

考虑到当代组织机构中团队合作的重要性,团体情境意识受到越来越多的关注。如同个体情境意识,团队情境意识同样属于抽象的认知范畴,无法通过研究直接分析其结构内涵,因此,其定义亦有诸多争议,缺乏能被广泛接受的定论。目前关于团队情境意识的研究主要包括以下三个取向。

(1) 团队情境意识(team situation awareness):从整个团体的角度来理解团队情境意识。Salas 等(1995)认为团体情境意识比个体成员情境意识的综合更为丰富,包括个体情境意识和合作过程。首先,个体建立情境意识,然后在与其他成员分享(信息交换和交流)的基础上,形成和修改团队成员的情境意识,如此构成无限循环过程。因此,Salas 等将情境意识定义为在某个时间点,团队成员之间对某个情境的共享理解。基于此定义,团队情境意识是指个体先前相关知识和预期、环境中可用的信息以及认知加工技能(包括注意分配、知觉、数据提取、理解和预期)之间交互的结果。Shu 和 Furuta(2005)基于 Endsley 的三层次模型和 Bratman(1992 cited in Shu 和 Furuta 2005)的分享合作活动理论提出了一个新理论,他们认为团队情境意识是两个或更多的成员分享共同的环境、对情境的即时理解以及其他人关于合作任务的交互。

(2) 共享情境意识(shared situation awareness): 从情境意识的共享角度来理解团队情境意识。每个团队成员有对各自任务所需的特定情境意识需求,其中一部分是与其他成员的需求重叠的。因此,Endsley(1995b)认为团体情境意识是每个成员用于满足各自任务/责任所拥有的那部分情境意识。Endsley 和 Robertson(2000)认为一个优良的团队情境意识依赖于团队成员对彼此间传递信息意义的理解。Bolstad 和 Endsley(2000)进一步总结了建立共享情境意识的四个因素: 共享的 SA 需求(如对哪些信息是其他成员所需的理解程度)、共享的 SA 设备(如显示设备)、共享的 SA 机制(如心理模型)和共享的 SA 过程(如共享有关信息的团队合作过程)。

(3) 分布式情境意识(distributed situation awareness): 从全局系统角度来理解团队情境意识。这个概念来自分布式认知理论(Hutchins, 1995)。Artman 和 Garbis (1998)认为团队情境意识并不是对情境的共享理解而是作为系统自身的一个特性,不仅分布于组成团队的各个代理成员,而且也在用于完成目标的智能设备中。因此,分布式认知方法关注的是团队成员和设备之间的交互而不是心智过程。在这之后,Stanton 等(2006)提出了一个新的分布式情境意识理论,将情境意识定义为一个系统中,在特定时刻,为一个特定任务所激活的知识。这些知识可用于了解环境的状态和变化,并且知识的拥有者并不是某个个体,而是一开始就存在于整个系统中(信息在系统代理之间传递并在需要时被分享和使用)。基于此概念,系统中的每个代理人员对其他人员的情境意识的建立和维持都起着关键的作用,个体可以通过与其他成员的沟通来提高原本有限的情境意识。分布式情境意识是对面向个体的情境意识观点在描述合作系统中的情境意识时的补充。基于 Stanton 的观点,共享情境意识意味着共享需求和目标,而分布式情境意识则强调虽然不同但可兼容的需求和目标。

综合以上可知,分布式理论认为情境意识是系统的产物,是系统的粘合剂,而其他的理论则认为情境意识存在于个体的心理中。另一方面,团队情境意识强调对个体情境意识的累加,共享情境意识强调团队成员之间的重叠部分。从长远的协作系统发展角度来看,也许以分布式理论来理解团队情境意识更为合适。

基于以上理论探讨,研究者进一步展开了关于团队情境意识测量等方面的研究。Koning 等(2011)的研究中开发了一个多声道向导工具,用于帮助团队成员在适当的时间与适当的人进行恰当的信息共享。研究通过一个前后测实验(8 个专业团队)评估这个工具对个体能力、团队情境意识和过程满意度的作用。结果发现,实验组对信息共享的方式和会议更加满意。被试报告多声道向导工具使他们意识到共享的信息。研究并未发现个体能力和团队共享意识之间存在显著差异。可能的原因是这些团队都具有经验,而该工具仅对无经验者存在引导作用。Javed、Norris 和 Johnston(2012)研发了一个基于面向共享情境意识和团队情境意识的系统设计的信息系统,应用结果显示,该系统可有效提高决策绩效。Hooey 等人(2011)提出了一个用于提高多名操作者情境意识预测水平的人机综合设计和分析模型(man-machine integration design and analysis, MIDAS),模型中的情境意识通过实际检测到的情境要素个数和完成任务需要的情境要素个数之比来计算。研究通过一个高保真应用来验证模型,结果显示,模型对包括驾驶舱内显示配置和飞行员的职责的情境要素很敏感。

随着人机系统进一步发展和功能复杂化,团体合作成为必然的趋势,对合作系统中的情境意识的结构和内涵的理解,有助于更好地建立和维持所需要的情境意识水平,掌握系统状态和变化,从而进一步提高团队合作效率。

应用研究

提高情境意识的培训方法研究

由情境意识的影响因素研究结果可知,个体之间不仅存在遗传素质上的差异,同时存在如信息加工等认知能力上的差异,而认知能力可以由经验和知识的不断积累而提高,从而形成比较完善的情境意识,降低操作错误率,提高人机交互效率。因此,对情境意识的培训是切实可行的,并且有着很重大的意义。关于这方面的研究,国内的研究者更多地在特定领域中对情境意识培养进行定性探讨(如谢婷婷,2012)。

Bolstad 等(2005)研究了岗位轮换培训法是如何帮助个体(尤其在领导岗位上)提高对团队成员的工作需求的理解,从而增加他们的共享情境意识的。研究结果发现,岗位轮换法可提高情境意识。总体来说,被试在体验主管工作后的情境意识要好于体验前。Soliman 和 Mathna(2009)研究了元认知策略对提高驾驶员情境意识的作用,56 名被试(专家和新手各半)被随机分配在实验组(接受元认知策略训练)和控制组(无训练),结果显示,无论是专家还是新手,接收训练的驾驶员的情境意识都得到了显著提高并且驾驶违规减少。但在训练的效果上,新手要优于专家。

情境意识界面/系统设计

通过训练人的生理反应和训练能力可以有效地提高情境意识水平,然而,对于日益复杂的系统来说,仅仅依赖这个途径是不够的。因此,有研究者致力于优化系统/界面设计来分担操作者的工作内容或提高其工作效率。

一部分研究者以情境意识作为评价指标来评价界面显示,从而指导优化显示设计。傅亚强和许百华(2012b)采用模拟飞行相撞判断任务,以情境意识和相撞判断准确率为指标,对整合式显示与分离式显示这两种显示格式的视觉工效进行比较。结果表明:(1)整合式显示条件下情境意识与相撞判断的准确率均高于分离式显示;(2)信息显示格式以情境意识为中介对认知绩效产生显著影响。整合式显示格式的相对优势可归因于该显示格式对情境意识的促进作用。Koch等(2012)利用情境意识理论分析了重症病房护士的任务类型以及相关信息缺口,试图为病床监控设备上设计综合统一的显示提供建议,从而提高护士的情境意识,降低错误、提高病人的安全。Wei等(2013)通过SAGAT问卷和心率数据比较评价了多个飞机驾驶员座舱显示界面(CDI)设计,结果显示,问卷结果与心率数据一致,分析情境意识数据可用于评估模拟飞行环境下CDI设计,并且基于分析结果对其优化。张渤(2014)将情境意识理论应用到家电显控界面的设计研究上,结合基于情境任务的可用性实验和基础眼动实验结果,提出了冰箱显控界面设计的三层指标。

另一些研究者则以建立情境意识智能系统为目标展开了研究。李久洲(2013)在文献资料、用户研究、眼动实验的基础上提出了基于情境意识自适应界面的移动网站模型、交互设计方法、设计原则和评估方法。研究通过一个商业推广产品网站移动版设计实例,结合评价模型分析结果,验证了基于情境意识自适应界面的移动网站模型和交互设计方法以及设计原则的可行性。Naderpour、Lu和Zhang(2014)提出了一个创新性的知觉驱动决策支持系统,用于处理高安全要求环境中的异常情境,应用结果显示,系统提供了图形和数字一致化信息帮助操作者处理不完整、不确定的信息,使得情境意识维持在可接受的水平。

以上研究显示,设计出有助于建立和维持与任务相适合的情境意识水平的系统/界面,对人机作业操作的效率提高和负荷降低有着很大的帮助。

7.4 研究展望

7.4.1 环境研究

环境研究一直是工程心理学的重要研究领域。限于篇幅,在本章中我们只介绍了照明、噪声、失重和低氧方面的研究,其他关于振动或者微气候方面的研究,有兴趣的读者可以参考相关的著作(朱祖祥,2003,葛列众等,2012)。

我们认为在以后的环境方面的工程心理学研究的重点如下:

- 特殊环境下的人环境界面的研究：以往的工程心理学研究多集中于一般环境，但是随着技术的进步，特殊环境下的人类活动日益增多，例如深空探测、深海潜航等。这将带来诸多新的人机环境系统工效问题，如空间站中的环境设计、深海潜水器的工作空间、工作环境设计等等，所以，结合多种环境因素以及操作者生理心理的特点而进行的特殊环境下的人环境界面的研究将成为新的研究重点。
- 综合环境条件下的人机工效的研究：以往的关于人环境方面的研究更多的是涉及到单一环境条件下的研究，例如：眩光的研究，噪声对人的作业影响等等。但是，在具体的情境中，单一环境是不存在的。在同一个环境条件下，操作者受到的不仅仅是照明条件的影响，还有噪声、微气候环境等各种环境因素的影响，所以，结合多种环境因素的人环境界面的研究将日益引起研究者的关注。

7.4.2 情境意识研究

以往大量的研究丰富了情境意识相关理论基础，并且对实际应用有着不可忽视的作用。在未来的研究中，情境意识的研究将重点关注以下内容：

- 情境意识理论机制：虽然三层次模型等已被广泛关注并且应用到各个领域中，但依旧不足以回答关于操作者的情境意识是什么、其与心理负荷等其他相关认知过程之间有什么关系等问题。因此，未来需结合认知神经学等学科进一步深化情境意识的内在机制研究。
- 情境意识测量：情境意识的有效测量是情境意识的机制、影响因素及后期应用干预等方面的研究的前提和保证，因此，也是未来需要积极探索的研究重点之一。随着生理测量技术的进一步发展，情境意识的测量手段有望在客观性和直接性上更进一步。
- 团队情境意识：团队合作是日益复杂的系统环境中的必然趋势，关于团队情境意识的内涵、测量等方面的研究是未来研究的重点和热点。
- 开发良好的情境意识计算机模型，有效判定操作者的情境意识水平，可以提高智能设备的自动化决策能力，但过度的自动化智能水平反而可能会给操作者带来盲目的乐观情绪，从而忽视对周围环境和情况的监控。因此，如何在系统设计中进行权衡，是未来基于情境意识设计的系统设计者们需要深入思考的问题。
- 情境意识已在航空领域有了大量的研究，现已逐渐进入如驾驶、军事指令控制、医学、电力系统等领域，但在特定背景下的情境意识内涵、测量方法、影响因素等方面的研究还需要进一步深化。

参考文献

保宏翔,陈竺,陆小龙等.(2013).急进高原对新兵认知功能的影响.第三军医大学学报,35(14),1498—1500.
保宏翔,陈竺,王东勇等.(2013).不同海拔高度军人认知神经心理功能实验研究.西北国防医学杂志,34(4),310—312.
保宏翔,陈竺,王东勇等.(2014).男性新兵进驻高原3个月后认知功能改变研究.军事医学,38(3),178—180.
白延强,王爱华,译.尼克·卡纳斯,迪特里希·曼蔡,著.(2009).航天心理学与精神病学.北京：中国宇航出版社.
程浩,徐怡萍,李宏.(2011).噪声对飞行人员听觉系统影响的调查分析.中国疗养医学,20(1),6—8.
陈庆阳,段皓严.(2015).城市道路绿化带降噪特性评价分析.青岛理工大学学报,36(3),49—53.
陈思佚,刘丹玮,周仁来等.(2011).15d—6°头低位卧床对女性个体再认记忆、前瞻记忆的影响.航天医学与医学工程,24(3),162—166.
陈善广,王春慧,陈晓萍等.(2015).长期空间飞行中人的作业能力变化特性研究.航天医学与医学工程,28(1),1—10.
陈媛媛,刘正捷.(2013).基于活动的情境感知系统交互设计.计算机工程与应用,49(20),23—28.
程雯婷.(2011).基于视觉工效学的阅读台灯参数化评估模型的研究.复旦大学硕士学位论文.
崔建华,王福领,主编.高原卫生保健.(2014).人民军医出版社.
丁真真,赵剑强,陈莹等.(2014).绿化带对公路交通噪声吸收消减的频谱特性试验研究.安全与环境学报学报,14(5),211—213.
方卫宁,郭北苑.(2013).列车驾驶界面人因设计理论及方法.北京：科学出版社,2013.
方源,章桐,陈霏霏等.(2015).电动车噪声品质心理声学主客观评价模型.西安交通大学学报,49(8),97—101.
冯俊元,万珍平,汤勇.(2015).液晶显示屏防眩光结构的研究现状与展望.中国表面工程,28(4),77—89.
傅亚强.(2010).基于多维显示的监控作业中工作记忆与情境意识的关系研究.浙江大学博士学位论文.
傅亚强,许百华.(2012).工作记忆在监控作业情境意识保持中的作用.心理科学,5(5),1077—1082.
傅亚强,许百华.(2012b).飞机空中交会显示格式对情境意识与认知绩效的影响.人类工效学,18(2),13—17.
葛列众,李宏汀,王笃明.(2012).工程心理学.北京：中国人民大学出版社.
葛列众,朱祖祥.(1987).照明水平、亮度对比和视标大小对视觉功能的影响.心理学报,(3),270—281.
格日力主编.(2015).高原医学.北京：北京大学医学出版社.
郭斌,黄婧,郭新彪.(2015).隔声窗对北京市某临街住宅室内噪声的防控效果.北京大学学报(医学版),47(3),450—454.
韩国玲.(2009).高原低氧对人体认知功能影响的研究.高原医学杂志,19(4),62—64.
韩厉萍,吴兴裕,李学义等.(1998).噪声对人心理旋转能力的影响.航天医学与医学工程,11(4),269—272.
黄海静,陈纲.(2011)不同光色教室照明环境下的视觉功效研究.灯与照明,35(4),14—18.
蒋春华,刘福玉,崔建华等.(2011).快速进入海拔5 380 m高原早期人体视听觉认知功能的变化.解放军预防医学杂志,29(1),26—29.
李学义,吴兴裕,韩厉萍等.(1999).急性中度缺氧对注意广度及注意转移能力的影响.第四军医大学学报,20(1),71—73.
李彬,张西洲,崔建华等.(2009).高原移居者记忆与肢体运动能力的改变.中国应用生理学杂志,25(1),21—23.
李彬,张西洲,崔建华等.(2010).吸氧对高原驻防官兵记忆功能与肢体运动能力影响的观察.人民军医,53(1),3—4.
李慧,张炜,马智.(2013).飞机驾驶舱视觉舒适性研究.航空工程进展,4(4)：414—421.
李久洲.(2013).基于情境意识自适应界面的移动网站交互设计研究.北京邮电大学硕士学位论文.
李佩颖.(2010).作业复杂度对人员心智负荷与情境知觉影响之探讨.台湾清华大学硕士学位论文.
李强,杨全玉,王向阳等.(2010).不同时间进藏部队人员睡眠质量和认知功能的调查研究.中国实用神经疾病杂志,13(4),1—3.
李强,王向阳,刘诗翔等.(2010).长短期进藏官兵睡眠质量与认知功能的研究.医药论坛杂志,31(4),7—9.
李明瑞(2013).自适应有源降噪理论在坦克头盔中的应用.重庆大学硕士学位论文.
廖丽娟,邹棹霞,曹湘敏等.(2004).高原地区官兵焦虑、抑郁的调查分析.解放军护理杂志,21(7),41—42.
刘锡成.(2007).眩光对夜间驾车视觉工作影响研究.重庆大学硕士学位论文.
刘双,完颜笑如,庄达民等.(2014).基于注意资源分配的情境意识模型.北京航空航天大学学报,8,10.
刘小玲,王旭,郭莹等.(2011).国外振动噪声有源控制技术发展现状.舰船科学技术,33(4),151—155.
潘晓东,宋永朝,杨轸,张桂生.(2009).基于视觉负荷的公路隧道进出口环境改善范围.同济大学学报(自然科学版),37(6),777—780.
钱学全,郭文婕,李隆倩等.(2015).噪声对作业人员神经系统影响的调查研究.职业与健康,31(6),729—731,734.
翟国庆,王巧燕,李争光等.(2008).间歇噪声主观烦恼度研究.环境科学学报,28(8),1699—1703.
秦海波,王峻,白延强等.(2010).60 d－6°头低位卧床对个体情绪的影响.航天医学与医学工程,23(3),163—171.
饶成全,徐洁民,戴广毅.(2009).低强度噪声对作业人员危害情况的分析.职业与健康,25(8),802—803.
沈大学,马超,刘克俭等.(2009).公路噪声对收费站作业人员血压和静息心率的影响.职业与健康,25(23),2490—2491.
沈羡云,王林杰.(2008).我国失重生理学研究进展.航天医学与医学工程,21(3),182—187.
时粉周,王珏,包德海等.(2008).急性轻度缺氧对飞行员视觉跟踪辨认能力的影响.海军医学杂志,29(1),7—9.
时粉周,王珏,鲁毅钧.(2007).眩光对海军飞行员暮视视觉工效的影响.海军医学杂志,28(1)：16—17.
石路.(2006).照明光源色温对人体中枢神经生理功能的影响.人类工效学,2006,12(3),53—59.
宋健,刘旭峰,苗丹民.(2006).航天失重环境对空间定向的影响.航天医学与医学工程,19(5),388—390.

孙艳,焦风雷,周国柱等.(2009).低频噪声主观感知与频谱特征关系研究.声学技术,28(4),512—517.
唐红.(2011).飞行员头盔自适应有源消声关键技术研究.沈阳航空航天大学硕士学位论文.
田志强,庄达民,牟晓非.(2006).曝光后低照度下视觉适应性的实验研究.人类工效学,12(3),10—12.
万玉民,李莹辉,白延强等.(2011).国外航天医学研究的回顾与启示.载人航天(5),7—13.
王琛玮,倪萌.(2013).基于眼动测量的空中交通管制员情境意识模糊综合评价研究.科教导刊(7),189—190.
王笃明,高维,田雨等.(2015).重力条件对人速度感知特性的影响研究.航天医学与医学工程,28(6),408—412.
王珏,时粉周,张慧等.(2003).急性轻度缺氧对视形觉功能的影响.人类工效学,9(3),1—4.
王峻,白延强,秦海波等.(2012).空间站任务航天员心理问题及心理支持.载人航天,18(2),380—385.
王萌,张宜静,杜晓平等.(2014).手控交会对接中操作者的情境意识和脑力负荷研究.载人航天,20(4),378—385.
王雅,吴瑞林,周荣刚.(2014).从个体心理到人际互动—航天任务中的心理学问题.心理科学进展,22(8),1138—1149.
王亚晨,刘胜楠,董怡玮等.(2015).飞机飞越噪声持久时间的烦恼度实验研究.噪声与振动控制,35(2),121—125,159.
王亚平,徐晓蕾,孙明霞.(2015).园林水景声音喜好度研究.建筑科学,31(4),79—83,101.
王永刚,陈道刚.(2013).基于结构方程模型的管制员情境意识影响因素研究.中国安全科学学报,23(7),19.
魏永健,沈天行,马剑.(2005).眩光持续时间的主观反应的测试.照明工程学报,16(3),15—18,32.
吴兴裕,李学义,王家同等.(2002).模拟高原低氧对人的认知能力影响的研究.中国应用生理学杂志,18(1),34—37.
肖玮,苗丹民主编.(2013).航空航天心理学.西安:第四军医大学出版社.
肖尧,杜志刚,陶鹏鹏,王明年.(2015).公路隧道出口"白洞"效应改善方法研究.武汉理工大学学报(交通科学与工程版),39(3),573—576.
谢婷婷.(2012).浅谈训练飞行中管制员情景意识的提高.科技信息(21),166—166.
谢新民,谢黎,文亚兰等.(2007).长期低氧环境暴露对人体声光反应时间的影响.中国热带医学,7(11),2011—2013.
熊凯,葛剑虹,项震.(2008).强光干扰下的眩光评价研究.中国生物医学工程学报,27(3):468—470,475.
徐伦,吴燕,赵彤等.(2014).模拟海拔 3 600 m 低氧环境对人的认知灵活性的影响.中国应用生理学杂志,30(2),106—109.
薛书骐,张宜静,王萌等.(2015).基于"认知预期"的情境意识预测模型.航天医学与医学工程,28(002),102—108.
阎靓.(2006).低频噪声主观反应客观评价.西北工业大学硕士学位论文.
阎靓,陈克安.(2013).声品质与噪声影响评价.环境影响评价,(6),24—26.
阎靓,陈克安,王洁.(2009).混合噪声总烦恼度客观评价及实验研究.西北工业大学学报,27(3),382—386.
阎靓,陈克安,Ruedi Stoop.(2012).多噪声源共同作用下的总烦恼度评价与预测.物理学报,61(16),284—291.
闫少华.(2009).基于信息加工模型的管制员差错分类与分析.中国安全科学学报,(8),121—125.
闫晓倩,张学民,罗跃嘉等.(2013).45 天−6°头低位卧床对视觉注意返回抑制能力的影响.航天医学与医学工程,24(3),162—166.
严永红,晏宁,关杨等.(2012).荧光灯光谱、光强对辨别力的影响.土木建筑与环境工程,34(1),76—79.
杨春宇,刘锡成.(2007).失能眩光对道路照明安全影响的研究.照明工程学报,18(4),1—5.
杨家忠,张侃.(2004).情境意识的理论模型,测量及其应用.心理科学进展,12(6),842—850.
杨家忠,张侃.(2008).空中交通管制员情境意识的个体差异.人类工效学,14(2),12—14.
杨家忠,曾艳,张侃.(2008).基于事件的空中交通管制员情境意识的测量.航天医学与医学工程,21(4),321—327.
杨公侠,杨旭东.(2006).不舒适眩光与不舒适眩光评价.照明工程学报,2006,17(2):11—15.
杨炯炯,沈政.(2003).载人航天中微重力环境对认知功能的影响.航天医学与医学工程,16(6),463—467.
杨国愉,冯正直,刘云波等.(2005).高海拔环境下驻训军人情绪特点的动态研究.第三军医大学学报,27(15),1531—1533.
杨国愉,冯正直,秦爱粉等.(2005).高原训练期间军人认知功能的追踪研究.医学争鸣,26(3),272—275.
杨国愉,冯正直,汪涛.(2003).高原缺氧对心理功能的影响及防护.中国行为医学科学,12(4),471—473.
姚茹,赵鑫,王林杰等.(2011).15d−6°头低位卧床对女性抑制功能的影响.航天医学与医学工程,24(4),259—264.
余志斌主编.(2013).航空航天生理学.西安:第四军医大学出版社.
余志斌.(2010).载人航天活动中对抗失重影响的措施及其效果.航天医学与医学工程,23(5),380—385.
张渤.(2014).基于情境认知的家用电器控制界面设计研究.北京邮电大学硕士学位论文.
张慧,王珏,潘明达等.(2001).模拟直升机飞行轻度缺氧对视形觉功能的影响.中华航空航天医学杂志,12(3),162—164.
张宽,朱玲玲,范明.(2011).高原环境对人认知功能的影响.军事医学,35(9),706—709.
张萍,钱小莲.(2015).低中强度噪声对作业人员心血管的影响.职业与健康,31(9),1269—1270,1273.
张炜,马智,俞金海.(2012).基于 SPEOS/CATTA 的飞机驾驶舱眩光量化评估方法.系统工程理论与实践,32(1),219—224.
张卫华,钱小慧,冯忠祥等.(2014).照度与视觉敏感度对驾驶辨识行为的影响研究.人类工效学,20(4),62—66.
张霞,苗丹民,郭小朝等.(2005).歼击机噪声对人听力及工效的影响.中华航空航天医学杂志,16(4),253—257.
张艳霞,李宏汀,许跃进.(2013).室外环境不同照度下手机屏幕亮度最优参数研究.人类工效学,19(4),1—5.
张寅,许跃进,李宏汀.(2014).不同条件透射眩光及色标缺口大小对抬头显示屏上色标辨识的影响.人类工效学,20(4):31—35.
赵警卫,胡晴,张莉等.(2015).声景观及其与视觉审美感知关系研究进展.东南大学学报(哲学社会科学版),17(4),119—123.
周前祥,蔡刿,李洁编著.(2009).载人航天器人机界面设计.国防工业出版社,213—214.
朱填莉.(2013).72 小时模拟失重对心理旋转能力影响的事件相关电位研究.第四军医大学硕士学位论文.

朱祖祥.(2003).工程心理学教程.北京：人民教育出版社.
朱祖祥,许跃进.(1982).照明性质对辨认色标的影响.心理学报,17,245—258.
(美)克里斯托弗 D.威肯斯等著,张侃等译(2014).工程心理学与人的作业(原书第4版).上海：华东师范大学出版社.
Adams, M.J., Tenney, Y.J. & PEW, R.W.(1995). Situation awareness and the cognitive management of complex systems. *Human Factors*,37,85-104.
Alexander,A. L. &Wiekens, C. D. 3D navigation and integrated hazard display in advanced avionics: Performance, situation awareness, and workload. Technical Report, 2005. AHFD - 05 - 10/NASA - 05 - 2, NASALangleyResearchCenter.
Artman, H. & Garbis, C. (1998). Situation awareness as distributed cognition. In Cognition and Cooperation. Proceedings of 9th Conference of Cognitive Ergonomics, T. Green, L. Bannon, C. Warren and J. Buckley (Eds), pp.151-156(Republic of Ireland: Limerick).
Asmaro, D., J. Mayall & S. Ferguson (2013). Cognition at Altitude: Impairment in Executive and Memory Processes Under Hypoxic Conditions. *Aviation, Space, and Environmental Medicine*, *84(11)*: 1159-1165.
Bedny, G. & Meister, D. (1999). Theory of activity and situation awareness. International Journal of Cognitive Ergonomics,3(1),63-72.
Benfield, J.A., Bell, P.A., Troup, L.J., & Soderstrom, N.C. (2010). Aesthetic and affective effects of vocal and traffic noise on natural landscape assessment ☆. Journal of Environmental Psychology, 30(1),103-111.
Benvenuti, S. M., Bianchin, M., & Angrilli, A. (2011). Effects of simulated microgravity on brain plasticity: a startle reflex habituation study. Physiology & Behavior, 104(3),503-6.
Berka, C., Levendowski, D. J., Davis, G., et al. (2006). Objective measures of situational awareness using neurophysiology technology. *Augmented Cognition: Past, Present and Future*,145-154.
Bolstad, C. A. (2001). Situation awareness: does it change with age?. In Proceedings of the Human Factors and Ergonomics Society Annual Meeting (Vol.45,No.4,pp.272-276). SAGE Publications.
Bolstad, C. A., & Eedsley, M.R.,2000. The effect of task load and shared displays on team situation awareness. In Proceedings of the 14th Triennial Congress of the International Ergonomics Association and the 44th Annual Meeting of the Human Factors and Ergonomics Society, 2000.
Bolstad, C. A., Cuevas, H. M., Costello, et al. (2005). Improving situation awareness through cross-training. Proceedings of the HumanFactors and Ergonomics Society 49th Annual Meeting (pp.2159-2163). SantaMonica, CA: Human Factors and Ergonomics Society.
Bonnon, M., Nöel-Jor & MC, Therme P. (2000). Effects of different stay duration in attentional performance during two mountain expeditions. *Aviation, Space, and Environmental Medicine*,71(7): 678-684.
Bratman, M., (1992). Shared cooperative activity. Philos Rev 101(2): 327-341.
Clark, C., Head, J., & Stansfeld, S. A. (2013). Longitudinal effects of aircraft noise exposure on children's health and cognition: a six-year follow-up of the uk ranch cohort. Journal of Environmental Psychology,35,1-9.
Clément, Gilles, Lathan, Corinna, Lockerd, & Anna, et al. (2009). Mental representation of spatial cues in microgravity: writing and drawing tests. Acta Astronautica,64(7-8),678-681.
Cohen, M.M. (2000). Perception of facial features and face-to-face communications in space. *Aviation, Space, and Environmental Medicine*. (71): A51-A57.
Dalecki, M., Dern, S., & Steinberg, F. (2013). Mental rotation of a letter, hand and complex scene in microgravity. Neuroscience Letters, 533,55-59.
Dominguez, C., 1994. Can SA be defined? In: Situation Awareness: papers and annotated bibliography, M. Vidulich, C. Dominguez, E. Vogel and G. McMillan (Eds) Report AL/CF-TR-1994-0085(Wright-Patterson Airforce Base, OH: Air Force Systems Command).
Doser, A.B., Merkle, P.B., Johnson, C., et al. (2003). Enabling technology for human collaboration. (No. SAND 2003-4225): Sandia National Laboratories.
Durso, F.T., & Truitt, T.R. (1998). En Route Operational Errors and Situational Awareness. *International Journal of Aviation psychology*.8(2),177-194.
Eddy, D.R., Schiflett, S.G., Schlegel, R.E., Shehab, R.L., et al. (1998). Cognitiveperformance aboard the life and microgravity spacelab. *Acta Astronautica*, (43), 193 - 210. Endsley M R. (1995a). Measurement of situation awareness in dynamic systems. *Human Factors*,37(1): 65-84.
Endsley, M.R, & Garland, D.J. (2000). Situation awareness analysis and measurement. Mahwah, NJ: Erlbaum.
Endsley, M.R, & Robertson, M.M. (2000). Situation awareness in aircraft maintenance teams. International Journal of Industrial Ergonomics,26,301-25.
Endsley, M.R. (1988). Design and evaluation for situation awareness enhancement. In Proceedings of the Human Factors Society 32nd Annual Meeting (pp.97-101). Santa Monica, CA: Human Factors and Ergonomics Society.
Endsley, M.R. (1995). Towards a theory of situation awareness in dynamic systems. *Human Factors*,37,32-64.
Endsley, M.R. (1999). Situation Awareness and Human Error: Designing to Support Human Performance. In Proceedings of the High Consequence Systems surety Conference. Albuquerque, NM,1999.
Endsley, M.R. (2000a). Theoretical underpinnings of situation awareness: a critical review. In: Endsley, M.R., Garland, D.J. (Eds.), Situation Awareness Analysis and Measurement. Lawrence ErlbaKaberum Associates,

London.
Endsley, M.R. (2000b). Situation models: An avenue to the modeling of mental models. In Proceedings of the 14th Triennial Congress of the International Ergonomics Association and the 44th Annual Meeting of the Human Factors and Ergonomics Society ,61 - 64. Santa Monica, CA: Human Factors and Ergonomics Society.
Ferlazzo, F., Piccardi, L., Burattini, C., et al. (2014). Effects of new light sources on task switching and mental rotation performance. *Journal of Environmental Psychology*, 39,92 - 100.
Flach,J.M.(1995). Situation awareness: proceed with caution. *Human factor*,37(1),149 - 157.
Fracker, M.(1991). Measures of Situation Awareness: Review and Future Directions (Rep. No. AL - TR - 1991 - 0128). Wright Patterson Air Force Base, Ohio: Armstrong Laboratories, Crew Systems Directorate.
Grabherr, L., & Mast, F. W. (2010). Effects of microgravity on cognition: the case of mental imagery. Journal of Vestibular Research Equilibrium & Orientation, 20(1),53 - 60.
Gushin, V. I., Kholin, S. F., & Ivanovsky, Y. R. (1993). Soviet psychophysiological investigations of simulated isolation: some results and prospects. Advances in Space Biology & Medicine(3),5 - 14.
Hooey, B.L., Gore, B.F., Wickens, C.D., et al. (2011). Modeling pilot situation awareness. In Human modelling in assisted transportation (pp.207 - 213). Springer Milan.
Horswill, M. S., McKenna, F. P. (2004). Drivers hazard perception ability: Situation awareness on the road. In S. Banbury S. Tremblay (Eds.), A cognitive approach to situation awareness: Theory, measurement and application (pp.155 - 174). Aldershot, England: Ashgate.
Hutchins,E.(1995). Cognition in the Wild (Cambridge, Massachusetts: MIT Press).
Jahncke, H., Hygge, S., Halin, N., Green, A. M., & Dimberg, K. (2011). Open-plan office noise: cognitive performance and restoration. Journal of Environmental Psychology, 31(4),373 - 382.
Javed, Y., Norris, T., Johnston, D. (2012). Evaluating SAVER: Measuring shared and team situation awareness of emergency decision makers. In Proceedings of the 9th International Conference on Information Systems for Crisis Response and Management.
Jones, D. G., Endsley, M. R. (2000). Overcoming representational errors in complex environments. *Human Factors*, *42(3)*, 367 - 378.
Jones, D. G. & Kaber, D. B. (2004). Situation awareness measurement and the situation awareness global assessment technique. In: Stanton, N., Hedge, A., Hendrick, H., Brookhuis, K., Salas, E. (Eds.), Handbook of Human Factors and Ergonomics Methods. CRC Press, Boca Raton, USA, pp.42 - 1 - 42 - 8.
Jones, D.J, & Endsley, M.R. (2004). Use of real-time probes for measuring situation awareness. International Journal of Aviation Psychology,14(4),343 - 367.
Jones,D. G., Endsley, M. R. (1996). Sources of situation awareness errors in aviation. Aviation, *Space and Environmental Medicine*, *67(6)*,507 - 512.
Kaber, D. B., Endsley, M. R. (2004). The effects of level of automation and adaptive automation on human performance, situation awareness and workload in a dynamic control task. *Theoretical Issues in Ergonomic Science*, *5 (2)*, 113 - 153.
Kato, M., Sekiguchi, K. (2005). "Impression of brightness of a space" judged by information of the entire space. *Journal of Light & Visual Environment*, 29(3): 123 - 134.
Kim, C.H., E.J. Ryan, Y. Seo, C. Peacock, J. Gunstad, M.D. Muller, A.L. Ridgel & E. L. Glickman. (2015). "Low intensity exercise does not impact cognitive function during exposure to normobaric hypoxia." *Physiol Behavior* 151: 24 - 28.
Klein, G. (1998). Sources of Power: How People Make Decisions. Cambridge, MA: The MIT Press.
Koch, S.H., Weir, C., Haar, M., Staggers, N., Agutter, J., Grges, M., Westenskow, D. (2012). Intensive care unit nurses' information needs and recommendations for integrated displays to improve nurses' situation awareness. *Journal of the American Medical Informatics Association*, *19(4)*,583 - 590.
Koning, L. D., Kuijtevers, L., Theunissen, N., & Rijk, R. V. (2011). Multidisciplinary cooperation in crisis management teams: a tool to improve team situation awareness.
Lathan,C, Wang, Z. & G. (2000). Clement, Changes in the vertical size of a three-dimensional object drawn in weightlessness by astronauts. *Neuroscience Letters*, (295): 37 - 40.
Lenox, M.M., Connors, E.S., Endsley, M.R. (2011, September). A Baseline Evaluation of Situation Awareness For Electric Power System Operation Supervisors. In Proceedings of the Human Factors and Ergonomics Society Annual Meeting (Vol.55, No.1, pp.2044 - 2048). SAGE Publications.
Lieberman, P., Protopapas, A., & Kanki, B. G. (1995). Speech production and cognitive deficits on mt. everest. Aviation Space & Environmental Medicine, 66(9),857 - 864.
Liu, Y.C., Cian, J.Y. (2014). Effects of situation awareness under different road environments on young and elder drivers. Journal of Industrial and Production Engineering, 31(5),253 - 260.
Loft, S., Bowden, V., Braithwaite, J., Morrell, D. B., et al. (2015). Situation awareness measures for simulated submarine track management. *Human Factors: The Journal of the Human Factors and Ergonomics Society*, *57(2)*, 298 - 310.
Ma, H., Y. Wang, J. Wu, et al. (2015). Long-Term Exposure to High Altitude Affects Conflict Control in the

Conflict-Resolving Stage. *PLoS One*, 10(12): e0145246.
Ma, R. & Kaber, D. B. (2005). Situation awareness and workload in driving while using adaptive cruise control and a cell phone. *International Journal of Industrial Ergonomics*, 35(10),939 - 953.
Mace, B.L., Corser, G.C., Zitting, L., & Dension, J. (2013). Effects of overflights on the national park experience. *Joumal of Environmentcl psychology*, *35*,30 - 39
Mamessier, S., Dreyer, D., Oberhauser, M. (2014). Calibration of Online Situation Awareness Assessment Systems Using Virtual Reality. In Digital Human Modeling. Applications in Health, Safety, Ergonomics and Risk Management (pp.124 - 135). Springer International Publishing.
Manzey, D., Lorenz, B., & Polyakov, VV. (1998). Mental performance in extreme environments: results from a performance monitoring study during a 438-day spaceflight. Ergonomics, 41(4),537 - 59.
Matthews, M.D. & Beal, S.A. (2002). Assessing situation awareness in field training exercises. Military academy west point ny office of military psychology and leadership.
Merwe, K.V.D., Dijk, H.V., Zon, R. (2012). Eye movements as an indicator of situation awareness in a flight simulator experiment. *The International Journal of Aviation Psychology*, *22(1)*,78 - 95.
Naderpour, M., Lu, J., Zhang, G. (2014). An intelligent situation awareness support system for safety-critical environments. *Decision Support Systems*, *59*, 325 - 340. Niesser, U. (1976), Cognition and Reality: Principles and Implications of Cognitive Psychology. San Francisco: Freeman.
Nakagawara, V. B., Montgomery, R. W., & Wood, K. J. (2007). Aircraft accidents and incidents associated with visual effects from bright light exposures during low-light flight operations. Optometry-journal of the American Optometric Association, 78(8),415 - 20.
Nakagawara, V. B., Wood, K. J., & Montgomery, R. W. (2004). Natural sunlight and its association to civil aviation accidents. Optometry-journal of the American Optometric Association, 75(8),517 - 22.
Pancerella, C.M., Tucker, S., Doser, A.B., Kyker, R., Perano, K.J., Berry, N.M. (2003). Adaptive awareness for personal and small group decision making. Albuquerque, NM: Sandia National Laboratories.
Panteli, M., Crossley, P., Kirschen, D. S., Sobajic, D. J. (2013). Assessing the impact of insufficient situation awareness on power system operation. Power Systems, IEEE Transactions on, 28(3),2967 - 2977.
Patricia, T., Odile R., Anne B., et al. (2013). Long term exposure to nocturnal railway noise produces chronic signs of cognitive deficits and diurnal sleepiness . *Journal of Environmental Psychology*, 33: 45 - 52.
Petra,W., Tobias, V., & Vera A., et al. (2016). Neuro-cognitive performance is enhanced during short periodsof microgravity. *Physiology & Behavior*, (155),9 - 16.
Salas, E., Prince, C., Baker, P.D.,et al. (1995). Situation awareness in team performance. *Human Factors*, 37(1), 123 - 126.
Salmon, P., Stanton, N., & Walker. G., et al. (2008). What really is going on? Review of situation awareness models for individuals and teams. *Theoretical Issues in Ergonomics Science*,9(4),297 - 323.
Salmon, P.M., Beanland, V., Lenné,et al. (2013). Waiting forwarning: Driversituation awareness at rural rail level crossings. In Contemporary Ergonomics and Human Factors 2013: Proceedings of the international conference on Ergonomics Human Factors 2013, Cambridge, UK, 15 - 18April 2013(p.403). Taylor Francis.
Sanford, A. J., and Garrod, S. C. (1981). Understanding written language. New York: Wiley.
Sarter, N.B. & Woods, D.D. (1991). Situation awareness-a critical but ill-defined phenomenon. *International Journal of Aviation Psychology*, 1, 45 - 57.
Schneider, S., Bubeev, J. A., Choukèr, A., Morukov, B., Johannes, B., & Strüder, H. K. (2012). Imaging of neuro-cognitive performance in extreme environments — a (p)review. Planetary & Space Science, 74(1),135 - 141.
Selcon, S.J., Taylor, R.M., Koritsas,E. (1991). Workload or situational awareness? TLX vs. SART for aerospace systems design evaluation. In: Proceedings of the Human Factors Society 35th Annual Meeting. Santa Monica, CA: The Human Factors and Ergonomics Society, 62 - 66.
Shankar, S., Stevenson, C. &Pandey. K,. et al. (2013). A calming cacophony: Social identity can shape the experience of loud noise . *Journal of Environmental Psychology*, 36: 87 - 95.
Shelton, J. T., Elliott, E. M., Eaves, S. D., & Exner, A. L. (2009). The distracting effects of a ringing cell phone: an investigation of the laboratory and the classroom setting. Journal of Environmental Psychology, 29(4),513 - 521.
Shu, Y. & Furuta, K. (2005), An inference method of team situation awareness based on mutual awareness. *Cognition Technology Work*, 7, 272 - 287.
Smith, K. & Hancock, P.A. (1995). Situation awareness is adaptive, externally directed consciousness. *Human Factors*, 37, 137 - 148.
Smolders, K.C.H.J., & Kort, Y.A.W.D. (2013). Bright light and mental fatigue: effects on alertness, vitality, performance and physiological arousal. Journal of Environmental Psychology, 39(4),77 - 91.
Soliman, A. M.& Mathna, E. K. (2009). Metacognitive strategy training improves driving situation awareness. *Social Behavior and Personality: an international journal*, *37(9)*, 1161 - 1170.
Stanfeld, S.A., Clark, C., Cameron, R.M., Alfred, T., Head, J., Haines, M.M., ... Lopez-Barrio, I. (2009). Aircraft and road traffic noise exposure and children's mental health. *Journal of Environmental Psychology*, *29(2)*, 203 - 207.

Stanton, N. A., Stewart, R., Harris, D., et al. (2006). Distributed situation awareness in dynamic systems: theoretical development and application of an ergonomics methodology. *Ergonomics*, *45*, 1288 - 1311.

Steidle, A., & Werth, L. (2013). Freedom from constraints: darkness and dim illumination promote creativity. Journal of Environmental Psychology, 35(5), 67 - 80.

Stivalet, P., Leifflen, D., Poquin, D., et al. (2000). Positive expiratory pressure as a method for preventing the impairment of attentional processes by hypoxia. *Ergonomics*, 43(4) : 474 - 485. Taylor, L., S. L. Watkins, H. Marshall, B. J. Dascombe and J. Foster. (2016). The Impact of Different Environmental Conditions on Cognitive Function: A Focused Review. *Front Physiol*, *6*: 372.

Sörqvist, P. (2010). Effects of aircraft noise and speech on prose memory: what role for working memory capacity?. Journal of Environmental Psychology, 30(30), 112 - 118..

Tassi, P., Rohmer, O. Bonnefond, A., Margiochi, F., poisson, F., & Schimchowitsch, S. (2013). Long term exposure to nocturnal railway noise produces chronic signs of cognitive deficits and diumal sleepiness. *Journal of Environmental Psychology*, *33*, 45 - 22

Taylor, R. M., 1990. Situational Awareness Rating Technique (SART): the development of a tool for aircrew systems design (AGARD - CP - 478) pp3/1 - 3/17. In: Situational Awareness in Aerospace Operations. NATO - AGARD, Neuilly SurSeine, France.

Torre, G. G. D. L., Baarsen, B. V., Ferlazzo, F., Kanas, N., Weiss, K., & Schneider, S., et al. (2012). Future perspectives on space psychology: recommendations on psychosocial and neurobehavioural aspects of human spaceflight. Acta Astronautica, 81(2), 587 - 599.

Turner, C. E., Barker-Collo, S. L., Connell, C. J. W., et al. (2015). Acute hypoxic gas breathing severely impairs cognition and task learning in humans. *Physiol Behavior*, 142, 104 - 110. doi: 10.1016/j.physbeh.2015.02.006.

Underwood, G. (2007). Visual attention and the transition from novice to advanced driver. *Ergonomics*, *50(8)*, 1235 - 1249.

Vidulich, M. A. (2003). Testing the Sensitivity of Situation Awareness Metrics in Interface Evaluations[M]. In: Tsang P, Vidulich M A, Principles and Practices of Aviation Psychology. Mahwah, NJ: Erlbaum, 227 - 246.

Wei, H., Zhuang, D., Wanyan, X., Wang, Q. (2013). An experimental analysis of situation awareness for cockpit display interface evaluation based on flight simulation. *Chinese Journal of Aeronautics*, *26(4)*, 884 - 889.

Winter, J. C. F. D., Happee, R., Martens, M. H., & Stanton, N. A. (2014). Effects of adaptive cruise control and highly automated driving on workload and situation awareness: a review of the empirical evidence. Transportation Research Part F Traffic Psychology & Behaviour, 27, 196 - 217.

Wittner, M., Riha, P. (2005). Transient hypobaric hypoxia improves spatial orientation in young rats. *Physiological Research*, 54(3): 335 - 340.

Wollseiffen, P., Vogt, T., Abein, V., et al. (2016). Neuro-cognitive performance is enhanced during short periods of microgravity. *physiology & Behavior*, *155*, 9 - 16.

Yim, H. B., Lee, S. M., Seong, P. H. (2014). A development of a quantitative situation awareness measurement tool: Computational Representation of Situation Awareness with Graphical Expressions (CoRSAGE). *Annals of Nuclear Energy*, 65, 144 - 157.

Zhang, J. X., Chen, X. Q., Du, J. Z., Chen, Q. M., & Zhu, C. Y. (2005). Neonatal exposure to intermittent hypoxia enhances mice performance in water maze and 8-arm radial maze tasks. Journal of Neurobiology, 65(1), 72 - 84.

8 工作负荷

通常,工作负荷(workload)是单位时间内个体所承受的工作量,或指人完成任务所承受的工作负担与压力以及人所付出的努力与注意力大小。工作负荷可以分为生理工作负荷和心理工作负荷两个大类。在确保系统整体产出、工作速度、运行精度及运行可靠性处于正常恒定水平的条件下,工作负荷的水平就成为了衡量人机环系统性能优劣的关键评价指标。

本章主要论述的是和工作负荷及其相关的研究[①]。本章第一节(8.1 节)是生理负荷的相关研究及其测量和评价方法以及指标。第二节(8.2 节)是心理负荷的相关研究及其测量和评价方法以及指标。第三节(8.3 节)则是应激及其相关研究和测量

① 本部分参照:葛列众,李宏汀,王笃明.(2012).工程心理学.北京:中国人民大学出版社.

方法以及指标。最后一节(8.4节)是研究展望。

8.1 生理负荷

8.1.1 生理负荷概述

生理负荷(physical workload)又称生理工作负荷或体力负荷,是指在单位时间内人体所承担的体力活动工作量,由于人的体力活动主要是通过人体肌肉骨骼系统完成,因而生理负荷直接表现为肌肉骨骼系统的负荷量及相应的肌肉活动水平。任何工作内容都伴随着一定程度的体力活动要求,根据所涉及的工作内容和性质及其对肌肉活动的不同要求,可对生理负荷进行不同的分类。

- **基于工作持续时间的分类:** 根据工作持续时间的长短,可以将生理负荷分为瞬时工作负荷和持续工作负荷。瞬时工作负荷是指人体在短时间内承受的工作负荷,如载人飞船升空或返回时的超重负载,飞行员救生弹射时的弹射冲击、开伞冲击以及着陆冲击等。瞬时工作负荷的耐受力或可容忍极限主要取决于个体肌肉骨骼结构特征和强度、动作姿势以及个体体质。持续工作负荷是指人体在较长时间内承受的工作负荷,是日常工作生活中最为常见的负荷,通常我们所讲的生理负荷一般即指持续工作负荷。持续工作负荷的可容忍极限除取决于个体肌肉骨骼结构特征和强度、动作姿势以及个体体质之外,还受人体代谢能力或耐力的影响,因而人体对于持续工作负荷的可承受极限就远低于瞬时工作负荷的耐受极限。
- **基于肌肉活动部位的分类:** 根据工作所涉及的肌肉活动部位是大范围的全身性肌肉还是某些特定部位的局部肌肉,可将生理负荷分为全身性生理负荷和局部性生理负荷。前者指工作时涉及全身性的肌肉活动,如提举、搬运等工作或舞蹈、游泳等体育活动;后者指工作时仅涉及部分肌肉的活动,如打字员工作时涉及的肌肉主要是手部肌肉及用于维持姿势的腰背部及颈肩部肌肉。相对于全身性的肌肉活动,局部性肌肉活动更容易因负荷过重、暴露时间过长而引起局部肌肉疲劳,甚至引起局部肌肉骨骼系统劳损。
- **基于肌肉活动状态的分类:** 根据主要涉及的肌肉在工作时的活动状态,可以将生理负荷分为动力性负荷和静力性负荷。前者是指肌肉为完成工作而不断进行收缩与舒张活动,如行走、搬运、提举等,其单次动作持续时间较短;后者是指工作中为维持躯体的某种姿势或某种工作状态而使相应的肌肉处于某一持续收缩状态,如长时间将物体举在某一位置,坐姿工作中为维持躯体姿势所必需的腰背部肌肉的紧张等,其持续时间往往较长。日常生活中,人们往往更加关注动力性负荷而相对忽略了静力性负荷，但由于静力性工作的长时性以及当前坐姿类工作的增加，使得由于静力性负荷导致的疲劳不适乃至肌肉劳损问题日益突出。

8.1.2 影响生理负荷的因素

影响生理负荷的因素主要分成内在影响和外在影响因素两个部分。内在影响因素主要指的是操作者自身特质，如生理负荷的耐受性及训练水平等；外在影响因素主要指的是外界环境、任务要求等。

内在影响因素

生理负荷的耐受性、训练水平等操作者的个人工作素质与特点是影响生理负荷的内在因素。

操作者个人身体素质直接影响了其对生理负荷的耐受性。在面对相同的生理负荷时，具有较高耐受性的操作者，其出现疲劳效应程度较低，出现时间较晚。丹麦研究者 Holm 等人考察了基因对于生理负荷的影响(Holm 等，2013)。研究者通过问卷法调查了 33 794 名被试，这些被试是出生于 1931 年 1 月—1982 年 12 月间的异卵和同卵双胞胎，研究者收集了他们生理负荷情况(平时上班是坐、坐/走、轻体力工作负荷还是重体力工作负荷)与颈部困扰(是/否有颈部困扰)的情况。经过对发病危险度(odd radio, OR)的评估后发现：在男性异卵双胞胎中，重生理负荷的个体的颈部问题更多地出现(相比于男性同卵双胞胎)。考虑到在低体力工作负荷条件下并没有引起更高的患病风险，所以这项研究的结果可能说明了基因增强了人体对于重生理负荷的易感性，也就是说基因使得重生理负荷因素更易表达。

经过后天的专业训练，操作者的训练水平可以得到显著的提高，进而影响操作者对生理负荷的耐受性，最终达到提高工作绩效的目的。有研究者考察了在模拟装配举重任务中，耐力训练活动对脖子/肩膀肌肉强度、相对的生理负荷、肌肉疲劳和骨骼肌不适感的影响(Reenen 等，2009)。实验中，22 个工人被随机分配至训练组(训练时间未 8 周)和控制组。实验结果表明，耐力训练对脖子/肩膀肌肉强度、肌肉疲劳和骨骼肌不适感没有产生显著的影响。但是，经过训练后的被试进行举重任务的时间更长时才产生了与控制组相同的不适感。在另一项对于驾驶员的研究中，研究者发现在相同道路环境下，驾龄长的驾驶员的心率增长率、心率变异率的均方(RMSSD)以及心率变异率的低频功率(LH)明显低于驾龄短的驾驶员(郭应时，2009)。由此可知，训练水平在一定程度上能够提高人的生理负荷能力。

生理负荷的内在影响因素主要包括个人特质与工作技能的训练水平，这就要求在系统任务设置上要遵循操作者的个人特点，特别是考虑人的身体素质和训练水平。

外在影响因素

任务要求和工作环境是影响操作者工作绩效的外在因素。工作任务的重复频次较大,同时进行的工作进程较多,复杂的工作姿势以及恶劣的工作环境都会给工作者带来较大的生理负荷。

工作任务要求直接影响了操作者的任务动作,复杂、不舒适、高频次的任务动作会给操作者带来较大的生理负荷,导致操作者较早出现疲劳现象。

赵霞等人研究了动作重复频次(模拟拧螺丝次数)对持铆钉枪拧螺丝作业者在疲劳过程中血生化指标和局部肌肉主观疲劳分值(RPE)的变化情况(赵霞等,2015),生化指标包括乳酸(LA)、乳酸脱氢酶(LDH)、肌酸激酶(CK)和钙离子(Ca^{2+})。他们的研究结果显示,RPE随频次负荷呈四项式升高趋势;血CK、LDH、LA的变化在各频次负荷组间差异显著,且随频次负荷呈现升高趋势。由此可以得知:在低负荷的重复性工作要求下,重复频次是造成生理负荷的重要因素。通过对荷兰国防直升机指挥部(dutch defense helicopter command, DHC)中113个直升机驾驶员(Van den Oord等,2010)和61个直升机机组成员的调查(Van den Oord等,2014)发现,一年中持续/有规律脖子疼痛的机组人员占总机组人员28%(相比驾驶员,20%)。有的机组人员在生理负荷任务指标上(手工提举、动态躯干运动、长期躯干弯曲、长期脖子弯曲、抬高手臂、难受的姿势)得分更高。这说明了动作和身体姿势造成了不同程度的生理负荷,进而使得同一作战单位(直升机)中的不同兵种(驾驶员/机组成员)产生了不同的生理反应(脖子是否持续/规律疼痛)。

工作环境中的工作空间尺寸、布局、噪声、振动、微气候等环境因素也间接影响着体力工作负荷的水平及其效应。如工作空间尺寸偏小或布局不当,会使操作者难以以正常的姿势进行工作,而别扭的工作姿势会影响到正常的施力水平及耐受水平,从而间接增大了生理负荷,加速了疲劳。环境中空气的质量,如粉尘、有害气体等的存在通过影响操作者的呼吸系统而影响人体作业机能水平,进而影响生理负荷效应。

宋长振(2007)在其硕士论文中全面分析了影响驾驶员工作负荷的因素。他认为驾驶过程可分为感知、判断、动作三个阶段,其中动作阶段包括信息输出阶段和执行阶段,信息输出阶段主要引起心理负荷,而执行阶段是指运动器官完成动作的过程和身体姿势维持,主要引起生理负荷。驾驶座椅舒适性、操纵器的相对位置、操纵器的设计等外在环境因素会引起驾驶员的生理负荷。王伟等(2007)研究了单兵增氧呼吸器对高原移居青年体力作业效率的影响。研究中,进驻海拔3 700 m 20天的24名青年被随机分为两组,在佩戴与不佩戴高原单兵增氧呼吸器时分别用EGM－Ⅱ型踏车功量计做坐位踏车运动,研究者记录每个被试在运动不同阶段的心率(HR)。该研究结果发现,佩戴单兵增氧呼吸器组的被试相比于未佩戴组心率显著更低。这表明供氧量是影响生理负荷的因素之一,尤其是在气候恶劣的环境之中。与之类似,一项有关自行火炮驾驶员的研究中,研究者认为不良的舱内设计导致空气流动性变差,不仅会导致有害气体和灰尘增多,出现闷热、流汗等现象,而且使得驾驶员操作不便,误操作几率升高(李小全,孙汉卿,程懿,2012)。

以上研究表明,复杂、高频次、不舒适的操作任务要求与不良的工作空间设计会造成更大的生理负荷,进而导致被试身体出现适应不良的时间更早,程度更加严重。

8.1.3 生理负荷测量

生理负荷测量是对工作环境中,在单位时间内人体所承担的体力活动工作量的测量,其测量结果,为进一步的工作安排与劳动保护提供了可靠依据。目前,较为常用的测量方法有主观测量法和生理测量法。其中主观测量法多采用主观量表对生理负荷的水平进行评估。生理测量法分为直接测量与间接测量两种:直接测量法通过对于工作者的身体行为特征直接评估获取其所承担的生理负荷水平;间接测量法则是通过评估工作者的外周生理指标(如,心电和肌电活动等)和生化指标(如,乳酸、乳酸脱氢酶等)推论人体所承受的生理负荷程度。

主观测量法

不同生理负荷条件下个体的主观体验明显不同,生理负荷的主观评定就是被测试者根据自己对劳动强度的主观感受来进行主观描述或参照一定的标准进行量化报告,从而评估自身的生理负荷水平。由于主观评定简单易行,因此在实际工作负荷评价中经常被使用。

SWAT (subjective workload assessment technique)是由美国空军开发的多指标评价法。该测试包括时间负荷、努力程度和压力负荷三项指标。研究者运用工效学原理和主观负荷评价量表构建了影响自行火炮驾驶员工作负荷的指标体系(李小全等,2012)。由于自行火炮作战使用性这一特殊要求,该研究参照了 SWAT 量表建立了工作负荷指标体系。研究结果表明,该评价方法能有效评价驾驶员多种工作负荷各种因素之间的关联影响,可为自行火炮驾驶舱改进设计、优化配置提供参考依据。

20 世纪 70 年代,美国航空航天局开始重视载人航天中人的工作负荷问题,在 1986 年提出了 NASA - TLX 量表。该量表在形式上与 SWAT 类似,在程序上进行了简化。NASA - TLX 量表由脑力要求、体能要求、时间要求、努力程度要求、绩效水平和受挫程度 6 个项目组成。该方法没有严格区别个体在生理上和心理上的负荷,因此生理负荷的评估可以参考体能要求、时间要求等指标。

生理测量法

生理测量可分为直接测量和间接测量。

直接测量指通过作业分析来直接评估确定工作的生理负荷。如基于个体的生理能力分析工作的力量与动作姿势要求,分析动作频率,分析工作的时间要求,分析各种动作姿势及工作占总工作时间的比例,确定工作强度及其对人体产生的影响效应。

源于英国的“DORATASK”方法是针对雷达管制员提出的,它从时间维度来考察生理负荷。“DORATASK”方法将工作分为三类:正常工作的时间,用来思考的时间和恢复时间。这三类时间的综合即是管制员的工作负荷。袁乐平等人将这种测量方法结合我国空管运行“双岗制”的情况后(袁乐平,孙瑞山,刘露,2014),建立了新的评估模型。他们的研究结果表明,此模型仍旧保持了良好的敏感性和有效性。

为了评估长期护理人员的生理负荷,有研究者开发出了生理负荷指标(Physical workload index, PWI)来评估生理负荷量(Kurowski, Buchholz, Punnett, 2013)。其中所包括的因素有躯体姿势、腿部姿势、手臂姿势、手部承重(小于 4.55 kg, 4.55 kg—22.68 kg 或大于 22.68 kg)等。

间接测量生理负荷的客观指标主要有生理测量指标和生化测量指标两大类。生理指标包括心率、心率变异率及肌肉电活动等,而生化指标包括乳酸、血红蛋白等。间接测量法是通过对生理指标的测量,推论人体所承受的生理负荷的程度的。

心率变异(heart rate variability, HRV)的研究近年来在医学和运动生理学领域受到较高的关注。心率变异性是指窦性心率在一定时间内周期性改变的现象,是反映交感神经与迷走神经张力及其平衡的重要指标(参见心理负荷测量—生理测量章节)。有研究者在考察驾驶员工作负荷时也参考了心率变异这一指标,将驾驶工作负荷定义为车辆运行速度和驾驶员心率变异率的计算公式,具体计算模型为 $K_{ij} = [(LF/HF)_{ij} - A_i]/V_{ij}$,其中 $(LF/HF)_{ij}$ 为驾驶员 i 在道路上 j 位置的心率变异性(HRV)值,A_i 为驾驶员 i 正常驾驶时的 HRV 值,以驾驶过程中 HRV 值的众数为表征值;V_{ij} 为驾驶员 i 在道路上 j 位置的运行速度。研究设立了不同任务难度的坡度和弯曲度的路面,来评定工作负荷大小。结果表明,路面坡度、路面曲线半径和车型(大货车或小货车)对生理负荷具有差异显著的作用。具体表现为,小客车下坡时,驾驶工作负荷与前坡坡度和平曲线半径呈负相关关系。大货车上坡时,驾驶工作负荷与前坡坡度和平曲线半径存在一定程度的正相关关系。这意味着采用 HRV 值作为基本参数,可以作为生理负荷的指标(胡江碧,杨洋,张美杰,2010)。

表面肌电(surface electromyography, sEMG)技术作为一种生理指标测量技术,是通过表面电极将中枢神经系统支配肌肉活动时伴随的生物电信号从运动肌表面引导记录下来并加以分析,从而对神经肌肉功能状态和活动水平做出评价的。与其他生理负荷测量方法相比,sEMG 技术是一种无损伤的实时测量方法,具有客观性强,多种信号处理方法等特点,可以用来反映局部肌肉活动水平和功能状态,提供特异性指标(王笃明,王健,葛列众,2003)。宋超等人采用间断递增负荷实验范式记录了19名被试静态负荷条件下肱二头肌在10%MVC、20%MVC、40%MVC、60%MVC、80%MVC负荷水平的sEMG信号,分析了其线性时频指标AEMG、MPF、MF和非线性指标C(N),DET%的变化规律(宋超,王健,方红光,2006)。他们的研究结果表明在负荷水平从10%MVC上升到80%MVC的过程中,线性分析指标AEMG、MPF和MF均呈单调递增性改变,非线性分析指标DET%呈单调递减性改变,C(N)基本保持稳定。此研究结果再次验证了表面肌电信号与肌肉活动水平或生理负荷水平之间的关联性。因此,表面肌电图技术可以很好地对人体肌肉生理负荷进行实时无损地检测评定。

在体力劳动或体育运动中,人体各器官的活动随着劳动或运动强度的增加而增强,人体器官物质代谢活动和能量代谢活动也相应增强。随着中高强度生理负荷的持续,人体体内一些生化物质将会发生显著变化,表现为血乳酸、血红蛋白、血尿素、血清肌酸激酶、血睾酮、免疫球蛋白、尿蛋白、尿胆原等物质含量的变化。体育运动训练领域常用这些生化指标来评定运动员的身体机能状态、疲劳状态和运动训练强度等。因而通过对生化指标的测定即可评估生理负荷。例如,在模拟的工作环境中,赵霞等(2015)的研究采用了多个生化指标来测量被试的生理负荷,包括乳酸(LA)、乳酸脱氢酶(LDH)、肌酸激酶(CK)和钙离子(Ca^{2+})。研究结果表明,乳酸、乳酸脱氢酶、肌酸激酶是反映肌肉疲劳灵敏有效的客观指标,适合评价低负荷重复性活动的疲劳进程。

生理测量法当中,直接测量法和间接测量法中的生化指标具有一定的滞后性。其中直接测量法成本较低,简便易行,受到广泛采用。由于间接测量法的生化指标测量技术可以对生理负荷进行定量分析,并且可以无创伤地获得实时数据,目前受到越来越多研究者的欢迎。

8.2 心理负荷

8.2.1 心理负荷概述

心理负荷(Mental Workload)是与生理工作负荷不同的另一种工作负荷。对于心理负荷迄今尚无严格统一的定义,因而心理负荷的名称也呈多样化:心理负荷、脑力负荷、精神负荷、智力负荷等等。在工业工程及人—机工程等领域多称脑力负荷。

对于心理负荷的定义,目前有以下几种观点(刘卫华,2009):

- 第一种观点,心理负荷是工作者在完成任务时所使用的那部分信息处理能力。

- 第二种观点，心理负荷是工作者在工作中所感受到的工作压力。
- 第三种观点，心理负荷是工作者在工作中脑力资源的占用程度。
- 第四种观点，心理负荷是工作者在工作中的繁忙程度。

另外，还有研究者依据工作负荷对人体构成的负担的性质不同，将工作负荷划分为体力负荷、智力负荷、心理负荷三类（龙升照，2001）。其中智力负荷是完成任务的作业在智力上给人带来的负担，也称脑力负荷，主要源自工作对人的智力活动强度、难度和持续时间的要求，一定时间内人脑接受、处理的信息量越大，需要解决的问题越复杂，整个脑力活动持续的时间越长，则脑力活动的强度越大，作业人员所承担的智力负荷也越大。心理负荷则是完成任务的作业在智力以外的心理上给人带来的负担，也称精神负担，主要源自工作对人的心理要求和对人体产生的心理应激，如作业单调性、孤独性、限制性、持续性和潜在的危险性对工作者造成的负面心理刺激等。

总结以上观点可以发现，心理负荷包括两部分，一部分是脑力资源占用程度或所用信息处理能力等认知方面的负荷，另一部分是压力或负性心理应激等情绪方面的负荷。因此，在本章中将心理负荷定义为工作者在工作中所承受的心理工作量，表现为感知、注意、记忆、思维、推理、决策等方面的认知负荷和情绪压力负荷。

由于在实际工作中引起工作者心理应激或情绪压力的因素过于复杂，因而通常所讲的心理负荷主要指其中的认知负荷，即狭义的心理负荷，或称脑力负荷。

8.2.2 影响心理负荷的因素

通常，过高或者过低的心理负荷都会影响到操作者的工作绩效及其作业的安全性。根据现有的研究，影响心理负荷水平及其效应的因素主要有工作因素、环境因素和个体因素三类。

工作因素

工作任务的难度、任务类型、持续时间、单调性等工作因素直接决定着心理负荷的水平。任务的难度越高，相应的对脑的活动水平的要求就越高；任务的可利用时间越少，时间压力越大，心理负荷越高；任务强度越大，持续时间越长，心理负荷就越重。另外，任务本身是否很单调也会影响工作者的心理负荷。

工作难度、任务类型对心理负荷影响较大。有研究表明，在雷达管制的模拟任务中，飞行器数量越多，操作员报告的心理负荷越大，这可能是由于相比少量飞行器（单位区域内为 4. 59 架次），数量较多的航空器（单位区域内为 8. 28 架次）需要操作员预测更多的飞行路线，付出更多的认知努力，进而导致心理负荷增大（杨家忠等，2008）。

此外，也有研究表明任务类型对心理负荷有影响。一项采用双任务范式的驾驶研究表明，在驾驶任务作为主任务的情况下，要求被试同时完成基于不同感觉通道

(视觉和听觉)的次任务(王抢等,2014)。结果发现,视觉次任务(相比听觉次任务)造成的心理负荷更大,而没有次任务的情况下,心理负荷最低。这个研究说明在驾驶作为主任务时应该避免执行次任务,如需要进行次任务操作,也应避免使用视觉次任务,以避免其与视觉主任务产生竞争,加重操作者的心理负荷。另一项类似的驾驶任务中,研究者发现驾驶员在执行不同驾驶任务时,所用的注意资源也是不同的。在执行左转的驾驶任务时面对的驾驶情况最为复杂,所以付出的注意资源最多,其次为右转,最后为直行(彭金栓,高翠翠,郭应时,2014)。

环境因素

影响心理负荷的环境因素既包括物理性环境,也包括组织文化管理等社会性环境。

物理性环境中,噪音、环境的不确定性、工作仪器设备性能、工作空间尺寸、布局、照明、温度、湿度、振动、空气质量等都会影响心理负荷的水平及其效应。

工作环境中的噪声和环境的不确定性是造成心理负荷的重要因素。一项采用木工宽带砂光机的研究发现,低频噪音(67 Hz)所造成的心率增长率最大,但进入恢复期后心率增长率会得到恢复,而高频噪音(1 422 Hz)所造成的心率增长率的波动最大,进入恢复期后仍然有上升的趋势。这个研究说明了工作环境中不同频率的噪音所造成的心理负荷大小和恢复期的时间进程是不同的(莫秋云,李文彬,高双林,2004)。在驾驶任务的研究中,驾驶环境的不确定性是威胁驾驶安全的主要因素。有研究者将心理负荷定义为一种驾驶难度,而驾驶难度取决于驾驶速度和周围环境的不确定(如,红灯、超车、行人过马路等)。如果驾驶速度越快(单位时间内驾驶员处理的视觉信息越多),环境不确定性越高,则驾驶员所承受的心理负荷越大(孙向红,杨帆,2008)。也有研究表明:在能见度较低的环境中行驶(如,夜晚或下雨),对于周围环境的可见范围大大缩小,这会导致驾驶员的注视点减少、注视时间更长,以此驾驶员需要付出更多的认知努力,其心理负荷也会相应增加(Konstantopoulos, Chapman, & Crundall, 2010)。

除了工作的物理环境,工作设备的性能也会影响心理负荷。符合操作者操作和认知特点人机界面可以有效的降低操作者的心理负荷。如,目前第五代战机中的F-35就使用了宽视场头盔显示器(wide-field-of-view helmet mounted display)扩大了视野范围,使得飞行员头部扫视的战术动作大幅度减少,并降低了飞行员的认知负荷。在此基础上,还可以通过加入符号系统来增强视觉显示,以进一步减少心理负荷,例如,头盔显示器中的飞行路径预测(flight path predictor)符号系统可以在不影响正常观察视野的情况下显示飞行器即将经过的路径,有助于飞行员客观精准地预测飞行轨迹(Rogers, Asbury, & Szoboszlay, 2003; Rogers, Asbury, & Haworth, 2001)。

在社会环境中，亲朋好友的支持、单位同事间的人际关系、组织文化氛围、管理机制、激励机制等也会影响到工作者对工作和单位的情绪情感反应，进而影响其工作动机与工作效率以及相应的心理负荷。如，针对社会工作者在长期的照料工作中容易出现的职业倦怠（professional burnout）现象，有研究者采用 Maslach 工作倦怠问卷（maslach burnout inventory-human service）、Goldberg 健康问卷（goldberg's general health questionnaire）以及社会资源量表（social resources inventory）考察了影响社会工作者的工作倦怠的因素。研究者对 189 位社会工作者进行了数据收集。结果发现，来自家庭和朋友的社会支持与情绪衰竭得分有显著负相关。研究者认为良好的情绪性的社会支持提供了更加自然的释放空间，有利于释放这些压力，进而降低了情绪衰竭症状，避免了职业倦怠的产生（Sánchez-Moreno, 2014）。

个体因素

个体的知识技能水平、认知方式、健康水平、情绪管理应对能力、社会支持状况、工作动机与责任心等都会直接影响心理负荷的水平及其对人的影响效应。

工作负荷是相对的，同样的体力劳动，对于体质强壮的人只能算是中等甚至轻松水平的体力负荷，但对于体质孱弱的人则可能已经超限，属于超限的体力负荷。同样，由于个体差异的存在，相同的工作任务对于不同的人将是不同的心理负荷，也会产生不同的影响。例如，对于知识技能水平很高的工作者，具有每种难度的工作任务的心理负荷并不高，但对于知识技能较差者，则可能是很高的脑力负荷。在一项采用模拟飞机着陆任务的研究中（杨家忠等，2008）按照模拟飞行时长将被试区分为专家组和新手组，并采用眼动仪（Eye-Link Ⅱ）记录其眼动数据。实验结果发现，专家的瞳孔变化较小而飞行绩效却高于新手组，专家组被试比新手组被试具有更大的扫视幅度、更快的扫视速度、更高的扫视频率、较大的注视频率以及更短的平均注视时间，可以由此推论，在完成着陆任务中，专家组被试可以更高效地获取信息，其心理负荷相对较低。来自于汽车驾驶的研究也表明，经验丰富的驾驶员视觉搜索效率更高，心率增长率更低（彭金栓等，2014），采样率（sampling rate）更高，处理信息的时间更短，扫视视野更宽广（Konstantopoulos 等，2010）。

另外，个体的认知方式也影响着其心理负荷水平，如，相比小客车驾驶员，大货车驾驶员在面对于同样的工作任务或刺激时，更容易受到不良视线条件（如，陡坡小半径转弯）的影响。因此，大货车驾驶员会保持更高的安全预期，提高驾驶警惕性，对前方路面保持更久的注视。这都可能导致大货车驾驶员的心理负荷较高（胡江碧，常向征，2014）。

8.2.3 心理负荷测量

通常,心理负荷的测量指的是采用主观和客观的指标对操作者的心理负荷水平进行测量的各种方法。通过对心理负荷的测量,可以确定人机环系统中操作者的实际负荷情况,发现现有人机环系统中存在的问题,并加以优化改进。

心理负荷测量的常用方法主要有量表测量法、行为测量法和生理测量法三类。

量表测量法

心理负荷的主观测量指的是通过操作者的主观体验的评定来确定操作者心理负荷程度的方法。通常,量表测量法要求操作者采用特定的测试量表,依据工作过程中的主观体验来对自身的心理努力程度、心理应激水平及工作的难度、时间压力等作出主观评判。主观测量是最简单易行也是最常用的心理负荷测量方法。

量表测量法的测试量表有单维度量表和多维度量表两种。单维度测量心理负荷的量表主要有 OW 量表(overall workload sacle)和 CH 量表(cooper-harper scale)。多维度量表主要有 NASA 的 TLX 量表(task load index)、SWAT 量表(subjective workload assessment technique)以及 WP 量表(workload profile index ratings)。其中最为常用的为 NASA 的 TLX 量表。

TLX(task load index)量表的 v1.0 版本在 1986 年,由美国国家航空航天局埃姆斯研究中心的人类工效研究组提出。该量表由脑力需求(mental demand)、体力需求(physical demand)、时间需求(temporal demand)、绩效水平(performance)、努力程度(effort)和受挫程度(frustration)6 个项目组成(Hart & Staveland, 1988)。测试实施时,通过对偶比较法将 6 个项目之间两两配对,要求被试判断每个配对中哪一个项目可以导致更大的工作负荷。在每次比较中被选择的项目积 1 分,获得最多分数的项目被认为比其他项目诱发了更大的工作负荷。最后,总的工作负荷得分就是 6 个项目的值与其各自项目权重相乘的积的加权平均数。

有许多研究表明,NASA 的 TLX 表现出了良好的信度和效度(肖元梅等,2010;2005;杨玚,邓赐平,2010)。如,杨玚和邓赐平(2010)为了评估 TLX 的信度与效度,使用 CPT(continuous performance task)注意任务作为 NASA - TLX 量表的效标。结果表明 TLX 量表与 CPT 注意任务绩效存在显著相关。TLX 量表对电脑作用的任务绩效具有很好的预测作用。研究者认为 TLX 具有良好的内部一致性信度和结构效度。

另外,目前有不少的研究在采用 TLX 的得分作为心理负荷的指标的同时,还结合采用其他行为或生理指标作为评价的指标,以考察不同指标之间的相关性。例如,有研究在车辆驾驶任务的研究中,以 TLX 的评分作主观评价指标的同时,还采用车辆速度及刹车次数作为驾驶造成的心理负荷的行为指标。最后的研究结果表明,两者显著相关(孙向红,杨帆,2008)。也有的研究先进行生理指标的测量(如,心率变异率,脑电功率值等),接着将这些生理指标与 TLX 进行相关性检验,结果表明 TLX 得分与生理指标的相关性显著,且相关程度较高(与心率变化率的相关系数: $r = 0.926$,与脑电功率值相关系数: $r = 0.972$)(魏水先,2014)。

行为测量法

行为测量法指的是通过对操作者典型任务操作的行为指标或者及其变化来测量心理负荷的方法。早期的心理负荷的行为测量中,多采用单任务和双任务范式。行为指标多采用反应时、正确率等绩效指标。

单任务范式研究中,可以使用 n-back 任务测试被试的心理负荷。有研究证明,在 n-back 任务操作中,随着被试记忆负荷增加,其反应时也会随之延长(沈模卫,易宇骥,张峰,2003)。

除了使用单任务范式,较多心理负荷行为测量的研究采用双任务范式。例如,张智君和朱祖祥(1995)采用了双任务范式对视觉追踪操作的负荷进行了研究。研究中,被试操作的主任务为追踪任务,要求被试通过操纵杆使用右手对显示器上的目标进行尾随追踪,绩效指标为目标与瞄准器之间误差距离的平均值(平均追踪误差距离);次任务为探测任务,被试需要对出现目标刺激做出"是"的反应,对非目标刺激做出"否"反应。绩效指标为反应时变化率和准确反应时变化率。他们的结果表明,在不同的任务难度下,主任务的绩效有着更加显著的变化(相比次任务的绩效)。主任务绩效可以作为评估心理负荷的一个较好指标。

同样采用双任务研究范式,还有些研究者采用了眼动数据作为心理负荷的指标。研究中,主任务为驾驶任务,次任务为听觉或视觉任务。研究者发现,相比于同时操作主任务和听觉次任务,或者只操作主任务,被试在操作主任务和视觉次任务时,被试的视觉搜索面积和瞳孔面积更小(王抢等,2014)。这说明,同时操作主任务和视觉次任务时,被试有较大的心理负荷。

除了采用双任务范式,也有研究采用生态效度更高的模拟工作环境,并结合多种行为指标考察不同心理负荷下的行为特点。如,一项以真实高速公路为研究背景的研究中,研究者采集 12 名驾驶员的眼动数据,结果发现超速行驶、超车、小转弯半径可以导致驾驶员心理负荷的升高,主要表现为对前方车辆扫视更加频繁,对前方道路注视时间延长等眼动反应(胡江碧,常向征,2014)。采用类似的研究范式,众多研究结果发现随着心理负荷的加重,驾驶员注视点数更少、注视时间更长、扫视更加频繁、扫视速度更慢、扫视范围更广(Konstantopoulos 等,2010;Lin, Imamiya, & Mao, 2008;胡江碧,常向征,2014;柳忠起等,2009)。

近年来,许多研究者提出了不少针对特定操作的心理负荷的行为测量方法。如,孙向红等人提出可以用客观驾驶难度(objective driving difficulty, ODD)作为测量驾驶心理负荷的指标,其中ODD与司机每分钟刹车次数和车速成正比。他们的实验结果表明,ODD与被试主观报告的TLX得分和主观驾驶难度评分都具有显著相关(孙向红,杨帆,2008)。彭金栓等人提出可以以注视熵率值作为评估驾驶员心理负荷的指标(彭金栓等,2014),他们的实验表明:当熵率值为0时,表示视觉扫描的灵活性最低,搜索效率最低,心理紧张度高,心理负荷也最高;相反,熵率值越大,表明驾驶员在单位时间内扫描更多的区域,搜索效率最高,心理紧张度低,心理负荷最低。戴均开等(2007)在手机可用性的研究中,以实验的方法证明:可以用典型任务操作的路径分析作为操作者心理负荷的评价指标。也有人提出在游戏操作中,可以用被试使用鼠标点击次数和注视点数的比作为心理负荷的评价指标(Lin等,2008)。

生理测量

心理负荷的生理测量指的是通过各种生理指标来评价心理负荷程度的测试方法。

心理负荷的生理测量主要有中枢生理指标、外周生理指标和生化指标的测量三个大类。其中中枢生理指标主要有脑电图、事件相关脑电位、功能核磁共振成像、功能近红外光学成像和经颅多普勒超声等,外周生理指标包括心电、血压、呼吸率和皮肤电等,生化指标包括唾液、尿液中免疫球蛋白、儿茶酚胺和皮质醇的水平等。

中枢生理指标的心理负荷测量是最为常用的心理负荷的生理测量技术。这种技术是通过对中枢生理指标的测量来评定心理负荷的程度的。

脑电图(electroencephalogram, EEG)测量通过直接记录工作者在任务执行过程中的自发脑电信号,然后加以处理分析,进而对心理负荷做出评估。

EEG测量是较早用于心理负荷及疲劳分析的脑电分析技术。传统的EEG分析最早主要是对其不同频段脑电变化(如α、β、θ)进行测量分析。随着脑电技术定量化技术的进步,有的研究将β和α波幅的比值引入EEG分析中,近年来有的研究者采用脑波复杂度、原功率调制等新的分析方法,取得了大量研究成果。

在使用EEG进行心理负荷测量的早期研究中,一般以某个频段的脑电变化作为心理负荷的指标。张文诚等人研究发现,随着计算任务的难度增加,β_2(频带为20.0—29.8 c/s)波幅与任务前β_2波幅的比值也相应增加,而且,β_2波幅比值与任务难度主观评价之间相关显著(张文诚,韦玉梅,1992)。在另一项软件可用性的研究中(Antonenko, 2007),研究者使用α、β、θ波作为心理负荷的指标,该研究的结果发现,相比无任务的放松状态,阅读任务使得被试α、β波的幅值上升,θ波幅值下降。也有的研究将β和α波幅的比值作为心理负荷的指标。例如,Masaki等人使用β/α波能量的比值作为心理负荷的指标(Masaki等,2011),其中比值大于1表示被试的心理负荷比较大，相反，如果比值小于1，则说明心理负荷较小。他们的研究结果发现，从未使用过软件的用户的比值高于1，而每年/每月/每星期使用过软件数次的用户的比值低于1。使用经验与β/α波能量比值相关显著。以上研究说明了α、β、θ可以作为反映心理负荷的指标。

除了以某个频段的脑电变化作为心理负荷的指标，韩东旭等人提出可以使用状态相关脑波复杂度(EEG complexity measure related state, Cs)作为心理负荷的指标。通过研究他们发现，相比闭眼安静状态，心算任务带来的心理负荷会导致Cs出现显著改变(韩东旭，周传岱，刘月红，2001)。研究者认为Cs可以作为心理负荷客观评价的指标。还有的研究通过改进对EEG信号的处理方法来改进对于心理负荷的测量，邱静等人采用了原功率调制(source power comodulation, SPoC)方法对EEG信号进行特征提取，发现当任务难度等级发生变化时，EEG信号也能够灵敏地发生变化(邱静，高龙，卢军，2015)。因此，可以通过观察脑电信号电位值和脑电分布图的变化判断被试者所处的心理负荷水平。研究者的验证实验结果表明，这项技术在不同类型的认知任务上均有较好的表现。

但是EEG信号同样也受到多种物理和心理因素的影响，如机体水平、疲劳状态等都会影响到EEG信号，因而EEG信号分析更多用于分析评价机体疲劳状态。相比EEG，ERP是对EEG信号进一步处理得到的与一定事件相关的脑电活动，它可以较为准确和敏感地反映心理负荷的水平。

事件相关脑电位(event-related potentials, ERP)是指与一定心理活动(即事件)相关联的脑电变化。关于心理负荷的ERP研究主要是试图确定对心理负荷敏感的ERP成分，如已有研究认为P300波幅和潜伏期可以反映心理负荷的水平，另外还发现N100、N200和失匹配负波(MMN)等其他成分也可以作为心理负荷指标，但研究结论不尽一致。

在一项以n-back作为任务的研究中(王湘等，2008)，3种记忆负荷水平诱发的3种不同峰值的P3波相互差异显著：0－back任务诱发的P3波幅显著高于1－back和2－back，而1－back任务诱发的P3波幅显著高于2－back。同样采用记忆任务作为实验范式的研究中也发现随着记忆负荷的增大，P300波幅、记忆错误率和记忆难度的主观评分也随之增大(张文诚，巫雯，1992)。在模拟飞行驾驶任务中，研究者发现失匹配负波(MMN, mismatch negativity)和P3a成分是心理负荷的敏感指标，其具体表现为：随着心理负荷的增加，MMN的峰值显著增大(完颜笑如，庄达民，刘伟，2011；卫宗敏，完颜笑如，庄达民，2014)，P3a峰值显著降低(卫宗敏等，2014)。

近年来，也有部分研究者采用功能核磁共振成像技术(functional magnetic resonance imaging, fMRI)和功能近红外光学成像(functional near-infrared spectroscopy, fNIRS)来测量心理负荷。例如,Lim 等人让被试参加 20 分钟的精神警惕性测试(psychomotor vigilance test, PVT),以检测其注意力和反应速度的变化,并采用动脉自旋标记灌注的功能性核磁共振成像技术(arterial spin labeling perfusion fMRI)测量大脑激活程度(Lim 等,2010)。他们的结果表明,在任务结束后,被试的反应速度显著降低,心理疲劳度主观评分提高。fMRI 结果表明,PVT 任务显著激活了右侧额顶叶,而在任务结束后,右侧额顶叶区域的激活度比任务前的激活度低。研究者认为右侧额顶叶的激活是由于 PVT 任务所诱发的心理负荷而导致的,其随后激活度的降低是由于出现了疲劳效应。鲁繁采用 fMRI 技术,研究了 0 - back 和 2 - back 记忆任务下大脑激活度的差异,他们的研究发现,2 - back 任务大脑双侧额下回、额中回和顶上小叶以及左侧颞下回激活度更高(鲁繁,2012)。上述研究表明,fMRI 技术可以考察不同任务诱发的心理负荷所导致的激活脑区的不同,但考虑到 fMRI 时间分辨率较低,仪器体积庞大,也有的研究者选择 fNIRS 技术对心理负荷进行研究。例如,潘津津等人分别使用 n-back 记忆任务和多元归因任务(multi-attribute task battery, MATB)作为研究范式,研究结果发现随着 n - back 和 MATB 任务难度的逐渐提高(两个任务的难度范围均在 0—3 之间),被试的反应时增加,正确率降低,NASA - TLX 的评分升高。fNIRS 的数据显示,在两个任务的难度为 0—2 级时,被试背外侧前额叶皮层(dlPFC)的含氧血红蛋白(HbO)和总血红蛋白(tHB)的含量随着任务难度提高而提高。基于以上实验结果和推论,研究者认为 fNIRS 可以作为反映心理负荷的有效指标(潘津津等,2014)。

除了采用 fMRI 和 fNIRS 技术之外,也有的研究采用经颅多普勒超声(transcranial doppler, TCD)技术测量大脑动脉血管的血流速度,进而对心理负荷进行评估。但目前这项技术在神经人因学的研究中并没有得到较为一致的结论。有研究者认为 TCD 技术并不能敏感地区分心理负荷的不同水平,其空间分辨率较低,也会限制对于心理负荷机制的深入研究(贾会宾,赵庆柏,周治金,2013)。

外周生理指标的心理负荷的测量通过对外周各种生理指标的测量来评定心理负荷的程度。外周生理指标包括心电、血压、呼吸率和皮肤电等指标,其中,最常使用的指标为心电(Electrocardiography, ECG)指标,而心电指标中较为常用的为心率(Heart Rate, HR)及心率变异性(heart rate variability, HRV)。

由于心率受个体机能水平及环境噪声、温度等因素的影响较大,个体体力工作负荷对心率的影响远大于脑力工作负荷对心率的影响,因而心率这一指标用于心理负荷的测量其效果并不理想。所以在实际研究中一般结合心率变异率及其他方法对心理负荷进行考察。心率变异率主要用来评定自主神经的评估状态,其中主要用到的参数可见下表(RR 表示两个 R 波之间的时间间隔)。

表 8.1 心率变异率的相关参数

常用参数	简称	说明
时域法	SDNN	平均正常 RR 间期的标准差
	RMSSD	相邻 RR 间期差的均方根
	NN50	相差大于 50 ms 相邻 RR 间期的总数
	PNN50	相差大于 50 ms 的相邻 RR 间期占 RR 间期总数的百分比
	SDANN	每 5 分钟正常 RR 间期平均值的标准差
	SDANN Index	每 5 分钟正常 RR 间期标准差的平均值
频域法	TP	总的频域值
	VLF	极低频成分(0.03—0.04 Hz)
	LF	低频成分(0.04—0.15 Hz)
	HF	高频成分(0.15—0.40 Hz)
	LF/(TP-VLF)	低频的归一化值
	HF/(TP-VLF)	高频的归一化值
	LF/HF	低频/高频比率

来源：黄永麟，尹彦琳，2000.

心率变异性由于能较好地反映交感神经与迷走神经张力及其平衡。近年来在医学和运动生理学领域受到较高的关注。工效学领域也已开始将其用于对生理工作负荷和心理负荷的评价，例如，Lin 等人以一个智力游戏《祖玛》作为任务，他们假设游戏中球状物的移动速度越快，被试需要付出更多的注意努力，更快的行为反应，因此游戏难度更高，心理负荷更大(Lin 等，2008)。研究结果发现归一化的 LF 值可以很好地表征心理负荷，随着任务的上升，LF 的值升高。李增勇等(2004)通过模拟驾驶任务也发现，LF 及 LF/HF 随着模拟驾驶时间的增加而上升，HF 随着模拟驾驶时间的增加而下降。有研究者采用心率和血压变异率两种测量指标也得到了类似的研究结果，且心率变异率和血压变异率之间相关显著(焦昆等，2006)。还有不少的研究不仅测量了心率变异率，还同时测量了血压、呼吸。有研究表明：在模拟飞行任务中，收缩压和舒张压在飞机降落时高于休息时、飞行时和降落后。被试在降落后，飞行员出现呼吸加深和呼吸频率放缓的症状。这说明了降落任务给被试带来了较重的心理负荷(Veltman & Gaillard, 1996)。

也有用皮肤电(Electrodermal activity, EDA)作为心理负荷的指标的。但是在应用中皮肤电具有一定的局限性。例如在对皮肤电导的测量中，皮电信号接收装置通常需要安放在手足部位，这样会对操作工作带来影响。此外，皮肤电导受到情绪唤醒度的影响，加之时间分辨率较差，因此皮肤电经常需要结合其他指标一起使用(葛燕等，2014)。

生化指标也可以用来测量心理负荷。一般常用的生化指标有免疫球蛋白 A

(immunoglobulin A, IgA)、皮质醇以及儿茶酚胺等。以生化指标作为心理负荷的指标多采用应激范式,如 Wetherell 等人为了模拟真实的工作环境,要求被试同时进行 4 种认知任务:计算任务、记忆—搜索任务,听觉及视觉监控任务(Wetherell, Hyland, & Harris, 2004)。这 4 种同时进行的任务持续 5 分钟。在任务前后收集被试的唾液样本,以测定 IgA 的含量。该研究结果表明,相比任务前,在任务后被试的 IgA 含量显著升高。随后,研究者通过 NASA 的 TLX 进行主观工作压力评分,区分出高/低心理负荷两组被试,并测定这两组被试的 IgA 水平。结果表明,相比高心理负荷主观评分组,低心理负荷主观评分组的 IgA 水平较低。这说明了 IgA 水平可以作为心理负荷的生化指标。采用类似的应激范式,杨娟采用特里尔社会应激测试(trier social stress test: TSST)作为实验范式,将唾液皮质醇含量作为测量指标(杨娟等,2011)。他们的结果表明,在 TSST 诱发应激情境之后,被试唾液皮质醇水平显著提高,被试主观报告紧张水平增加,心跳加速。此外 Chida 和 Steptoe(2009)考察了长期的心理负荷对于皮质醇水平的影响。在追溯了有关皮质醇觉醒反应(cortisol-awakening response, CAR)的 62 项研究后,他们认为 CAR 的提高与工作和生活压力有着显著的正相关。除了使用唾液,也有的研究者采用尿液作为心理负荷的生理指标。例如,Otsuka 等(2007)招募了 54 名军机飞行员,在飞行前 30 分钟和飞行后 20 分钟收集其尿液样本,结果发现,飞行后的飞行员尿液中的肾上腺素水平显著高于飞行前。研究者认为这个结果是由飞行带来的心理负荷使得自主神经系统被激活造成的。

相比外周生理指标和生化指标,中枢生理指标的特点是可以更为精确地反映大脑的认知加工过程。其中最常使用的是 EEG 和 ERP 技术,其具有时间分辨率、敏感性和实时性较高的优点。但心理负荷的 ERP 分析存在以下问题:一是各 ERP 成分的特异性不强,易受多种物理刺激因素及心理因素的影响,该成分或许能反映心理负荷的影响,但很难确定该成分的变化就是由心理负荷的变化所致。二是 ERP 的记录中需要对同一刺激反复呈现数十次,然后将多次刺激的信号进行分割、叠加与平均,如此众多的同一刺激的反复呈现一方面会对工作者当前的任务执行造成干扰,另一方面在现场实地施测过程中也不具备可操作性。因此 ERP 的记录分析多限于实验室研究。fMRI 技术存在造价昂贵,时间分辨率较低,被试身体不可移动等因素,所以较少被采用。相比 fMRI,fNRIS 技术价格低廉,便携性较好,不需要限定被试的身体运动状态,但目前这方面的研究还较少,需要进一步的探索。

外周生理指标的测量中,一般采用 ECG 技术,并使用心率和心率变异率作为指标。心电更多地代表了机体整体的唤醒水平。心电同样具有较好的时间分辨率和敏感性,但它包含了更多的信息,所以单一使用心电指标会导致内部效度过低的情况出现。

生化指标的测量中,一般使用皮质醇作为心理负荷的指标,其具有高度的客观性，在尿液和唾液样本中均可检出。在长期的心理负荷研究（如载人航天研究）和急性心理应激中较多采用。但生化指标多用于短时间内较大心理负荷的测量，因此其并不能更加细致地区分不同水平的心理负荷，并且相比于外周和中枢生理指标，生化物质的分泌具有节律性，其取样和测定都需要较为繁琐的步骤和较长的时间，因此在对心理负荷评定的实际工作中较少采用。

负荷生理测量的最大优点在于其客观性，其次是实时性，而生理测量的不足在于生理测量所需仪器一般较为昂贵，且对环境有一定要求，数据记录与处理分析较为复杂，同时有些生理指标的测量在一定程度上可能会影响到正常工作。

8.3 应激

8.3.1 应激概念

应激是一个复杂的概念，以往的研究表明：可以从生理学、物理学、情绪状态和认知四个方面去加以理解。

首先，生理学的观点最早是由汉斯·塞利耶（Selye, 1936）提出的。他认为应激是躯体对施加于其上的任何需求所做出的非特异性反应。汉斯·塞利耶又将应激分为正性应激（eustress）和负性应激（distress），前者指积极的、令人满意愉悦的、好的应激，后者则指消极的、令人不快的、破坏性的应激。无论是对正性应激条件还是负性应激条件，躯体都会进入较高的生理唤醒水平，并消耗更多的能量，躯体的生理唤醒与能量消耗就构成了应激。

其次，物理学的观点认为，应激就是外部环境施加于人们身上的沉重压力，就如同车辆作用于桥梁的压力或强风作用于高层建筑的推力，是那些使人感到紧张的事件或环境刺激，如天灾、战争、工作中的人际矛盾等等。

再者，根据情绪的观点认为应激是一种精神紧张、焦虑甚至惊恐的内部心理状态。当有影响到自己的事情发生时，人们总是要采取一定的应对措施，无论是积极地想办法解决困难，还是消极地逃避与否认困难，人们在此应对过程中总是伴随着时间、精力的消耗以及心理冲突，此时心理上的主观体验即是应激。

最后，认知的观点认为应激是个体与外部环境交互作用的结果，即只有当个体的认知评价认为环境事件是于己不利的且其需求超过了自己的处理能力之时才会产生应激。应激的结果是导致心身疲惫及心身疾病风险的增大。例如对于沿海居民来说，夏季的强台风会造成财产损失，且超出了其应对能力，因而是负性应激；但对于离海边相对较远地区的居民，由于台风带来的降雨会降温消暑，对其影响利大于弊，因而就不会形成应激。同样，丢失 200 元钱对于寒门学子来说可以算是较大的应激，但对于富翁来说根本不算什么。这一观点强调相对于事件要求的个体能力及个体认知评价的作用。

8.3.2 应激影响

应激的影响可以分为生理、心理及行为三方面。

生理效应

(1) 一般适应综合征三阶段

塞利耶将应激的生理反应称为一般适应综合征(general adaptation syndrome),它包括警觉、抵抗和衰竭三个阶段(Selye, 1936)。

在最初的警觉阶段,躯体生理唤醒水平升高,机体动员自身资源以应对刺激,肾上腺素及去甲肾上腺素分泌增加,使得瞳孔放大、呼吸加深加快、心跳加快、血压升高,同时抑制人体免疫系统的免疫反应。

在随后的抵抗阶段,由于机体资源的超常动员,生理系统处于与外部刺激的抗衡相持阶段。在此阶段,能量的生成储备小于能量的消耗,个体的消化、成长、性与生殖活动均会减缓,在慢性应激的后期则可能已没有能量来用于应对躯体损害,造成疲劳感。同时,长期的慢性应激还会导致机体免疫功能降低、内分泌紊乱,也反过来给自主神经系统和中枢神经系统带来严重影响,影响学习和记忆,严重者还会产生抑郁和精神症状。

如果应激持续存在,则机体会进入枯竭期,因为机体的资源储备有限,而新资源的生成与储备又会因为应激反应而大大减缓,导致新资源的生成储备慢于资源的消耗,最终使个体用于抗衡相持的资源枯竭,无力对抗对身体各系统的伤害,导致机体免疫功能降低,增高了许多与应激相关心身疾病如冠心病、高血压、消化性溃疡、头痛等的患病危险性。

(2) 生理生化指标上的体现

应激的上述生理效应在生理生化指标上主要表现为心输出量增大、心率升高、心率变异性降低,呼吸频率升高、换气量和氧耗量增加,出汗率增加、皮肤电反应增强,血液和尿液中的各种化学成分(如糖、乳酸、蛋白等)及激素含量发生改变等。这些生理和生化指标上的表现也正是应激效应测量确定的重要依据。

心理效应

应激的心理效应体现在认知、情绪和态度等方面。

(1) 认知效应

认知效应主要表现为应激对知觉、注意和记忆的影响。应激状态下个体的知觉注意广度缩小,往往集中注意于其认为可以避免或缓解应激的对象上,周围其他信息则被忽视。这一现象被称为“知觉或注意狭窄化”(perceptual or attention narrowing),或“隧道化”(tunneling)现象。若个体集中注意的是正确的应被注意的对象,则不会产生不良影响,但若不是应被注意的对象,则会导致该被注意对象得不到应有的关注,从而导致危险的后果。

应激条件下心理认知功能的另一种重要变化就是工作记忆受损,此时当前任务情境的相关信息往往难以进入工作记忆,或工作记忆中有关当前任务的短时记忆容量变小,使得个体难以据此进行相关决策与操作。而在应激状态下,个体知识技能的长时记忆却很少受到影响,有时甚至有所提高。因此,应激状态下个体往往会基于以往经验下意识地采取最常用的“优势”行为。但是,这种基于经验和定势的习惯反应往往不一定正确,这也是误操作的主要成因。例如,驾驶员在遇到紧急情况时,其习惯反应或最“优势”的行为是刹车,这在一般情况下是没有问题的。但若是车辆在高速行驶中发生爆胎,下意识地紧急刹车则会加剧车辆的失控状态,导致车辆横滑或者翻滚,而正确的方法则是先通过油门控制车速,使车辆逐渐稳定下来直至停止。

(2) 情绪和态度

应激情绪反应包括紧张、焦虑、挫折感以及害怕或恐惧等,同时还包括情感淡漠、神经紧张和思维混乱,疲劳感增强、乏力,情绪恶劣、攻击性倾向增强等。应激时个体在态度方面主要表现为对工作不满意、失去工作动机和工作信心等。

行为影响

应激对人的行为的影响可以体现为行为策略及方式的变化、作业绩效的变化和不良行为的出现三方面。

(1) 行为策略的变化

应激情况下,个体往往会有意无意地改变行为策略以缓解应激源的影响。例如,在一项让被试进行 2 小时模拟飞行作业的研究中,由于需要监控的仪表数量较多,开始操作时被试显得十分紧张,作业绩效也不好,但随着作业时间的延续,操作者逐渐倾向于忽视外周信息,而将注意力集中到主要几个仪表上(朱祖祥,2000)。这既是应激条件下“注意狭窄化”现象的体现,也是操作者行为策略调整的结果。

虽然都知道行为的速度与其准确性之间存在“速度—准确性”的权衡,但是急性高强度应激条件下,个体往往会牺牲行为准确性而立即采取行动,而这往往会导致操作失误。这也是应激对行为策略的影响。因此,有专家提出,在出现紧急情况的最初几秒甚至几分钟内先不要急于采取行动,而要先选择适当的行为。

此外,当作业难度过大时,操作者既可能通过降低内部绩效标准来减少所受到的工作压力,也可能通过攻击性行为来释放内部心理压力。高刺激负荷条件下的操作者往往表现出试图回避外界刺激的意图;而在低负荷情况下,如在雷达监控、安全监控等低刺激条件下待了几小时甚至数天的被试则表现出强烈的寻求外界刺激的欲望,此时,在正常情况下对他们毫无意义的刺激也可能会引起他们的兴趣,因为借此能够填补其刺激空白。

(2) 作业绩效的变化

应激对作业绩效的影响因应激水平或强度而异,基本符合耶克斯多德森定律(the Yerks Dodson law),即应激强度与作业绩效之间的关系不是一种线性关系,而是因工作性质与难度而异,一般是呈倒 U 形曲线,即中等强度的应激最有利于任务的完成。高强度应激时个体的视野或注意往往集中在一个狭窄的范围内,这使复杂活动中操作者能知觉或注意到的相关线索减少,从而导致作业成绩恶化。表现为反应迟缓、准确性下降、生产数量和质量降低、发生事故可能性增大等。

(3) 不良行为的出现

应激情况下,个体的助人行为减少,攻击性行为增加,更倾向于自我中心,忽视他人的线索,协作行为减少,导致团体绩效降低。在工作中还会出现行为失序、注意力不易集中、旷工率和离职率增大等不良表现。另外,药物滥用、暴食或厌食等异常行为在应激条件下也会出现。

以上应激对个体生理、心理及行为的影响程度受个体能力、个体认知评价和个体态度和责任心等因素的影响。例如在工作中,只有当操作者能意识到人机系统出现了问题及其可能导致的严重后果,并且他具有强烈的动机来解决这一问题时,应激的影响才能体现出来。此时,随着相对于操作者个体能力的任务难度的增加以及其所体验到的问题后果严重程度的增加,应激的影响会相应增强。但是,若操作者由于能力因素或工作态度与责任心因素而意识不到人机系统问题的产生及其后果,或对其后果漠不关心,则应激就不会发生或影响甚微。因此,操作者的能力、意图、工作态度和责任心以及对应激源的认知评价结果对应激的产生及其影响程度有重要作用。

8.3.3 应激源

应激源是指能引起机体应激反应的因素。应激源是来自多方面的,既有工作特征与环境条件方面的因素,也有家庭、组织与社会文化方面的因素;既有物理的、生理的,也有心理的;既有外部因素,也有内部因素;既有诸如自然灾害、重大疾病、离婚、失业等大的生活事件,也有像钥匙或证件一时找不到、事情太多做不完、与人争吵、做事总被打扰一类的生活中经常发生的小困扰。总之,依据不同的标准,应激源有着众多不同的分类。

以往传统工程心理学中多将应激看作一种比较普遍但较为复杂的生理和心理状态,认为是由于人机系统偏离其最佳状态且作业要求与个体能力之间出现不平衡所致，并将导致工作应激因素分为工作因素、环境因素、组织与社会因素以及生理节奏因素等(朱祖祥，2000)。

应激源举例：

工作因素如长期固定的作业位置和姿势、较高的工作速度、较长的工作时间、繁重的体力负荷、信息超负荷、信息缺乏的警戒。

环境因素如噪声、高温高湿、低温高湿、振动、有害气体及粉尘等污染恶劣的空气状况、有毒物质及辐射等危险或有限制的作业场所。

组织与社会因素如工作责任心、工作态度、人际关系、组织气氛和政策、领导行为、薪酬待遇、社会压力、舆论、竞争等及生理节奏及其他因素如生理节奏不规则、睡眠剥夺。

由于应激可以看作工作负荷的影响结果，或者是工作负荷的组成部分，因此本章前两节所介绍的影响生理工作负荷和心理工作负荷的因素都可以看作是应激源，此处不再赘述。

8.3.4 影响应激的因素

在工作环境中，不同类型和程度的应激反应会影响操作者的身心健康与工作绩效。根据目前的研究，影响应激反应的主要因素有职业、环境和个体因素三个方面。

职业因素

不同的职业特点，如，工种、工龄、工作任务、工作级别等都会影响操作者的应激水平。如有研究表明不同职业与工龄所引起的应激水平是不同的，研究者以 883 名驻海岛官兵(实验组)和 1 184 名非海岛某部队官兵(控制组)为研究对象，采用军人急性应激反应量表对研究对象的应激水平进行测量。结果发现，除睡眠情况因子外，二者在其余因子(肌肉骨骼、呼吸系统、心血管症状、神经系症状、消化系症状、生殖泌尿症状、语言状态、情绪情感)上的差异均有显著性，实验组的应激反应更加严重。这说明相比非海岛官兵，驻海岛官兵的应激水平更高(潘虹等，2014)。采用类似的研究方法，研究者使用护士工作应激源量表(CNSS)对 2 091 名护理工作者进行测查，结果发现应激源得分受到职业因素的影响，具体表现为应激源得分工作 11—15 年之间的护士得分最高，工作时间较短者(如，护士)与较长者(主任护师)应激水平较低(张静平等，2011)。执行军事任务会引起高度的应激反应，有研究以 50 名伞兵做跳伞任务为应激刺激(陈良恩，张晓丽，安瑞卿，2013)，通过鉴定唾液中 α-淀粉酶和皮质醇含量考察跳伞应激对伞兵的影响。研究者在登机前 2 小时和 1 小时，着陆后 0.5 小时和 2 小时分别采集唾液样本。结果发现从登机前 2 小时到着陆后 0.5 小时，跳伞组的皮质醇水平明显提高，且每个时间点的皮质醇水平都高于对照组(20 名不参加跳伞的士兵)。这说明了军事任务可以引起显著的应激反应。采用生化指标可以更加客观地评估应激反应水平。朱霞等人以 2 627 名现役士兵作为考察对象(朱霞等,2011),这些士兵被分为五组,分别参加抗震救灾、区域维稳、高原救灾、国庆阅兵训练和军事演习。在执行任务的第 5—10 天内使用急性应激反应量表(acute stress response sacle, ASRS)收集数据,该量表包括 5 个评估维度,分别为认知改变、情绪反应、行为变化、生理反应和病理反应,还有 1 个效标维度(工作效率)。他们的研究结果表明,士兵在高原救灾任务中应激反应最为严重,抗震与演习任务的应激反应偏低,维稳和阅兵任务更低,其中阅兵任务最低。具体表现为高原组的认知改变与病理改变显著高于其他四组,而其他四组之间无显著差异。这个研究结果可能是由于相比其他任务,执行高原救灾任务需要克服更多的体力上的困难(空气稀薄、高辐射、低含氧量等因素),说明了不同的军事任务要求所引起的应激反应类型和程度是不同的。来自于载人航天的研究表明宇航员的应激工作任务可以对认知与情绪产生影响。Liu Qing 模拟了宇航员的应激工作任务环境,他们设立了社会隔离 72 小时(简称 A 条件)和社会隔离 + 睡眠剥夺 72 小时(简称 B 条件)两种情况。随后,在实验前后测量被试的积极情感消极情感量表(PANAS)的得分以及被试在 GO/NOGO 任务中的事件相关电位(ERP),皮肤电反应(GSR)等数据。研究发现,前测时 B 组的 GSR 在 A、B 两种条件下差异不显著,但在后测时 B 条件的 GSR 显著高于 A 条件。在 ERP 的后测结果中,相比 A 条件,B 条件 GO 任务下的 P300 波幅更大。PANAS 量表的结果表明,只在 B 条件中发现被试后测的积极情绪低于前测。这个结果说明了睡眠剥夺和社会隔离环境 72 小时后(B 条件),被试的执行功能受到了损害,其积极情绪显著被削弱(Liu, 2015)。有的研究者综合多个职业因素,考察了 903 名军人在军事演习(应激)情况下的 SCL - 90(症状自评量表)得分,并同时记录了每个士兵的军龄、兵种和军阶等信息。结果发现在军事演习的条件下,军龄越大,军阶较高的炮兵(相比于步兵和侦察兵),其 SCL - 90 得分越低。这个研究说明军龄、军阶和兵种对应激反应有影响。研究者认为,出现这个结果可能的原因为入伍时间较短,其军队生活不稳定,如 1 年兵刚入伍,需要适应环境,2 年兵不仅需要承担上传下带的任务,而且需要面对复员或提升军官等重大人生选择。兵种上,步兵是作战主体,任务繁重,作为普通兵种,可能其对自身职业认同感较差。职别上,军阶越高,其待遇越好,如,军官相对士官职业更稳定,待遇更高,而士官相比士兵则更好。这说明了职业特征对应激水平可以产生影响(杨国愉等,2004)。

环境因素

工作的环境因素包含了物理环境因素和社会环境因素。其中物理环境因素包括海拔、湿度、温度、重力环境、日照时间等;社会环境因素包括组织管理方式、组织气氛、人际关系、社会文化、社会支持等。

在一项对象分别为在海拔 4 000 米和 5 000 米环境中工作的官兵的研究中，研究者采用军人心理应激自评问卷(psychological streess self evaluationtest, PSET)评估其心理应激水平。结果发现海拔高度对官兵应激能力的恢复有影响，具体表现为驻守在海拔 4 000 米的官兵(相比驻守在海拔 5 000 米的官兵)在疗养 30 天后 PSET 分数降低更多。研究者认为，海拔 5 000 米地区高寒、干燥、大风的应激环境对官兵身心健康危害较大，进而在相同时间的疗养后心理应激水平具有差异(徐莉等，2015)。随着我国载人航天工程的不断发展，为了考察太空失重情况对认知的改变，有研究者采用了头低位卧床的实验方法模拟了太空环境，这一方法很好地模拟了微重力环境和身体受限等宇航条件。研究者采用 EEG 作为测量手段，让被试参与 45 天的低头位卧床(前后准备在一起有 65 天)，统计各量表得分的同时，记录前额区与额中区的 alpha 波段(8—13 Hz)的功率值并且取自然对数，然后用右侧电极记录的数值减去左侧电极记录的数值(ln[右侧 alpha] - ln[左侧 alpha])，即得到 EEG 偏侧化指标。他们的研究结果发现，随着卧床天数的增加(分别在卧床开始的第 2 天、第 11 天、第 20 天、第 32 天、第 40 天，卧床结束后第 8 天)，EEG 偏侧化指标线性增长(修利超等，2014)。上述这些结果表明了应激海拔、湿度、重力环境等物理因素对应激反应具有影响作用。

此外，工作中的社会环境也会影响应激反应水平。有研究者采用 SCL - 90 对参加军事演习的 903 名军人进行现场测试。结果发现，民主型管理方式(相比于专制型和放任型)、和睦安宁的集体气氛(相比于偶尔争吵和经常争吵)与优良的人际关系(相比于一般和不良)可以显著降低应激反应(杨国愉等，2004)。采用了类似的研究范式，贺腾飞等人进一步使用回归分析发现，社会支持可以缓解工作应激带来的影响，提高工作满意度(贺腾飞，2015)。除了对管理方式、集体气氛和人际交往等影响因素的研究，随着国家的发展，出国务工/学习的人数增多，新的文化环境诱发的应激反应以及如何处理这些反应成为重要的研究课题。有研究者以 99 名在德国学习的学生/学者为对象，首先，采用自编的应激源和应激问卷进行测量，前者测查被试所遭受的应激刺激(如，受到了不公正的对待)，后者测查被试的应激反应(如，我觉得自己没有了文化的根基)。其次，研究者采用跨文化适应测量评定被试的跨文化适应情况(Black & Stephens, 1989)。他们的研究结果支持了作者的假设：应激源和应激反应与跨文化适应呈现负相关。应激源可以预测跨文化适应，跨文化适应可以预测应激反应。这些结果说明了不同的文化环境可以影响被试的应激反应及其对环境的适应水平(严文华，2007)。

为了更加综合地考察物理和社会环境带来的应激效应，有研究者选取了长沙市

788 名电子行业工人作为调查对象,采用自制的一般情况调查问卷以及中文版的职业应激量表(OSI - R)对相关信息进行采集,其中后者包括职业任务特征问卷(occupational roles questionnaire, ORQ)、个体紧张反应问卷(personal stress questionnaire, PSQ)和个体应变能力问卷(personal resources questionnair, PRQ)。研究结果表明,电子产业工人的职业任务与个体紧张得分显著高于我国西南地区常模,个体应变能力得分低于我国西南地区常模。进一步的多元线性回归分析表明,流水线作业、任务不适、任务模糊、任务冲突、责任感和工作环境是紧张反应的危险因素(对 PSQ 得分具有正向预测作用),而和家人一起住,高年龄组、娱乐休闲、自我保健和社会支持是紧张反应的保护因素(对 PSQ 得分具有负向预测作用)(陈发明等,2014)。

个体因素

性别、年龄、婚姻状况、生理周期、人格特质、情绪调节策略、自我效能感和心理弹性、精神障碍等因素对个体的应激水平具有较好的预测作用。

研究者使用护士工作应激源量表(CNSS)对我国东部、中部和西部三个地区 21 家医院的 3 091 名护士进行测查,并同时采集一般社会人口学信息。结果表明,已婚护士的工作应激源得分高于未婚护士;26—30 岁的护士工作应激源得分最高,25 岁以下者得分最低(张静平等,2011)。黄雅梅等人采用了特里尔社会应激测试(trier social stress test, TSST)作为实验室中诱发应激的手段,考察了具有经前综合症(PMS)与非 PMS 的女性的应激反应是否有差异。在 TSST 测验前 10 分钟到测验后 70 分钟间隔性地测量皮质醇水平。结果发现 PMS 组皮质醇含量更低,且对于 TSST 的响应速度更慢。这可能是由于 PMS 症状导致应激系统资源耗尽,皮质醇分泌量不足,不利于形成有效的应激反应(Huang 等,2015)。关于应激反应在性别上的差异,更加直接的证据来自于同样采用 TSST 范式的对比研究,有研究者发现在应激条件下,初二的男性学生(相比女性学生)有着更高的皮质醇反应(陆青云等,2014)。以上使用皮质醇作为主要测量手段表明应激具有性别差异的研究结果得到了采用量表法的研究的支持,研究者使用中国大学生心理应激量表对 234 名大学生进行问卷调查,结果表明男性的心理应激水平高于女性(洪炜,徐红红,2009)。

更多的研究聚焦于人格特质对应激反应的影响。有研究者分别采用清华大学李虹编制的《大学教师工作应激量表》,山西大学杨继平、张雪莲编制的《高校教师工作满意度的调查问卷》以及北大钱铭怡等人修订的《艾森克人格问卷简式量表》(EPQ - RSC)对山西省和天津市 6 所高校的 538 位教师进行测查。其中《大学教师工作应激量表》由 34 个题目组成,分为 5 个分量表,分别是工作保障、教学保障、人际关系、工作负荷与工作乐趣。研究结果表明,工作应激与工作满意感之间呈显著负相关,即教师的应激水平越高,对工作越不满意。研究者通过多元回归分析发现,人格特质与工作应激的交互作用影响了工作满意度。具体表现为面对同样水平的工作应激,人格外倾的教师具有较高的工作满意度,高神经质的教师具有较低的工作满意度(贺腾飞,刘文英,2012)。采用类似的研究范式,研究者还发现坚韧人格、内控感、和善性、严谨性、心理弹性、自我接纳、自我效能感、随和、自立人格与应激水平具有显著负相关(洪炜,徐红红,2009;任慧峰等,2012;夏凌翔,2011;赵鑫等,2014),神经质、SCL-90 得分与应激水平具有显著正相关(赵鑫等,2014;左昕等,2011)。考虑到影响应激反应的个人因素较多,在人格特质与应激的研究中,许多研究者采用了较为复杂的统计分析方法对影响应激的因素进行分析。如,由研究者采用 connor-davidson 回弹力问卷(CD-RISC)、PSET、SCL-90 的得分分别作为心理弹性、心理应激水平和心理健康的指标,对 650 名新兵在为期 2 个月的军事训练(应激)进行前测—后测,并将调查结果通过交叉滞后分析考察各指标之间的是否存在因果关系。研究结果表明,心理弹性(前测)与心理健康指标(前测)可以作为预测新兵的应激水平(后测)的指标。这些结果说明了新兵的心理弹性和心理健康状态可以影响其对应激的适应(缪毅,李敏,兰勇等,2012)。赵鑫等人(2014)采用 PEST、大五人格问卷(neroticism extraversion openness five factor inventory, NEO-FFI)和情绪调节自我效能感量表(scale of regulatory emotional self-efficacy, SRESE)对 283 名男性通信兵进行问卷调查。研究者对情绪调节效能感在人格特质与军人心理应激水平之间的中介效应进行了检验,发现管理消极情绪自我效能感在人格特质(和善性、严谨性、外向性、神经质)与心理应激水平之间具有部分中介效应(赵鑫等,2014)。

最后,一些心理训练、沟通策略或情绪调节策略可以降低应激水平。有研究者为了考察心理训练对战斗机飞行员应激损伤的防护效果,将参加重大演戏任务的 69 名战斗机飞行员根据是否参加心理训练(认知调节训练、生物反馈训练、沙盘游戏训练和团体心理训练)分为训练组和控制组,采用 SCL-90 量表评估心理应激水平。结果发现,在军事应激中,训练组在躯体化、强迫、焦虑、敌对和偏重因子的得分低于控制组。这个结果说明了心理训练能够调节战斗机飞行员的军事应激反应,改善心理健康状况(胡乃鉴,田建全,王洪芳,2015)。除了来自外部的干预,个体自身也会对应激产生适应性反应,来自俄罗斯的研究者在真实宇航环境的研究中发现,在 3 个月的飞行任务中,6 名宇航员在沟通策略上出现了分化:一组宇航员的沟通策略更加活跃且自制(activation and self-government),其报告内容更长,报告内容除了正常的工作交流之外,更具情绪色彩,这组宇航员的主观心境得分也更高。另一组宇航员的报告内容仍旧很短,缺乏情绪表现。研究者认为采取活跃且自制沟通策略的宇航员传递了他们心理上的紧张情绪,减轻了他们的心理负荷。这个研究说明了在长期飞行任务中,宇航员沟通策略会对宇航员的情绪产生影响(Shved, Vinokhodova, & Vasylieva, 2012)。这可能说明了语言对情绪具有宣泄作用(Hemenover, 2003),有助于应激压力的释放。赵鑫(2013)等人为了考察军人情绪调节策略、情绪体验和心理应激水平之间的关系,采用 PSET、PANAS 和情绪调节量表(emotion regulation questionnaire, ERQ)对 153 名男性通信兵进行问卷调查。其中 ERQ 分为认知重评和表达抑制两个维度,PANAS 分为积极和消极两个维度。结果表明,心理应激与消极情绪体验和表达抑制的使用频率存在显著正相关,通过进一步的中间效应检验发现,军人的消极情绪体验在表达抑制策略的使用频率与心理应激水平之间起完全中介的作用。这个研究说明了情绪调节策略的使用频率通过影响个体的情绪体验来影响军人心理应激水平。

根据以上的研究可以发现,大多数研究者采用量表的测量,而影响应激的因素是多种多样的,所用的量表也不尽相同。这就导致不同研究的结果难以进行比较与总结,只能得出有限的结论,而无法深入挖掘影响与调节应激的潜在机制。在未来的研究中,在兼顾创新与探索的情况下,研究者应注重提高不同研究之间的可比性,在应激的内在机制上有所突破。

8.3.5 应激的测量方法

一般而言,传统的应激测量较多使用量表测量法,但随着测量技术的发展与研究的深入,越来越多的研究者开始使用行为测量法和生理测量法,这为我们提供了更多的途径来发现和确定与应激相关的问题,并有助于提出建设性的建议。

量表测量法

较多研究者采用量表法收集数据,对不同变量之间进行相关分析,以期考察应激水平及影响应激水平的因素。如,军事飞行员从事着高风险、高工作负荷的职业,其工作中存在大量的应激情境,考察其人格特征与认知方式与心理应激水平的关系具有重要的实践意义。研究者采用工作压力感问卷(job stress questionnaire, JSQ)、艾森克人格问卷简式量表中国版(rivised eysenck personality questionnaire- short scale for Chinese, EPQ - RSC)、航空安全控制点问卷(aviation safety locus Of control inventry, ASLOCI)、坚韧人格问卷(hardy personality questionnaire, HDQ)对 166 名军事飞行员进行测查。结果发现 EPQ - E 得分高(外倾性人格)的飞行员其工作压力感较低,两者呈显著负相关。类似的,坚韧人格问卷得分与工作压力感也呈现显著负相关。ASLOCI 中的外控分量表得分与工作压力感呈现正相关。以上研究结果表明,外倾性、坚韧的人格特征以及内控感较高的军事飞行员,其工作压力感更低(任慧峰等,2012)。采用类似的研究方法,研究者对军人(胡乃鉴等,2015;潘虹等,2014;杨国愉等,2004;朱霞等,2011)、出国留学和访学(严文华,2007)、护理人员(杨娟,郝瑜,郝琴,2012)、宇航员(Shved 等,2012)的应激水平进行测查。以上研究大多采用相关分析作为主要考察方法,更多的研究者为了更加深入地考察应激水平受到何种因素的影响,采用了回归分析(陈发明等,2014;左昕等,2011)、中介效应(模型)分析(夏凌翔,2011;赵鑫等,2013;2014)和结构方程(洪炜,徐红红,2009)等统计方法,这些统计方法可以为应激的来源和影响应激的因素提供更多的预测性解释。采用类似的方法,有研究者发现社会支持缓解了工作应激带来的影响,提高了工作满意度(贺腾飞,2015)。

行为测量法

应激反应本身具有积极意义,有助于有机体对应激适应性反应,只有超出一定程度的应激才对有机体的正常功能产生不利影响。在有机体对急性应激的反应中,行为测量法会对应激反应造成较大的影响。因此,在慢性应激工作任务中较多使用行为测量法。一般使用的测量方法以反应时和正确率作为主要指标。如,以 572 名连续执行 4—16 个月高强度军事训练的军人为对象的研究,研究者通过特质焦虑量表将参加训练的军人分为特质焦虑组及非特质焦虑组,并在训练期间进行认知能力测量。研究者采用北大仪器厂生产"SHJ-型视觉反应时测试仪"和博达电子公司成山的 DDX-200 型神经心理行为测试仪,使用复杂鉴别反应时测定、视觉注意、听觉注意、视听分配值任务以及短时记忆选择项目、手脚协调作业测定选择项目来考察被试的应激反应。结果发现,相比于非特质焦虑组,特质焦虑组在经过军事应激之后,其短时记忆、双手协调、双脚协调和复杂鉴别反应时绩效较低(王丽杰等,2011)。这个结果说明了认知作业任务对于应激水平的检测具有较高的敏感性。为了减少行为测量造成的干扰,来自俄罗斯的研究者对执行 3 个月宇航任务的宇航员的报告内容进行分析,将报告字数、情绪词语数、消极/积极情绪词语数目作为其沟通策略的行为指标。结果发现,6 名宇航员在沟通策略上出现了分化:一组宇航员的沟通策略更加活跃且自制(activation and self-government),其报告内容更长,报告内容除了正常的工作交流之外,更具情绪色彩,这组宇航员的主观心境得分也更高。考虑到行为测量法对应激任务具有较大的干扰作用,较多研究者采用了更加客观、敏感度更高、实时性更好的生理测量法。

生理测量法

在对应激的生理测量中,较多采用的指标或技术有:唾液或血液中的皮质醇水平、α-淀粉酶、心率、核磁共振(MRI)、正电子发射多层扫描(positron emission tomography, PET)、EEG、ERP、等技术。大多数研究者采用皮质醇作为应激水平的指标,如,研究者以伞兵为研究对象,通过测定唾液中 α-淀粉酶和皮质醇含量考查跳伞应激对伞兵的影响。研究者在登机前 2 小时和 1 小时，着陆后 0.5 小时和 2 小时采集唾液样本。结果发现从登机前 2 小时到着陆后 0.5 小时，跳伞组的皮质醇水平明显提高，且每个时间点的皮质醇水平都高于对照组（不参加跳伞的士兵），α-淀粉酶含量变化与皮质醇含量类似。研究者认为 α-淀粉酶间接反映了交感—肾上腺髓质（sympathetic-adreno medullary, SAM）的唤醒度，而皮质醇反映了下丘脑—垂体—肾上腺轴（hypothalamic-pituitary-adrenal axis, HPA）的唤醒度。两个系统都与应激反应相关，可以作为评估应激水平的指标（陈良恩等，2013）。类似的，采用皮质醇作为应激指标，研究者使用 TSST 模拟了社会应激场景，也表明皮质醇是简单高效的应激水平的指标（Huang 等，2015；陆青云等，2014；杨娟等，2011）。TSST 任务一般配合皮质醇的测量，而蒙特利尔脑成像应激任务（montreal imaging stress task, MIST）配合核磁共振（MRI）与正电子发射多层扫描（positron emission tomography, PET）进行测量，这为我们了解应激状况下大脑变化提供了重要的研究手段。在 MIST 任务中，被试需要在时间紧迫的情况下对题目进行解答，在规定时间内无法做出解答，这个试次被认为是失败的。主试告知被试总体成功率达到 80%才被认为是成功。如果被试在作答过程中，成功率很高，则程序会自动调整时间限制，使得被试的成功率保持在 40%。如果被试失败，此时主试会对被试进行消极反馈，告诉他这个"失败"，并且督促其努力提高自己的分数。这种实验设计人为诱发了被试的自我卷入（ego involvement）和失控感（uncontrollability）。控制组被试则没有时间限制，不会被告知总体成功率，也没有主试的消极反馈，因此不会诱发被试的自我卷入和失控感。此时使用 MRI、PET 和 18F-Fallypride（多巴胺 D2 受体显影剂）测定脑区的激活程度，并记录被试的心率。结果发现相比于控制组，应激组的 dmPFC 区域被显著激活了。并且发现背内侧前额皮层（dorsal medial prefrontal cortex, dmPFC）激活度越高，则心率越快（Nagano-Saito 等，2013）。同样采用 MRI 技术，研究者发现在 4—16 个月的高强度军事训练后，572 名特种部队军人中具有特质焦虑个体的海马体形态出现了双侧萎缩（相比于非特质焦虑个体）。研究者推测这可能是由于具有特质焦虑的军人在经过高强度军事训练后，分泌了过量的糖皮质激素引起了神经元细胞的功能不足，使得神经元细胞丢失和反应性胶质增生，最终导致海马体积的变小（王丽杰等，2011）。

在模拟宇航员的工作应激环境的研究中，Liu Qing 等人发现，相比于社会隔离 72 小时被试，在经过社会隔离+睡眠剥夺 72 小时后的被试在进行 GO/NOGO 任务中，GO-P300 的波幅更大，研究者认为这可能由于被试的执行功能受到了损害（Liu, 2015）。在另一项模拟太空中微重力环境和身体受限等宇航条件的研究，研究者采用 EEG 作为测量手段，让被试参与 45 天的低头位卧床（前后准备在一起有 65 天），统计各量表得分的同时，记录前额区与额中区的 alpha 波段（8—13 Hz）的功率值并且取自然对数,然后用右侧电极记录的数值减去左侧电极记录的数值(ln[右侧alpha] - ln[左侧 alpha]),即得到 EEG 偏侧化指标。研究结果发现随着卧床天数的增加(分别在卧床开始的 2 天、11 天、20 天、32 天、40 天,卧床后 8 天),EEG 偏侧化指标线性增长(修利超等,2014)。

以上研究表明,影响应激反应的因素较多,而目前对应激的测量大多使用量表法。但不同研究者对于应激的定义不同导致研究之间难以比较,也难以得出统一的结论。如,有的研究者将心理健康量表(如,SCL - 90)得分作为应激反应的指标,将其他变量(如,工龄)定义为影响应激的因素。有的研究者则将心理健康量表定义为心理健康指标(或症状指标),使用心理应激量表(如,军人心理应激自评问卷)作为应激水平的。从应激的生理意义来看,应激反应不等同于症状或心理健康。在对应激源反应的初期,应激反应具有积极意义,此时心理健康量表并不具有临床意义,此时心理应激量表对应激反应具有更好的代表性。随着应激反应的持续,有机体开始出现因长时间应激而导致的衰竭症状,此时应激开始对身心健康产生较大危害,心理健康量表则具有较大的意义。在以后的研究中,如何根据任务要求、工作环境和个人特点评估应激反应并实施劳动保护是具有现实意义的。

8.4 研究展望

本章主要论述了生理负荷、心理负荷和应激相关的研究。关于这三个方面以往的研究主要集中在生理或者心理负荷、应激的影响因素以及科学的评价方法这两个方面。任何一个人机界面的研究者都不可能无视负荷及其应激对于操作者身心及其工作绩效的影响。我们认为以后关于这个领域的研究将集中在以下几个方面。

首先是影响因素的研究。不论是生理还是心理负荷或者说应激的影响因素的研究的目的是为操作者设定一个符合操作者心身特点或者操作特点的合理的负荷状态或应激水平。因此,未来的研究工作将注重多因素或者各种因素交往作用对负荷和应激的影响的研究,完善负荷或者应激的理论模型,在此基础上,将有更多的研究围绕着建立合理的负荷或者应激水平的标准展开。

其次是关于负荷和应激评价方法的研究。就目前这方面的研究来看,研究者越来越注重以各种生理指标为基础的评价方法的研究,但是不论是生理还是心理负荷,或者说应激方面,评价方法的研究的成果经常存在着彼此不一致的情况,其可能的原因或许是负荷或应激评价本身就是个复杂的研究课题,现有的研究不能得出一致性的成果;另外一个可能的原因是现代科学本身发展的局限性,即现有的技术手段不足以提供一种可被广泛接受的评价方法。由此,我们认为,这方面的工作将会持续展开。研究的重点可以考虑以一种更为系统或者综合的观点来设置评价的指标，例如，采用单一的指标来进行评价负荷状态往往会有局限，因此，采用多指标的评价方法也许就是一种可行的研究思路。

参考文献

陈发明，王艳，金若刚等．(2014)．长沙市电子行业工人职业应激及其影响因素研究．实用预防医学，21(5)，535—537．
陈良恩，张晓丽，安瑞卿．(2013)．空降兵跳伞应激对唾液 α-淀粉酶活性的影响．现代预防医学，40(10)，1920—1922．
戴均开，葛列众．(2007)．手机原型界面的可用性评估．人类工效学，13(2)，13—15．
葛燕，陈亚楠，刘艳芳等．(2014)．电生理测量在用户体验中的应用．心理科学进展，22(006)，959—967．
郭应时．(2009)．交通环境及驾驶经验对驾驶员眼动和工作负荷影响的研究．长安大学硕士学位论文．
韩东旭，周传岱，刘月红．(2001)．状态相关脑波复杂度用于脑负荷评价的研究．航天医学与医学工程，14(2)，102—106．
贺腾飞．(2015)．高校教师社会支持对工作应激和满意度的影响．中国健康心理学杂志，23(5)，712—716．
贺腾飞，刘文英．(2012)．高校教师人格对工作应激和工作满意度的影响．中国健康心理学杂志，20(7)，1003—1005．
洪炜，徐红红．(2009)．应激、积极人格与心理健康关系模型的初步研究．中国临床心理学杂志，17(3)，253—256．
胡江碧，常向征．(2014)．基于驾驶工作负荷的高速公路线形安全性评价方法案例分析．公路，59(4)，150—154．
胡江碧，杨洋，张美杰．(2010)．山区高速公路弯坡组合段安全性评价方法．中国公路学报(S2)，89—92．
胡乃鉴，田建全，王洪芳．(2015)．心理训练对战斗机飞行员军事应激损伤防护效果．中国健康心理学杂志，23(8)，1161—1163．
黄永麟，尹彦琳．(2000)．心率变异性正常值及其重复性的多中心研究．中华心律失常学杂志，4(3)，165—170．
贾会宾，赵庆柏，周治金．(2013)．心理负荷的评估，基于神经人因学的视角．心理科学进展，8，009．
焦昆，李增勇，陈铭等．(2006)．驾驶精神疲劳的心率变异性和血压变异性综合效应分析．生物医学工程学杂志，22(2)，343—346．
李小全，孙汉卿，程懿．(2012)．自行火炮驾驶员多种工作负荷建模与评价研究．人类工效学，18(4)，64—68．
李增勇，焦昆，陈铭等．(2004)．汽车驾驶员驾驶过程中的心率变异性功率谱分析．中国生物医学工程学报，22(6)，574—576．
刘卫华．(2009)．现代人-机-环境系统工程，北京：北京航空航天大学出版社．
柳忠起，袁修干，樊瑜波等．(2009)．模拟飞机着陆飞行中专家和新手眼动行为的对比．航天医学与医学工程，22(5)，358—361．
龙升照．(2001)．人-机-环境系统工程的过去、现在与未来——纪念人-机-环境系统工程创立 20 周年．Paper presented at the 人-机-环境系统工程创立 20 周年纪念大会暨第五届全国人-机-环境系统工程学术会议论文集．
鲁繁．(2012)．基于 fMRI 的工作记忆与情绪交互作用研究．电子科技大学硕士学位论文．
陆青云，陶芳标，侯方丽等．(2014)．青少年应激下皮质醇应答与风险决策相关性的性别差异．心理学报，5，007．
缪毅，李敏，兰勇等．(2012)．集训期野战部队新兵心理弹性、心理健康与心理应激关系的交叉滞后分析．中华行为医学与脑科学杂志，21(1)，59—62．
莫秋云，李文彬，高双林．(2004)．木工宽带砂光机噪声对人体心率的影响．北京林业大学学报，26(3)，64—66．
潘虹，张理义，张元兴等．(2014)．驻海岛官兵睡眠障碍、急性应激障碍及社会支持关系．中国健康心理学杂志，22(1)，29—31．
潘津津，焦学军，姜劲等．(2014)．利用功能性近红外光谱成像方法评估脑力负荷．光学学报(11)，336—341．
彭金栓，高翠翠，郭应时．(2014)．基于熵率值的驾驶人视觉与心理负荷特性分析．重庆交通大学学报，自然科学版，33(2)，118—121．
邱静，高龙，卢军．(2015)．实时 EEG 脑力负荷预测研究．人类工效学，21(3)，10—13．
任慧峰，刘庆峰，柳军伟等．(2012)．军事飞行员工作应激与人格的相关性研究．中国疗养医学，21(4)，291—294．
沈模卫，易宇骥，张峰．(2003)．N - back 任务下视觉工作记忆负荷研究．心理与行为研究，1(3)，166—170．
宋超，王健，方红光．(2006)．间断递增负荷条件下肌肉活动的力-电关系．体育科学，26(3)，50—52．
宋长振．(2007)．基于心率变异的驾驶员生理负荷研究．内蒙古农业大学硕士学位论文．
孙向红，杨帆．(2008)．车辆驾驶心理负荷测量工具的测评与发展，一个现场研究的尝试．人类工效学，14(3)，27—31．
完颜笑如，庄达民，刘伟．(2011)．基于非任务相关 ERP 技术的飞行员脑力负荷评价方法．中国生物医学工程学报，30(4)，528—532．
王笃明，王健，葛列众．(2003)．肌肉疲劳的 SEMG 时频分析技术及其在工效学中的应用．航天医学与医学工程，16(5)，387—390．
王丽杰，孙秋德，严进等．(2011)．慢性军事应激致军人海马形态、认知功能和应对方式的变化．心理学报，43(7)，792—797．
王抢，朱彤，朱可宁等．(2014)．视觉与听觉次任务对驾驶人视觉的影响及差异．安全与环境学报(4)，49—52．
王伟，李彬，哈振德等．(2007)．单兵增氧呼吸器对高原移居青年体力负荷时心率的影响．高原医学杂志，(17)3，15—17．
王湘，陈斌，刘鼎等．(2008)．不同记忆负荷水平下执行控制的 ERP 效应．中国心理卫生杂志，22(8)，576—582．
卫宗敏，完颜笑如，庄达民．(2014)．飞机座舱显示界面脑力负荷测量与评价．北京航空航天大学学报，40(1)，86—91．

魏水先.(2014).民机驾驶舱人为差错及工作负荷评价方法研究.南京航空航天大学硕士学位论文.
夏凌翔.(2011).自立人格与心身症状,特质-应激-症状相符中介模型的检验.心理学报, 43(6),650—660.
肖元梅,范广勤,冯昶等.(2010).中小学教师 NASA - TLX 量表信度及效度评价.中国公共卫生, 26(10),1254—1255.
肖元梅,王治明,王绵珍等.(2005).主观负荷评估技术和 NASA 任务负荷指数量表的信度与效度评价.中华劳动卫生职业病杂志(3),178—181.
修利超,谈诚,蒋依涵等.(2014).45 天 - 6°头低位卧床对个体额区 EEG 偏侧化和情绪的影响.心理学报 7,006.
徐莉,张昆龙,刘蕾等.(2015).高原特勤疗养对官兵心理应激反应影响的研究.中国疗养医学(7),673—676.
严文华.(2007).跨文化适应与应激、应激源研究,中国学生、学者在德国.心理科学,30(4),1010—1012.
杨国愉,冯正直,任辉等.(2004).军事应激条件下军人心理健康特点及其相关因素.解放军预防医学杂志,22(01),25—29.
杨家忠,曾艳,张侃等.(2008).基于事件的空中交通管制员情境意识的测量.航天医学与医学工程,21(4),321—327.
杨娟,郝瑜,郝琴.(2012).外科护士 125 名工作应激和特质焦虑关系的调查.职业与健康, 28(7),830—831.
杨娟,侯燕,杨瑜等.(2011).特里尔社会应激测试(TSST)对唾液皮质醇分泌的影响.心理学报,43(4),403—409.
杨玚,邓赐平.(2010).NASA - TLX 量表作为电脑作业主观疲劳感评估工具的信度、效度研究.心理研究,03(3),36—41.
袁乐平,孙瑞山,刘露.(2014).基于 doratask 的管制员工作负荷测量方法研究.安全与环境学报,3,019.
张静平,姚树桥,张侠等.(2011).护士工作应激源量表全国常模的制定及相关研究.中华行为医学与脑科学杂志,20(5),471—474.
张文诚,韦玉梅.(1992).遥测脑电图(频谱分析)在脑力负荷研究中的应用.中华劳动卫生职业病杂志,6,336—338.
张文诚,巫雯.(1992).不同记忆负荷对事件相关电位 - P300 的影响.中华劳动卫生职业病杂志,1,21—24.
张智君,朱祖祥.(1995).负荷水平和作业信息输入输出形式对视觉追踪操作心理负荷评估敏感性.心理学报,2,121—126.
赵霞,孙伟,李珏等.(2015).模拟持铆钉枪拧螺丝作业者腕部肌肉负荷和血生化指标的关联性分析.环境与职业医学,32(5),385—392.
赵鑫,马秀娟,周仁来等.(2013).消极情绪体验在表达抑制与军人心理应激水平中的中介作用.第三军医大学学报,21,2363—2366.
赵鑫,张雅丽,马秀娟等.(2014).情绪调节效能感在人格特质与心理应激水平关系中的中介作用.第三军医大学学报,36(17),1850—1853.
朱霞,杨业兵,张华军等.(2011).重大军事任务下军人急性应激反应特点.心理科学,5,1269—1273.
朱祖祥.(2000).工程心理学,北京:人民教育出版社.
左昕,李敏,邱太兴等.(2011).水面舰艇军人心理弹性、自我意识、性格与应激水平、心理健康的相关研究.中华行为医学与脑科学杂志,20(1),59—61.
Antonenko, P. D. (2007). The effect of leads on cognitive load and learning in a conceptually rich hypertext environment. Dissertations & Theses-Gradworks.
Black, J. S., & Stephens, G. K. (1989). The influence of the spouse on american expatriate adjustment and intent to stay in pacific rim overseas assignments. *Journal of Management*, *15(4)*, 529 - 544.
Chida, Y., & Steptoe, A. (2009). Cortisol awakening response and psychosocial factors: A systematic review and meta-analysis. *Biological psychology*, *80(3)*,265 - 278.
Hart, B. S. G., & Staveland, L. E. (1988). Development of nasatls (task load index): Results of empirical and theoretical research. Paper presented at the In Human Mental Workload, P. A. Hancock & N. Meshkati éds.
Hemenover, S. H. (2003). The good, the bad, and the healthy: Impacts of emotional disclosure of trauma on resilient self-concept and psychological distress. *Personality & Social Psychology Bulletin*, *29(10)*,1236 - 1244.
Holm, J. W., Hartvigsen, J., Lings, S., & Kyvik, K. O. (2013). Modest associations between self-reported physical workload and neck trouble: A population-based twin control study. *International archives of occupational and environmental health*, *86(2)*,223 - 231.
Huang, Y., Zhou, R., Wu, M., Wang, Q., & Zhao, Y. (2015). Premenstrual syndrome is associated with blunted cortisol reactivity to the tsst. *Stress-the International Journal on the Biology of Stress*, *18(2)*,1 - 34.
Konstantopoulos, P., Chapman, P., & Crundall, D. (2010). Driver's visual attention as a function of driving experience and visibility. Using a driving simulator to explore drivers' eye movements in day, night and rain driving. *Accident Analysis & Prevention*, *42(3)*, 827 - 834.
Kurowski, A., Buchholz, B., Punnett, L., & Team, P. R. (2013). A physical workload index to evaluate a safe resident handling program for nursing home personnel. Human Factors: The Journal of the Human Factors and Ergonomics Society, 0018720813509268.
Lim, J., Wu, W. C., Wang, J., Detre, J. A., Dinges, D. F., & Rao, H. (2010). Imaging brain fatigue from sustained mental workload: An asl perfusion study of the time-on-task effect. *Neuroimage*, *49(4)*, 3426 - 3435.
Lin, T., Imamiya, A., & Mao, X. (2008). Using multiple data sources to get closer insights into user cost and task performance. *Interacting with Computers*, *20(3)*, 364 - 374.
Liu, Q. (2015). Effects of 72hours total sleep deprivation on male astronauts' executive functions and emotion. *Comprehensive Psychiatry*, *61*,28 - 35.
Masaki, H., Ohira, M., Uwano, H., & Matsumoto, K. I. (2011). A quantitative evaluation on the software use experience with electroencephalogram: Springer Berlin Heidelberg.

Nagano-Saito, A., Dagher, A., Booij, L., Gravel, P., Welfeld, K., Casey, K. F., . . . Benkelfat, C. (2013). Stress-induced dopamine release in human medial prefrontal cortex — 18f-fallypride/pet study in healthy volunteers. *Synapse*, *67*(*12*), 821 - 830.

Otsuka, Y., Onozawa, A., Kikukawa, A., & Miyamoto, Y. (2007). Effects of flight workload on urinary catecholamine responses in experienced military pilots 1,2. *Perceptual and motor skills*, *105*(*2*),563 - 571.

Reenen, H. V., Bart, V., Beek, A. J., Van Der, Blatter, B. M., DieëN, J. H., Van, & Willem, V. M. (2009). The effect of a resistance-training program on muscle strength, physical workload, muscle fatigue and musculoskeletal discomfort: An experiment. *Applied Ergonomics*, *40*(*3*),396 - 403.

Rogers, A. S. P., Asbury, C. N., & Szoboszlay, Z. P. (2003). Enhanced flight symbology for wide-field-of-view helmet-mounted displays. Proceedings of SPIE - The International Society for Optical Engineering, 5079.

Rogers, S. P., Asbury, C. N., & Haworth, L. A. (2001). Evaluations of new symbology for wide-field-of-view hmds. Proceedings of SPIE - The International Society for Optical Engineering, 4361,213 - 224.

Sánchez-Moreno, E., Roldán, I. N. D. L. F., Gallardo-Peralta, L. P., & Roda, A. B. L. D. (2014). Burnout, informal social support and psychological distress among social workers. *British Journal of Social Work*, 1 - 19.

Selye, H. (1936). A syndrome produced by diverse nocuous agents. *Nature*, *138*(*3479*),32.

Shved, D., Vinokhodova, A., & Vasylieva, G. (2012). Some psychophysiological and behavioral aspects of adaptation to simulated autonomous mission to mars. *Acta Astronautica*, *70*(*1*),52 - 57.

Van den Oord, M. H., De Loose, V., Meeuwsen, T., Sluiter, J. K., & Frings-Dresen, M. H. (2010). Neck pain in military helicopter pilots: Prevalence and associated factors. *Military medicine*, *175*(*1*),55 - 60.

Van den Oord, M. H., Sluiter, J. K., & Frings-Dresen, M. H. (2014). Differences in physical workload between military helicopter pilots and cabin crew. *International archives of occupational and environmental health*, *87*(*4*), 381 - 386.

Veltman, J., & Gaillard, A. (1996). Physiological indices of workload in a simulated flight task. *Biological psychology*, *42*(*3*),323 - 342.

Wetherell, M. A., Hyland, M. E., & Harris, J. E. (2004). Secretory immunoglobulin a reactivity to acute and cumulative acute multi-tasking stress: Relationships between reactivity and perceived workload. *Biological psychology*, *66*(*3*), 257 - 270.

9 安全与事故预防

本章主要论述的是安全与事故预防,主要包括了事故原因、事故理论、事故预防三个基本的部分。安全与事故预防是工程心理学学科领域中传统的一个研究领域。事故的发生往往难以准确预测与有效控制,事故发生与人对事故的感知觉、认知和行为等过程有关。

本章中,第一节(9.1节)事故原因从人的特性、物的影响和环境的制约三个方面论述事故产生的原因。第二节(9.2节)事故理论介绍分析了三种典型的事故理论和三种有代表性的事故模型以及我国事故理论研究的现状。第三节(9.3节)事故预防主要论述了事故预防的三个步骤:危险识别与控制、安全防护装置设计和安全培训管理。最后一节(9.4节)是研究展望。

9.1 事故原因

9.1.1 概述

在工程心理学研究中,事故原因多种多样。例如,有直接原因,也有间接原因;有显性原因,也有潜伏原因等等。也有人认为,事故的发生起源于系统各成分之间的相互作用(Slappended 等,1993)。总体上来说,事故发生的原因,可以概括为人的特性、物的影响和环境的制约三个方面。

第一,人的特性。人的心理和行为特性,例如年龄、经验、动机等。这些特性一方面与事故发生和安全管理有着密切关系,另一方面也关系到人自己的身心安全。降低系统效率和安全水平的不恰当的人的行为称为人为差错(Bridger, 2003)。广义上讲,人为差错不仅包括操作者所犯的错误,而且包括系统设计者以及管理、指导和训练者所犯的错误。但是,在大多数情况下,人为差错主要指操作者的错误。即使人的意图是正确的,但是错误的行为被激活执行了,人为差错依然会发生。

第二,物的影响。物的影响主要是指设备和工具的特点对事故发生的影响。设备和工具的设计缺陷以及使用不当,是导致操作者错误判断和错误行为的一个主要原因。这里的物还包括工作特征,例如工作强度、生理和心理应激等。

第三,环境的制约。环境的制约体现在物理环境和社会环境两个方面。物理环境包括照明、噪声、振动、温度、湿度、空气污染、火、水和辐射危险等各个方面,社会环境则包括管理制度、社会规范、道德、训练和激励等因素。

9.1.2 人的特性

诱发和影响事故的人的特性包括危险知觉能力、危险认知能力、避免危险的行动决策能力以及避免危险的行动能力等方面。这些能力涉及到感知觉技能、记忆、注意、觉醒状态、经验、训练水平、运动能力、态度、动机、个性、危险倾向以及人体测量和运动生物力学等因素。

人的心理和行为特性关系到人对设备的操作以及对工作环境的适应。如果操作的设备、设计的系统,或者生产流程不符合人的特性,就容易出现人为差错,导致事故的发生。在发生的所有事故中,人的失误造成的事故占有很高的比例。据统计,1976年至2009年我国共发生民爆物品生产燃烧爆炸安全事故212起,累计伤亡751人;92起工业雷管生产燃烧爆炸安全事故致因,人的失误占90.56%;55起工业炸药生产安全事故致因,人的失误占78.25%(刘治兵等,2010)。

人误的事故会产生很大的危害。例如,2008年4月28日,我国胶济铁路发生列车脱轨的严重事故，事故造成 72 人死亡，416 人受伤。这是一起人为因素所致的特别重大事故，事故中工作人员违反规定的错误行为导致了事故的发生，在事故发生过程中，调度员漏发应急命令，值班员未能执行车机联控，司机未进行瞭望（刘湘丽，2008）。

以往的研究表明：在人的特性方面，年龄、性别、工作经验、应激、生物节律和危险倾向等都是影响事故发生的重要因素。

年龄是影响事故发生率的一个重要因素。通常，青年人比较容易发生事故，其中15—24 岁年龄段尤为明显。例如，酒后驾车交通事故的研究表明，与 20—24 岁年龄组相比较，18—19 岁年龄组出现交通事故的比率高出 12%，15—17 岁年龄组出现事故的比率要高出 14%（Kypri 等，2006）。年龄较大的成年人相对于青年人发生事故的概率较低，其原因很可能是随着年龄增大，人们变得较保守。但是，如果当事故的发生与操作者的生理能力或认知能力有关时，老年人的事故率便明显升高，这可能是判断能力和应急能力缺乏所致（李文权，2005）。通常，在那些体力要求较高的工作领域，作业绩效在 35 岁起就开始下降。就知觉和认知能力来说，50—60 岁老年人的有效视野出现下降，信息加工速度减慢，辨认模糊刺激的能力降低。因此，若某项工作（如驾驶作业）需要信息加工资源参与，则老年人的事故发生率就会增加。

性别也是影响事故发生的一个因素。一般来说，男性较女性具有更多的鲁莽行为和冲动性，更喜欢冒险，容易发生事故。有研究发现，男性机动车驾驶员与女性机动车驾驶员出现死亡交通事故的比例是 3∶1（Enache 等，2009）。也有调查表明，在英国的道路交通事故中，重大交通事故的肇事者多数为男性，他们更喜欢高速驾驶，并且在夜间驾驶容易失控（Clarke 等，2010）。

工作经验是预测事故率的另一个重要因素。国内有研究者曾对典型钢铁企业40 年间的 1 465 起工伤事故进行了统计分析。他们的研究结果发现，伤害事故频数与受害人员的工作年龄存在显著的递减指数相关关系（刘健超等，2007）。大部分事故（接近 70%）一般发生在操作者从事某项工作的前三年内。其中，高峰期为工作后2—3 个月。研究者认为，这个时期是一个过渡阶段，即操作者一方面完成了训练，不再受到监管与指导，另一方面却还缺乏辨别危险情境和一旦知觉到危险采取适当避免行动的必要经验。同时，操作者一方面正在逐步建立自己的工作节律，仍然在一种不完全的心理模式下工作。研究者提出，缓解这一问题有以下三个途径：第一，通过重新设计系统或者提供保护装置降低系统危险性；第二，对操作者进行识别危险和选择规避行动策略的专项训练；第三，提供有关错误操作可引起严重后果方面的知识，以加强操作者的事故意识。

应激也与事故发生密切相关。工作应激和与工作无关的应激事件都可能是诱发事故的重要原因。有研究发现,生活应激源,如某位亲属的故去、离婚、受领导批评或与同事闹矛盾等,都能使操作绩效显著下降(朱祖祥,2003)。

生物节律(biorhythm)是人的生活习性和生理机能受到体内生物时钟控制,呈现周期性规律变化的现象。人体的生物节律分为体力节律、情绪节律和智力节律,称为"人体三节律"。有研究者统计了我国1990年至2013年发生的60起矿井事故,分析生物节律与安全事故发生之间的关联性。他们的研究结果表明,有两种或者三种节律处于危险期的情况下容易发生事故,事故数量占总事故数的53%。在处于无危险日和单重危险日的事故发生率相对较低,可知生物节律与事故的发生有紧密的联系,通过生物节律预防矿井事故至关重要(孔嘉莉等,2013)。

危险倾向是指有的人在特定环境中更容易触发事故的人格特征,甚至影响事故的严重程度。很多研究已经发现,一部分人似乎比另一部分人更易发生事故,即大多数事故往往发生在小部分人身上。这些容易发生事故的人可以称作"事故频发倾向者"。通常,可以利用某些特定的个性因素,如工作不满意、滥用药物、酗酒和抑郁等预测高危险工作情境的事故率(朱宝荣,2004)。因此,事故预防中,确定事故倾向者的个性特征具有重要意义。

9.1.3 物的影响

工作空间中的危险大多发生在操作者所使用的设备或工具上,因此工业情境中的安全分析主要集中在设备本身的危险性方面。另外,危险也可能是设备与环境条件共同作用的结果。某些问题的发生(如压力、有毒物质、热)既可能属于设备的因素,也可能属于环境的因素,具体视作业情境而定。

触电引起电休克甚至死亡是比较常见的事故。有研究者发现,建筑施工现场用电具有临时性、环境特殊性和人员复杂性等特点,触电伤亡事故的发生率远远高于民用"永久性"用电,在建筑施工企业中仅次于高处坠落的发生率,占事故类别的第二位(刘建敏,2011)。不同机器设备或不同场合下使用的电源在电流、电压和频率等方面可能不相同,因此,对人的危害性也是不同的。低至0—10毫安的电流一般是比较安全的,因为在这种强度的电刺激下,个体能够自我脱离与电的身体接触。但是,如果电流强度所达到所谓的"脱离"点,则个体往往会丧失自我脱离的能力,这是非常危险的。对60赫兹的电流来说,男性的"脱离"电流大约为9毫安,女性大约为6毫安。持续接触超过"脱离"点强度的电流将导致呼吸肌瘫痪,而通常呼吸肌瘫痪超过3分钟将导致死亡。当电流强度达到200毫安时,超过1/4秒的接触几乎都会致命。

机械危险往往潜伏在设备或工具的使用过程中。工厂中发生的大多数损伤也都源于机械危险。机器中往往包含诸如转动装置和重力锤等危险部件。虽然这些部件大都配备了各种安全措施，但机械危险导致的损伤仍然时有发生，如皮肤、肌肉或骨头的断裂或撕裂，甚至死亡。装备防护装置是减少机械危险的最常用方法。普通的防护装置包括整体围栏、加锁围栏和可移动障碍物等。另外，在必要时也可采用一些智能型的安全装置，如通过光传感器等装置监视操作者的情况，即只要操作者身体的某一部分落入机器操作危险区域，安全装置立即强迫终止机器工作。

高压与容器爆裂有直接关系，是事故中常见的问题之一。在许多工业情境中，液体或气体被压缩在特制容器内。当液体或气体扩张时，容器或一些有关的部件可能会发生爆裂，从而引起人员损伤。但是，操作者往往没有意识到这类潜在的危险。引起容器爆裂的最典型因素主要有热、液(气)体装填过多或海拔高度的变化。当压缩液(气)体释放时，液(气)体本身、容器的碎片甚至冲击液都能导致损伤。防止高压危险的措施包括使用安全阀门、在开展维修活动前对容器减压、在容器上标注内含物质(或贴上警告标记)以及穿着防护服等。国内有研究者分析发现，导致发电厂高压除氧器爆炸事故的一个重要原因，与压力调整门的设计和性能直接相关(王建，2014)。

有毒物质侵害人体是引发事故的另一个重要原因。根据影响身体方式的不同，有毒物质可分为几种不同的类型。有的有毒物质通过消耗血管中的氧从而造成窒息并损伤身体，这类有毒物质称为窒息物，如二氧化碳、甲烷和氢气等。天然气无味无色，因此，它是一种十分隐蔽的危险窒息物。为了预防这类危险，有时候可有意地在无味无色的气体中加入一些气味以起到警示作用。有的有毒物质通过灼伤所接触的组织，引起红斑、肿胀、水泡和疼痛从而对身体造成伤害，这类有毒物质通过干扰器官系统的功能从而损伤身体，它们被称为系统毒物，如酒精和其他药物。还有的有毒物质在暴露一段时间后会引起癌症，这类物质称为致癌物质。由于致癌物质显示出其有害效应的时间长短不一，因此在工业中对它的研究甚为困难。有研究者提出，当发生有毒化学品泄漏事故时，救援必须权衡化学品的释放特征、事故现场的气象条件及影响范围内的人群分布等来进行应急防护行动决策(辛晶等，2012)。

9.1.4 环境的制约

物理环境 除照明、噪声、振动、稳定和湿度等物理环境条件外，火的危险和辐射危险是影响事故和安全的重要因素。

产生火的必要条件有三个，即燃料、氧化剂、点燃源。常见的燃料包括纸制品、布料、橡胶制品、金属、塑料、漆、溶剂、清洁液、杀虫剂以及其他活性化学品。这些材料在正常条件下是可燃的。大气中的氧是最常见的氧化剂，其他氧化剂还包括纯氧、氟和氯等。这些都是非常强的氧化剂，不能与燃料接触。点燃源的功能是提供一种能量，以便混合在一起的燃料和氧化剂分子能以足够的速度和力量相互碰撞，从而诱发出一连串反应。点燃源的能量形式主要是热,但有时光也能成为一种点燃源。典型的点燃源包括明火、电弧、火花、静电以及热的表面(如烟头、摩擦致热的金属和过热电线)等。尤其对于高层建筑物,由于结构复杂,一旦发生火灾,灭火和救援都十分困难,势必造成巨大的经济损失和人员伤亡。在我国,成品油储运环节发生的582例事故中,火灾事故有179例,高达31%(王彦昌,谷风桦,2011)。调查发现,建筑物火灾事故,每一起火灾背后都存在着一个或多个明显的火险隐患,这种情况下,建立一种快速的火险评估机制就非常有必要,观测各种火险因子的变化,提醒安防人员按预案提前应对,将能有效降低火灾造成的损失(周瑾,2013)。

辐射危险是现代社会尤其需要重视的一个事故影响因素。民用和军用对于核能的开发越来越广泛,需要对辐射危险更加了解。放射性材料是指包含不稳定原子的任何材料。一些放射物具有通过粒子向一个中性原子发射一个电子而电离该原子所需的能量。这类放射物包括宇宙射线(来自太阳或外层空间)、陆地放射物(来自岩石或土壤)和人体内的放射能等。它们可损及人体组织,但是由于这类放射物所具有的能量一般很低,不足以对人构成危害。于此相反,核电站和核燃料(或核废料)运输系统中的放射物具有较高的能量水平,因此是诱发辐射危害的主要来源。辐射产生的生物效应既可能源于短期的高强度暴露,也可能来源于低强度的长期暴露。但是,当慢性暴露的强度提高时,人体将显露出诸如患癌症等长期损害。在中等暴露强度(100雷姆)下,人会感到恶心,同时骨髓、脾脏和淋巴组织等器官会受到一些伤害。当暴露轻度超过125雷姆时,损伤将变得比较严重。当暴露强度达到300雷姆时,受害者的肠胃道和中枢神经系统都将受到损害,如果没有得到任何医学治疗,50%的人将在50天内死亡。因此,高强度的辐射是极度危险的。对抗辐射的最好防护方法是使用适当的隔离盾牌,如利用塑料和玻璃来阻挡β粒子,或利用铅和钢来阻挡γ射线,等等。

1986年苏联切尔诺贝利原子能电站发生核泄漏以及2011年日本福岛核电站事故,都给人类带来了致命的威胁。在我国,环保、公安和卫生部门作为辐射环境安全事故应急处置的职能部门,必须建立辐射事故应急响应程序流程,定期按照辐射事故应急预案的要求开展应急演练,一旦发生辐射事故,应当及时采取应急措施,启动应急响应程序。辐射事故应急响应程序流程说明,具体可以参考《辐射环境安全事故的应急准备和演练》(曹凤琦等,2011)。

社会环境 人的行为总是在一定的社会背景中产生的,或者说,社会环境对操作者的行为有极其重要的影响,因此仅仅在设备和物理环境层次上控制危险是不够的。

管理、社会规范、道德、训练和激励是社会环境中对事故发生有重要作用的因素。这些因素会影响操作者采用安全方法进行工作的可能性。例如,管理部门可以通过实施激励程序鼓励操作者采用安全行为。与事故有关的信息和反馈也能降低不安全行为的发生率。训练能让操作者学习与危险有关的知识,如什么样的行为是安全的和恰当的,不安全的行为将产生什么样的后果等,它不仅能起到提高操作者识别危险的能力,而且能增强其安全意识。人类行为易受社会规范的约束,每个人的行为方式往往倾向于与其所处环境中其他操作者的行为模式一致,而不管这些模式是否安全。例如,在一个装卸工作中没有任何人佩戴安全帽,则很难想象一个新来的操作者会戴上安全帽。社会环境的作用往往使许多设备、工具或物理环境方面的安全措施形同虚设,起不到安全保护的作用。

9.2 事故理论

9.2.1 概述

事故理论在于探讨事故发生、发展规律,研究事故始末过程,揭示事故本质,其目的是指导事故预防和防止同类事故重演。在事故理论研究的基础上,研究者构建事故模型,用以探讨事故成因、过程和后果之间的联系,深入理解事故发生的因果关系。

事故理论的研究已经有近百年的历史,从20世纪初期到第二次世界大战前,这一时期的基本观点是把大多数事故的责任都归结于人的注意失误。这一时期的理论主要有事故频发倾向论、事故遭遇倾向论、心理动力论等(李万帮,肖东生,2007)。

从20世纪30年代到20世纪70年代,尤其在第二次世界大战后,科学技术飞跃发展,同时也给人类带来了更多的危险。研究者开始意识到机械的和物质的危险在事故致因中的地位。于是,在安全工作中比较强调实现生产条件、机械设备安全。这一阶段主要的理论有工业安全理论、能量意外释放理论、"流行病学"事故理论等。

20世纪70年代后,战略武器研制、宇宙开发及核电站建设等大规模复杂系统相继问世,其安全性问题受到了人们的关注。人们在开发研制、使用和维护这些复杂系统的过程中,逐渐萌发了系统安全的基本思想。

下面将从工程心理学的角度,介绍三种典型的事故理论、三个有代表性的事故模型以及我国事故理论的发展现状。

9.2.2 典型事故理论

事故频发倾向论 事故频发倾向论(theory of accident proneness)认为,个别人员具有容易发生事故的稳定的、个人内在的倾向。1919年英国的Greenwood和Woods对许多工厂里的伤亡事故的发生次数按不同分布进行了统计,结果发现某些工人较其他人更容易发生事故。之后多个研究的统计结果均表明,某些工人更加具有发生事故的倾向。比如，Marbe跟踪调查了一个有3 000人的工厂，结果发现第一年里没有发生事故的工人在以后平均发生0.30—0.60次事故；而第一年里发生一次事故的工人在以后平均发生0.86—1.17次事故；第一年里发生两次事故的工人在以后平均发生1.04—1.42次事故。1939年Farmer等人明确提出了事故频发倾向(accident proneness)的概念。根据这一观点，工厂中少数人具有事故频发倾向，即天生就容易出事，是事故频发倾向者，他们的存在是工业事故发生的原因。如果企业中减少了事故频发倾向者，就可以减少工业事故的发生率(蔡启明等，2005)。

事故频发倾向理论在人员选择上具有参考意义，通过选择非事故频发倾向者，解雇事故频发倾向者，可以在一定程度上预防事故的发生。这一理论的缺点是过分夸大了性格特点在事故中的作用，片面地把事故原因完全归咎于人的天性(钟茂华，1999)。

工业安全理论 工业安全理论(theory of industrial safety)是由美国著名的工业安全专家Heinrich于1931年出版的《工业事故预防》一书中提出的。该理论的主要内容包括如下几个方面：

- **事故因果连锁论** 事故因果连锁论也称海因里希多米诺骨牌理论。这一理论把工业伤害事故的发生、发展过程描述为具有一定因果关系的事件的连锁发生的过程，其中遗传及社会环境、人的缺点、人的不安全行为或物的不安全状态、事故和伤害是五个重要的因素。该理论确立了正确分析事故致因的事故链这一重要概念。根据事故链的概念，在分析事故时，应该从事故表面的现象出发，逐步分析，最终发现事故的原因。
- **不安全原因** Heinrich把造成人的不安全行为和物的不安全状态的主要原因归结为不正确的态度、缺乏知识或操作不熟练、身体状态欠佳和工作环境不良等四个方面。针对这四个方面，他还提出了四种对应的对策，即工程技术方面的改进、说服教育、人事调整和惩戒。这四种安全对策后来被归纳为3E原则，即Engineering(工程技术)、Education(教育)、Enforcement(强制)。
- **海因里希法则** Heinrich经调查研究，提出了著名的海因里希法则，即如果发生一件重大的事故，其背后必有29件轻度的事故，还有300件潜在的隐患，即严重伤害、轻微伤害和没有伤害的事故发生件数之比为1∶29∶300。由于不安全行为而受到伤害的人，很可能在受到伤害前，已经经历了300次以上没有伤害的同样事故，在每次事故发生之前已经反复出现了无数次不安全行为和不安全状态。因此，应该尽早采取措施避免伤亡事故，而不是之后才追究其原因。
- **人的不安全行为** Heinrich通过对75万起工业伤害事故的调查发现，以人的不安全行为为主要原因的事故占 88%,以物的不安全状态为主要原因的事故占 10%,可以预防的事故占 98%,只有 2%的事故超出人的能力所达到范围而无法预防。因此,人的不安全行为是大多数工业事故产生的原因,安全工作的重点是采取措施预防人的不安全行为的产生,减少人的失误。

另外,Heinrich 的工业安全理论还阐述了安全工作与企业其他生产管理机能之间的关系、安全工作的基本责任以及安全与生产之间关系等工业安全中最基本的问题。该理论曾被称为"工业安全公理"(axioms of industrial safety),得到世界上许多国家广大安全工作者的赞同。

现代事故致因理论 现代事故致因理论主要是运用系统的观点和方法,结合工程学原理及有关专业知识来研究安全管理和安全工程,其目的是使工作条件安全化,使事故减少到可接受的水平。现代事故致因理论的研究内容主要有危险的识别、分析与事故预测;消除、控制导致事故的危险;分析构成安全系统各单元间关系和相互影响,协调各单元之间的关系,取得系统安全的最佳设计,使系统在规定的性能、时间和成本范围内达到最佳的安全程度等。

现代事故致因理论认为,系统中存在的危险源是事故发生的原因。不同的危险源可能有不同的危险性。危险源的性质不同,导致事故发生的概率以及造成人员伤害、财物损害或环境污染的程度也不同。由于不能彻底地消除所有的危险源,也就不存在绝对的安全。所谓的安全是没有超过允许限度的危险。因此,系统安全的目标不是事故为零,而是最佳的安全程度。

在系统安全研究中,不可靠被认为是不安全的原因。可靠性工程是系统安全工程的基础之一。在研究可靠性过程中,涉及物的因素时,使用故障(fault)这一术语;涉及人的因素时,使用人为差错(human error)这一术语。一般的,一起事故的发生是许多人为差错和物的故障相互复杂关联、共同作用的结果,即许多事故致因因素复杂作用的结果。因此,在预防事故时必须在弄清事故致因相互关系的基础上采取恰当的措施,而不是相互孤立地控制住各个因素。

现代事故致因理论注重整个系统寿命期间的事故预防,尤其强调在新系统的开发、设计阶段采取措施消除、控制危险源。对于正在运行的系统,如工业生产系统,管理方面的疏忽和失误是事故的主要原因。Johnson 等人很早就注意到这个问题,创立了系统安全管理的理论和方法体系——管理疏忽与危险树(management oversight and risk tree, MORT)。MORT 理论把能量变化和意外释放的观点、人失误理论等引入其中,认为事故的发生往往是多重原因造成的,包含着一系列的变化——失误连锁,即由于变化引起失误,该失误又引起别的失误或者变化,以此类推。同时这个理论还包括了工业事故预防中的许多行之有效的管理方法,如事故判定技术、标准化作业、职业安全分析等。MORT 理论的基本思想和方法对现代工业安全管理产生了深刻的影响。

以上介绍的三种事故理论分别从不同时期和不同角度来分析事故发生的原因。事故频发倾向论把事故原因归结为单一因素，偏重于人的分析。工业安全理论是一种多因素理论，不仅研究了人和机械的不安全状态，还考虑到了管理等因素作为背景原因在事故中的重要作用。随着社会和科技的进步，事故致因理论也不断发展，现代事故致因理论强调系统分析的观点，对事故因素作整体的分析。

9.2.3 事故模型

事故发生顺序模型 事故发生顺序模型把事故过程划分为若干个阶段，具体包括感知危险、认识危险、防避决策、防避能力和安全行为五个阶段。在每一个阶段，如果运用正确的能力与方式进行解决，则会减少事故发生的机会，并且过渡到下一个防避阶段。如果作业者按步骤做出相应反应的话，虽然不能肯定会完全避免事故的发生，但至少能大大减少事故发生的概率；而如不采取相应的措施，则事故发生的概率必将大大增加(张宏林，2005)。

根据模型，为了避免事故，在考虑工程心理学原理时，重点可放在以下三个方面：第一，准确、及时、充分地传达与危险有关的信息，如显示器设计；第二，把握有助于避免事故的要素，如控制装置、作业空间等；第三，作业人员培训，使其能面对可能出现的事故，采取适当的措施。

有研究表明，按照事故的行为顺序模式，不同阶段的失误造成的比例不同。第一阶段"对将要发生的事故没有感知"占 36%，第二阶段"已经感知，但低估了发生的可能性"占 25%，第三阶段"已经感知，但没能做出反应"占 17%，最后一个阶段"感知并做出反应，但无力防避"占 14%。由此可知，人的行为、心理因素对于事故的最终发生与否有很大影响，而"无力防避"属于环境与设备方面的限制及设计不当，只占很小的比例(Ramsey, 1985)。

人的行为因素模型 事故发生的原因，很大程度上取决于人的行为性质。通常认为，人的行为是由多次感觉(S)—认识(O)—响应(R)组合模型的连锁反应。人在操作过程中，由外部刺激输入使人产生感觉"S"，外部刺激如显示屏上仪表指示、信号灯变化、异常声音和设备功能变化等；人识别外部刺激并作出判断称之为人的内部响应"O"；人对内部响应所作出的反应行动，称之为输出响应"R"。人的行为因素模型，把人和环境认为是一个系统，人在面对危险时包含三个步骤：人对警告的感觉、人对危险的认识、人对危险行为的响应(Surry, 1969)。

在人的行为因素模型中，前期问题和危险构成相关以及与这个危险构成相关的感觉、认识和行为响应。若前期中的任何一个问题处理失败,就会导致危险,造成损失或伤害,也不会发生后期的与危险显现相关的问题。即使前期问题处理失败,只要危险显现的问题处理得当,也不会造成损失和伤害(孔庆华,2008)。

对外部刺激能正确反应,一般发生人因失误的几率较小(吴友军,2009)。如果对刺激的认识出现偏差,就容易造成事故。例如,煤矿的新工人下井作业时,对井下环境的认识不足,或急于完成任务,就容易产生恐惧和烦躁等紧张情绪,从而增加不安全行为产生的几率。

轨迹交叉模型 轨迹交叉模型综合了各种事故致因理论的积极方面,认为伤害事故是很多互相关联的时间顺序发展的结果。这些事件分为人和物两个发展系列。人的因果系列轨迹和物(包括环境)的因果系列轨迹在一定情况下发生交叉,伤害事故就会发生(Johnson, 1975)。物(包括环境)的不安全状态和人的不安全行为是事故的表面的直接原因,两者并非完全独立,往往是互为因果关系。人的不安全行为会造成物的不安全状态(如,人为了方便拆去了设备的保护装置),而物的不安全状态也会导致人的不安全行为(如警示信号失灵造成人进入危险区域)。其中人的原因又占主导地位,因为物方面的原因大多是由人的原因造成的(蔡启明等,2005)。

在事故发生的直接原因背后往往还有深层的间接原因,即安全管理缺陷或失误。虽然安全管理缺陷是事故的间接原因,但它却是背景原因,而且是事故发生的重要原因。随着安全管理科学的发展,人们逐步认识到,安全管理是人类预防事故三大对策之一,科学的管理要协调安全系统中的人—机—环境因素,对操作者、生产技术和生产过程的控制与协调。人、机、环境与管理是构成事故系统的四个要素。

根据轨迹交叉论,伤亡事故是由于人和物两大系列轨迹交叉的结果,因此防止伤亡事故发生应致力于中断人和物两大系列轨迹之一或全部,中断越早越好,或采取措施使两者不能交叉。

由上所述,事故发生顺序模型主要是从事故发生的时间维度来评估失误的影响程度,并提出不同阶段的控制的方法;人的行为因素模型强调人在事故中的主体作用,认为人的失误是导致不安全行为的最主要因素;轨迹交叉模型综合分析人和物的特点,认为人的不安全行为和物的不安全状态两者的结合是导致事故发生的重要原因。

9.2.4 我国事故理论研究

在我国,研究者从事故产生的不同角度,结合实际生产环节,分析事故发生的原因,提出了许多事故理论和事故模型,例如自愿报告信息分析模型、安全事故动力学演化模型、人的安全行为决策模式以及综合论事故理论、管理失误事故模型、事故致因突变模型等等[①]。下面介绍其中三种我国比较有代表性的研究理论模型。

自愿报告信息分析模型 有研究者提出自愿报告信息分析模型(Confidential Report Information Analysis Model, CRIAM),用于收集、管理、分析和共享民航安全信息并提供航空安全告警。该模型最初来自航空安全分析,自愿报告主要是指民航从业人员包括飞行员、管制员、乘务员、机务维修人员、保安人员以及其他相关人员针对涉及到航空器运行过程中的不安全事件或者当前航空安全系统中存在的及潜在的矛盾和不足之处,自愿提交的不安全事件或安全隐患信息。

如图 9.1 所示,模型在事件分析时共分为三个层次,第一层分为个体、群体、环境和管理四个模块;第二层细分类,将个体分为个人素质和个人能力,群体分为人人界面和人机界面,环境分为工作环境和技术环境,管理分为组织影响和监督不充分,共八个项目;最后再根据报告内容进行反馈式的验证,并将其归类到第三层中的某一项中。

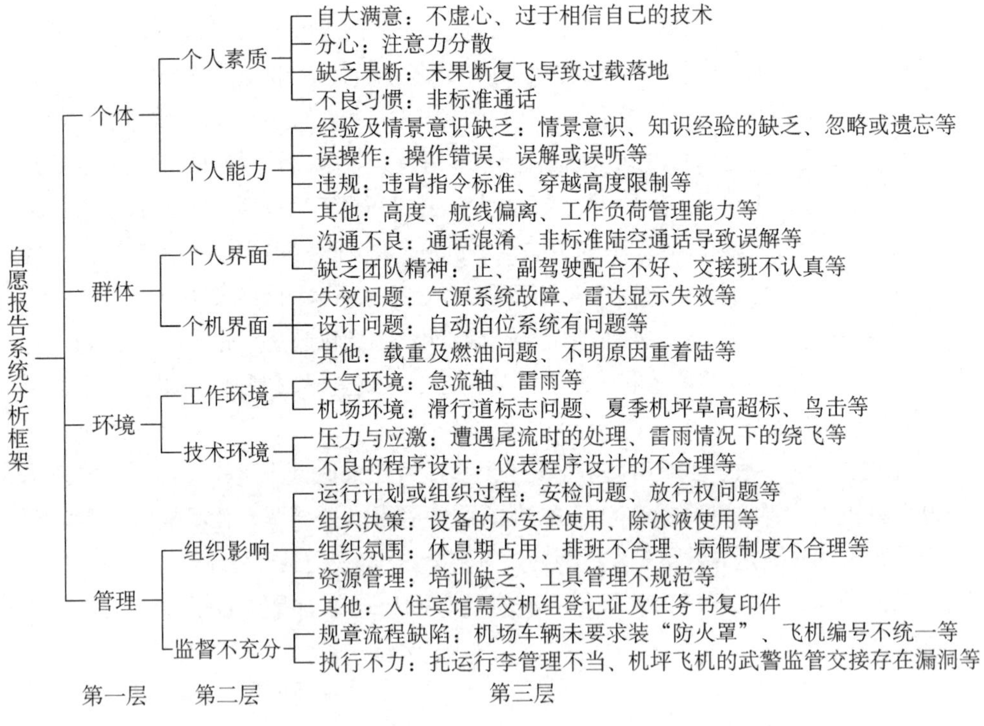

图 9.1 自愿报告信息分析模型

来源：宋程成等,2013.

---

① 陈宝智,吴敏.(2008).事故致因理论与安全理念.中国安全生产科学技术,4(1):42—46.

在运用该模型时,首先把收集的报告作为研究样本,逐条对照模型中第三层项目进行分析,存在该项目的问题计数 1 次,不存在则计为 0。所有项目统计计数结果除以总信息条数,得到该项目占总数的百分比。然后,上行分类第二层和第一层,比较各项目占总数百分比,以此判断信息所反映的安全隐患重点集中在哪些方面,然后针对问题较多的项目提出相应的改进建议。

该模型分析有助于获取重要的人为因素信息、识别出可能存在的安全隐患,为更好地改善航空安全提供了一种分析方法和思路。

安全事故动力学演化模型 刘治兵等人(2010)统计了 1976 年—2009 年我国民爆物品生产燃烧爆炸事故情况,分析了事故致因,尝试构建了以事故直接致因、管理缺陷和时间为基本变量的安全事故动力学演化模型(causation model of safety accident)。如图 9.1 所示,生产中存在的危险有害因素 OD 与管理缺陷 OM 耦合于民爆物品生产过程 OC。在 t1 时刻,危险有害因素 OD1 与管理缺陷 OM1 协同作用诱发生产安全事故,即有事故原点 Z(D1,M1,t1),事故扩大点 S(D2,M2,t2)是事故发展和救援过程存在的危险有害因素和管理缺陷导致事故扩大。基于模型可以发现,组织人数越少,个体失误发生率越低,其诱发生产安全事故的概率越低。与传统的安全检查表法相比,该模型相对复杂,可操作性较低,但其更全面。

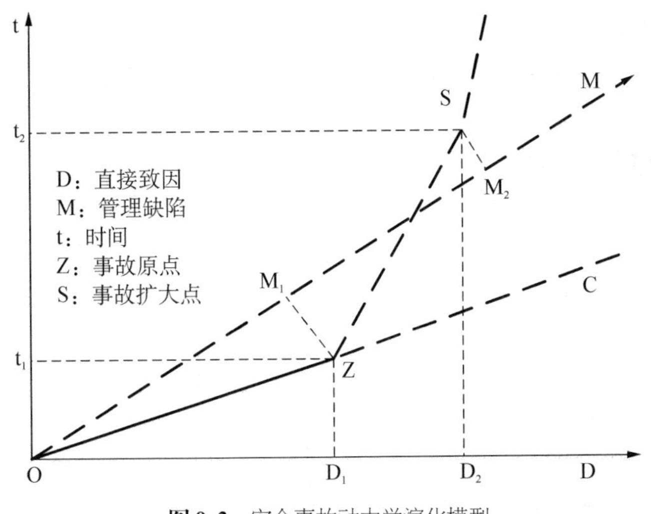

图 9.2 安全事故动力学演化模型

来源：刘治兵等,2010.

人的安全行为决策模式 我国学者采用模糊综合评价法,通过对人在面对突发安全事故时安全行为能力实施的影响因素进行分析,尝试建立了一种较为完整的安全性评价指标体系(付净等,2011)。该决策模式包含了本能反应、技能行为、事故现场人文环境、事故现场自然环境四个方案因素,然后再细分具体指标,包括生理周期、突发潜力、思想意识、心理素质、安全辅助设施、引导人员、地理环境、建筑物结构材质、主题安全设施九项。在使用该决策模式时,先要对各个指标的重要程度进行两两比较排序,构造比较判断矩阵。通过对各指标权重值的确定,来进一步分析人的安全行为和事故环境的重要程度。明确事故主体的技能行为及事故环境中的安全设施的状况如何影响人的安全行为。并得出结论事故主体具备必要的安全知识及行为技能再结合良好的安全设施环境,就可以有效确保安全行为决策的实施,避免人身的伤亡。

国内还有研究者尝试建立了桥式起重机安全评估指标体系(王卫辉等,2013)。这是一种基于模糊神经网络的设计,为桥式起重机展开定性、定量评估及安全管理与决策提供了有益参考。

9.3 事故预防[①]

9.3.1 概述

事故预防与控制是工程心理学研究的重要目标之一。为了防止事故的发生,首先要对危险进行识别,并评价危险的程度,然后利用相应的安全防护装置进行保护,最后需要做好职业安全培训以及制定安全管理程序。事故预防的三个过程,主要如下:

- **危险识别与控制** 在许多情境中,人机环境系统中存在多重危险,这些危险演变成事故的可能性以及所产生后果的严重性是不同的。最好的危险控制的方法是,先区别和评价各种危险的程度,然后给予不同的处理方式。
- **安全防护装置设计** 安全防护是通过采用安全装置或防护装置对一些危险进行预防的安全技术措施。有的安全防护装置其自身的结构功能限制或防止机器的某些危险运动,或限制其运动速度、压力等危险因素,以防止危险的产生或减小风险;有的安全防护装置则是利用物体障碍方式防止人或人体部分进入危险区。
- **安全培训与管理** 安全培训是某些特殊岗位的必要工作流程,尤其针对从事危险作业的人员,安全教育和技能培训更是必不可少的。安全教育是提高操作者安全意识的重要手段。通过安全教育可以做到警钟长鸣,使事故危害性

① 本小节改编自:葛列众,李宏汀,王笃明.(2012).工程心理学.北京:中国人民大学出版社.

深入人心。科学的安全管理程序可以确保安全行为,减少事故隐患。

9.3.2 危险识别与控制

危险识别与控制主要是指为对危险的评估和对危险的控制,下面分别从初步危险分析、危险程度评估、故障模式和效应危险度分析、故障树分析、危险控制策略五个方面进行分析和论述。

初步危险分析

初步危险分析(preliminary hazards analysis)是一种比较简单的危险分析方法。它一般在概念设计阶段或在使用其他比较详细的分析方法之前采用。初步危险分析有两个基本步骤。

首先是对不同作业活动、不同潜在用户和不同环境的各种组合条件分别进行评价,以此发现与系统有关的比较明显的危险;其次对这些危险的产生原因及可能导致的后果作进一步分析,并以此为基础提出针对性的建议。例如,在设计一个电动工具时,设计工程师应当考虑与用电有关的各种危险因素。他们一般将所发现的各项危险列出,将产生各种危险的原因及最可能导致的后果加以说明,利用已有的数据资料来估计各种危险诱发相应事故的概率及可能产生的严重后果,并列出减少或消除各种危险的纠正方法。

通过这种方法,可以初步筛选出主要的危险隐患,这对以后更详细的分析十分必要。但是,因为初步危险分析方法所发现的问题一般较粗,因此,如果分析者满足于危险筛选的初步结果而没有作进一步的彻底分析,则收到的成效可能不大。

危险程度评估

对危险程度的评估可以结合事故发生频率和事故严重程度两个维度来进行。美国军用标准 MIL－STD－882B 是一个危害度评价方法,专家们从频率和严重程度两个指标维度进行考察,发生频率分为“频繁发生”、“经常发生”、“偶尔发生”、“很少发生”和“不太可能发生”五种情况,危险程度分为“灾难性”、“比较严重”、“一般”、“可以忽略”四种水平。因此,危害度的评价就可以被定级为 1 至 20 范围内的任意一个数字级别,1 级代表最严重的危害,20 级代表最轻的危害(朱祖祥,2003)。

在设计产品或设备时,从理论上说人们应该发现并消除在每个操作中可能发生的每种危险。这种危险辨别工作在所有的环境条件下和产品或设备的所有可能应用情境下都应进行。

故障模式和效应危险度分析

故障模式和效应危险度分析(failure modes and effects criticality analysis, FMECA)是传统的故障模式和效应分析(FMEA)的扩展。FMEA 主要用于分析与系统物理成分有关的危险。它包括以下四个基本步骤：第一，将系统的物理成分分解成几个子系统，例如，将汽车分解成发动机系统、冷却系统和刹车系统等。第二，将每个子系统进一步分解成许多部件。第三，分别对每个部件进行研究，分析各个部件可导致功能故障的方式（即故障模式）。第四，估计各种部件故障对其他部件和其他子系统的影响。

在很多情况下，FMEA 往往还要分析每种故障模式的产生原因并提出控制其效应的建议。FMECA 除增加了一个"危险度"因素外，其基本程序与 FMEA 完全相似。更具体地说，在分析每个故障对系统的效应时，FMECA 要求估计发生该危险的概率及后果的严重性。

FMECA 也可应用于人的系统，即可用于分析操作者在作业活动中的人为差错。在使用 FMECA 分析人为差错时，分析表第一栏列出发生人为差错的部件，第二栏列出人为差错的类型，第三栏和第四栏分别描述人为差错对部件和系统的影响，第五栏和第六栏则不变。当然，这种分析必须以任务分析为基础。

故障树分析

故障树分析（FTA）是一种从顶向底的分析方法，即从所发生的事故出发来分析其原因。这与从系统或部件的微细结构出发，从底向顶的 FMECA 分析方法完全不同。故障树是一个渐近的过程，在对每个事件或条件做分析后，逐步展开，越来越深入地分析导致或诱发顶事件（位于故障树顶端的事件，是所分析系统中不希望发生的事件）发生的时间或条件，直到最后找出根源事件（位于故障树底部的事件，是不能再往下分析的事件）。国内有研究者给出了制作故障树的简要步骤（吴青，2009）：

第一，确定顶事件，不希望发生的、影响系统或分系统安全性的故障事故事件可能不止一个，在充分熟悉资料和了解系统的基础上，系统地列出所有重大事故的事件，必要时可应用 FMEA，然后再根据分析的目的和故障判据，确定被分析的顶事件。

第二，分析与事件有直接关系的诸要素，并确定这些要素是独立发生、同时发生还是以不同组合方式发生，从而导致顶事件的出现。

第三，用图解方法表达这些信息，故障树的基本符号如表 9.1 所列，其中矩形、圆形和菱形符号可以表示大部分事件。但有的因素虽不构成故障事件，却是上一级事件发生的直接原因，采用屋形符号表示。事件间的关系用逻辑关系来连接。

第四，按顺序逐次找出最下方的根源事件，如零部件故障、人的差错、危险特性或不利环境条件等。

第五，采取改进措施，使根源事件的数量达到最少，使事件发生的可能性降至最低。

第六，如果要进行定量分析，并且故障树不大，便可列出布尔方程①进行简化；如果故障树较大，进行定量分析必须采用计算机辅助分析，就应把已有的、所要求的可靠性及其他概率数据代入布尔方程，求出顶事件发生的概率。

故障树分析的结果一般以图形形式表示出来。故障树图由事件符号、转移符号和逻辑符号三类符号组成。常见的基本符号如表 9.1 所示②。

表 9.1　故障树分析的基本符号

名称		符号	符号的含义
事件符号	矩形符号		表示顶事件或中间事件，都是需要往下分析的事件。
	圆形符号		表示基本原因事件，即基本事件。
	菱形符号		有两种意义：一种表示省略事件，即没有必要详细分析或原因不明确的事件；另一种表示二次事件，如由原始灾害引起的二次灾害，即来自系统之外的原因事件。
	屋形符号		表示正常事件，是系统正常状态下发生的正常事件。有的也成为激发事件，如电动机运转等。
转移符号	转出符号		表示这个部分树由此转出，并在三角形内标出对应的数字，以表示向何处转移。
	转入符号		转入符号连接的地方是相应转出符号连接的部分树转入的地方。三角形内标出从何处转入，转出与转入符号内的数字相对应。

① 布尔(Boolean)方程用于集的运算，可以将事件表达为另一些基本事件的组合，将系统失效表达为基本元件失效的组合。演算这些方程即可求出导致系统失效的元件失效组合，进而根据元件失效概率，计算出系统失效的概率。布尔方程规则如下(X、Y 代表两个集合)：(1)交换律：$X \cdot Y = Y \cdot X, X + Y = Y + X$；(2)结合律：$X \cdot (Y \cdot Z) = (X \cdot Y) \cdot Z, X + (Y + Z) = (X + Y) + Z$；(3)分配律：$X \cdot (Y + Z) = X \cdot Y + X \cdot Z, X + (Y \cdot Z) = (X + Y) \cdot (X + Z)$；(4)吸收律：$X \cdot (X + Y)$：$X, X + (X \cdot Y)$：$X$；(5)互补律：$X + \neg X = \Omega = 1, X \cdot \neg X = \varnothing$($\varnothing$表示空集)；(6)幂等律：$X \cdot X = X, X + X = X$；(7)狄・摩根定律：$\neg (x \cdot Y) = \neg X + \neg Y, \neg (X + Y) = \neg X \cdot \neg Y$；(8)对合律：$\neg (\neg X) = X$；(9)重叠律：$X + \neg XY = X + Y = Y + \neg YX$。

② 吴青主编. (2009). 人机环境工程. 北京：国防工业出版社.

续表

名称		符号	符号的含义
逻辑符号	与	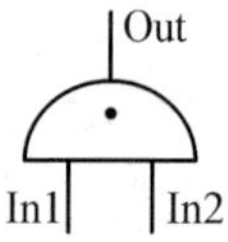 Out In1 In2	表示当所有输入事件 In1、In2 都发生时,输出事件 Out 才发生。即只要有一个输入事件不发生,则输出事件就不发生。有若干个输入事件也是如此。
	或	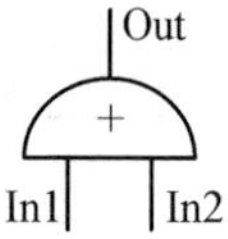 Out + In1 In2	表示当所有输入事件 In1、In2 中任何一个事件发生时,输出事件 Out 就发生。即只有全部输入事件不发生,输出事件才不发生。有若干个输入事件也是如此。
	条件与	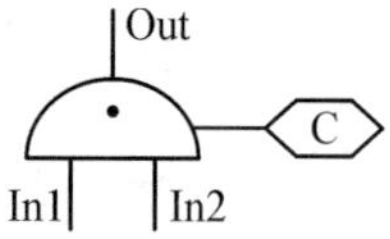 Out C In1 In2	表示输入事件 In1、In2 同时发生时,还必须满足条件 C,才会有输出事件 Out 发生,否则就不发生。C 是输出事件 Out 发生的条件,而不是事件。
	条件或	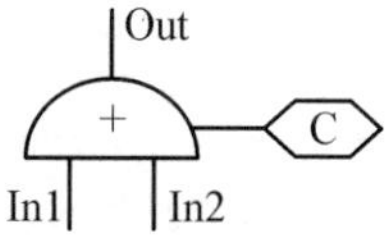 Out + C In1 In2	表示输入事件 In1、In2 至少有一个发生,在满足条件 C 的情况下,输出事件 Out 才发生。
	限制	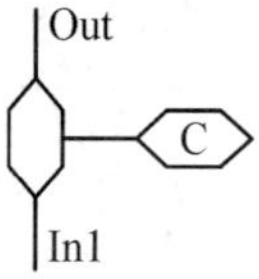 Out C In1	表示当输入事件满足某种给定条件时,直接引起输出事件,否则输出事件不发生。

来源:吴青,2009.

故障树分析既可在产品和设备的设计阶段用于对潜在事故隐患的分析,也可以用于对已发生事故的调查研究。图 9. 3 是应用故障树分析的一个例子,砂轮伤害事故是由"防护装置不起作用"和"砂轮破碎飞出"两个事件引起的。这两个事件同时发生且又刚好"砂轮击中人体"才导致事故。进一步分析表明,"防护装置不起作用"是因为"安装不牢"或"无防护罩",两者之中只要有一项做好了就能起到防护作用。至于为什么会出现"砂轮破碎飞出",原因更为复杂。首先,它不仅存在"质量缺陷",而且有"安装缺陷",同时作业者动作"操作不当",这三个问题同时出现最终导致"砂轮破碎飞出"。其次,出现"质量缺陷"是因为"砂轮不平衡"或"砂轮有裂纹",同时刚好又"未检查",这样才使得存在质量问题的砂轮被安装使用。"安装缺陷"的产生不仅因为"紧固砂轮用力过大",而且还因为"上砂轮敲打过猛"。"操作不当"不包括"吃刀量过大"和"防护罩紧固不牢"。通过这三层分析,事故发生的确切原因最终显露出来。

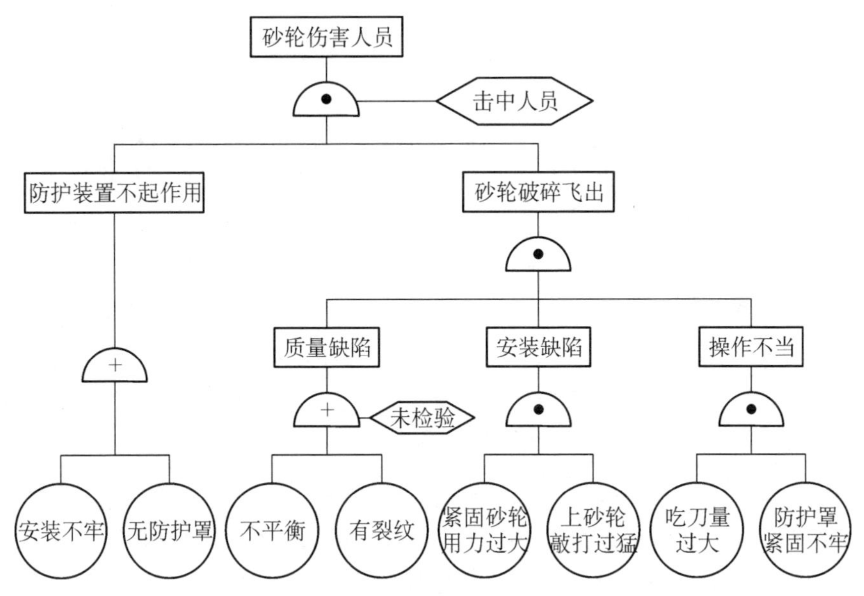

图 9.3 应用故障树分析实例

来源：朱祖祥，2001.

近期的研究发现（易灿南等，2013），故障树分析（FTA）本身存在一定缺陷，由于故障率数据容易缺失，无法准确确定各基本事件对顶上事件的影响程度，在工程应用中难以确定安全措施重点与优先顺序。鉴于此，可以把故障树分析（FTA）与层次分析法（AHP）结合起来使用。首先，用故障树做定性分析，得到最小割集和最小径集，画出等效故障树；然后，以事故类型作为目标层，最小割集或最小径集作为准则层，各基本事件作为指标层因素；最后，由专家打分来构建判断矩阵，获得指标层因素（基本事件）对目标层（事故）的影响顺序，从而得到基本事件对顶上事件影响程度与顺序。例如，FAT－AHP 方法应用于分析发生频率高的建筑工程高处坠落事故，所获得的分析结果更加符合工程实际，高处坠落事故防范重点明确，拟采取的安全措施优先顺序合理，有利于指导制定科学合理的防范高处坠落事故的安全措施。

危险控制的策略

根据危险控制关键环节和主要方法可提出各种危险控制对策，但已被人们认可的且推行多年的事故预防对策有 3E 原则和 4M 法则。下面从危险控制的角度分别叙述有关 3E 原则和 4M 法则的一些要点。

3E 原则 3E 原则为前文所说的技术保障、教育和强制法制。

第一，技术保障。当设计机械装置或工程项目时，要认真地研究分析潜在危险，对可能发生的各种危险进行预测,从技术上提出防止这些危险发生的对策。进行这种分析应当和技术设计结合起来,即进行技术设计时就应当考虑安全性,因为两者是不可分割的。

安全性一般包括功能性安全和操作性安全。功能性安全与机器有关;操作性安全与操作者有关,包括人的行为、对技术的掌握、人员组织等因素。如果机器的功能性安全较高,则可以通过提升人的安全意识、对作业内容的了解以及操作水平,来获得较高程度的系统安全性。

第二,教育对策。教育对策主要指在产业部门的各个方面进行具体的安全教育和训练,教会如何对各种危险进行预测和预防。另外,各种学校,同样有必要实施安全教育和训练。教育的目的是保持和强化在学习期间就懂得安全的良好知识和养成良好的安全习惯,从而在工作中自觉地培养安全意识。

第三,法制对策。制定有关安全的各类法规是为了有效防止事故,保障安全。作为标准,除了国家法律规定的以外,还有如工业标准、安全指导方针、内部的工作标准等。因此,法规必须具有强制性,但是法规又必须具有适用性,应使最低标准的法规可以适用于所有的场合。

在我国,3E 原则已经应用于很多领域的安全事故的预防,例如在建筑施工安全事故预防中,有针对性地采用 3E 对策,可以有效提高建筑施工安全管理水平,防范施工安全事故的发生(谢让,2008)。

4M 法则　4M 法则为人(man)、机械(machine)、环境(media)和管理(management)法则。

第一,生产活动中的人。生产活动中的人是指作业场所里除本人之外的其他人,包括操作同伴或上下级等。没有同心协力的关系和互助,就难以执行操作命令。因此,人们的横向操作同伴的交流和纵向层级关系的稳定都是很重要的。

至于在确定人的对策方面,关键是要形成一种和睦的、严肃的气氛;使人认识到由于危险物而导致事故的严重性,从而在思想上能够重视,在行为上能够慎重,并能认真遵守安全操作规程;提高操作者在危险作业时的大脑意识水平和预知危险的能力;在进行危险作业时,要防止由于意外事件的插入而产生的差错;对于非常事件,应预先设定实际对策,并应进行反复的训练,以防止人在紧张状态下因思维能力下降产生误操作而引发的人为失误型事故。

第二,机械方面的对策。(1)对于重要的机械,可以使用连锁装置及故障安全装置。(2)设计设备时,要贯彻“简单最好”(simple is best)原则。对于紧急操作设防,应采用“一触即发”(one touch shut down)的结构方式。(3)要有合理的机械形式和装置,操作装置是适当的,作业条件是合理的,信息指令要恰当,环境条件要良好。

(4)为了易于识别而能有效地防止误操作，对于紧急操纵部件涂装荧光或醒目色彩。(5)重视大量危险物的处理，尤其应设有防止伤人的保护装置。(6)维修作业应当作为危险作业来对待。

第三，媒体或环境对策。首先，用无线电对讲机进行通话时，必须认真研究紧急通话的有效方式。其次，对于非正常作业，要事先制定作业指示书。再次，对于危险的地方采用红色标志，以引起人们的注意。最后，尽可能避免系统以外的各种不利因素的干扰。

第四，管理方面的对策。管理方面的对策包括健全系统安全管理体制，强化人的安全意识，以进一步挖掘潜力，充分调动人的积极性；并把提高人的自觉性、主动性与实施强制性的行政法律措施结合起来，以便在人-机-环境系统中实现安全、高效、合理的群体和个体行为。

9.3.3 安全防护装置设计

常用的安全防护装置有联锁装置、使动装置、止动操作装置、双手操纵装置、自动停机装置、机器抑制装置、限制装置和有限运动装置等。安全防护装置种类很多，如熔断器、限压阀等也是常采用的措施。究竟采用哪种或者哪些组合装置，设计者应根据机器设备的具体情况采用。下面将分别介绍常用的安全防护装置设计和个体安全防护器具设计。

(一) 安全防护装置设计

联锁装置 联锁装置的特点主要体现在“联锁”二字上，它表示既有关系，又相互制约(互锁)的两种运动或两种操纵动作的协调动作，实现安全控制。它是各类用的最多、最理想的一种安全装置。联锁装置可以通过机械的、电气的或液压、气动的方法使设备的操纵机构相互联锁或操纵机构与电源开关直接联锁。例如，配电柜的门可以设计有连锁装置，当打开柜门时电源自动切断，当关上柜门时，电源才能自动接通。

双手控制按钮 双手控制按钮的特点是当双手同时接触按钮时，才可进行操作，以确保操作者安全。这种装置迫使操纵者要用两只手来操纵机器。但是，它仅能对操作者而不能对其他有可能靠近危险区域的人提供保护。因此，还要设置能为所有的人提供保护的安全装置，当使用这类装置时，其两个控制开关之间应有适当的距离，而机器也应当在两个控制开关都开启后才能运转，而且控制系统需要在机器的每次停止运转后，再次重新启动。

利用感应控制安全距离 感应装置是采用智能红外线、超声波、光电信号等探测装置，进行准确的距离测试，为操作者进入危险区域，提供警示信号或停止可能导致危险的设备,可以避免意外事故的发生。

自动停机装置 自动停机装置是指当人或其身体的某一部分超越安全限度时,使机器或其零部件停止运行或保证别的安全状态的装置。自动停机装置可以是机械驱动的,如触发线、可伸缩探头、压力传感器等;也可以是非机械驱动的,如光电装置、电容装置、超声装置等。

机械抑制装置 机械抑制装置是在机器中设置的机械障碍物,如楔、支柱、撑杆、止转棒等。依靠这些障碍物的自身强度防止某些危险运动,如防止由于锤头的正常保持系统失效而下落等。例如,在旋风分离器连接的锁气机设计时,为了从机械设备构造上杜绝手能伸进去的可能性,有设计人员采取了两种设计:(1)将锁气机叶片延伸出法兰盘外,将叶片轴心往下,但低于法兰盘出口,这样操作时就没有必要将手伸进去;(2)在锁气机口增加防护网,阻止手的伸进(冯卫忠,2011)。

除了以上常用的安全防护装置,还有很多其他相关的安全防护装置,例如使动装置、止动操作装置、限制装置、有限运动装置、警示装置、应急制动开关,等等。

(二)个体安全防护器具设计

个体安全防护器具是利用防护器具来保护机体的局部或全部免受外来伤害的措施。个体安全防护器具是作业者对事故的最后一道防线,因为个体防护措施不可能消除事故的根源,避免事故的发生。管理者、设计师和工程人员必须尽力从设备、环境和组织管理上避免事故。

任何个体防护器具都不能使作业者完全避免伤害,而只是提供紧急场合减少伤害的一种缓冲。为着重保护易受伤害的身体部位,在不同的危险场所,需要不同的器具;对于同一种器具,根据具体作业要求与环境的不同,设计重点也有不同。下面介绍几种个体防护器具。

防护衣 防护衣能提供全身性安全保护。很多工业作业环境如盐、酸、油或放射性场所都必须穿着防护衣作业。对于特定的作业,防护衣的设计要考虑的主要因素有:第一,作业时的主要危险是什么;第二,是否需要耐火;第三,是长期还是短期穿着;第四,是否必须考虑温度的影响;第五,颜色是否重要;第六,用后是否需要清洗。

头盔 在建筑、冶金、石油、交通等许多作业环境中,头盔提供了头部保护。其主要作用是缓冲冲击力。在具体的设计之前,应该考虑下列问题:第一,要设计的头盔需提供何种类型的保护;第二,若是冲击保护,是顶部、前额、还是额后;第三,如何保证其吸收冲击的性能;第四,是否要求耐火;第五,是否应提供眼部保护;第六,如何保证佩戴的稳固性等。

保护镜 保护镜可以提供眼部保护。一种保护镜是阻挡碎片、危险物进入眼睛及造成肉体伤害;另一种是提供视力保护,如避免强光直射、放射线、毒气等。根据不同的场合,设计应当作相应的变化,才能有效地提供保护。

个体安全防护器具的种类还有很多种,例如,安全靴在设计时要考虑化学物场所与粗糙的表面作业;口罩的设计要考虑到呼吸环境的类型(毒气、蒸汽、灰尘、烟雾等);手套的设计也要根据作业条件(冷、热环境,化学物,带电作业等)等。

穿戴个体防护器具时,要注意以下问题: 第一,须确认穿戴的防护器具对将要工作的场所的有害因素起防护作用的程度,检查外观有无缺陷或损坏,各部件组装是否严密等。第二,要严格按照个体防护器具说明书的要求使用,不能超过极限使用,不能使用替代品。第三,穿戴防护器具要规范化、制度化。第四,使用完防护器具要进行清洁,防护器具要定期保养。第五,防护器具要存放在指定地点或容器内。

9.3.4 安全培训与管理

科学技术进步使多数职业发生了本质的变化,个体在生理、心理特点方面的不足,可能导致严重事故。因此,对于某些有特殊要求的职业,必须从身体条件和心理素质上进行严格挑选和适应性训练。

安全教育是防止和减少事故的重要环节,它与改善工作条件、改善安全防护设施相辅相成。安全教育包括安全工作的思想教育、工作保护知识教育、工作纪律教育、安全技术知识和规章教育、典型经验和事故教训的教育等。安全教育不应使作业者产生恐惧心理,应使其建立杜绝事故的信心,使作业者养成遵守操作规程的习惯以及相互监督、相互检查的责任感,随时消除不安全的隐患。

安全管理程序是一种通过制定安全工作规章、实施安全检查制度、配备个人安全防护设施以及实施奖惩制度等方法来鼓励安全行为,减少事故隐患和事故危险度的安全保险措施。

下面主要介绍基于安全的职业选择、安全教育培训和安全管理程序三个方面的内容。

基于安全的职业选择

根据岗位对人的生理、心理特征的要求,充分利用生理学、心理学的基本原理,通过测试、分析,选择所需适合职业要求的操作者。例如,对航空、航天员就需要选择身体素质好,心理素质高的人员。根据工作特点,对求职者所应具备的必要的知识、技能、能力、性格等进行考核,选择合适的人员。

大多数发达国家都对驾驶人员实施就业选择。例如,日本科学警察研究所编制的驾驶适应性检查,包括两方面的内容,笔试和仪器测试(杨帆等,2010)。这些测试可以得出有无发生事故可能性及其程度的综合判定值以及与容易发生事故有关因素特性的判定值。能够测试的驾驶性能包括: 动作的准确性、动作的速度、判断能力

(精神的活动性)、对冲动的抑制性、精神的稳定性(自我显示性、神经质倾向、忧郁性、感情高昂性、攻击性、协调性)。实践表明这些特性的判定值具有非常高的有效性和可靠性。有效性即对多事故的驾驶员能测出其具有发生事故的倾向性;对无事故者能测出其不发生事故的倾向性。其符合判定的概率为80%。可靠性即对同一人多次价差结果的一致性,其可以用同一人多次检查结果的相关系数表示。其相关系数在0.719—0.870之间。

安全教育培训

为保证安全教育行之有效,必须根据不同教育对象,采用多层次、多途径、多形式进行,对新人实行三级教育(入职教育、车间教育、岗位教育)。入职教育旨在介绍工作环境中的危险地点和防护知识;车间教育旨在介绍车间内的危险地点和必须遵守的规定以及典型事例;岗位教育侧重于各个岗位的工作性质、职业范围、操作规程、安全防护品的正确使用。对工作中的要害部门,如锅炉房、气压房、变电室、主控室必须严格管理。对工作中容易出事故的工种,如司机、电工等,进行专门的安全技术培训,严格考核,合格后才能上岗。对在岗的作业者,要防止麻痹思想,应采取安全日、安全技术交流会、事故现场会、安全教育陈列展览、放映安全教育影片以及安全操作自我检查等形式,进行常备不懈的安全教育。

一般来讲,通过安全培训可以有效地提高就业者的知识、经验和技能,解决作业者感觉阈限过高和产生错觉的问题,对提高操作者安全感知能力具有重要作用,经验证明,人的感知能力很大程度上是靠生活实践得到的,只要有高度的责任感、事业心和顽强的意志力,操作者的感知能力是可以通过训练提高的。

安全管理程序

在安全管理过程中,上至管理人员,下至普通操作者,都应参与其中。广义的安全管理程序一般包括辨别可能影响作业的危险、开发与实施各种安全程序以及测量与评价安全程序的实施效果等三个阶段。

第一,辨别可能影响作业的危险。在安全管理程序的最初阶段,研究者应对目前作业活动中存在的危险、已采取的危险控制措施、事故发生的频率以及事故导致的损失程度等情况进行一次彻底的评价。这项工作一般由专职的安全人员负责。

具体实施时,安全人员首先必需对包括事故报告、安全记录和安全培训材料等在内的各项文件详细地进行分析。并根据分析结果将有关资料按不同作业类型和不同损伤类型加以分类。损伤情况通常可以分为以下几个类型:(1)被设备、工具、人员或其他物体撞伤;(2)因撞上设备、工具、人员或其他物体而受伤;(3)坠落、滑倒或绊倒;(4)切断、撕裂、破口或戳伤;(5)被物体挤住或夹伤;(6)接触高温物体或环境;(7)眼睛受伤;(8)其他。

在分析完文件后。安全人员接下来应与管理人员和操作者进行面谈，并对工作过程进行实地观察和分析。后一项工作的目的是排查与作业活动有关的设备危险和不安全行为。为系统地做好这项工作，安全人员通常需要借助于安全检查表(safety checklist)。

所谓安全检查表，是一种为检查和分析安全情况而专门设计的项目(朱祖祥，2001)。安全检查表上详细列出需要检查的全部项目，要求安全人员按表上所列项目的顺序逐项检查。安全检查表通常包括检查对象、检查人员、检查日期、检查项目、检查要求、检查结果和改进意见等。安全检查表也可采用比较简化的形式，仅包括检查对象和检查项目(朱祖祥，2003)。根据实地观察和分析的结果，加上前述的产品与设备安全分析资料，安全人员可以总结出一份有关潜在危险的清单。这份清单不仅包括具体的危险项目，还应描述与每一项潜在危险有关的作业活动、设备名称、设备位置和危险度等信息，并说明哪项(些)危险会导致最严重的事故或产生最大的经济损失。

第二，开发与实施各种安全程序。在确定了潜在的危险后，安全管理程序便进入到开发与实施安全程序的阶段。这一阶段的主要工作是设计具有针对性的安全措施。这项工作同样需要管理人员和现场作业人员的积极参与。

安全程序一般包括如下七项内容：(1)安全管理介入。从一开始，管理人员就应介入安全管理程序。例如，组织和负责每月一次的安全会议，接受来自基层操作者的安全建议，安排和实施上层领导签发的安全规章或安全措施。(2)组织事故或意外事件调查。训练或组织对事故或意外事件所进行的调查，评价事故报告。(3)提出设备、环境和作业的改进建议。对一些危险度高的事故隐患提出设备、环境和作业方面的改进建议。(4)制订安全规章。建立一般的和特定于某些任务情境的安全规章制度并加以实施。例如，制定计划，每年对安全规章作一次评价，在容易发生事故的场合张贴安全规章，将安全规章纳入到对新人的培训内容之中，建立对不安全行为进行处罚的制度，等等。(5)建立使用个人防护设备的制度。制订个人防护设备的使用标准和违反这一标准的处罚政策，为操作者正确使用个人防护设备提供必要的规范。(6)对操作者进行安全培训。对操作者进行危险意识、危险知识和危险规避行为等方面的训练，具体途径有召开常规安全会议，制订包括安全规章和其他安全信息在内的安全手册，等等。这种训练一般应结合特定作业来开展，同时应重视对新的操作者进行安全培训。(7)促进和鼓励安全行为。张贴安全海报、布告或备忘录，公布目前安全行为的状况以及事故率和损伤率，对安全行为进行表彰和奖励。

已有的研究表明，除产品和设备的安全设计外，最有效的危险控制方法是：第一，管理人员和操作者直接参与安全程序；第二，提供与危险有关的知识，训练操作者掌握安全行为，改变操作者对安全的不正确态度或信念；第三，通过反馈和激励等措施改变操作者的安全行为(葛列众等,2012)。

有效的安全管理程序,能够防止恶性事故的发生,有研究者根据以往事故案例和现场勘察经验,制定了施工升降机安全管理程序,其内容主要有:(1)架体结构。应查看基础及标准节连接螺栓紧固情况;(2)围栏门。应装有机械联锁装置;(3)停层。施工升降机各停靠层应设置停靠安全防护门;(4)钢丝绳端部固结。按标准配置绳卡数量、卡距、绳间设置、尾端长度;(5)传动系统。涡轮、蜗杆减速箱等变速部分以及锥鼓式显示器的离心制动部分都必须是封闭式的;(6)安全开关。升降机的安全开关都是根据安全需要有围栏门限位、吊笼门限位、极限位开关、上下限位开关、对重防断绳保护开关等;(7)吊笼顶部控制盒。吊笼顶部应设有检修或拆除时使用的控制盒,对变速升降机只允许吊笼以低速运行;(8)电路保护。电路应设有断错相保护装置及过载短路、漏电保护器;(9)防坠安全器。在工地上使用中的升降机都必须每三个月进行一次坠落试验(陈勇峰,2012)。

安全管理程序应当具有可操作性。中国石油集团公司制定了数字化应急预案系统,如图 9.4 所示,中国石油应急信息系统立足于建设实际,提出了数字化预案系统

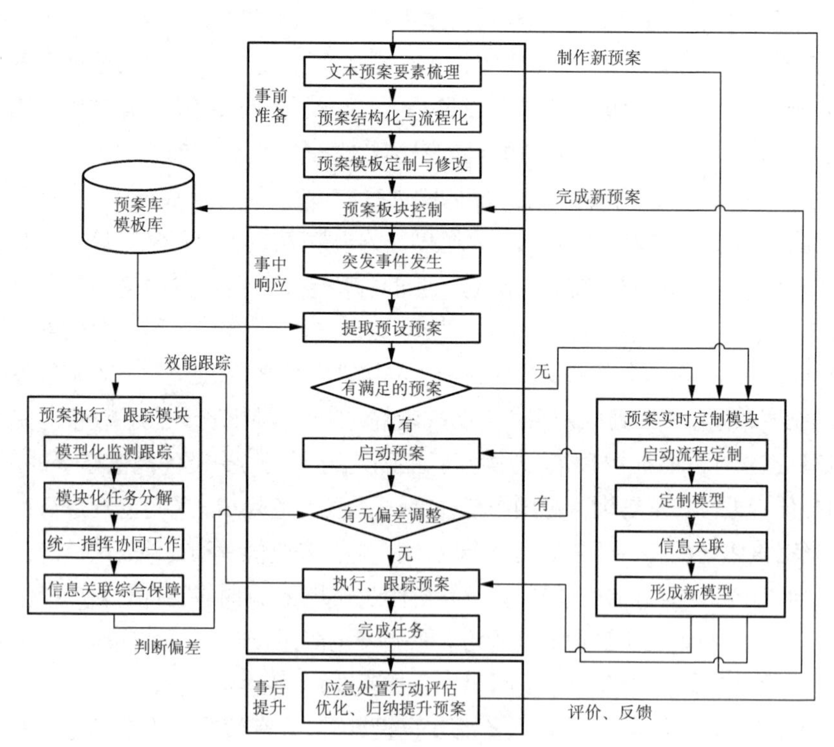

图 9.4 中国石油数字化应急预案系统

来源:李峰等,2013.

建设的实施步骤，包括预案数字化处理事前准备、预案启动与快速处置的事中调用、预案评估与预案改进的事后提升。这三个阶段的工作重点和工作原理各不相同，但又紧密联系。该预案系统为有效应对各类突发事件提供了重要的支持。

第三，测量与评价安全程序的实施效果。安全管理程序的最后一个阶段是测量与评价安全程序的实施效果。为开展这项工作，必需收集实施安全程序以前和以后的各类安全数据(如事故率、损伤率和经济损失等)，即通过对安全行为、事故率、损伤(或死亡)数量以及因受伤而缺勤天数的比较，评价安全程序的有效性。

9.4 研究展望

事故分析及其预防是工程心理学研究中的一个非常重要的领域。现有的研究包括了本章中论述的事故原因分析、事故相关的理论和事故预防三个主要的方面。这些研究对于事故研究的发展及其现场事故的预防起到了非常重要的积极作用。我们认为未来的事故研究将有以下的研究重点。

首先，对于事故的成因以前的研究主要集中在人、物和环境三个方面，而以后的发展将更加注重对以上三个因素的交互作用因素的研究。因为事故的发生的原因是复杂的，人、物和环境肯定是造成事故发生的重要因素，但是除了这些因素以外，人和物的交互(比如人机界面设计的因素)，人和环境的交互(比如情景的因素)都可能是事故发生的因素。

其次，关于事故理论的研究国内外目前都已有不少的研究成果，但是这些理论各有特点，并不全面，例如，第二次世界大战前的事故理论更多地注重操作者的注意失误，其典型的理论有事故频发倾向论、事故遭遇倾向论、心理动力论等，而在第二次世界大战后事故理论比较强调实现生产条件、机械设备安全，其典型的理论有工业安全理论、能量意外释放理论、"流行病学"事故理论等。因此，今后的事故理论的研究将会更注重理论的全面性和系统性。

最后，以往关于事故预防的研究都注重危险识别控制、安全防护的设置和职业安全培训及其管理三个方面的工作。今后的研究工作也将主要围绕着这三方面开展。但是，随着大数据时代的到来，基于大数据方法和理论指导的事故研究将日益普及，新的方法、新的研究成果必然会为我们对事故预防的工作带来新起色。

参考文献

蔡启明，余臻，庄长远.(2005).人因工程.北京：科学出版社.

曹凤琦，黄晓华，杨斌等.(2011).辐射环境安全事故的应急准备和演练.环境监控与预警，3(4)，6—8.

陈宝智，吴敏.(2008).事故致因理论与安全理念.中国安全生产科学技术，4(1)，42—46.

陈勇峰.(2012).加强施工升降机的安全管理杜绝施工设备安全事故发生.建筑安全，12(7),57—58.
冯卫忠.(2011).安全事故对机械设备改造的警示.广东化工，38(12),123,113.
付净,韩子鹏,刘辉等.(2011).面对突发安全事故人的安全行为决策探究.吉林化工学院学报，28(9),105—108.
葛列众,李宏汀,王笃明.(2012).工程心理学.北京：中国人民大学出版社.
孔嘉莉,邹声华,李永存等.(2013).岸生物节律对矿井生产的影响及安全策略研究.中国安全生产科学技术，9(9),85—89.
孔庆华.(2008).人因工程基础与案例.北京：化学工业出版社.
李峰,张超,张正辉.(2013).中国石油数字化应急预案系统研究.中国安全生产科学技术，9(9),142—147.
李万帮,肖东生.(2007).事故致因理论述评.南华大学学报，8(1),57—61.
李文权.(2005).中国老年人交通事故分析及预防对策.道路交通与安全，5(5),22—24.
刘健超,邢弈,宋存义等.(2007).基于马尔萨斯模型对钢铁企业伤害事故与工龄指数之间规律的研究.安全与环境学报，7(5),100—103.
刘建敏.(2011).基于事故树理论的建筑施工现场作业人员触电事故致因分析.科技信息，32(3),738—740.
刘湘丽.(2008).安全事故的认为因素与组织因素.经济管理，30(21),163—169.
刘治兵,段赟,吴洁红.(2010).民爆物品生产安全事故致因及动力学演化模型.煤矿爆破，91(4),5—9.
牛虎.(2007).国内外交通安全对比分析.科技信息,27(16),303—304.
宋程成,孙瑞山,刘俊杰.(2013).自愿报告信息分析模型(CRIAM)研究.中国安全生产科学技术，9(9),43—48.
王建.(2014).一起高压除氧器爆炸事故原因分析.中国特种设备安全，58(3),58—60.
王卫辉,孟小胴,强宝民等.(2013).桥式起重机安全评估指标体系研究和系统设计.中国安全生产科学技术，9(9),155—159.
王彦昌,谷风桦.(2011).油库突发安全事故的环境风险及应急措施.油气田环境保护，21(4),45—47.
威肯斯,C.D.,李,J.D.,刘乙力等著.张侃等译.(2007).人因工程学导论.上海：华东师范大学出版社.
吴青主编.(2009).人机环境工程.北京：国防工业出版社.
吴友军.(2009).基于人的行为事故模型对当前煤矿安全生产的分析.工业安全与环保，35(8),53—55.
谢让.(2008).安全人机工程学在建筑施工安全事故预防中的应用.广州建筑，36(2),38—41.
辛晶,陈华,李向欣,王剑,武岱颖.(2012).有毒化学品泄漏事故应急防护行动决策探讨.中国安全生产科学技术，8(2),93—96.徐树章.(2006).人体的三个生物节律.湖南农机，8(3),60.
杨帆,苑莉,乔晓峰.(2010).驾驶员适应性研究述评.交通标准化，34(7),148—150.
易灿南,胡鸿,廖可兵等.(2013).FTA-AHP方法研究及应用.中国安全生产科学技术，9(11),167—173.
钟茂华,魏玉东,范维澄等.(1999).事故致因理论综述.火灾科学，8(3),37—42.
张宏林.(2005).人因工程学.北京,高等教育出版社.
周瑾.(2013).基于神经网络的建筑物火险评价.中国安全生产科学技术，9(10),177—182.
朱宝荣.(2004).应用心理学.北京：清华大学出版社.
朱祖祥.(2001).工业心理学.杭州：浙江教育出版社.
朱祖祥.(2003).工程心理学教程.北京：人民教育出版社.
朱祖祥.(2004).工业心理学大辞典.杭州：浙江教育出版社.
Bridger, R. S. (2003). Introduction to Ergonomics. London, Taylor & Francis, 445.
Clarke, D. D., Ward, P, W., Bartle, C., et al. (2010). Killer crashes, Fatal road traffic accident in the UK[J]. Accident Analysis and Prevention, 42,764—770.
Enache, A., Chatzinikolaou, F., Enache, F. (2009). The analysis of lethal traffic accidents and risk factors. *Legal Medicine*, 11,5327—5330.
Kypri, K., Voas, R. B., Langley, J. D., et al. (2006). Minimum purchasing age for alcohol and traffic crash injuries among 15 - to 19-year-olds in New Zealand. *American Journal of Public Health*, 96(1),126—131.
Ramsey, I. (1985). Ergonomic factors in task analysis for consumer product safety. *Journal of Accidents*, 7,113—123.
Slappended, C., Laird, I., Kawzchi, I., et al. (1993). Factors Affecting Work-Related Injuries among Forestry Workers, A Review. *Journal of Safety Research*, 24(1),19—32.
Surry, J. (1969). Industrial Accident Research: A Human Engineering Appraisal. Canada, University of Toronton Press.
Johnson, WG. (1975). MORT: The Management Oversight and Risk Tree. *Journal of safety Research*,29(1),4—15.

10　产品可用性和用户体验

本章主要论述的是产品可用性(usability)和用户体验(user experience)。在第1章中,我们已经提到,与人计算机交互一样,产品可用性和用户体验研究是工程心理学中衍生出来的一个新兴学科。产品可用性和用户体验研究针对用户的产品使用和体验进行研究,其目的是提高产品的可用性和用户对产品的良好体验。

本章第一节(10.1节)是可用性和用户体验,主要介绍的是可用性和用户体验的相关概念、理论和研究。第二节(10.2节)是可用性和用户体验度量,主要论述的是可用性和用户体验的度量及其选择和整合。第三节(10.3节)是评价度量体系,主要概述的是定性和定量的这两种可用性和用户体验评价度量体系。最后一节(10.4节)是研究展望。

10.1 可用性和用户体验

10.1.1 可用性及其研究

产品可用性

国际标准化组织和相关的权威机构曾对可用性下过如下定义：

- ISO9241—11(1998)：某一特定用户在特定的任务场景下使用某一产品能够有效地、高效地、满意地达成特定目标的程度。
- ISO/IEC9126—1(2001)：在特定使用情景下，软件产品能够被用户理解、学习、使用，能够吸引用户的产品属性。
- IEEE Std. 610—12(1990)：系统及其组件易于用户学习、输入及识别信息的属性。

概括这些定义，可以认为，产品可用性可以简单地概括为产品的有效、易学、高效、好记、少错和令人满意的程度。

近年来，产品可用性的研究得到了飞速的发展，其原动力主要来源于社会生产力的发展和用户需求的提高。

在社会生产力发展水平较低的情况下，生产更多产品数量以满足社会需要是首要任务，然而，当社会生产力发展到一定水平，产品供远大于求的情况下，结合人的心理生理特点和使用产品的特性，注重产品的可用性自然就成为促进社会生产力的必要因素。其次，随着社会生产力的发展和生活水平的提高，人们的基本需求得到满足的情况下，社会文化等各种因素造成的用户需求的差异性，用户产品使用的差异性都得到了明显的凸显。这些差异性使得在产品生产过程中，需要重视产品用户的不同需求和使用特点，强化产品的可用性研究。因此，注重产品可用性是时代发展的必然产物。

对企业来说，强调产品可用性可以明显地降低产品生产的成本，因为考虑了用户的需求避免了产品不必要的功能设置，降低产品的后期维护甚至返工的成本。其次，强调产品可用性可以在很大程度上提高产品的竞争能力，因为可用性研究使得产品使用的效率和体验得到很大提高，操作的错误和学习使用的时间得到明显的降低。可以说，产品本身的可用性已经成为现代产品的核心竞争力。

产品可用性研究

产品可用性研究可以定义为为了提高产品可用性程度所做的相关研究。如图10.1，这些研究主要包括用户研究和产品研究。

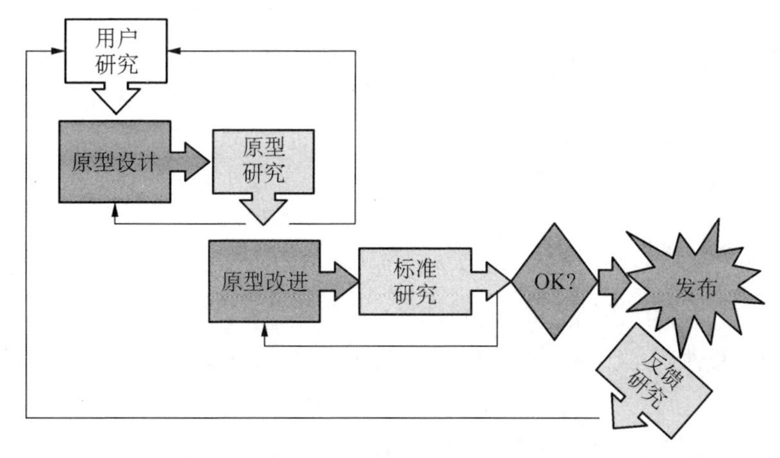

图 10.1 以用户为中心的设计流程

来源：葛列众等，2012.

用户研究是可用性研究中针对用户的研究。研究的内容主要有用户特征、用户需求特点和操作特点。例如，毛晓欧、刘正捷和张军(2007)采用问卷调查的方法研究了中国老年人互联网使用特点和操作特征。他们的研究表明：使用互联网的老年人年龄大致在60—70岁之间，学历较高，退休前基本从事教师、职员等工作。老年人对互联网功能的需求不是很多，上网常做的就是收发邮件和浏览新闻，老年人上网最大的担忧是害怕电脑出现故障。孟庆军、刘正捷和张海昕(2007)采用可用性测试的方法研究了农民工用户使用手机的特点，他们的研究表明，农民工使用手机时遇到的最大可用性问题主要有两类：一类是用户无法找到正确的功能选项；另一类是用户不知道如何使用手机的快捷功能项。饶培伦、邹海丹和陈翠玲(2012)探讨了中外不同用户在使用汽车导购网站时在信息需求、行为方式、使用习惯等方面的差异，并对原有网站进行了改进，降低了用户的使用错误，提高了用户的满意度。2014年，曹玉青、王飞和汪晓春(2013)等人采用眼动设备对于老年人手机使用的可用性进行了研究，并得出了老年人手机设计的要点。

产品研究是可用性研究中针对产品的研究。根据产品开发设计的不同阶段，产品研究可以分为原型研究、标准研究和反馈研究。其中，原型研究在产品开发早期针对产品的原型的测试，旨在为原型改进提供依据。标准研究在产品开发后期针对产品可用性标准的测试。反馈研究在产品开发之后，针对产品使用的测试，旨在为反馈改进提供依据。

原型研究可以用各种计算机模拟等多种方法进行，例如，戴均开、葛列众(2007)采用典型任务操作，对计算机模拟的手机原型界面进行了可用性评估，以改善手机原型的设计。原型评价可以用绩效评估,认知走查法等各种方法进行,研究者也在不断地探讨新的评估方法,例如,张婷、饶培伦和 Gavriel Salvendy(2009)以手机产品为例提出了一种结合了用户测试和问卷测量的可用性评估方法,并以手机产品的纸面原型为对象进行了实验研究。他们的实验结果表明,这种原型评估的方法能够发现足够的可用性问题的数量和类型,而且对于指示界面上存在的可用性问题具有较高的敏感度。

目前我国的产品的可用性研究已经涉及到各种产品设计和优化,但是主要集中在手机、网页、各种电子设备和计算机软件产品的界面设计和可用性研究上。

手机可用性研究: 手机操作绩效评估的研究(葛列众等,2007);手机触摸屏的研究(柳雕貂,2011);手机通讯录的研究(郑璐,2011);手机输入法的研究(文涛,李雪,李晟等,2012);手机菜单类型的研究(葛列众,王璟,2012);智能手机应用程序图标(蒋文明等,2015)。

网页的可用性研究: 网页注册界面可用性的实证研究(葛列众,王琦君,王哲,2007);B2C 电子商务网站结算流程跳转方式的可用性研究(陈晓媚等,2013);电子商务网站结算页面版式的研究(王敏洁等,2013);高校门户网站可用性评测模型构建及应用研究(吴建,2014)。

各种电子设备的可用性研究: 数字电视的可用性研究(朱光瑞等,2007);体彩售票机用户界面优化(俞明南,李琦,田家祥,2010);新型歼击机平视显示器的研究(伊丽等人,2010);电脑式微波炉的研究(胡绎茜,葛列众,2011;葛列众,胡绎茜,2011);遥控器界面的研究(张凌浩,李望熹,2011);地铁列车行车调度系统的可用性研究(苗冲冲,2012)。

计算机软硬件产品的可用性研究: 计算机软键盘设计(王灵芝等,2012;陈肖雅,葛列众,2013);计算机即时通讯软件的研究(葛列众等,2011;王琦君,严璘璘,葛列众,2013);平板电脑电子阅读软件界面的研究(孙娜,冯陈玥,张婷茹,2011),电子信箱的可用性研究(韩挺,2007;葛列众,王宇轩,王琦君,2010);搜索引擎的研究(徐意能,陈硕,2008;王镠璞,2010);计算机键盘设计(楚杰,2009;朱海荣,党悦然,2011);电子地图的可用性研究(任忠斌,陈毓芬,孙庆珍,2007;王笃明等,2010;吴婷,2014)。

除了上述研究以外,还有一些不同产品的研究,例如,晁储芝、赵朝义和呼慧敏(2014)采用了可用性问题分析和主观评价的方法对空调产品使用说明书的评估研究。

目前,在我国产品的可用性研究中,研究者大都采用绩效评估、主观评价等方法,但是也有研究者尝试用新的方法、新的度量来提高研究水平,以促进研究的外部效度。例如,李宏汀、葛列众和郑燕(2007)采用美国 ASL 公司的 504 视线追踪系统记录了24名被试在浏览某电子商务网站两个候选版式时的行为绩效度量和视线运动特征,对不同版式设计下被试的视觉搜索特征和绩效进行了分析。安顺钰(2008)将眼动数据与传统可用性评价度量结合使用,评价两款音乐手机界面的可用性水平,并对手机界面间的内部差异作量化分析。2008年,张显奎等(2008)以肌电、呼吸和心律信号等度量来评价20名在校大学生在两种不同的环境下,三款不同鼠标使用情况。2010年,周坤、张军和刘正捷(2010)采用眼动对电子商务网站商品列表页进行了研究。朱伟和张智君(2010)采用sEMG等度量来研究不同键盘的输入绩效。吴珏(2015)把传统的可用性评估与眼动实验结合起来,评价手机音乐软件界面,以发现其中的可用性问题,改进该界面的设计。

产品研究中,也有研究者不仅对原有的设计界面进行评价优化,而且尝试根据研究结果,提出新的设计原则,设计新的人机界面来取代传统的产品人机界面以提高产品的可用性。例如,胡信奎、葛列众和胡绛茜(2012)采用实验的方法对电脑控制式微波炉的传统操作界面和新设计的傻瓜操作界面进行了比较研究,目的是为了设计优化微波炉的操作界面提供科学的依据。实验采用了系列目标任务的方法,共有16名被试参加了实验。他们的实验结果表明,新设计的微波炉傻瓜操作界面比传统操作界面具有更高的可用性。微波炉的操作界面的设计应该遵循操作次序合理、任务状态明确、操作提示清晰三个原则。

除了研究以外,国内还有些和可用性、用户体验的研究团体,例如:UXPA(用户体验专家组,2004)、IXDC(国际体验设计协会,2010)和UXACN(用户体验联盟,2015)。

10.1.2 用户体验及其相关理论

用户体验

随着产品可用性研究的不断发展,产品可用性逐步向用户体验方向扩展。国际标准化组织和相关的权威结构曾对用户体验下过如下定义:

- ISO9241—210(2008):定义用户体验为用户使用或假想使用一个产品、系统或服务时的感知和反馈。
- UPA(2006):用户与一个产品、一项服务或一个公司进行交互形成完整感知的各个方面。

也有研究者从不同的角度对用户体验进行了定义。例如,Shedroff(2006)把用户体验定义为用户、客户或观众与一个产品、服务或事件交互一段时间后所形成的物理属性上的和认知层面上的感受。Hekkert(2006)定义用户体验为用户与产品交互的结果,包括感官的满意程度(美感体验),价值的归属感(价值体验)和情绪/情感感受

(情感体验)。

应该说用户体验从以下三个方面对产品可用性的涉及的范围或者理解进行了拓展:

- 产品的使用已经不是简单的现实状态下的使用,甚至包括了用户的假想使用;
- 用户对产品的关注甚至包括了产品的服务,产品公司品牌,而不是产品功能需求或者使用;
- 用户对产品的体验涵盖了美感、价值和情感三个不同的层面,而不是单一的满意体验。

可见,用户体验是在产品可用性概念基础上,从一个更高层面,以用户为中心,对产品功能、操作及其相关的服务、公司品牌提出了不同层面的用户体验要求。可以说,产品可用性是用户体验的核心内容,用户体验是产品可用性的拓展或者延伸。

参照心理三分法[①],我们认为,用户体验是和产品相关的人的因素,包括认知、情感和操作三个层面。其中,认知因素指的是和人的感知觉、注意和记忆等认知过程相关的产品因素,如产品颜色、质感细节的感知,注意、记忆和理解,对产品的主观态度,对产品的期望等等。情感因素指用户在接触和认识产品过程中往往会根据产品与自己的关系,产生不同的内心体验和态度,如喜悦、舒畅、愤怒、悲哀、惊奇等等。操作因素指用户基于自己的认识按照一定的目的,对产品的作用,如操作等。

产品可用性到用户体验的进步,一方面反映了产品生产和用户之间的关联日益密切。在未来社会发展中,不考虑用户特点的产品将必然会被逐步淘汰。另外,这种进步也反映了以往产品可用性度量的单一化在实际应用中的缺点使得相关的度量日益向整体或者系统方面发展的必然性。在以往的产品可用性研究中,对产品可用性的度量往往只考虑产品某个单一维度,例如,仅仅考虑产品使用的效率,或者是产品使用的满意度,而不是考虑产品对用户的整体或者多维度的影响。

我们认为产品可用性是用户体验的核心内容,所以下面的表述中,如果没有特别的表述,在提到可用性度量和相关的测量或者研究中,其实也包含着用户体验的度量及其相关测量或者研究。

用户体验理论[②]

用户体验理论是在实际研究的基础上,从理论高度来对用户体验进行说明或者解释。下面是一些典型的用户体验理论。

---

① 本词条来源:林崇德,杨治良,黄希庭.(2003).心理学大辞典.上海:上海教育出版社.

② 本小节部分内容参照:刘静,孙向红.(2011).什么决定着用户对产品的完整体验?心理科学进展,19(1):94—109.

可用性理论：ISO9241—11(1998)把可用性定义为“某一特定用户在特定的任务场景下使用某一产品能够有效地、高效地、满意地达成特定目标的程度”。早期不少的研究表明，可用性对用户体验有着明显的促进作用(Nielsen, 1993; Norman, 1990)。国内也有不少的研究很好地说明了这一点，例如，江彩华(2007)认为移动增值服务的可用性研究对于提高移动用户的用户体验有着重要的意义。张怡(2012)以内容、易使用性、促销、定制服务、情感因素等5个度量构建可用性度量评价体系，对网站用户体验的发展起到一定促进作用。但是，最近的研究表明影响用户体验的因素有许多，可用性并不是唯一的决定因素。例如，就满意度而言，如果有明确的操作任务，可用性较高，产品体验的满意度也较高，但是在以娱乐为目的的情况下，产品的可用性和满意度却呈低相关(Hassenzahl, 2004)。这表明，用户体验是一个更为广泛的概念，具体的对产品的使用效率可以提高用户的满意感，而追求享受或者娱乐本身同样可以提高用户体验。

可见，可用性是决定良好的用户体验的关键因素，但不是唯一的因素。

美感理论：美感也是决定用户体验的一个重要因素。Kurosu 和 Kashimur (1995)关于美感的研究具有一定的代表性。在研究中，他们以一组取款机输入键盘的界面为研究对象，得到每个版本的主观美感评价(how much they look beautiful)、主观可用性评价(how much they look to be easy to use)和客观可用性评价。研究结果表明，美感与主观可用性评价呈正相关，而主观可用性与客观可用性却呈弱相关。因此，Kurosu 等人认为：看起来好看在主观体验中有着重要的决定性作用。不少后续研究都支持了这个观点(如，Tractinsky, Shoval-Katz, & Ikar, 2000; Lindgaard & Dudek, 2003; 谢丹，2009)。但是也有研究对美感的作用得出相反的结论，例如，Hassenzahl(2004)在对 MP3 界面的研究中指出，美感和主观可用性间仅存在着弱相关，正向的美观感受不见得带来可用性高的评价。Lindgaard 和 Dudek(2003)也指出看起来美的产品不见得会被认为好用。王铭叶(2010)认为智能家电的产品界面如果单纯只是美反而会适得其反。这些看似矛盾的结果表明，应更全面地分析用户体验的形成过程和决定因素。

用户体验的结构理论：结构理论分析用户体验的各个影响因素及其作用，强调用户体验的结构成分。典型的结构理论有 Haasenzahl 的实效/享乐价值结构理论(Haasenzahl, 2003)以及 Jetter 和 Gerken 的双层结构理论(Jetter & Gerken, 2006)。

Haasenzahl 将用户体验分为实效价值(pragmatic value)和享乐价值(hedonic value)两个部分。其中，实效价值指的是有效地、高效地使用产品，即体现了传统的产品可用性概念。享乐价值指的是用户能表达个性价值，类似于愉悦的概念。Haasenzahl(2004)认为，受实效价值的影响，产品体现了可用的特点；受享乐价值的影响,产品体现了美好的特性;如果受两种价值的综合的影响,则产品体现了有益(goodness)的特性。

Jetter和Gerken的双层结构理论把用户体验分成用户—产品和企业—产品两个层面。用户—产品体验指的是产品如何满足个体的价值需要,包括了用户对产品的实效和享乐价值的体现。企业—产品体验则指的是企业商业目标和价值如何被用户感知(如品牌力量、市场形象等)。

用户体验的过程理论: 该理论重视分析用户体验的动态形成过程,建立理论模型,进而探讨影响用户体验的因素。下面是四种典型的过程理论:

- Forlizzi和Ford(2000)认为,用户的情感、价值和先前体验形成了产品使用前的心理预期,这一预期在当前的任务场景和社会文化背景下,又通过对产品特性的感知形成了完整的对产品的用户体验。
- Arhippainen和Tähti(2003)认为,用户、产品、使用场景、社会背景和文化背景这五个因素共同交互作用决定了产品用户的体验。
- Hassenzahl和Tractinsky(2006)则提出,用户体验的形成过程是用户、场景和系统作用的结果。
- Roto(2006)认为,整体用户体验是由若干单独使用体验以及和使用无关的用户既有的对系统的态度和情感共同作用而成,而且当前的用户体验又会改变用户的心理预期和态度因素,进而影响将来的用户体验。

企业用户体验成熟度的理论模型①**:** 企业用户体验成熟度理论和上述的理论模型有所不同。这种理论专门论述公司企业对用户体验关注和执行的成熟度水平。

2007年,Tyne最早提出了公司用户体验成熟度的组织模型。他认为,可以把公司的用户体验流程的进化与成熟分为五个阶段。第零阶段,对用户体验没有认识;初始阶段(initial),没预算,仅仅是临时性尝试。第一阶段,专业学科阶段,有专门的预算,团队和流程。第二阶段,可管理的阶段,有了系统化的流程。第三阶段,集成的以用户为中心的设计阶段,有了可预测的流程,重视用户数据,用户体验由产品扩展到所有的服务,第四阶段,用户驱动的公司,出现持续的改善用户体验工作流程。

2008年,Temkin在Forrester公司的研究中指出,可以将用户体验成熟度分为以下五个阶段:第一阶段,感兴趣的阶段(interested);第二阶段,给予投资的阶段(invested);第三阶段,遵从的阶段(committed);第四阶段,约定的阶段(engaged),强化客户体验是公司战略的核心关键点;第五阶段,根植的阶段(embedded),确信客户

---

① 本段内容部分参照:陶嵘,黄峰.(2012).企业用户体验成熟度研究进展与展望.北京:中国人类工效学学会第八次学术交流会会议论文.会议论文编号25.

体验必须根深蒂固地扎根于公司的机体中。

2011 年，Buttiglieri 认为公司的用户体验成熟度模型可以划分为以下六个阶段：第零阶段，未被认可的阶段（unrecognized）；第一阶段，临时性的阶段（ad hoc）；第二阶段，精心考虑的阶段（considered）；第三阶段，可管理的阶段（managed）；第四阶段，集成的用户体验（integrated UX）；第五阶段，用户体验驱动阶段或称为制度化阶段（UX driven/institutionalized）。

上述三种模型代表了全球用户体验领域在企业用户体验成熟度方面的最新研究成果。基于上述这些理论模型，陶嵘和黄峰（2012）对国内 20 余家大型企业进行了研究。他们认为，中国企业的用户体验成熟度阶段类型大致分为：懵懂探索、模仿尝试、斟酌损益、管理可控、集成内化、体验驱动等六个阶段。

综上所述，目前已经有多种用户体验的理论。这些理论各有各的特点。

首先，可用性理论和美感理论都是单因素理论。前者强调了产品的实际操作使用体验，而后者则重视产品的美感体验，虽然单因素理论或多或少会忽视了影响产品用户体验的其他一些因素。但是，在单因素理论的基础上，对用户体验进行度量明显更便捷、有效。

其次，用户体验的结构理论和过程理论都是多因素理论。结构理论强调影响用户体验的各个因素的组成及其相互的关系；过程理论则重视用户体验形成的动态过程中各个影响因素之间交互作用。理论上讲，在分析用户体验的影响因素上，这些多因素比单因素理论更为系统、全面。但在多因素理论指导下，如果要对用户体验进行测量，不仅要花费更多的成本和代价，而且在实际的可操作性上会存在一定的困难。

最后，企业用户体验成熟度理论对各企业公司开展用户体验的工作具有一定的借鉴作用。

用户体验的研究

上面的论述中，我们提出，用户体验是和产品相关的人的因素，包括认知、情感和操作三个层面。如图 10.2 所示，在本部分内容中，我们将用户体验的研究类型按照认知、情感和操作分为三个方面，并结合主观、生理和绩效三种度量提出用户体验研究基本类型的“三三模型”。其他的关于各种度量的具体测量度量及其在具体测量中的系统测量，将在下面的可用性和用户体验的度量中专门论述。

在图 10.2 中，横向的至上而下是认知、情感和操作三个用户体验的内容维度，而纵向的从左至右是主观、生理和绩效三种用户体验的度量维度。由此，就有了用户体验的九种不同基本研究类型。每种研究类型的研究有“1”至“9”的数字表示。例如在认知层面就有研究类型 1（认知的主观研究），研究类型 2（认知的生理研究）和研究类型 3（认知的操作研究）。

研究类型 1：认知的主观研究。典型的研究是主观的态度问卷研究。这是用户研究中经常用的研究。例如，张婷、饶培伦和 Gavriel Salvendy(2009)关于手机的原型研究和陈晓媚等人(2013)关于网站的可用性研究都用到了态度的问卷研究。

研究类型 2：认知的生理研究。人的不同的认知状态可以由人的不同的生理度量反映出来，这是这类研究的基本假设。例如，Zeki 和 Marini(1998)的实验证明，被试观察自然的颜色(如红色的草莓)和观察不自然的颜色(如蓝色的草莓)激活的脑区是不一样的。Jacobsen 和 Höfel(2003)的实验表明，在对美或者丑，对称性和不对称性的判断中，被试的 300—400 ms 的早期负成分，440—880 ms 晚期正成分、600—1 100 ms持续性负成分也是不一样的。

研究类型 3：认知的操作研究。人对操作的态度、期望或者认识都可以通过最后的操作绩效表现出来。心理学上，Yerkes 和 Dodson(1908)提出的 Yerkes-Dodson 定律所描述的心理唤醒水平(arousal)和操作绩效(performance)之间倒 U 字型的操作曲线就是典型的例子。

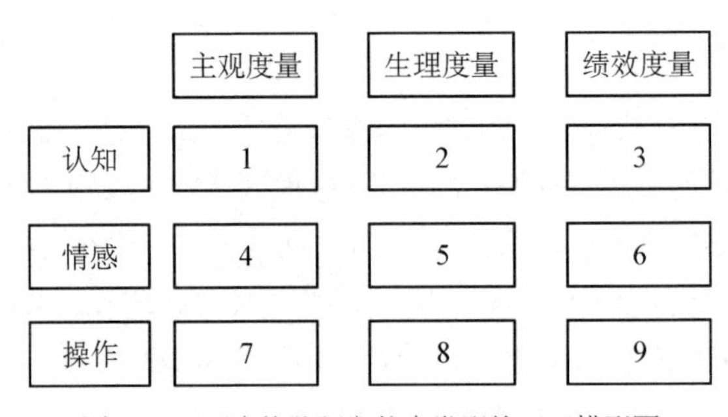

图 10.2 用户体验研究基本类型的三三模型图

研究类型 4：情感的主观研究。典型的研究是主观的情感偏好问卷研究。这是用户研究中，特别是产品外观、类型等偏好测量中经常使用。例如，吕昉和郑燕(2012)以设计师品牌与大众品牌两类牛仔裤品牌为例对牛仔裤的设计元素进行归类的研究，孙琳琳等人(2013)基于感性工学的汽车座椅静态舒适度的研究，阙盈盈(2014)基于人物角色法的网络商店商品陈列的研究都用到了偏好量表。

研究类型 5：情感的生理研究。情感因素在用户体验的研究中越来越受到重视(李云，2014；夏慧超，2015)，但是情感的测量一直是心理学研究的一个比较困惑的领域，也是许多研究者一直在探索的问题。例如，高晓宇(2014)在他的研究中，尝试通过研究瞳孔尺寸与可用性评价中用户基本满意度的关系，建立瞳孔尺寸—基本满意度模型，并希望应用该模型来获得可用性评价实验中用户满意度变化情况，从而指导产品设计。应该看到，采用生理度量来度量情感的状态是个很复杂的问题，采用多种生理度量对正性或者负性情感进行测量也许是一种比较实用的途径(易欣,葛列众和刘宏艳,2015)。

研究类型 6:情感的绩效研究。正性或者负性情感对人的绩效的促进或者障碍作用已被不少的研究证实(Chanel 等,2008),情感化设计优秀的产品也更容易受到用户青睐,例如,童俐(2012)关于儿童家具情感化设计原则的思考,周杨和张宇红(2014)关于情感化设计中记忆符号的分析研究都是很好的例子。因此,重视用户体验的设计中强调正性情绪的唤醒有着重要的意义。

研究类型 7: 操作的主观研究。这类典型的度量就是操作的态度测量。例如,周荣刚、李怀龙和张侃(2004)对超文本迷失程度的可用性评价研究,葛列众、王琦君和王哲(2006)对网页注册界面可用性的实证研究,胡信奎、葛列众和胡绎茜(2012)关于电脑控制式微波炉中傻瓜操作界面的研究以及王琦君、严璘璘和葛列众(2013)关于IM 聊天窗口操作绩效影响因素研究都用到了操作的主观度量。

研究类型 8: 操作的生理研究。用特定的生理度量来标定特定操作的特点是一个很好的研究途径。例如,Graesser 等(2005)用眼动做度量鉴别出在故障分析中,所谓专家和新手之间的差异。他们的实验结果表明,当系统出现故障时,专家的眼动注视点更多地集中在系统可能发生故障的位置上。

研究类型 9: 操作的绩效研究。操作用户的绩效通常用反应时、正确率来表征。良好的用户体验中,产品操作的高效率是个很好的度量。用户体验的研究中,操作的绩效度量是使用较多的一种度量。刚才我们提到的周荣刚、李怀龙和张侃(2004),葛列众、王琦君和王哲(2006),胡信奎、葛列众和胡绎茜(2012)以及王琦君、严璘璘和葛列众(2013)的研究中,除了使用主观操作评价度量外,都在研究中采用了绩效度量。

上面我们对三三模型中的九种研究类型做了逐一的说明,但是有以下两个问题,需要做进一步的说明。

首先,以上九种研究讲的都是单一度量的实验,而在现实的实验操作中,实验经常是多度量的,就像我们刚才论述研究类型 9 时所说的,研究者在采用主观评价度量的同时,经常会同时采用绩效度量。从理论上讲,我们所说的九种研究类型都可以相互组合,进行多度量的研究。例如,2015 年,吴珏就把绩效评估和眼动技术结合起来研究手机软件界面的可用性。在实际操作中,一个实验研究中,各种度量的选择不宜过多,需要根据研究假设和研究的资源,合理地选择组合各种度量以进行可操作的用户研究。至于为什么要采用多个度量来进行研究,其原因无非有以下两个: 一是希望各种度量能够相互验证以提高研究的内部效度;二是希望从各个方面对某个产品做多角度的评价。

其次,除了以上九种研究类型以外,还有其他类型的研究,例如,焦点小组的研究、可用性问题分析的研究以及用户性格分析的研究等。但是,这些研究往往是针对性比较强的专门类型的研究。例如,焦点小组的研究主要用于了解不同产品用户对产品设计或者使用的意见和看法;可用性问题分析主要用于产品使用过程中存在的可用性问题;而用户性格分析则主要使用专门的心理学个性测量量表对产品用户个性特征进行研究。

综上所述,三三模型仅仅描述了用户研究中的基本研究类型,除了这九种基本类型外,用户研究还有诸如焦点小组等专门的研究类型①。此外,这九种基本研究类型可以相互组合,形成多度量的复合研究类型,例如,研究类型 1 认知的主观研究和研究类型 9 操作的绩效研究就可以组合形成复合的研究类型:主观和绩效研究。

三三模型提出了用户体验研究的三个内容维度:认知、情感和操作,即,用户体验的研究基本研究内容就是用户的认知、情感和操作三个层面。三三模型还提出了用户体验研究的三个度量维度:主观、生理和绩效,即用户体验研究的基本测量、评价维度就是主观、生理和绩效三个方面。在上述基础上,认知、情感和操作三个内容维度和主观、生理和绩效三个测量维度可以组合形成认知的主观研究等九个用户体验研究的基本类型。

三三模型确定了用户研究的基本研究内容、研究维度和研究类型,对于用户体验研究有着重要的理论和实践意义。

10.2 可用性和用户体验的度量②

10.2.1 概述

无论从研究还是从应用角度来说,可用性度量都非常重要,但是,有研究在总结回顾了 180 多个发表在核心期刊及会议论文中的可用性实验研究,发现许多研究因为在定义、测量度量选择、测量方法的选择上存在问题而未能进行有效的度量,其中缺乏统一的标准是导致这些问题的重要原因之一(Hornbæk, 2006)。

下面首先将总结、归类和讨论各种常用的可用性度量;然后,将继续讨论可用性度量的选取和整合方面的问题。

10.2.2 度量维度

不同学者对可用性度量提出了各种不同的分类,如 Han 等(2001)认为可用性测

① 参见:李宏汀,王笃明,葛列众.(2013).产品可用性研究方法.上海:复旦大学出版社.

② 本小节部分内容修改自作者已发表的综述:葛列众,赵悦,吴学通等.(2014).如何测量可用性:测量指标及其选择与整合.人类工效学,20(1):72—75.

量度量主要包括客观绩效和主观印象两个方面。Hornbæk(2006)则从高效性、有效性和满意度三个方面总结了相关的可用性度量。根据三三模型,我们把可用性和用户体验度量分成主观评价、生理及行为和绩效等三种基本度量。

主观评价度量

主观评价度量是指用户对自己和产品的交互过程及其结果做出的评价(ISO/IEC9126—1)(2001),比如对交互流程的满意程度评价等。此外,对独立于交互过程的界面的评价以及交互过程中导致的情绪评价等也属于主观评价度量(Hornbæk, 2006;Tullis & Albert, 2008)。表 10.1 是在已有文献的基础上总结的常用主观评价度量。

主观评价度量主要通过问卷填写和访谈获得。其中,满意度最直接地反映了用户的主观评价,是测试中使用最多的主观评价度量。它包括对交互过程及结果的满意度和对独立于交互过程的界面的满意度。满意度的测量主要分为任务后满意度评价和测试后满意度评价两种(Tullis & Albert, 2008;Sauro & Lewis, 2010)。已有大量的标准化问卷也可对用户的满意度进行测量,比如情景后问卷 ASQ(Lewis, 1991)、测试后系统可用性问卷 PSSUQ(Lewis, 1992)、系统可用性问卷 SUS(Brooke, 1996)、用户界面满意度问卷 QUIS(Chin, 1988)、软件可用性测量问卷 SUMI(Kirakowski & Corbett, 1993)等。

此外,比较用户的偏好也是测量用户满意度的途径之一。与问卷得分不同的是,用户偏好是一个对不同产品进行相对评价的度量,可通过对偶比较、偏好排序、打分等方法获得,比如葛列众、刘少英和徐伟丹(2005)使用对偶比较的方法对用户网页颜色偏好进行的研究。

表 10.1　可用性测量中常用的主观评价度量

类别	描　述
交互满意度	用户或专家对任务交互过程及结果的满意度评价
界面满意度	用户及专家对独立于交互过程的界面的评价
心理努力	用户对完成任务过程中的心理认知努力及负荷的评价
态度与情绪	用户对交互过程中产生的情绪和态度的评价
用户知觉	用户对交互过程及结果的主观判断

来源:葛列众等,2014.

主观评价度量简明,实施便捷,在实际测试中运用广泛。但是,因为中间倾向误差、晕轮效果和社会称许性的影响,主观评价度量在应用中往往会有一定的偏差。因此,在具体的实施中,主观评价度量需要和其他度量结合运用,彼此验证,才会取得好的效果。

行为与生理度量

随着技术的进步,除了传统的绩效、主观评价度量外,通过获取用户的视线追踪、动作、体态、面部表情、肌电、皮肤电、心率、脑电等非言语行为或生理数据的方法越来越多地被应用于研究和具体的产品测试中。使用这些数据,可以了解用户在和产品的交互过程中的一些过程性的行为生理变化。结合其他测试度量,这些度量可以对用户体验进行进一步的评估,例如,较高的操作绩效度量,良好的主观满意度的评价和正性面部表情度量可以更充分他说明用户对产品的良好的用户体验。

各种技术及方法都能获得各种不同的测量度量,视线追踪中可以涉及到的可用性测量度量包括注视点、扫描路径、感兴趣区等(胡凤培,韩建立和葛列众,2005)。

根据行为与生理度量的作用,可以区分以下两类不同的行为与生理度量:

- 第一类度量可以对客观绩效度量的反应的内在原因做进一步分析。传统的绩效度量虽然能够作为产品可用性或者用户体验是否良好的重要参考,但经常无法结合具体的界面及流程其内在的原因。因此,需要通过各种技术支持获得相应的行为及生理度量,以便可以更加深入地解释客观绩效度量所揭示的客观现象,比如,可以用眼动扫描轨迹度量补充说明操作反应时等绩效度量(李宏汀,2007)。
- 第二类度量可以对主观评价度量进行客观化的补充。由于主观评价度量存在着中间倾向误差、晕轮效果和社会称许性等问题。研究者们开始尝试使用客观的方法来获取用户对产品的使用体验及评价。因此行为与生理度量的测量就成为了他们对主观评价度量进行客观化测量的首选方法,比如,可以用皮肤电来补充鉴别某种特定的情绪状态(蔡菁,2010)。

尽管可以通过行为与生理度量对客观绩效度量背后的原因作进一步的讨论,并为主观评价度量提供客观化的补充,但实用性较差、使用成本较高导致许多研究,特别是实践领域的研究,很少使用该类度量。此外,生理与行为数据作为可用性测量度量本身还存在许多需要改进的问题,比如测量各项度量的仪器是否会影响被试对任务的反应及评价等,此外,还有不少生理和行为上的度量停留在和客观绩效或主观评价度量相关的层次上,因而不能据此做出因果性的解释(Tullis & Albert, 2008; Sperry & Fernandez, 2008)。

绩效度量

绩效度量是指用户与产品直接交互中可以反映用户操作成效的客观结果,如用户完成特定任务所需的时间、出错次数等。

许多学者在总结以往研究和实践中常用的绩效度量的基础上,对绩效度量做了各种不同的分类。例如,Sauro 和 Lewis(2009)对 97 项可用性研究的分析发现,常用的绩效度量包括任务时间、完成率、出错。Tullis 和 Albert(2008)提出,绩效度量应该包括任务成功、任务时间、出错、效率以及易学性等五种基本类型,其中效率是指用户所需要付出的心理努力,易学性则反映了前四项在时间维度上的变化。表 10.2 是在已有文献的基础上进一步分类、总结的 Sauro、Tullis 及 Hornbæk 等人提及的常见绩效度量。

表 10.2　可用性测量中常见的客观绩效度量类型

类别	描　述
时间	用户完成任务,或在特定交互阶段的时间
完成率	用户成功完成任务的数量或者百分比
出错	用户在完成任务过程中的出错情况
使用频率	用户在交互过程中特定功能、界面的频率以及寻求帮助的频率
操作路径	用户为完成交互任务所实施操作的步骤
学习	用户对界面的学习,包括其他指标随学习的改变及用户的记忆

来源:葛列众等,2014.

由于绩效度量可以最直接地反映出用户能否与产品进行良好的交互,而且高层管理和项目利益相关者往往更加关注客观绩效度量,所以绩效度量是各类可用性测量中最重要和最常用的度量。

目前,在可用性测量中使用绩效度量也存在以下三个方面的问题。一方面,早期研究中绩效度量的重要性被过分夸大,因此导致主观方面的一些可用性测量度量被长期忽视;另一方面,尽管客观绩效度量被广泛使用,但 Hornbæk 和 Law(2007)通过元分析研究发现很大一部分研究并未明确使用绩效数据、混淆绩效与用户知觉之间的差异(例如完成任务的客观时间与主观时间估计之间的差异),较少关注绩效在时间积累上体现出来的易学性与可记忆性等。最后,在具体客观绩效度量的数据处理上也存在许多问题,以任务时间为例,由于个别用户的时间特别长,测试中的任务时间呈正偏态分布,这导致常用均值作为统计值可能存在一定的问题(Sauro & Lewis, 2010)。

10.2.3　各种度量的整合

不同的度量存在各自的特点和不足,适用的场合也不尽相同。因此,在具体实施中,首先要选择合适的度量,然后根据一定的规则对所选择的度量进行整合,形成一个完整的评价体系,从而全面而有针对性地评估产品的可用性和用户体验。

在实施可用性评估过程中，需要从保证测量的效度、效率以及成本等方面出发，选择适当的度量。选择中需要注意以下两个方面的问题。首先是要保证选择的度量足以有效地反映产品的可用性；其次是根据产品、使用环境、研究目的等因素，权衡成本和可行性，选择合适并实用的度量。

在可用性度量的选择中，不同维度的度量是否需要在同一测试中进行评估是以往研究中学者们争论的一个重点。Nielsen 和 Levy(1994)通过对 50 多项可用性研究进行分析，发现 75%的研究显示客观绩效与主观态度两者之间的相关显著。因此，他们认为用户更偏好于导致他们绩效更高的产品。很多研究者据此推论认为，可用性测量中只需获得客观绩效与主观态度其中一个方面的度量，就可以比较准确地反映产品的整体水平的可用性。然而，Frøkjær、Hertzum 和 Hornbæk(2000)的研究却发现了与此相反的结果，他们在研究中发现复杂任务条件下高效性与有效性的相关性较低，甚至是可以忽略的。由此，他们认为很多研究仅仅采用某些单方面的度量来代表产品整体的可用性水平存在着风险。他们还认为可用性测试中应当把高效性、有效性及满意度作为独立的维度考虑，同时为不同维度设立相应的度量。而后 Hornbæk 和 Law(2007)通过元分析的方法也验证了可用性不同维度之间低相关的结论。Sauro 和 Lewis(2009)则进一步指出当处于单个任务水平时，各可用性度量呈现出较强的相关，而当处于产品整体测试水平时，这种相关将大大减弱。因此为了保证全面的测量可用性水平，在对产品整体的可用性水平进行评价时，应该根据 ISO9241—11 定义的可用性维度，尽可能多地对表 10.1 及表 10.2 中的不同类型的客观绩效及主观态度度量进行测量；而在对较少的任务或界面的可用性水平进行评价时，则至少要在每个维度上各选择一个度量进行测量。

10.3 评价度量体系[1]

如前上述，常用的可用性度量主要包括客观绩效度量、主观态度度量和生理与行为度量三类。这些度量确实能够反映产品某个方面的可用性水平和用户体验的高低。但是，采用单一度量的评价不足以评价产品的整体水平，也不利于各种产品之间的相互比较。

可用性度量评价体系是根据一定规则对可用性度量进行整合而形成的对产品可用性水平进行整体评价的体系。可用性度量评价体系的建立，在理论上可以完善可

① 本小节内容参照了作者已发表的综述：郑燕，刘玉丽，王琦君等. (2014). 可用性指标评价体系研究综述. 人类工效学，20(3)：83—87.

用性评价的理论体系，进一步开发可用性的科学评价和系统比较的方法；在实践上可以系统全面地评定产品的可用性水平，促进产品可用性水平之间的横向比较。

目前已有的可用性度量评价体系主要可以分为定性的和定量的度量评价体系两个大类。下面将从定性和定量两个角度，对可用性度量评价体系及其相关研究进行介绍和分析。

10.3.1 定性的可用性度量评价体系

定性的可用性度量评价体系更多关注可用性测量维度、测量度量等与可用性评价相关的各种要素概念的定义及其这些要素之间的关系，从定性的角度出发构建可用性评价体系框架。定性的评价体系主要包括一般产品评价体系和特定产品评价体系这两种类型。一般产品评价体系可以适合某几类产品或较多类产品，而特定产品评价体系则往往限定于某一个产品或某一类产品。

适合一般产品的评价体系

最早出现可用性度量整合概念的评价体系是 McCall、Richards 和 Walters(1977)提出的可用性分层评价体系(hierarchical usability model)。该体系把产品质量作为评估对象，将可用性作为评估产品质量的一个方面，并采用分层的形式构建了可用性评价体系。该体系把可用性评估框架分为因素(factor)、准则(criterion)和度量(metric)三个层次。因素层指的是可用性维度，例如，可靠性等；准则层是把可用性维度细化为可测量的次级因素，例如，把可靠性细分为容错度、一致性、精确性、简明度等次级因素；度量层指的是可以用以直接测量的可用性度量，例如，可以用容错控制、重要数据恢复、计算故障恢复等若干检查表来表征容错度。

在 McCall、Richards 和 Walters(1977)体系的基础上，许多学者根据自己关注的重点和领域，提出了许多新的评价体系，其中，最有代表性的是 Van Welie、Van Der Veer 和 Eliëns(1999)以及 Seffah、Kececi 和 Donyaee(2006)的体系。

Van Welie、Van Der Veer 和 Eliëns(1999)等人结合产品设计原则，提出了一个新的分层可用性评价体系。该体系从可用性维度(usability)、使用度量(usage indicators)、手段(means)和知识(knowledge)等四个层面构建了可用性评估框架。其中，可用性维度层是该体系的最高层次，是可用性不同维度的抽象描述。根据国际标准化组织的定义，在这个层面上，Van Welie 等人把可用性分为有效性、高效性及主观满意度三个维度。使用度量层是第二个层面，是可用性实践中使用的度量，由各种可以直接测量的可用性度量构成，而且这些不同的度量与上一层中某个抽象的可用性维度相对应。例如，出错率代表了有效性，可学习性代表了高效性等。手段层是该体系的第三个层面，由一些会影响或改进第二水平中各种可用性度量的启发式经验准则组成，例如，界面的一致性作为一个启发式准则会影响用户的可学习性，告警信息可降低用户的出错率等。知识层是该体系的最低层面，由用户模型、设计知识以及任务特征的这三种知识组成，例如，用户模型知识中短时/长时记忆知识可以被用来改进系统的可学习性，设计知识中反馈和菜单结构的设计准则知识跟对话框的设计密切相关，而任务特征知识中所包含的任务信息和类型则可以间接影响用户满意度。Van Welie 等人认为用户模型、设计知识以及任务特征这些知识的权衡使用会直接影响体系中第三层面的可用性准则的选择，并进一步影响到体系中第二层面的可用性各种度量的选择。

以影响软件可用性特征之间的动态关系为基础，Seffah、Kececi 和 Donyaee (2006)构建了一个被称为使用质量整合地图(quality in use integrated map, QUIM)的可用性度量评价体系。该体系在评估 ISO/IEC 9126 中定义的质量特征的基础上，可以进一步评估软件的可用性。QUIM 包含因素(factors)、准则(criteria)、度量(metrics)和数据(data)四个层面。因素层是可用性评价的维度，包括有效性、效率、满意度、生产率、安全性、国际化、可达性 7 个方面；准则层是 12 个可测量的特征，包括诸如吸引力、一致性、最小动作、最小记忆符合、完成度等。这 12 个特征可以对应于一个或者几个可用性评价维度，例如，完成度特征是对应于有效性维度的可测量特征，而最小记忆负荷是对应于有效性、效率和满意度三个可用性维度的可测量特征。度量层是对应于可测量特征的具体的测量度量，包括诸如任务一致性、视觉一致性、布局统一性等在内共计 100 多个具体的测量度量，例如，任务一致性度量是对应于完成度特征的具体测量度量。数据层是各种度量的定性或定量数据①。这些数据可以通过计数或计算的方法得到，例如，屏幕上的项目数量等属于计数数据，任务完成率等则属于计算数据。对应于第三层度量层中每一个确定的度量，数据层中都有相应的数据，例如，任务数量、不一致得分数据是对应于任务一致性度量的数据。以外，Seffah 等还采用了图像逻辑框架的分类体系来分析和理解体系中不同成分之间的相互关系。

针对特定产品的评价体系

一般产品评价体系适用于较多类产品，但是不同种类的产品之间存在着较大的差异，所以一般体系有着一定的局限性，因此一些研究者构建了针对特定产品的可用性度量评价体系。例如，考虑到消费产品，Kansei 工程可用性学派倾向于把消费者的主观感受增加到体系中，把消费者对消费产品的感觉和意向转化成设计元素(Nagamachi, 1999)，其中最有代表性的有针对消费电子产品 Han 和 Yun(2000,

① 虽然该模型提到了数据，但是并没有交代这些数据是怎么得来的及其运算方法，而是更多地说明了这些数据和度量之间的关系，所以我们还是把这个模型归类到定性体系中。

2001)、Kwahk 和 Han(2002)的体系以及针对洗碗机可用性评价的 Beom 和 Kyeyoun(2009)的体系。

Han 和 Yun(2000)以消费电子产品为例进行了一些案例研究,提出了一个具有一定新意的、系统的可用性评价体系。该体系包括可用性维度(usability)、用户界面设计元素(human interface elements, HIEs)两个层面。其中,可用性维度层包含绩效和主观意向/印象这两组维度。Han 等人认为,除了客观绩效外,更重要应该涵盖主观意向/印象。该体系总共确定并定义了 48 个详细的可用性维度: 23 个属于绩效维度,25 个属于意向/印象维度。其中,绩效维度又被细分为感知/认知,学习/记忆,控制/行动三个类别,例如,简约感、一致性和可达性分别是对应于绩效组三个类别的可用性维度。意向/意向维度也被细分为基本感觉、意向描述、评价感觉/态度三个类别,例如,光泽度、奢华感、吸引力分别是对应于意向组三个类别的可用性维度。该体系的另一个层面——用户界面设计元素层,指的是可以评估产品可用性程度基本单元的产品成分或属性。Han 等人认为消费电子产品的设计元素可以包括物理元素(例如显示)和逻辑元素(例如菜单)两大类。每一类元素又可以分解成个体的、整合的、交互的属性种类。例如,在物理元素中尺寸、布局、反馈就是显示元素的三种 HIEs。按照这样的方法,使用编制的测量检查表,Han 等人度量了 36 个产品,形成共计 88 个 HIEs。Han 等人的体系可以把客观测量和主观评价结合起来,并在 2001 年把消费电子产品的可用性概念重新定义为用户对产品的绩效和意向/印象满意的程度,对可用性多种复杂的方面做了维度细分和定义详述,期望形成一个适用于消费电子产品用户界面的设计和可用性评价的整体框架(Han & Yun, 2001)。

考虑到计划和执行可用性评估需要考虑大量的影响因素: 例如包括产品、用户、活动和环境特征等方面,Kwahk 和 Han(2002)在 2000 年研究的基础上又继续对以往的框架内容进行了补充,提出了一个可以应用于视听类型的消费电子产品的可用性评价体系。该体系有设计变量、背景变量、因变量三个主要成分。设计变量成分指的是产品的界面特征,包括基于特征结构的界面元素特征和描述属性的属性特征。其中,界面元素特征包括硬件特征(例如控制面板)和软件特征(例如菜单),属性特征被分为个体特征(例如静态/动态)和关联特征(例如交互/整合)。背景变量成分指的是产品的评估背景,包括用户、产品、活动和环境四个方面。其中,用户信息被细分为人口统计/社会信息、物理/精神/生理信息、知识/经验信息、感觉/认知信息、情绪/心理信息五个类别。产品信息可以包括被评估的产品构成、产品线/产品类型、品牌/加工信息、外部设备可得性四个类目。活动信息包含的是跟操作有关的任务形式和任务特征两个方面。环境信息指的是物理环境条件和社会心理环境。因变量成分指的是可用性度量,包括可用性维度、可用性度量度量和评估技术三个方面。其中,可用性维度跟以往研究一样被分为绩效、印象两个维度。可用性度量度量包括时间的、频率的、复杂度、物理心理的、描述性、生理的六大类度量。评估技术可以包括观察/询问法(例如时间线分析和焦点小组)、经验测试(例如,基线测试和用户测试)、检查法(例如,启发式评估)、内省(例如,认知走查法)和建模/模拟法(例如,基于模型和计算机模拟的评估)五种类型。Kwahk 和 Han 提出的这种方法也可以在设计和评估阶段,为优化其他消费产品提供帮助,例如器具、汽车、通讯设备等。

另外,Beom 和 Kyeyoun(2009)以家电产品洗碗机为例进行案例研究,使用质量功能部署(quality function deployment, QFD)开发了一个可用性评价体系。该体系在消费者感知的基础上评估可用性和物理设计因素之间的关系。该体系主要有三个方面:可用性评估因素(usability)、感知因素(senbility)以及穿着产品的物理设计因素(physical design)。可用性评估因素指的是可用性评价的方面,或称之为可用性满意度,基于洗碗机的顺序操作可以被分为放碗设置、过程设置和过程改变三个流程。其中,门把手简单性就是放碗设置的设计特征。过程设置包括按钮简单性、显示认知、反馈状态信息等六个特征。过程改变涉及信息性、可达性、易学性、一致性等十个特征。感知因素指的是消费者的情绪和感知偏好方面,或称之为感觉满意度,可以划分为使用感受、豪华、清洁和舒适四个方面。其中使用感受包括可适用的、有用的、耐用的和方便的;豪华指优美的、奢华的;清洁指干净的;舒适包括平静的、快乐的、舒适的和愉快的。物理设计因素指的是产品的物理设计特征,洗碗机相关的物理设计因素主要包括外部特征、内部特征、把手特征和显示特征。在评价体系中,标签图标、架子尺寸、把手形状、液晶屏尺寸这四个物理设计特征是影响用户感知的主要因素。Beom 等人提出的体系还估算了物理设计特征的影响程度,提出了以最终的物理设计因素为基础的设计准则。

综上,定性的可用性度量评价体系大致可以小结如下:

第一,从体系的内容上来看,目前已有的体系主要涵盖五个要素:第一层维度层,例如,McCall 等人、Van Welie 等人、Seffah 等人、Han 等人、Beom 等人提及的可用性维度或者可用性评估因素;第二层准则层,例如,McCall 等人、Seffah 等人提及的可测量的次级因素;第三层度量层,例如,McCall 等人、Van Welie 等人提及的可以直接测量的可用性度量;第四层设计层,例如,Van Welie 等人、Han 等人、Beom 等人提及的界面设计要素;第五层,例如,Van Welie 等人提及的知识层、Han 等人提及的背景层、Beom 等人提及的感知层等未包含在前面层级中的部分。在这五个方面中,前三个方面维度、准则和度量层属于基本层面,几乎所有体系都提到了,只不过说法不同,或者维度的具体分类有所区别;除了这三个基本层面之外,设计层和知识层等层面只有若干个或者仅有一个体系提到。

第二，从体系之间的相互关系来看，维度、准则和度量等前三层的构建基本遵循了目标-手段原则，而且三者之间的关系是层级关系。准则是对维度的细化，维度和准则是可用性评价的目标。度量是可用性评价的手段，即为了实现评价所需要的度量。设计和知识层面的内容则是实现目标或者手段的补充的延伸内容。设计层面是准则或者度量层面延伸出来的对应于界面设计相关的内容，例如，从界面设计的一致性准则出发就要求我们在设计层面中考虑同类图符表征信息的一致性。知识层面的内容说明了相关的知识内容对准则或者度量选择的影响作用，例如，知识层面中的用户模型可以用来帮助定义或者选择准则或度量。

10.3.2 定量的可用性度量评价体系

定量的可用性度量评价体系更多地注重可用性评价若干要素之间的量化整合，从定量的角度来构建可用性评价体系框架。在以往定性研究的基础上，研究者改进并发展了量化的体系，希望将现有的可用性数据与专家或理想的结果进行比较，继而将较多的度量合并为统一的可用性评价度量。现有定量的评价体系主要包括一般产品和特定产品评价体系这两种类型。其中一般产品评价体系会适合较多类产品，由于这类体系对外部效度的要求很高，体系构建难度较大，故现有研究中很少涉及；而特定产品评价体系适用性较小，仅适合某一个或某一类产品。现有定量研究大多属于这一类。

适合一般产品的定量评价体系

因为外部效度要求较高，目前很少有可以适用一般产品的可用性量化评价体系。Tullis 和 Albert(2008)提及可以通过一些方法把具有不同度量单位的分数合并为一个某种类型综合的可用性分数，并以此来表征可用性评价度量。这些方法主要有通过预定目标、百分比、标准化或者 SUM 技术来合并度量①。

根据预定目标合并度量的方法就是通过整合达到各维度目标的用户百分比来整体评估产品的可用性程度。这种方法首先将各个维度的不同数据点与预定目标进行比较，然后根据综合目标达到情况呈现单一的整体的可用性度量值。基于预定目标，这种方法能够说明使用产品时体验较好的总的用户百分比，而且适用于不同产品的度量，并容易理解。

百分比合并度量的方法是将每个度量转换为百分比，然后将这些百分比加权平均，求出一个整体的综合值。这种方法要求为每个度量确定一个合适的最小得分和最大得分。根据标准化合并度量的方法是将每个度量标准化转换为 z 分数，然后将这些 z 分数合并，得到一个整体的标准值。这种方法适用于比较不同组别或不同条

---

① 本部分内容参见：Tullis，T. & Albert，B.(2008). *Measuring the user experience*. Elsevier Inc.

件的数据。

用 SUM 技术来标准化并转换度量的方法就是 Sauro 和 Kindlund(2005)开发的 SUM(single usability metric)量化体系技术。这种技术首先使用主成分分析的方法得到四个贡献度相等的度量,即任务完成、任务时间、错误和任务层面的满意度,通过测量得到每个用户在这四个度量上的得分,最终得到一个关于测试产品的整体 SUM 分数(用百分比表示)。

针对特定产品的定量评价体系

研究者构建的量化体系通常都是针对某种特定产品的,最典型的是消费类别的电子产品,例如考虑数字播放器的 Han 等人(2003,2004,2008)的体系和考虑手机产品的 Heo(2009)的体系。

Kim 和 Han(2008)的研究提出了可用性指数的概念,使用一个标准化后的数据代表产品整体或者某个维度的可用性水平。可用性指数被定义为使用标准化的分数来代表产品的可用性水平。Kim 等人的体系把可用性框架划分为 P、PU、PUT 三个成分组。P 组(产品组)指的是基于产品特征的成分,例如简洁性。PU 组(产品—用户组)指的是基于产品—用户交互的成分,包括用户控制(例如控制感)、用户支持(例如反馈)、灵活性(例如适应性)三个方面。PUT 组(产品—用户—任务组)指的是基于用户、产品、任务的成分,包括认知支持(例如可学习性)和总体绩效(例如效率)两个方面。Kim 等人通过可用性度量构建了可用性度量体系(支持型度量体系、转换型度量体系),如下式所示,最终计算了可用性指数(单一的可用性指数、整合的可用性指数),并以消费电子产品为例构建了一个评价数字播放器的可用性度量体系。研究结果表明,可用性指数和主观评价分数之间有着较高的相关。这说明量化指数的形式可以很好地表征成型产品的可用性水平。

$$\text{Individual usability index} = \sum_{i=1}^{n} w_i \times \text{transformed measure}_i$$

$$\text{Integrated usability index} = \sum_{i=1}^{m} d_i \times \text{individual usability index}_i$$

$$\text{Transformed measure} = \frac{\max(\text{user time}) - \text{user time}}{\max(\text{user time}) - \min(\text{expert time})}$$

公式 10.1　可用性指数计算公式示意

(式中,Individual usability index 指单一的可用性指数,transformed measure 指转换型度量,W_i 指转换型度量的权重,n 是一个可用性维度转换型度量的总数;Integrated usability index 指整合的可用性指数,d_i 指可用性维度 i 的权重,m 是评估中考虑的可用性维度的总数,user time 指用户操作时间。)

来源:Kim,2008.

Heo(2009)根据手机的特殊性提出了一个适用于评估手机可用性的，多水平、可用性因素的分层体系。该体系把可用性评估体系分为度量(indicator)、准则(criteria)和属性(property)等三个成分。度量指的就是可用性维度，包括有效交互的支持、用户需求的功能支持、工效支持等五个维度。这五个维度说明了手机可用性测量的方面。体系的第二个成分准则指的是对应于可用性维度，可以通过检查表度量获得的可用性度量。这些检查表一共分为两类，其中一类是任务相关的检查表，另一类是和用户界面相关的检查表。体系的第三个成分属性包括手机任务属性和手机界面属性，其中任务属性指的是能够反映手机任务特征的属性，例如，使用的稳定性，手机界面属性指的是能够反映手机界面特征的属性，例如，手机界面的信息架构。其中手机界面属性又可以细分为逻辑用户界面因素(LUI)、物理用户界面因素(PUI)和图形用户界面因素(GUI)三个部分。手机的任务和界面属性决定了检查表的具体内容，检查表可以用来反映不同可用性维度的可用性水平程度。在具体测量过程中，首先根据手机的任务属性和界面属性确定对应于可用性维度的检查表内容，然后使用这些检查表进行手机的可用性测量，得到对应于任务目标的视觉支持、认知交互的支持等五个可用性维度上的五个分值，最后经过统计处理整合成一个单一的可用性评价值。

综上所述，定量的可用性度量评价体系大致可以小结如下：

第一，从体系的内容来看，定量的可用性度量评价体系基本上包括测量度量、测量工具和数据整合三个成分。其中，测量度量是由特定的可用性维度所决定的，例如，Heo(2009)体系中，检查表是由有效交互的支持、用户需求的功能支持等五个维度所决定的；测量工具或手段是对产品可用性进行测量的具体工具或实施手段，例如，Heo(2009)体系中由手机任务属性和界面属性决定的检查表；数据整合是特定的整合算法，例如 Kim 和 Han(2008)体系中可用性指数的计算公式。

第二，对于测量度量的选择，一般产品和特定产品有着明显的差别。特定产品的度量体系中，测量度量是根据特定产品的特征进行选取的，例如，Kim 和 Han(2008)基于数字播放器的产品特征把分类度量区分为用户、产品、任务等三类度量。特定产品的度量体系中，测量度量的处理有两个途径。第一个途径是所有可以进行测量的度量不进行选取，经过测试得到不同度量的测试值，然后通过特定的算法对测试值进行整合，得到一个单一的测量值，例如，根据预定目标、百分比、标准化的合并度量的方法；第二个途径是选择对一般产品都适用的通用度量来进行测量，最后经处理得到一个整合值，例如，SUM 技术合并度量的方法就选择了任务完成、任务时间等四个一般产品都适用的通用度量。

虽然不同的研究者从不同的着重点出发构建了不同的定性的可用性度量评价体系，但是这些体系综合起来还是能够很好地说明可用性评价维度、准则、度量、设计要素和相关知识之间的关系。这对理解可用性系统评价的理论构思具有非常重要的意义。但是,定性的评价体系缺少实验数据或基础理论的支持,而且在实际操作中不能具体地应用,即不能给出量化的产品可用性的评价值。

定量的可用性度量评价体系强调了要素之间的量化整合,可以对产品的可用性水平做出量化的评价。这是这种评价体系的最大长处,也是这类体系和定性评价体系的最大差别。这种基于各种可用性度量整合的,对产品整体的可用性评价相对于单一度量的可用性评价来说有着根本性的突破。首先,这种整合的系统评价可以比原有的单一评价更有效地对产品可用性水平进行评价;其次这种评价的形成可以最终完成同类产品甚至不同产品之间的评价,这对产品可用性水平的改善具有坚定性的意义。但是,应该看到目前的定量评价体系发展水平较低,其核心问题主要在于目前的定量评价体系往往是针对特定单一或者一类产品的,这就限制了体系的推广和应用。

以后的研究将开展定性评价体系的实证研究,提供数据上的支持,以明确说明维度、准则和度量层等各要素的选择及其之间的权重关系。例如,通过实证的方法来确认一般产品的可用性评价维度,而不是凭经验认为评价维度就是有效性、高效性和满意度三个维度。有了数据支持,构建的定性体系才真正具有可靠的基础,并由此进一步发展,与定量的体系进行有效的融合。另外,以后的研究工作将进一步开展各种产品的定量评价体系案例研究,尽可能多地在不同产品中开展评价体系的定量研究,在此基础上,就可以逐步提炼出同类产品、相似产品或者一般产品的定量可用性评价体系。

10.4 研究展望

产品可用性和用户体验研究是源于工程心理学的衍生学科。本章主要论述了产品可用性和用户体验的基本概念、理论和度量及其相关研究。

关于可用性和用户体验的基本概念,相关的国际组织提出了各种概念,研究者也提出了不少相关的理论。这些理论主要有:可用性理论、美感理论和用户体验的结构和过程理论以及企业用户体验成熟度的理论。基于以往的概念,我们提出了用户体验的三三模型。这个模型是我们对用户体验一种新的认识和理解。

可用性和用户体验的度量及其选择和整合是产品可用性和用户体验研究中非常重要的一个部分。主观评价、生理及行为和绩效是可用性和用户体验的三种基本度量维度,在本章中我们对这三种度量作了系统的论述,而且还对这三种度量的整合进行了探讨和分析。本章的第三节介绍了定性的和定量的这两种可用性和用户体验度量的评价体系。

我们认为,可用性和用户体验的研究在我国尚处于起步阶段,今后的研究将会有以下的发展趋势:

首先,可用性和用户体验的研究需要进行深入系统的理论探讨。各行各业虽然对可用性和用户体验都有所认识,但是对可用性和用户体验的理解和认识还需要进一步的理论探讨和构建。这种理论上的探讨将进一步促进以后的相关领域的研究。

其次,可用性和用户体验的研究需要进一步的推广和深化,并结合生产的实际。目前全国各高校、研究单位以及各大公司企业都有相关的可用性和用户体验的研究。这些研究将来需要进一步扩大研究的范围,更多地采用其他学科、特别是心理学、脑科学的研究成果,采用现代化的科研设备和手段不断提高研究的水平和深度。另外,可用性和用户体验的研究需要进一步的结合生产的实际,特别是把可用性和用户体验的成果标准化、系统化,并镶嵌到产品的实际生产和检验中,从而更进一步地提高产品的可用性和用户的良好体验。

参考文献

安顺钰.(2008).基于眼动追踪的手机界面可用性评估研究.浙江大学硕士学位论文.
晁储芝,赵朝义,呼慧敏.(2014).几款空调产品使用说明书工效学测评研究.中国标准化(5),102—105.
蔡菁.(2010).皮肤电反应信号在情感状态识别中的研究.西南大学硕士学位论文.
曹玉青,王飞,汪晓春.(2013).基于老年人手机的可用性研究.清华国际设计管理大会论文集.北京:北京理工大学出版社.
陈晓媚,王敏洁,王逸雯等.(2013).B2C电子商务网站结算流程跳转方式的可用性研究.人类工效学(1),59—62.
陈肖雅.(2014).用于大触摸屏软键盘的大小自适应研究.浙江理工大学硕士学位论文.
陈肖雅,葛列众.(2013).用于大触摸屏软键盘的大小自适应研究.心理学与创新能力提升——第十六届全国心理学学术会议论文集.
楚杰.(2009).保健型人机键盘的参数优化与工效学设计.人类工效学,15(3),29—33.
戴均开,葛列众.(2007).手机原型界面的可用性评估.人类工效学,13(2),13—15.
高晓宇.(2014).基于眼动数据的可用性测试方法研究.北京邮电大学硕士学位论文.
葛列众,戴均开,王哲等.(2007).手机可用性的绩效评估实验.人类工效学,12(4),8—10.
葛列众,胡绎茜.(2011).电脑式微波炉控制面板按键形状和面积的工效学研究.人类工效学,17(2),24—27.
葛列众,李宏汀,王笃明.(2012).工程心理学.北京:中国人民大学出版社.
葛列众,刘少英,徐伟丹.(2005).抽象颜色偏好实验研究.心理科学,28(4),849—851.
葛列众,王璟.(2012).手机菜单类型对用户操作绩效及满意度的影响.人类工效学,18(1),11—15.
葛列众,王琦君,王哲.(2007).采用Focus + Context技术改进网页注册界面可用性的实证研究.人类工效学,13(3),28—30.
葛列众,王宇轩,王琦君.(2010).电子信箱的可用性实验研究.人类工效学(1),9—13.
葛列众,赵悦,吴学通等.(2014).如何测量可用性:测量指标及其选择与整合.人类工效学,20(1),72—75.
葛列众,郑国伟,洪芳等.(2011).标签式即时通讯软件操作绩效与主观满意度评估实验.人类工效学(4),38—40.
韩挺.(2007).基于眼动追踪技术的邮箱可用性评估研究.艺术与设计(理论)(12),39—41.
胡凤培,韩建立,葛列众.(2005).眼部跟踪和可用性测试研究综述.人类工效学,11(02):52—55.
胡信奎,葛列众,胡绎茜.(2012).电脑控制式微波炉中傻瓜操作界面的可用性研究.人类工效学,18(2),9—12.
胡绎茜,葛列众.(2011).电脑式微波炉控制面板按键反馈类型的比较研究.人类工效学,17(3),32—35.
江彩华.(2007).国内移动服务可用性研究.大连海事大学硕士学位论文.
蒋文明,杨志新,蒋敏等.(2015).智能手机应用程序图标设计的可用性研究.人类工效学,21(3),21—24.
孙琳琳,孔繁森,周宇等.(2013).基于感性工学的汽车座椅静态舒适度的研究.人类工效学,19(2),60—62.
李宏汀,葛列众,郑燕.(2007).网页可用性评价的视线追踪技术研究.人类工效学,13(4):12—14.
李宏汀,王笃明,葛列众.(2013).产品可用性研究方法.上海:复旦大学出版社.
李倩,孙林岩,吴疆等.(2008).个人网上银行的可用性测试与评价.工业工程与管理,13(06):99—102.

李云.(2014).基于情感化设计的监护仪设计研究.山东大学硕士学位论文.
林崇德,杨治良,黄希庭.(2003).心理学大辞典.上海：上海教育出版社.
刘静,孙向红.(2011).什么决定着用户对产品的完整体验？心理科学进展,19(1),94—109.
柳雕貂.(2011).基于可用性的触摸屏手机软硬件界面交互设计研究.浙江工业大学硕士学位论文.
吕昉,郑燕.(2012).牛仔裤设计元素及符号意义研究——以设计师品牌与大众品牌为例.浙江理工大学学报，29(2)，188—191.
毛晓欧,刘正捷,张军.(2007).中国老年人互联网使用体验研究.第三届和谐人机环境联合学术会议论文集.北京：清华同方光盘电子出版社.
孟庆军,刘正捷,张海昕.(2007).农民工用户使用手机的可用性研究.第三届和谐人机环境联合学术会议论文集.北京：清华同方光盘电子出版社.
苗冲冲.(2012).地铁列车行车调度系统可用性研究.北京交通大学硕士学位论文.
阙盈盈.(2014).基于人物角色法的网络商店商品陈列的研究.浙江理工大学硕士学位论文.
饶培伦,邹海丹,陈翠玲.(2012).汽车购买决策辅助网站的用户体验设计.人类工效学，18(1),54—58.
任忠斌,陈毓芬,孙庆珍.(2007).电子地图可用性评价的内容与方法.海洋测绘，27(5),44—47.
孙娜,冯陈玥,张婷茹.(2011).平板电脑电子阅读软件界面的可用性研究.第七届和谐人机环境联合学术会议论文集.
陶嵘,黄峰.(2012).企业用户体验成熟度研究进展与展望.北京：中国人类工效学学会第八次学术交流会会议论文,论文编号 25.
童俐.(2012).儿童家具情感化设计原则之解析.装饰(2),102—103.
王笃明,卢宁艳,杨红春等.(2010).不同显示方式 YAH 地图空间定向绩效的比较研究.人类工效学(4),1—6.
王敏洁,朱龙飞,崔正虎等.(2013).电子商务网站结算页面版式的眼动研究.人类工效学，19(4),33—37.
王镠璞.(2010).基于用户体验的互联网搜索引擎医学信息检索可用性评估研究.吉林大学硕士学位论文.
王灵芝,陈宪涛,刘颖等.(2012).拼音派(pie)：拼音软键盘的再设计和用户绩效评估.第八届和谐人机环境联合学术会议论文集.北京：清华同方光盘电子出版社.
王铭叶.(2010).智能家电产品界面的通用设计研究.南昌大学硕士学位论文.
王琦君,严璘璘,葛列众.(2013).IM 聊天窗口操作绩效影响因素研究.人类工效学(1),47—50.
文涛,李雪,李晟等.(2012).手机输入法可用性评估研究.人类工效学，18(2),27—31.
吴建.(2014).高校门户网站可用性评测模型构建及应用研究.南京邮电大学硕士学位论文.
吴婷.(2014).手机地图出行应用的个性化用户体验和创新研究.浙江工业大学硕士学位论文.
吴珏.(2015).基于眼动实验的手机音乐软件界面的可用性研究.华东理工大学硕士学位论文.
夏慧超.(2015).儿童公共产品及服务设计的用户体验情感模型研究.包装工程,10,53—55.
谢丹.(2009).用户界面设计的美感研究.湖南师范大学硕士学位论文.
徐意能,陈硕.(2008).基于用户体验的搜索引擎有效性评估研究.人类工效学，14(3),9—12.
伊丽,郭小朝,李嵘等.(2010).新型歼击机平视显示器指示符号优化实验研究.人类工效学(3),24—26.
易欣,葛列众,刘宏艳.(2015).正负性情绪的自主神经反应及应用.心理科学进展，23(1),72—84.
俞明南,李琦,田家祥.(2010).辽宁省体彩售票机用户界面优化探讨.人类工效学(2),47—50.
张凌浩,李望熹.(2011).基于通用设计分析的手持遥控器界面比较研究.人类工效学，17(3),36—41.
张婷,饶培伦,Gavriel SALVENDY.(2009).手机产品开发早期阶段用户界面评估方法.科技导报(14),77—81.
张显奎,吴幽,张伟等.(2008).基于人体生理信号的产品设计评价方法.人类工效学，14(1),32—34.
张怡.(2012).面向自媒体界面的网站用户体验度量研究.北京邮电大学硕士学位论文.
赵程程,刘正捷,张丽萍等.(2004).网站可用性工程中的用户数据收集和分析方法.电脑开发与应用，04：38—39.
郑璐.(2011).手机通讯录自适应与自定义的工效学研究.浙江理工大学硕士学位论文.
郑燕,刘玉丽,王琦君等.(2014).可用性指标评价体系研究综述.人类工效学,20(3),83—87.
周坤,张军,刘正捷.(2010).电子商务网站商品列表页的眼动研究.第六届和谐人机环境联合学术会议,第 19 届全国多媒体学术会议,第 6 届全国人机交互学术会议,第 5 届全国普适计算学术会议论文集.
周荣刚,李怀龙,张侃.(2004).超文本可用性评价：迷失程度的测量.人类工效学，10(2),20—22.
周杨,张宇红.(2014).情感化设计中的记忆符号分析研究.包装工程，35(4),70—74.
朱光瑞,张丽萍,刘正捷等.(2007).数字电视电子节目指南可用性研究——案例研究：九州机顶盒电子节目指南用户可用性测试.第三届和谐人机环境联合学术会议论文集.北京：清华同方光盘电子出版社.
朱海荣,党悦然.(2011).手机输入键盘的可用性研究.包装工程，32(2),41—43.
朱伟,张智君.(2010).不同键盘,输入速度的 sEMG,绩效及舒适性比较.人类工效学(3),1—4.
Arhippainen, L., & Tähti, M. (2003). Empirical evaluation of user experience in two adaptive mobile application prototypes. In M. Ollila, & M. Rantzer (Eds.), Proceedings of the 2nd International Conference on Mobile and Ubiquitous Multimedia, pp. 27 - 34. Norrköping, Sweden: Linköping University Electronic Press.
Beom Suk Jin, Yong Gu Ji; Kyeyoun Choi, Gilsoo Cho. (2009). Development of a Usability Evaluation Frameworkwith Quality Function Deployment: From CustomerSensibility to Product Design[J]. Human Factors and Ergonomics in Manufacturing, 19(2): 177 - 194.
Brooke, J. (1996). SUS - A quick and dirty usability scale. *Usability evaluation in industry*, 189 - 194.
Buttiglieri, R. How UX Evolves at Companies: A New Look at Maturity Models. [C] The UPA Boston's 11th Annual Mini-UPA Conference, Boston, 2011.
Chanel, G., Rebetez, C., Bétrancourt, M., & Pun, T. (2008, October). Boredom, engagement and anxiety as

indicators for adaptation to difficulty in games. In Proceedings of the 12th international conference on Entertainment and media in the ubiquitous era (pp. 13 - 17). ACM.
Chin, J. P., Diehl, V. A., & Norman, K. L. (1988). *Development of an instrument measuring user satisfaction of the human-computer interface*, 213 - 218.
Ehmke, C., & Wilson, S. (2007). Identifying web usability problems from eye-tracking data. In Proceedings of the 21st British HCI Group Annual Conference on People and Computers: HCI... but not as we know it, 01: 119 - 128. University of Lancaster, United Kingdom.
Forlizzi, J., & Ford, S. (2000). The building blocks of experience: An early framework for interaction designers. In D. Boyarski, & W. A. Kellogg (Eds.), Proceedings of the 3rd conference on Designing interactive systems: processes, practices, methods, and techniques, pp. 419 - 423. New York, USA: ACM.
Frokjaer, E., Hertzum, M., & Hornbaek, K. (2000). Measuring usability: are effectiveness, efficiency, and satisfaction really correlated?. Human Factors in Computing Systems.
Graesser, A. C., Lu, S., Olde, B. A., Cooper-Pye, E., & Whitten, S. (2005). Question asking and eye tracking during cognitive disequilibrium: comprehending illustrated texts on devices when the devices break down. *Memory & Cognition*, 33(7), 1235 - 47.
Han, S. H., & Kim, J. (2003). A comparison of screening methods, Selecting important design variables for modeling product usability. *International Journal of Industrial Ergonomics*, *32*(*3*): 189 - 198.
Han, S. H., & Yang, H. (2004). Screening important design variables for building a usability model, genetic algorithm-based partial least-squares approach. *International Journal of Industrial Ergonomics*, *33*(*2*): 159 - 171.
Han, S. H., & Yun, M. H., et al. (2000). Evaluation of product usability: development and validation of usability dimensions and design elements based on empirical models. *International Journal of Industrial Ergonomics*, *26* (*4*): 477 - 488.
Han, S. H., Yun, M. H., Kwahk J, et al. (2001). Usability of consumer electronic products. *International Journal of Industrial Ergonomics*, *28*(*3* - *4*): 143 - 151.
Hassenzahl, M. (2003). The thing and I: Understanding the relationship between user and product. In Funology: From Usability to Enjoyment, M. Blythe, C. Overbeeke, A. F. Monk and P. C. Wright (Eds), pp. 31—42. Kluwer, Dordrecht, The Netherlands.
Hassenzahl, M. (2004). The interplay of beauty, goodness, and usability in interactive products. *Human-Computer interaction*, *19*: 319 - 349.
Hassenzahl, M., & Tractinsky, N. (2006). User experience-a research agenda. *Behaviour & Information Technology*, *25* (*2*): 91 - 99.
Hekkert, P. (2006). Design aesthetics: Principles of pleasure in product design. *Psychology Science*, *48*(*2*): 157 - 172.
Heo, J., Ham, D. H., Park, S., Song, C., & Yoon, W. C. (2009). A framework for evaluating the usability of mobile phones based on multi-level, hierarchical model of usability factors. *Interacting with Computers*, *21*: 263 - 275.
Hertzum, M., & Jacobsen, N. E. (2001). The evaluator effect: A chilling fact about usability evaluation methods. *International Journal of Human-Computer Interaction*, *13*(*4*): 421 - 443.
Hornbæk, K. (2006). Current practice in measuring usability: Challenges to usability studies and research. *International Journal of Human Computer Studies*, *64*(*2*): 79 - 102.
Hornbæk, K., & Law, E. L. (2007). Meta-analysis of correlations among usability measures. In CHI 2007: 25th SIGCHI Conference on Human Factors in Computing Systems, pp. 617 - 626. San Jose, CA, USA.
IEEE (Institute of Electrical and Electronics Engineers). (1990). IEEE Std 610.12. *IEEE Standard Glossary of Software Engineering Terminology*.
ISO (International Standards Organization). (1998). ISO9241 - 11. *Ergonomic requirements for office work with visual display terminals* (Part 11: Guidance on Usability). Geneva, Switzerland: ISO.
ISO (International Standards Organization). (2001). ISO/IEC9126 - 1. *Software engineering-Product quality* (Part 1: Quality model). Geneva, Switzerland: ISO.
ISO (International Standards Organization). (2008). ISO9241 - 210. *Ergonomics of human system interaction* (Part 210: Human-centred design for interactive systems). Geneva, Switzerland: ISO.
Jacobsen, T., & Höfel, L. (2003). Descriptive and evaluative judgment processes: behavioral and electrophysiological indices of processing symmetry and aesthetics. *Cognitive*, *Affective*, *& Behavioral Neuroscience*, 3(4), 289 - 299.
Jetter, H. C., & Gerken, J. (2006). A Simplified model of user experience for practical application. In A. Mϕrch, K. Morgan, T. Bratteteig, G. Ghosh, & D. Svanaes (Eds.), Proceedings of NordiCHI 2006: the 4th Nordic conference on Human-computer interaction: changing roles, pp. 106 - 111. Oslo, Norway: ACM.
Jin, B. S., Ji, Y. G., Choi, K., Cho, G. (2009). Development of a Usability Evaluation Frameworkwith Quality Function Deployment: From CustomerSensibility to Product Design. *Human Factors and Ergonomics in Manufacturing*, *19*(*2*): 177 - 194.
Kim, J., & Han, S. H. (2008). A methodology for developing a usability index of consumer electronic products. *International Journal of Industrial Ergonomics*, *38*(*3* - *4*): 333 - 345.
Kirakowski, J., & Corbett, M. (1993). SUMI: The software usability measurement inventory. *British journal of educational technology*, *24*(*3*): 210 - 212.

Kurosu, M., & Kashimura, K. (1995). Apparent usability vs. Inherent usability. In I. R. Katz, R. Mack, & L. Marks (Eds.), CHI'95 Conference Companion, Conference on Human Factors in Computing Systems, pp. 292 - 293. New York, USA: ACM.

Kwahk, J., & Han, S. H. (2002). A methodology for evaluating the usability of audiovisual consumer electronic products. *Applied Ergonomics*, *33*(*5*): 419 - 431.

Lewis, J. R. (1991). Psychometric evaluation of an After-Scenario Ques-tionnaire for computer usability studies: the ASQ. *SIGCHI Bulletin*, *23*(*1*): 78 - 81.

Lewis, J. R. (1992). Psychometric evaluation of the post-study system usability questionnaire. *The PSSUQ*, pp. 1259 - 1263.

Lindgaard, G., & Dudek, C. (2003). What is this evasive beast we call user satisfaction? *Interaction Computing*, *15*(*3*): 429 - 452.

Lindgaard, G., & Chattratichart, J. (2007). Usability testing: what have we overlooked? 1415 - 1424.

McCall, J. A., Richards, P. K., & Walters, G. F. (1977). *Factors in Software Quality. Volume I. Concepts and Definitions of Software Quality*, *Information Service*. Springfield, Va.

Molich, R., & Dumas, J. S. (2008). Comparative usability evaluation (CUE - 4). *Behaviour & Information Technology*, *27*(*3*): 263 - 281.

Nagamachi, M. (1999). Kansei engineering: a new ergonomic consumer-oriented technology for product development. *International Journal of Industrial Ergonomics*, *15*: 3 - 11.

Nielsen, J. (1993). *Usability Engineering*. San Francisco, USA: Morgan Kaufmann Publishers Inc.

Nielsen, J., & Levy, J. (1994). Measuring usability preference vs. performance. *Communications of the ACM*, *37*: 66 - 75.

Norman, D. A. (1990). *Design of Everyday Things*. New York, USA: Doubleday.

Roto, V. (2006). User experience building blocks. In conjunction with Nordi CHI 06 conference. Retrived July 4, 2010 from http://research.nokia.com/files/UX-BuildingBlocks.pdf.

Sauro, J., & Lewis, J. R. (2009). Correlations among prototypical usability metrics: evidence for the construct of usability. In CHI 2009: Proceedings of the 27th international conference on Human factors in computing systems , pp. 1609 - 1618. ACM New York, NY, USA.

Sauro, J., & Lewis, J. R. (2010). Average task times in usability tests: what to report? In CHI 2010: Usability Methods and New Domains, pp. 2347 - 2350. Altlanta, GA, USA.

Seffah, A., Kececi, N., & Donyaee, M. (2006). QUIM: A Framework for Quantifying Usability Metrics in Software Quality Models. Quality Software. Proceedings Second Asia-Pacific Conference.

Shedroff, N. (2006). *An evolving glossary of experience design*. Retrieved July 4, 2010, from http://www.nathan.com/ed/glossary/index.html.

Snyder, C. (2006). Bias in usability testing. *In Mini UPA*.

Sperry, R. A., & Fernandez, J. D. (2008). Usability testing using physiological analysis. *Journal of Computing Sciences in Colleges*, *23*(*6*): 157 - 163.

Temkin B. The Customer Experience Journey: Customer-Centric DNA Propels Firms Through Five Levels Of Maturity [R]. Cambridge: Forrester Research, Inc, 2008.

Tractinsky, N., Shoval-Katz, A., & Ikar, D. (2000). What is beautiful is usable. *Interaction computting*, *13*(*2*): 127 - 145.

Tullis, T., & Albert, B. (2008). *Measuring the user experience*. Elsevier Inc.

Tyne S. (2010). Corporate UX Maturity: A Model for Organizations. *User Experience*, *9*(*1*): 30 - 31.

UPA (Usability Professionals Association). (2006). Usability Body of Knowledge. Retrieved July 4, 2010, from http://www.usabilitybok.org/glossary.

UXPA. (2004) . http://www.upachina.org.

IXDC. (2010). http://ixdc.org.

UXACN. (2015). http://www.uxacn.com.

Van Welie, M., Van Der Veer, G. C., & Eliëns, A. (1999). Breaking down usability, In: Proceedings of INTERACT, pp. 613 - 620. Amsterdam, The Netherlands.

Yerkes, RM., & Dodson, JD. (1908). The relation of strength of stimulus to rapidity of habit-formation. *Journal of Comparative Neurology and Psychology*, *18*: 459 - 482.

Zeki, S., & Marini, L. (1998). Three cortical stages of colour processing in the human brain. *Brain*, 121(9), 1669 - 1685.

11 神经人因学

神经人因学(neuroergonomics)是研究工作中的脑与行为的科学(Parasuraman, 2003),是工程心理学与神经科学交叉而形成的新的学科领域。与传统的神经科学以及近年来兴起的认知神经科学不同,神经人因学的研究目的不仅仅是考察人的基本认知过程的神经及生理机制,而是更加致力于探索人与现实生活紧密相关的认知功能,如视觉、听觉、注意、记忆、决策、计划以及情感等。神经人因学关注的核心问题是,人们在自然的工作、居家、交通等日常生活情境下的心理行为特性、规律及其神经生理机制。

神经人因学作为一个新兴的交叉学科,其发展的历史并不长,研究领域还处在不断扩展之中,但神经人因学所独有的优势和贡献已经展现出来。它从新的角度增强了研究者对于大脑功能的认识,对提高人机系统的绩效、增强人们工作的安全性以及改善人们的生活质量等都有重要的作用。基于神经人因学的技术和理念,工程心理学家可以采用更多先进方法研究工作环境和设计产品,使其更安全、更可用、更高效和更受人们喜爱。

神经人因学的指导原则是，研究大脑如何完成日常生活中的复杂任务，而不仅仅是实验室中简单的人工任务，因此神经人因学具有研究和实践的双重意义，有望从多个方面为工程心理学的理论发展和实践应用做出贡献。首先，与传统的主要基于行为学指标(如行为绩效、主观评定)的研究相比，神经人因学为工作中的人的绩效的测量提供了更客观、更敏感的指标(如心理生理学指标和脑成像指标)，这些指标具有许多独特的优势；其次，对工作中的人的神经生理机制的考察，有助于研究者从更深层次的角度出发，优化工作环境的设置、人员的培训以及产品的设计；最后，神经人因学的成果不仅对完善工程心理学的相关理论具有重要意义，而且能够直接用于工作环境和技术的设计与改进，指导技术的革新。

本章第一节(11.1 节)是认知系统中的神经人因学，主要介绍的是神经人因学在认知系统研究中的概况及其实际应用。第二节(11.2 节)是情绪加工与神经人因学，主要介绍与情绪相关的神经人因学研究。第三节(11.3 节)是神经人因学与技术的应用，主要对神经人因学所带来的技术发展做简要阐述，以帮助读者更好地理解神经人因学的研究理念及其实际应用价值。

11.1 认知系统中的神经人因学

研究“自然环境下的认知”是近年来工程心理学的重大转变(Parasuraman & Hancock, 2004)。相应的，神经人因学也通过多种现代的神经生理技术，对自然环境中人的认知功能进行了考察。

神经人因学关注了人的多种与实际生活紧密相连的认知功能的神经生理基础，这包括知觉、注意、记忆、决策与计划、学习等，涵盖了人们生活的方方面面，从人们居家或工作时使用的操作系统及界面，到休闲娱乐(如游戏设计)与消费，再到交通(如汽车驾驶)与通讯都有所涉及。对上述认知活动的大脑功能进行深入地探索，极大地推动了工程心理学的发展。正如 Rizzo 和 Parasuraman(2006)曾经的形象描述：“对视觉、听觉和触觉加工的神经生理机制进行研究，可以有效地促进工程心理学领域的信息呈现方式的改进及任务设计的优化。这包括：改进和优化警示信号、开发神经假肢、运用生理信号监测操作者的疲劳状态从而减少错误的发生，直至制作仿真机器人等。”这段表述生动阐述了神经人因学为工程心理学所带来的巨大的上升空间。

目前神经人因学在认知系统方面的研究，主要集中在以下三个方面：

第一，对操作者或用户的空间知觉进行研究，重点探索空间导航与定位的神经生理机制，具体包括：

- 将空间知觉的神经生理机制的研究拓展到空间导航领域，考察空间导航过程

中所包含的各个子过程(如导航路线的计划、导航策略的选择)的神经基础,为电子地图和导航系统的开发与制作提供建议;
- 通过个体在导航过程中所表现出的不同的神经激活,区分好的导航者和差的导航者,为与空间导航相关的人员选拔与训练提供科学的依据。

第二,对操作者或用户的警戒水平、注意功能、心理负荷与记忆绩效进行测量,具体包括:
- 对操作者或用户在系统操作过程中所承受的脑力负荷及注意警戒水平进行监控,保证系统或产品的设计能够满足人体的负荷需求,也为作息制度的确定以及人员的安排提供科学的建议;
- 将对注意机制的探索扩展到更多的领域,利用眼动技术探查消费者或用户的注意点,用于网页设计和改进;
- 利用多种神经生理技术,对操作者或用户的心理负荷进行神经人因学的考察,并尝试通过神经生理信号对不同的心理负荷水平进行准确地判别和区分,为心理负荷的监测提供新的方法;
- 关注工作记忆、短时记忆以及长时记忆的神经机制,并对识记绩效等指标进行记录,应用于人机界面的设计、广告的测评等领域。

第三,对操作者或用户的操作过程进行监测,并关注与之相伴随的疲劳状态的出现,具体包括:
- 对操作过程中的脑功能变化情况予以考察,监测失误或错误的发生情况;
- 通过记录不同人群在操作过程中的生理指标(如眼动),用于操作熟练度或专业水平(如专家和新手)的评判;
- 对操作者或用户的疲劳状态进行监控,用神经生理指标对不同水平的疲劳进行标识,并尝试寻找关键的指标来预测不同个体抗疲劳的潜力。

11.1.1 空间知觉、导航与定位

客观事物直接作用于感官时,在大脑中所产生的对事物的整体认识,即为知觉(彭聃龄,普通心理学)。空间知觉是知觉的重要组成部分,反映了个体对物体的空间关系的认知能力,在人与环境的互动之中起到了重要的作用。与空间知觉能力相对应的空间导航(spatial navigation)是近年来神经人因学关心的重要主题。正如Maguire所述,“人类是一个无时无刻不在移动着的物种”,我们每天都会试图寻找到某个地点并准确达到,这包括家、学校、邻里朋友的居所、工作地点、消费及娱乐场所等。

空间导航是一项复杂的认知活动,包含有诸多的子过程,例如导航目的地的确

认、路径的计划及最终路径的选择、导航过程中对路径的监控、导航策略的运用等，对应着复杂的神经网络。已有研究利用正电子发射断层扫描(PET)、功能磁共振成像(fMRI)等脑成像技术发现，当要求受试者在虚拟现实环境中执行导航任务时，他们大脑中的海马、海马旁回、尾状核、顶叶和扣带回以及前额叶的部分区域，会出现显著的激活(Hartley等，2003；Spiers & Maguire, 2006；Spiers & Barry, 2015)。以Spiers和Maguire(2006)的研究为例，他们采用fMRI技术考察了在逼真的情景下，有驾照的出租车司机在导航过程中的大脑活动。在这项研究中，研究者使用了一款名为“The Getaway”的商业游戏对受试者进行测试。这款游戏拥有一张全面的伦敦地图，该地图包含了近110 km的道路、50 km^2的城市规模、单行路、红绿灯、拥挤的交通以及繁忙的人流。受试者在游戏过程中需要将顾客载到指定的地点。他们的实验结果显示，海马、额叶皮层和扣带回等区域在复杂的导航过程(包括路径选取、路况监控等)中起到了重要作用。

还有研究者从更为直接的神经元活动探测的角度，对空间导航的神经机制进行了研究。Ekstrom等(2003)在顽固性癫痫病人的颞叶内侧和额叶植入颅内电极，记录了317个神经元在受试者巡航虚拟小镇时的活动。他们的结果发现，对所处的特定空间地点起反应的神经元主要集中在海马区域，对标志性画面的观看起反应的神经元主要集中在海马旁回，而额叶和颞叶皮层的神经元则对受试者的导航目标敏感，能够对地点、目标和视角三者的综合信息起反应。

Spiers和Barry(2015)对近年来的多项研究进行了总结，他们发现，海马及与其相连的内侧颞叶区域，在导航的诸多子活动中(包括在环境中进行自我定位、计算空间位置与目标之间的关系等)均起重要作用；海马旁回则负责特殊视角的再认；海马-内嗅(hippocampla-entorhinal)区域负责非自我中心表征的加工，顶叶后部负责自我中心表征的加工，而扣带皮层则在两者的转换中起作用；前额皮层协助进行路径计划、决策和导航策略的切换；小脑则在包含有自我动作监控的导航过程中被激活。

事实上，除了对空间导航中的子过程的脑区活动模式进行精确的考察，空间导航的神经机制的研究还可以用于区分好的和差的导航者。Hartley等(2003)的研究发现，好的导航者在导航时的脑活动不同于差的导航者。在这项研究中，研究者采用fMRI技术，让受试者在虚拟小镇中进行导航，或者遵循一条通过学习容易掌握的路线，或者自由探索。他们的结果发现，相比于差的导航者，好的导航者(即正确路径选择者)在寻找路径时会激活海马的前部，沿着学习后掌握的路线行进时会激活尾状核的头部。

上述研究表明，研究者已经开始利用多种脑相关技术探索空间导航的神经机制。这些最新的研究成果在工程心理学领域，为地图的设计、空间导航系统的改进以及个体导航能力的评估等均提供新的思路和手段。未来的研究可以在以下几个方面开展：(1)空间导航是生态性很高的认知任务，目前的空间导航的研究较多地使用了静态图片、虚拟小镇、想象导航或者旅行影片的方式进行，未来的研究可尝试在脑扫描的过程中给予被试动态交互式的导航任务，并伴随有持续的行为测量。(2)目前的研究较多地关注了不同水平的导航者在空间导航过程中的脑机制，而较少关注短期和长期训练的作用，未来的研究应该考察与空间导航学习和训练相关的脑的可塑性变化。(3)此外，未来的研究应关注虚拟现实技术的应用，虚拟现实技术因其良好的沉浸感和参与度，能够让受试者更加真切地进入空间导航的情景之中，因而有必要将虚拟现实技术与脑相关技术进行更好的结合。

11.1.2 警戒、注意、心理负荷与记忆

警戒(vigilance)是工程心理学研究的重点领域，它与人的持续性注意功能紧密相连。警戒作业通常表现为操作者持续完成某项工作时对特定信号的监测绩效。警戒作业在许多复杂的人机系统及特殊工作中起到了重要的作用，例如，军事上的雷达探测、刑侦中的录像筛查、地铁站的行李安全检查、手术室的体征全程监控等。

近年来，研究者已经可以利用先进的无创性脑成像手段对警戒的神经生理机制进行考察。如 Paus 等(1997)利用 PET 技术，考察了 60 分钟的听觉警戒任务中受试者大脑活动的变化。他们的结果表明，部分右侧皮层区域(包括眶额、腹外侧额叶、背外侧额叶、顶叶、颞叶)和部分皮层下区域(如丘脑、壳核等)的脑血流(cerebral blood flow, CBF)随着任务的进行而出现减弱的趋势；同时部分区域(包括双侧梭状回)的脑血流则出现增强的趋势。还有一些脑区之间的血流变化出现共变的趋势。研究者认为，这些结果表明，警觉机制有其相应的神经机制。Shaw 等(2009)采用经颅多普勒超声(TCD)技术，发现了听觉及视觉任务中的警戒水平和脑血流速率(cerebral blood flow velocity, CBFV)之间的耦合关系，而且这种耦合关系在右半球强于左半球。该结果意味着，血流速率可以作为警戒作业中资源损耗的代谢指数，用于警戒水平的监控。这些研究成果可以为作息制度的制定以及安排警戒相关的工作提供科学的依据。

除了警戒作业外，对注意机制的探索还可以直接用于产品的设计和改进。目前最常见的案例就是通过眼动技术探查消费者或用户的注意点，进行网页的设计和制作。如 Poole、Ball 和 Phillips (2004) 利用眼动追踪技术考查了网页电子书签(bookmark)的信息结构方式对其突显性和可识别性的影响。实验中给被试呈现一系列的网站，要求被试通过电子书签快速寻找到先前浏览过的网页。电子书签的两种信息结构方式为：自上而下(网站名称 nifty news——栏目名称 middle east——网

页或文章题目 senior official surrenders 和自下而上(网页或文章题目——栏目名称——网站名称)。这两种信息结构均可包含1级、2级或3级标题。眼动的实验结果表明,自下而上书签更具突显性,表现为被试对自下而上结构中的引领信息的注视频率较低、时间较短;自上而下书签的搜索绩效受到了标题级数的影响,即,2级标题的绩效最优。杨海波、刘电芝和周秋红(2013)以首次注视时间、对感兴趣区(广告图片、广告语)的注视时间密度和空间密度为眼动指标,对幽默平面广告的适用性进行了考查。眼动的实验结果发现,蓝色商品的幽默广告在图片区的注视时间密度和空间密度均优于事实性广告,在广告语区的进入时间点迟于事实性广告(即对图片关注更久)。这表明,具有功能性和低风险的蓝色商品的平面广告更适合采用幽默诉求的方式。

上述研究表明,警戒及注意的神经生理机制的研究,不仅为深入探索这些认知过程的内在加工机制提供了更为丰富的证据,而且有利于与之相关联的应用研究的拓展(如网页制作等)。未来的研究可尝试结合多种神经生理手段,对实际工作中的注意水平进行实时的监测,开发出合理的人机系统以满足个体的脑负荷水平;同时可以尝试开发针对不同系统操作的注意力训练程序,用于人员的训练和技能的提高。

心理负荷(mental workload)指的是"包含在个体有限的心理能力中的、实际投入到任务中的部分心理资源"(O'Donnel & Eggemeier, 1986)。近年来,随着神经人因学的兴起,心理负荷的脑电(EEG)、事件相关电位(ERP)、fMRI、近红外光学成像(fNIRS)和TCD的研究均已相继出现(贾会宾,赵庆柏,周治金,2013)。心理负荷的研究可以有效推进人机系统(如飞行驾驶舱、汽车仪表盘)的设计和改善。以汽车为例,现代汽车仪表盘的设计已经对驾驶员的认知负荷进行了充分的考虑,可以有效地平衡来自引擎、其他汽车系统的信息和司机对路况的关注(Borghini 等,2014)。

最新的研究还可以利用脑信号对不同的心理负荷水平进行区分。例如,Herff 等(2014)利用功能 fNIRS 技术考察了与心理负荷相关联的前额叶(PFC)的活动。实验中使用了 n-back 任务,结果发现,通过单个试次测量得到的 PFC 区域的 fNIRS 信号,对三种任务(1-back、2-back、3-back)所诱发的心理负荷(相比于放松状态)的区分率分别为81%、80%和72%;1-back 与 3-back 之间的区分率为78%。这意味着,功能 fNIRS 信号可以为脑机接口及用户心理负荷的监控提供新的途径和可能。

事实上,在上述的作业过程中,也离不开记忆的参与。工作记忆、短时记忆以及长时记忆的研究均已贯穿在神经人因学研究的发展之中,为界面的设计、广告的测评等提供了重要的科学依据。例如,Rossiter 等(2001)采用稳态检测地形图技术(steady-state probe topography, SSPT)对被试的左、右侧额叶的活动进行了记录,尝试确定该指标是否能够推断新的电视广告中的哪些帧能够在一周后被消费者成功识别。他们的实验结果发现：(1)呈现时间超过 1.5 s 的场景能被更好地识别；(2)将呈现时间控制后，能够诱发左侧额叶快速活动的场景能被更好地识别。该结果提示，电视广告中的视觉信息如能诱发左脑的快速电反应则有利于消费者的记忆，有助于该信息从短时记忆向长时记忆转换。

综上所述，注意、记忆以及心理负荷等都与人在工作中的绩效的提高、安全的保证等息息相关，各个方面的研究也已经开展起来，并取得了丰富的研究成果。但值得注意的是，在更加生态化的工作环境中，个体的多种认知过程往往是相对独立但又相互影响、彼此依赖的，因而未来的研究应该尝试同时关注注意、记忆及心理负荷在特定作业中相互的影响的神经生理机制，对相关脑区之间的联结和相互作用进行考察。

11.1.3 操作与疲劳

操作是人在作业时所伴随的状态。Krebs 等(1998)对一种典型的动作学习——隔空取物(telerobotic)伴随的脑功能的变化情况进行了考察。这项实验被看作是早期的将神经科学与操作学习相结合的代表性研究之一(Parasuraman, 2003)。

在操作过程中，有效地监测错误的发生是保证安全作业的重要条件之一。研究者采用多种方法用于探讨如何分辨、描述和解释人们在复杂的人机系统中的错误。分析与错误相关联的脑活动将有助于研究者对上述问题的思考。已有的研究表明，当个体出现错误时，特定的大脑机制会被启用。目前最常使用的指标为错误后负波(error-related negativity, ERN)。ERN 通常在错误反应发生后 100 ms—150 ms 左右达到峰值，而在正确反应之后较小或不出现。研究者发现，ERN 的波幅与感知到的正确率以及被试对自己出错的感知有关(Scheffers & Coles, 2000)。未来有望以 ERN 为指标，用于确认、预测甚至是防止实际操作中错误的发生。

操作过程中所伴随的神经生理指标还可以用于区分不同的群体(如专家和新手)。如在 Graesser 等(2005)的一项研究中，首先让大学生被试阅读 5 种常用仪器(圆筒锁、电子钟、车用温度计、烤面包机和洗碗机)的说明文档，随后给他们设置仪器故障的场景(以圆筒锁为例，故障表现为“钥匙可插入并转动、但螺拴不动”)，让他们就故障的可能原因进行 3 分钟的提问，同时记录他们的眼动轨迹。学生的问题被划分为好问题和坏问题：好问题即能解释仪器故障的问题(例如，凹轮不能转动)，坏问题即无法解释仪器故障的问题(例如，是否使用了正确的钥匙)。对仪器有深度理解的被试，提的问题不一定多，但是好问题的比例高，他们对故障处的注视次数、占总注视次数的比例以及对故障处的总注视时间均更多。研究者认为，这表明对故障的注视是判断深度理解的可靠而快速的指标。

操作过程中疲劳状态的出现,也可以通过神经生理的手段进行监测。Lim 等(2010)利用动脉自旋标记(arterial spin labeling, ASL)fMRI 技术,考察了随着警戒作业任务的持续进行(20 分钟),被试绩效下降所伴随产生的疲劳状态的神经机制。ASL - fMRI 的结果表明,警戒作业激活了右侧化的额叶—顶叶注意网络(但不包括基底节和感觉运动皮层)。随着任务由前半段进入后半段,额叶-顶叶网络的激活开始减弱,任务绩效的降低与脑血流的减弱间有相关关系。该结果表明,一段时间的重脑力工作会在额叶—顶叶网络引发持续的认知疲劳,从而引发警戒作业的绩效的降低。此外,该研究还发现,丘脑和右侧额中回的静息脑血流可以在任务开始前预测被试随后的绩效下降。这一发现意味着,ASL - fMRI 的静息脑血流可以成为绩效潜能的预测和衡量的有效指标,并可以用于不同水平的认知疲劳的标识。

综上所述,操作过程的神经生理研究为操作过程的监控、操作中失误(或错误)的监测提供了新的指标,也为具有不同操作水平和潜力的人员筛选提供了新的思路。未来的研究应该结合多种技术方法,更加实时地对操作过程进行测量,并予以反馈,提升该领域的应用价值。

11.2 情绪加工与神经人因学

情绪时刻伴随着人们的生活,是人的心理活动中动力机制的重要组成部分。脱离了情感因素的“纯认知”研究无法对人的行为进行完整的考察和模拟。随着情感神经科学(affective neuroscience)的兴起,研究者通过先进的神经生理技术对情绪加工的认知神经机制进行了深入的探索。情感神经科学的相关技术、方法与人因学的结合,促进了神经人因学在情绪相关领域的应用,使神经人因学可以更加深入、全面地关注有感情的“人”(而不是理性的机器人),有力地推动了神经人因学的发展。

目前神经人因学中的情绪相关研究,主要集中在以下两个方面:

第一,对操作者或用户的情绪状态进行识别和监控,具体包括:

- 对产品使用过程中所诱发的操作者或用户的情绪体验进行识别和监控;持续追踪操作者或用户在产品使用过程中的情绪状态、舒适度等随时间的变化过程;
- 观察操作者或用户在产品使用过程中,不同的感觉通道(包括视觉、味觉、嗅觉、肌肉运动知觉、听觉和触觉等)的信息是如何影响情绪产生的。即发现交互过程中各感觉通道的信息与情绪唤起的关系。

第二,对操作者或用户的态度及偏好进行测量,以探查用户作出最终决策的内在原因,具体包括:

- 对产品在观赏、使用等过程中所诱发的操作者/用户的喜好程度进行判别；
- 分析决定操作者/用户态度偏好及做出决策的关键因素，确定在决策交互过程中，用户所感受到的产品的优点和缺点。

11.2.1 情绪状态的识别与监控

情绪状态的识别与监控是工程心理学研究的重要内容。传统的研究主要通过主观评价的方式(如访谈或问卷)进行，近年来神经生理技术的兴起为该领域的发展带来了新的契机。很多神经生理学技术都被引入该领域，这些技术考察的测量指标有其独特的优势，包括：更客观、更敏感、可以持续不间断记录，从而可以避免被试在主观报告中的"模糊感"和"无法说清"的困境。

目前该领域的研究主要在以下几个方面：

用户体验评价

用户体验(user experience)是以用户与产品的交互为基础而形成的用户对该产品的完整感受，包括感官的满意程度(美感体验)、价值的归属感(价值体验)和情绪/情感感受(情感体验)(刘静，孙向红，2011)。良好的用户体验是成功的人机交互设计的基本要求。近年来，神经生理技术被引入这一研究领域，使得研究者可以更加深入地了解用户在人机交互过程中的情感体验及其内部机制。

有研究表明，被试在观看不同的视频或浏览不同的网页时，会表现出不同的自主神经生理反应，这类指标能有效地测量用户的积极和消极的情感体验。如郭伏等(2013)使用眼动技术对电子商务网站的用户体验进行评估，发现被试在浏览网站过程中感到愉悦时，瞳孔直径会增大，对网站的趋近趋势也更强。Tuch 等(2011)的研究也发现，随着网页界面的视觉复杂度变高，被试的主观愉悦度降低、唤醒度升高，该过程伴随有心率的显著减慢以及指脉振幅(finger pulse amplitude, FPA)的显著增大。而当被试观看低质量(5 帧/秒)的视频(Wilson & Sasse, 2000)或浏览违背设计原则的网页(Ward & Marsden, 2003)时，其皮肤电导水平升高、心率加快、脉搏血容(blood volume pulse, BVP)显著降低，即出现了压力反应的特征，这意味着被试的负性情绪体验被唤起。这些研究表明，自主神经反应可以作为一种情绪测量的方法，被纳入到用户体验的评价体系中，成为用户体验的客观指标之一。

除自主神经反应外，EEG 的 α 波和 β 波也能敏感反映情绪状态及情感程度。Li 等(2009)记录了被试访问远程学习网站时的 EEG 数据，结果发现，被试阅读简单而有趣的内容(相比于枯燥的内容)时，α 波的振幅、振幅偏差及能量值均下降了。Chai 等(2014)发现，被试使用手机 APP 程序时，其积极情绪与 α 波的能量值呈负相关，其消极情绪的变化与 β 波的能量值呈负相关。

上述研究证明了神经生理指标在用户体验评价中的适用性，但该领域的研究还处于探索阶段，很多研究还未得到统一的结论。随着研究的扩展和深入，该领域的研究成果必将为建立基于神经生理学的更加完善的用户体验评价体系做出重要贡献。

产品设计与神经美学

好的产品设计最终会被人们选择、接纳，进而投入市场产生价值。但产品的最终选择和决策包含了复杂的过程，不仅涉及到理性的思考，还涉及到相应的情感功能。审美体验具有令人愉悦的价值，优秀的产品通常会产生审美吸引力，进而影响到消费者对产品的感知和购买。近年来，越来越多的研究者开始关注审美过程的神经生物学基础，神经美学(neuroaesthetics)由此宣告诞生(黄子岚，张卫东，2012)。

人在欣赏作品或产品时，会进行审美感知(aesthetic perception)。研究者发现，审美感知会诱发特定脑区的活动。在 Cela-Conde 等(2004)的研究中，给被试呈现不同风格的艺术品(抽象派、古典派、印象派、后印象派)和自然拍摄的照片(风景、手工艺品、城市风光等)，要求被试做审美判断(即判断每张照片是漂亮的还是不漂亮的)。MEG 的结果表明，感知漂亮的事物在 400 ms—1 000 ms 左右诱发了左侧背外侧前额叶(dorsolateral prefrontal, DLPFC)的活动。使用相同的刺激，Munar 等(2012)的 MEG 结果发现，被评估为“漂亮”的刺激(相比于“不漂亮”的刺激)在四个频率波段(theta、alpha、beta 和 gamma)的震荡功率(oscillatory power)均更大。研究者认为，这表明在审美活动中，美的事物的感知会引起更强的神经震荡活动的同步性。

审美感知会进一步诱发审美体验，此时情绪加工相关的脑区就会得到激活。如 Cupchik 等(2009)给被试呈现 32 幅具象派画作，分为社会性(肖像和裸体雕塑)和非社会性(静物和风景)内容。在“实用”条件下，被试被要求运用日常的信息标准来观看画作，采用客观、公正的方式来获取画作的内容和视觉叙事；在“审美”条件下，被试被要求采用主观、参与的方式来体验画作传达的情绪和诱发的感情，关注画作的颜色、明暗、构成和形状。fMRI 的结果表明，“审美”条件(相比于基线)激活了双侧脑岛，说明被试在观看画作时体验到了情绪的唤起。还有研究者区分了审美过程的主、客观过程。如 Di Dio、Macaluso 和 Rizzolatti(2007)以古典主义和文艺复兴时期的雕塑作品为材料，给被试呈现作品的原始照片或比例改变的照片。要求被试观看照片，或对照片做“审美”判断及“比例”判断。他们的实验结果发现，观看原始比例的照片(相比于比例改变的照片)激活了右侧脑岛、外侧枕回、楔前叶和前额叶等区域；被判断为“美”的照片(相比于被判断为“丑”的照片)特异性地激活了右侧杏仁核。研究者认为，脑岛的激活反映了人们对美的客观感知，而杏仁核的激活反映了人们对美的主观感知，由个体在审美过程中的情感体验所驱动。

总的来看，现在有关神经美学的研究还较少，主要集中在对审美活动的研究上。

尚没有研究直接对比不同设计引起的大脑活动的差异,这可以作为未来研究的一个方向。未来也可以尝试将神经活动作为预测产品成功与否的测量指标,即如果对一个产品的设计可以让个体感受到愉悦体验,诱发积极的情绪反应,激活相关的脑区,则这个产品取得成功的可能性就更大。因此,产品设计可以融入神经美学的研究成果,为产品的感知、理解和体验提供新的思路。

游戏沉浸感与心流体验

世界上有数以百万计的人玩游戏,不仅青少年喜好打游戏,很多成年人也很喜欢打游戏。游戏的沉浸感(immersion)和心流(flow)体验对游戏享乐至关重要,是完美的游戏体验的关键,与玩家的留存率以及游戏公司的盈利有着直接的关联。沉浸感是指玩家在游戏过程中所达到的一种状态,反映了他们在游戏中的卷入程度。当人们在游戏过程中经历沉浸感时,其注意力完全投入到该游戏的情景之中,忘却了日常的烦恼和周围的事物,意识集中在一个非常狭窄的范围内,甚至迷失自我(Jennett等,2008)。当玩家体验到沉浸感的时候,他们往往产生强烈的正负性情绪的交替体验。心流体验也是玩家达到的一种状态,在该状态下个体完全融入到当前的游戏之中而忽视了其他所有的事情。"心流"被看作是最佳的极致体验过程(Jennett 等,2008)。在该过程中,玩家仍旧有正负性情绪的波动,但以正性情绪为主。此时玩家通常会在节点的设置处(如故事的结束或关卡的通过)感受到一次积极情绪的爆发。沉浸感被认为是心流体验产生的前兆。

研究者发现,一款好的游戏不是被动地去满足玩家的需求,而是用好玩、刺激的游戏场景、情节和难度设计来引导玩家的欲求,让玩家获得沉浸感,真正投入到游戏情景之中,进而形成心流体验。目前研究者最为关心的两个问题是:如何对沉浸感和心流体验进行定量化的客观测量以及如何有效地诱导沉浸感和心流体验的产生。

沉浸感和心流体验的经典测量方式,是定性的主观报告(如问卷或访谈)。但这种测量方式比较主观,而且无法做到实时性测量。神经生理技术的发展,为沉浸感和心流体验的定量、实时测量提供了可能。如 Jennett 等(2008)的一项研究,其采用眼动追踪技术对玩家的沉浸状态进行了测量。他们要求被试完成沉浸式任务(复杂图形、探索虚拟空间)和非沉浸式任务(简单图形、点击盒子)。结果表明,在非沉浸式任务中,注视次数随着任务时间的延长而增加;但在沉浸式任务中,被试的注视次数随着任务时间的延长而减少,表明被试非常深地投入到任务中,注视集中时间更长、眨眼次数更少。

此外,神经生理技术也为更好地监测玩家的情绪状态,从而诱发沉浸感和心流体验提供了可能。要使玩家获得沉浸感和心流体验,游戏必须权衡难度与个人的技能水平之间的关系:如果难度过大,玩家对游戏缺乏掌控能力,就会产生焦虑及挫折感；反之，如果难度过低，玩家对游戏的掌控感过强，就会感到无聊而失去兴趣。这种对权衡尺度的把握可以通过监测玩家的情绪来实现。如在 Tijs、Brokken 和 TJsselsteijn(2009)的一项研究中，使用吃豆人游戏考察了被试在不同游戏速度中的情绪反应。研究者让被试在三种游戏速度（快、慢、标准）条件下玩吃豆人，然后评定被试的主观情绪体验，同时记录其脉搏血容、呼吸频率、皮肤电导水平等自主反应以及面部肌电信号(electromyography, EMG)。他们的实验结果表明，脉搏血容与游戏中的情绪唤醒显著相关，被试体验到的唤醒程度越高，脉搏血容水平越高；肌电信号则与游戏中的情绪效价相关，被试感到越愉悦，颧肌活动越强烈。此外，研究者还发现，被试在慢速条件下的皮肤电导水平显著低于其他两种速度条件，与之相对应的是绝大多数被试在此条件下报告了厌倦的负性情绪体验。此外，还有研究发现，心率和皮肤电反应与被试正性情绪的主观评分均呈负相关，即较低的心率和皮肤电活动标志着被试处于更积极的游戏状态之中(Drachen 等，2010)。值得一提的是，自主神经反应的测量能够连续进行，这就使得该方法在娱乐等情境中具有独到的优势，可以在不干扰用户的交互过程的情况下，对用户体验进行有效的监测。这种监测使得未来的游戏设计可以根据玩家的情绪体验来自动调整难度，从而使玩家更容易产生沉浸感和心流体验。

事实上，除游戏外，其他多种活动也可以诱发沉浸感和心流体验，如聆听演唱会、运动、绘画、网络导航、网络使用、虚拟现实等，这意味着，从神经人因学的角度对沉浸感和心流体验进行考察，可以将相关成果应用到多个领域之中。

11.2.2 态度及偏好的测量

研究者不仅仅关注操作者或用户的情绪状态，而且还关注对用户的态度及偏好的测量，以探查用户作出最终决策的内在原因。已有的研究表明，消费者对产品或品牌的态度，在很大程度上决定了其最终的购买行为及品牌忠诚度。这会进一步影响产品的销量、品牌的确立以及企业的发展。而情感正是消费者态度的主要表现成分。当个体体验到愉悦、满足等正性情绪时，往往趋近消费的趋势也更强；而当个体体验到厌恶、不满等负性情绪时，往往回避消费的趋势会更强。有研究者指出，多达 80% 的新产品在市场上都遭遇了销售失败，这表明，传统的依赖于主观报告的消费者测试对于预测产品的市场接受度是非常糟糕的，有必要采用一些更加客观的、无意识的测试方法（如神经生理反应）来获取消费者对产品的真实反应(Wijk 等，2012)。

那么，是否能够通过对神经生理指标的探测来判断消费者的态度呢？已有研究表明，消费者的偏好（喜欢还是不喜欢）可以通过这些指标加以评判。如 Walla、Brenner 和 Koller(2011)的研究中采用了自主神经反应的测量方法。他们首先让被试对各种品牌(为德语国家的常用品牌)进行主观喜好度的评定,用以区分出喜欢和不喜欢的品牌;然后在下一阶段的实验中,向被试呈现这些品牌名称,并记录他们的自主神经反应。结果发现,当看到喜欢的品牌名称时,被试的平均眨眼幅度和皮肤电反应均显著增强,心率也表现出加快趋势。

采用脑电技术得到的额叶 α 波的不对称性(frontal alpha asymmetry, FAA)也是常用指标之一。FAA 是基础研究领域常用的情绪趋近度指标,它可以很好地应用于市场研究之中,用以测量消费者对产品的偏好程度。当产品诱发了左侧额叶活动的增强时,通常认为该产品引发了用户的愉悦和喜好感。

fMRI 研究进一步发现,某些大脑区域在品牌偏好中起到了关键性的作用。如在 Paulus 和 Frank(2003)的研究中,当要求被试做喜好判断时("你喜欢哪种饮料?"),相比于视觉辨别判断("饮料是瓶装的、罐装的还是盒装的?"),被试腹内侧前额叶(ventromedial prefrontal cortext, VMPFC)得到了显著激活。相应的,当 VMPFC 损伤时,个体的品牌偏好就会出现异常(Koenigs & Tranel, 2008)。上述研究表明,VMPFC 与品牌偏好密切相关。在 Schaefer 和 Rotte(2007)的一项研究中,给被试呈现多个汽车品牌的标志,包括 Lancia、Renault、Peugeot、Citroen、Seat、Toyota、Skoda、Ferrari、Volkswagen、Opel、Mercedes-Benz、Rolls-Royce、BMW、Porsche 等,要求被试想象正在使用和驾驶该品牌的汽车,同时进行 fMRI 扫描。随后要求被试评价每个品牌的吸引力、是否是奢华型或运动型汽车、是否是理性的选择,并回答对该品牌的熟悉度如何。结果表明,右腹侧壳核(putamen)随着奢华/运动属性的升高而激活增强,随着理性属性的升高而激活减弱;最喜欢的品牌(相比于无吸引力品牌)诱发了背外侧前额叶(dorsolateral prefrontal, DLPFC)的激活减弱。壳核是奖赏相关脑区,而 DLPFC 是认知控制脑区,上述结果意味着,当人们看到自己最喜欢的品牌时,会产生类似获得奖励的反应,但以策略为基础的推理和决策过程的作用就降低了。

事实上,不仅仅是偏好可以被测量,偏好的发展过程及最终购买决策的做出过程也可以在一定程度上被监测到。在 Wijk 等(2012)的一项研究中,让被试看、闻或尝喜欢和不喜欢的食物,结果发现,被试在喜欢的食物面前出现了指温显著升高的反应。而且被试在对食品进行评定的过程中,自主反应表现出逐步的变化过程,直至最终驱动被试做出最后的决定,该过程有利于对产品偏好和消费决策的时间发展进程进行相关的分析。而与此相反的是,主观评价指标的作用非常有限,在食物的不同呈现阶段始终保持不变。

上述研究表明,基于神经生理反应的情绪的客观测量,能够而且应该被应用到消费者的产品体验评估中。但这方面的研究仍处在初步阶段,相关研究还比较少,已有的研究仅考察了"喜欢"和"不喜欢"两种情绪状态,对其他情绪状态尚未涉及(如犹豫)。而且,上述神经生理指标的变化是否与最终的购买行为之间具有必然的联系,还有待深入的考察。

11.3 神经人因学与技术的应用①

随着神经人因学研究的兴起,研究结果也被用于技术的开发和应用。这些技术遍布生活和工作的多个领域,下面介绍一些在教育、娱乐和健康等领域的代表性成果。

11.3.1 智能导师系统

研究者期望最终能够开发出基于情感测量的智能导师系统,以帮助学生调节他们的情绪状态,使得心流状态、沉浸感和好奇心等正性情绪能够保持,而负性情绪(如挫折和厌倦)能迅速消除(D'Mello, Lehman, & Graesser, 2011)。

目前的研究已经能够在一定程度上实现该设想。如 Shen、Wang 和 Shen(2009)探索了能否使用基于生理测量的情感数据来促进学习。研究者首先根据效价和唤醒度两个维度界定了学习中可能出现的四种情绪状态:"投入"(engagement)(正性高唤醒情绪)、"困惑"(confusion)(负性高唤醒情绪)、"厌倦"(boredom)(负性低唤醒情绪)和"抱有希望"(hopefulness)(正性低唤醒情绪)。随后在相应的情绪状态下记录了被试的皮肤电、心率、脉搏血容和脑电信号,并通过支持向量机算法(support vector machine, SVM)对生理数据进行识别,最终基于生理信号对上述四种情绪实现了86.3%的识别准确率。在此基础上,研究者进一步让被试使用两种学习内容推荐系统:一种系统基于对被试的情绪识别进行内容推荐;另一种系统则基于传统的学习目标进行内容推荐。记录推荐内容是否符合被试的预期,以被试对非预期内容进行手动调节的次数作为考查指标。结果发现,被试在基于情绪识别的内容推荐系统下,仅对推荐内容进行了 11 次手动调节;而在非基于情绪识别的系统中,则进行了高达 21 次的手动调节。该研究表明,基于生理指标的情绪识别,确实能够为学习者选择合适的学习内容,更易被学习者认可和接受。

11.3.2 情感交互系统

情感交互系统在音乐和游戏等娱乐领域有着广泛的应用。在 Kim 和 André

① 本部分参照:易欣,葛列众,刘宏艳.(2015).正负性情绪的自主神经反应及应用.心理科学进展,23(1),72—84.

(2008)的一项研究中,通过音乐诱发被试的高、低唤醒度的正负性情绪,同时搜集了被试的肌电信号以及心电、皮肤电和呼吸活动的变化。随后,研究者通过"特征提取"和"线性判别分析"的拓展算法,使用这些生理指标对被试的高、低唤醒度的情绪进行了识别,识别率达到了89%;对正负效价的情绪识别率略低,为77%。该研究将有利于提高系统的自适应能力,开发出基于用户情绪的个性化音乐推荐系统。

在游戏方面,一些研究者和游戏从业人员也同样期望开发出能够自动改变游戏难度水平以适应用户情绪状态的自适应系统,使用户不因游戏难度过低而感到厌烦或因难度过高感到沮丧,最终实现并维持最佳的游戏状态。例如,可以利用前面介绍的 Tijs、Brokken 和 TJsselsteijn(2009)等研究的相关成果进行游戏难度的实时调节,如检测发现"厌倦"体验出现时(因游戏过于容易),就自动提升游戏难度。

11.3.3 障碍者辅助系统

在心理障碍和健康领域,研究者致力于建立基于生理信号的情感识别,用来辅助心理障碍(如自闭症)的诊断和干预。如在 Liu 等(2008)的研究中,通过设置不同难度的认知任务和游戏,诱发 6 名自闭症儿童的三种情绪状态:喜欢、焦虑和投入。然后以临床医生、父母和患者自身的报告作为主观指标;以皮肤电、肌电和外周温度等生理数据作为客观指标,通过支持向量机算法建立情感模型。结果发现,生理指标对上述三种情绪的识别准确率能够达到82.9%。Picard 和 Scheirer(2001)设计出了可穿戴的皮肤电传感器,使研究者能够在实验室之外的现实环境中(如学校和家庭),监测自闭症患者的情绪反应。更令人振奋的是,研究者们尝试利用相关成果开发游戏程序来训练自闭症患者的情绪识别和交流能力,也取得了初步成效(如 Bekele 等,2013;Bian 等,2013;Fernandes 等,2011)。除自闭症外,很多其他的精神障碍或智力障碍群体,也存在着情绪表达和交流技能方面的缺陷,他们难以用语言来主观报告其情感体验、幸福感、生活质量等(Vos 等,2010)。这意味着,针对这些障碍患者,开发基于自主神经反应的计算机辅助系统,用于情绪监测(无需言语报告)和干预训练,将具有更加重要的现实意义。

上述研究表明,个体在多种情境下的情感状态可以在一定程度上经由自主神经系统的数据进行有效的判别,判别正确率已经达到了较高的水平。这说明,开发基于生理指标的计算机辅助系统是可以实现的。该类系统的开发和逐步完善,将对教育、娱乐和健康领域的发展起到巨大的促进作用。

11.4 研究展望

综上所述，随着神经人因学的诞生，神经科学与工程心理学的结合更加紧密，通过汲取两者的经验，神经人因学表现出自己独特的优势。神经人因学通过更为客观而敏感的神经生理指标，对工作中的人的神经生理机制进行了更为深入的考察，为工作环境的设置、人员的培训以及产品的设计等提供了新的思路和方向，为推动工程心理学的深入发展做出了显著的贡献。然而，作为一门新兴的交叉学科，神经人因学的发展历史并不长，未来的研究还需要在多个方面进行深化。

首先，从研究内容上来看，未来的研究应该关注多种心理活动(如注意、记忆、心理负荷、情感)在特定作业中的神经生理机制，并对相应的脑区联结及神经环路进行探讨。这是因为，在现实的工作环境中，个体的活动往往包含多种认知过程，而且它们往往是相互影响的。此外，目前的研究更多地关注了具体的工作任务(如空间导航、警戒作业)，未来的研究应该更加关注短期和长期训练的作用，关注训练中所发生的脑的可塑性变化，用于开发符合个体生理规律的人机系统，并尝试开发针对不同人群的筛选和训练程序，用于人员的选拔和技能的提高。

其次，从技术方法上来看，未来研究需要充分利用多种生理及脑功能测量技术，综合采用多种技术，对人在自然环境下的行为和生理状态进行考察。例如，近年来兴起的虚拟现实技术，若能充分融入当前的研究，将成为推动神经人因学发展的有力工具。再如，对于诸如空间导航这类生态性很高的认知任务，未来的研究可以尝试在脑成像扫描的过程中融入动态互动性环节，并持续测量行为或生理指标。

最后，未来的研究除了应继续关注基础研究外，还需要更加注重将研究成果转化为实际可操作的应用技术，开发更多的适合人的方法与技术，提升神经人因学研究的应用价值。

参考文献

贾会宾，赵庆柏，周治金.(2013).心理负荷的评估：基于神经人因学的视角.心理科学进展，21(8)：1390—1399.

刘静，孙向红.(2011).什么决定着用户对产品的完整体验？心理科学进展，19(1)：94—106.

郭伏，操雅琴，丁一等.(2013).基于多模式测量的电子商务网站情感体验研究.信息系统学报，2：24—36.

黄子岚，张卫东.(2012).神经美学：探索审美与大脑的关系.心理科学进展，20(5)：006.

杨海波，刘电芝，周秋红.(2013).幽默平面广告适用性的眼动研究.心理与行为研究，11(6)：819—824.

Bekele, E., Young, M., Zheng, Z., Zhang, L., Swanson, A., Johnston, R., et al.(2013). A step towards adaptive multimodal virtual social interaction platform for children with autism. In Universal Access in Human-Computer Interaction. User and Context Diversity(pp. 464 - 473). Springer Berlin Heidelberg.

Bian, D., Wade, J. W., Zhang, L., Bekele, E., Swanson, A., Crittendon, J. A., et al. (2013). A novel virtual reality driving environment for autism intervention. In Universal Access in Human-Computer Interaction. User and Context Diversity (pp. 474 - 483). Springer Berlin Heidelberg.

Borghini, G., Astolfi, L., Vecchiato, G., Mattia, D., & Babiloni, F. (2014). Measuring neurophysiological signals in aircraft pilots and car drivers for the assessment of mental workload, fatigue and drowsiness. *Neuroscience and Biobehavioral Reviews*,44,58 - 75.

Cela-Conde, C.J., Marty, G., Maestú, F., Ortiz, T., Munar, E., Fernández, A., et al.(2004). Activation of the prefrontal cortex in the human visual aesthetic perception. *PNAS*,101(16),6321 - 6325.

Chai, J., Ge, Y., Liu, Y., Li, W., Zhou, L., Yao, L., & Sun, X.(2014). Application of Frontal EEG Asymmetry to User Experience Research. In Engineering Psychology and Cognitive Ergonomics (pp. 234 - 243). Springer International Publishing.

Cupchik, G.C., Vartanian, O., Crawley, A., & Mikulis, D.J.(2009). Viewing artworks: contributions of cognitive control and perceptual facilitation to aesthetic experience. *Brain and Cognition*,70,84 - 91.

D'Mello, S.K., Lehman, B., & Graesser, A.(2011). A motivationally supportive affect-sensitive autotutor. In new perspectives on affect and learning technologies(pp.113 - 126). Springer New York.

Di Dio, C., Macaluso, E., & Rizzolatti, G.(2007). The golden beauty: brain response to classical and renaissance sculptures. *PloS One*,2(11), e1201.

Drachen, A., Nacke, L.E., Yannakakis, G., & Pedersen, A.L.(2010, July). Correlation between heart rate, electrodermal activity and player experience in first-person shooter games.

Ekstrom, A., Kahana, M.J., Caplan, J.B., Fields, T.A., Ishanm, E.A., Newman, E.L., et al.(2003). Cellular networks underlying human spatial navigation. *Nature*,425,184 - 187.

Fernandes, T., Alves, S., Miranda, J., Queirós, C., & Orvalho, V.(2011). Life is game: a facial character animation system to help recognize facial expressions. In Enterprise Information Systems (pp. 423 - 432). Springer Berlin Heidelberg.

Graesser, A.C., Lu, S., Olde, B.A., Cooper-Pye, E., & Whitten, S.(2005). Question asking and eye tracking during cognitive disequilibrium: comprehending illustrated texts on devices when the devices break down. *Memory & Cognition*, 33(7),1235 - 1247.

Hartley, T., Maguire, E.A., Spiers, H.J., & Burgess, N.(2003). The well-worn route and the path less traveled: distinct neural bases of route following and wayfinding in humans. *Neuron*,37,877 - 888.

Herff, C., Heger, D., Fortmann, O., Hennrich, J., Putze, F. & Schultz, T.(2014). Mental workload during n-back task-quantified in the prefrontal cortex using fNIRS. *Frontiers in Human Neuroscience*, 7,1 - 9.

Jennett, C., Cox, A.L., Cairns, P., Dhoparee, S., Epps, A., Tijs, T., & Walton, A.(2008). Measuring and defining the experience of immersion in games. *International Journal of Human-Computer Studies*,66(9),641 - 661.

Kim, J., & André, E.(2008). Emotion recognition based on physiological changes in music listening. Pattern Analysis and Machine Intelligence, *IEEE Transactions on*,30(12),2067 - 2083.

Koenigs, M, & Tranel, D.(2008). Prefrontal cortex damage abolishes brand-cued changes in cola preference. *Social Cognitive and Affective Neuroscience*,3(1),1 - 6.

Krebs, H., Brashers-Krug, T., Rauch, S., Savage, C.R., Hogan, N., Rubin, R.H., et al.(1998). Robot-aided functional imaging: application to a motor learning study. *Human Brain Mapping*, 6,59 - 72.

Li, X., Hu, B., Zhu, T., Yan, J., & Zheng, F.(2009, October). Towards affective learning with an EEG feedback approach. In Proceedings of the first ACM international workshop on Multimedia technologies for distance learning (pp.33 - 38). ACM.

Lim, J., Wu, W., Wang, J., Detre, J.A., Dinges, D.F., & Rao, H.(2010). Imaging brain fatigue from sustained mental workload: an ASL perfusion study of the time-on-task effect. *NeuroImage*,49,3426 - 3435.

Liu, C., Conn, K., Sarkar, N., & Stone, W.(2008). Physiology-based affect recognition for computer-assisted intervention of children with Autism Spectrum Disorder. *International Journal of Human-Computer Studies*, 66(9), 662 - 677.

Munar, E., Nadal, M., Castellanos, N.P., Flexas, A., Maestú, F., Mirasso, C., & Cela-Conde, C.J.(2012). Aesthetic appreciation: event-related field and time-frequency analyses. *Frontiers in human neuroscience*, 5,1 - 11.

O'Donnel, R.D., & Eggemeier, F.T.(1986). Workload assessment methodology. In: Kauf-man, B.K., Wiley, T.J.(Eds.), Handbook of Perception and Human Performance, Volume II, *Cognitive Processes and Performance*. New York, pp.41 - 42.

Parasuraman, R.(2003). Neuroergonomics: research and practice. *Theoretical Issues in Ergonomics Science*,4,5 - 20.

Parasuraman, R., & Hancock, R.A.(2004). Neuroergonomics: harnessing the power of brain science for HF/E. *Human Factors and Ergonomics Society*, 47(12),1.

Paulus, M.P., & Frank, L.R.(2003). Ventromedial prefrontal cortex activation is critical for preference judgments. *Neuroreport*,14(10),1311 - 1315.

Paus, T., Zatorre, R.J., Hofle, N., Caramanos, Z., Gotman, J., Petrides, M., et al.(1997). Time-related changes in neural systems underlying attention and arousal during the performance of an auditory vigilance task. *Journal of Cognitive Neuroscience*,9,392 - 408.

Picard, R.W., & Scheirer, J.(2001, August). The galvactivator: A glove that senses and communicates skin conductivity. In Proceedings 9th Int. Conf. on HCI.

Poole, A., Ball, L.J., & Phillips, P.(2004). In search of salience: a response time and eye movement analysis of book*m*ark recognition. In S. Fincher, P. Markopolous, D. Moore, & R. Ruddle (Eds.), People and computers

XVIII-design for life: proceedings of HCI 2004. London: Springer-Verlag Ltd.
Rizzo, M., & Parasuraman, R. (2006). Future prospects for neuroergonomics. *Oxford Series in Human-technology Interaction*, 381.
Rossiter, J. R., Silberstein, R. B., Harris, P. G., & Neild, G. A. (2001). Brain imaging detection of visual scene encoding in long term memory for TV commercials. *Journal of Advertising Research*, 14, 13 – 21.
Schaefer, M., & Rotte, M. (2007). Favorite brands as cultural objects modulate reward circuit. *Neuroreport*, 18(2), 141 – 145.
Scheffers, M. K., & Coles, M. G. H. (2000). Performance monitoring in a confusing world: error-related brain activity, judgements of response accuracy, and types of errors. *Journal of Experimental Psychology: Human Perception and Performance*, 26, 141 – 151.
Shaw, T. H., Warm, J. S., Finomore, V., Tripp, L., Matthews, G., & Weiler, E., et al. (2009). Effects of sensory modality on cerebral blood flow velocity during vigilance. *Neuroscience Letters*, 461(3), 207 – 11.
Shen, L., Wang, M., & Shen, R. (2009). Affective e-Learning: Using "Emotional" Data to Improve Learning in Pervasive Learning Environment. *Journal of Educational Technology & Society*, 12(2), 176 – 189.
Spiers, H. J., & Barry, C. (2015). Neural systems supporting navigation. *Current opinion in behavioral sciences*, 1, 47 – 55.
Spiers, H. J., Maguire, E. A.. (2006). Thoughts, behavior and brain dynamics during navigation in the real world. *NeuroImage*, 31(4): 1826 – 1840.
Tijs, T., Brokken, D., & IJsselsteijn, W. (2009). Creating an emotionally adaptive game. In Entertainment Computing-ICEC 2008 (pp. 122 – 133). Springer Berlin Heidelberg.
Tuch, A. N., Kreibig, S. D., Roth, S. P., Bargas-Avila, J. A., Opwis, K., & Wilhelm, F. H. (2011). The role of visual complexity in affective reactions to webpages: subjective, eye movement, and cardiovascular responses. *Affective Computing, IEEE Transactions on*, 2(4), 230 – 236.
Vos, P., De Cock, P., Petry, K., Van Den Noortgate, W., & Maes, B. (2010). Do you know what I feel? a first step towards a physiological measure of the subjective well-being of persons with profound intellectual and multiple disabilities. *Journal of Applied Research in Intellectual Disabilities*, 23(4), 366 – 378.
Walla, P., Brenner, G., & Koller, M. (2011). Objective measures of emotion related to brand attitude: A new way to quantify emotion-related aspects relevant to marketing. *PloS one*, 6(11), e26782.
Ward, R. D., & Marsden, P. H. (2003). Physiological responses to different web page designs. *International Journal of Human-Computer Studies*, 59(1), 199 – 212.
Wijk, R. A., Kooijman, V. M., Verhoeven, R. H. G., Holthuysen, N. T. E., & Graaf, C. (2012) Autonomic nervous system response on and facial expressions to the sight, smell and taste of liked and disliked foods. *Food Quality and Preference*, 26, 196 – 203.
Wilson, G. M., & Sasse, M. A. (2000). Do users always know what's good for them? Utilising physiological responses to assess media quality. In People and Computers XIV — Usability or Else (pp. 327 – 339). Springer London.

当代中国心理科学文库

总主编：杨玉芳

1. 郭永玉：人格研究
2. 傅小兰：情绪心理学
3. 王瑞明、杨　静、李　利：第二语言学习
4. 乐国安、李　安、杨　群：法律心理学
5. 李　纾：决策心理：齐当别之道
6. 王晓田、陆静怡：进化的智慧与决策的理性
7. 蒋存梅：音乐心理学
8. 葛列众：工程心理学
9. 罗　非：心理学与健康
10. 张清芳：语言产生
11. 周宗奎：网络心理学
12. 韩布新：老年心理学：毕生发展视角
13. 樊富珉：咨询心理学：理论基础与实践
14. 白学军：阅读心理学
15. 吴庆麟：教育心理学
16. 苏彦捷：生物心理学：理解行为的生物学基础
17. 余嘉元：心理软计算
18. 张亚林、赵旭东：心理治疗
19. 郭本禹：理论心理学
20. 张文新：应用发展科学
21. 张积家：民族心理学
22. 许　燕：社会心理问题的研究
23. 张力为：运动与锻炼心理学研究手册

24. 罗跃嘉：社会认知的脑机制研究进展
25. 左西年：人脑功能连接组学与心脑关联
26. 苗丹民：军事心理学
27. 董　奇、陶　沙：发展认知神经科学
28. 施建农：创造力心理学
29. 王重鸣：管理心理学

注：以上书单，只列出各书主要负责作者，最终书名可能会有变更，最终出版序号以作者来稿先后排列。
具体请关注华东师范大学出版社网站：www.ecnupress.com.cn；或者关注新浪微博"华师教心"。